国家林业和草原局高等职业教育畜牧业类“十三五”规划教材

动物防疫与检疫技术

（第3版）

胡新岗　蒋春茂　主编

- 注重职业能力培养
- 突出创新创业教育
- 理实一体化教学模式
- 以任务为载体，项目+模块结构
- 内容丰富，系统全面
- 知识新颖，图文并茂

中国林业出版社

内容简介

动物防疫与检疫技术是教育部《普通高等学校高等职业教育（专科）专业目录及专业简介（2015年）》规定的动物医学专业核心课程之一，也是其他畜牧业类专业的必修职业技术课。本教材是国家林业局高等职业教育畜牧业类“十三五”规划教材《动物防疫与检疫技术》（第2版）的修订版，其内容分动物防疫与动物检疫两部分。动物防疫部分介绍了饲养管理、兽医消毒、免疫接种、药物防治、隔离封锁、监测净化、环境污染处理和兽医公共卫生等综合性防疫措施以及无规定疫病区、动物疫病可追溯体系建设及畜禽标识与养殖档案等内容。动物检疫部分介绍了动物检疫基本技术及动物生产、运输、屠宰等各个生产流通环节的检疫方式和检疫要领以及主要动物疫病的检疫要点和检疫后处理等。

教材内容采用项目加模块形式，以工作过程为导向，每个项目按岗位实际，设计了典型工作任务，突出学生职业岗位能力培养，体现理实一体化教学。教材内容新颖，系统全面，学术性与职业性兼具，既可作为职业院校相关专业的教材，也可作为官方兽医、执业兽医、村级防疫员及养殖场、屠宰场（厂）技术人员的培训教材和学习用书。

图书在版编目（CIP）数据

动物防疫与检疫技术/胡新岗，蒋春茂主编. —3版. —北京：中国林业出版社，2019.1（2023.11重印）

国家林业和草原局高等职业教育畜牧业类“十三五”规划教材

ISBN 978-7-5038-9452-7

Ⅰ.①动… Ⅱ.①胡… ②蒋… Ⅲ.①兽疫-防疫-高等职业教育-教材 ②兽疫-检疫-高等职业教育-教材 Ⅳ.①S851.3

中国版本图书馆CIP数据核字（2018）第278701号

中国林业出版社·教育分社

策划、责任编辑：高红岩

电话：（010）83143554　　**传真：**（010）83143516

出版发行　中国林业出版社（100009　北京市西城区德内大街刘海胡同7号）
E-mail:jiaocaipublic@163.com　电话:(010)83143500
http://lycb.forestry.gov.cn

印　刷　三河市祥达印刷包装有限公司

版　次　2012年1月第1版(共印2次)
2016年4月第2版(共印1次)
2019年1月第3版

印　次　2023年11月第3次印刷

开　本　787mm×1092mm　1/16

印　张　19.75

字　数　450千字

定　价　40.00元

编写人员名单

主　编： 胡新岗　蒋春茂

副主编： 魏冬霞　蔡丙严　车业贵　吴　植

编　者：（以姓氏笔划为序）

王顺林（上海农场黄海畜牧场）
车业贵（江苏农牧科技职业学院）
刘海侠（江苏农林职业技术学院）
吴　植（江苏农牧科技职业学院）
张库食（苏州太湖国家旅游度假区动物防疫站）
陈　洪（江苏农牧科技职业学院）
胡新岗（江苏农牧科技职业学院）
贾　艳（嘉兴职业技术学院）
徐增强（江苏省泰州市姜堰区动物疫病预防控制中心）
郭广富（江苏农牧科技职业学院）
涂黎晴（广西农业职业技术学院）
黄铁生（江苏省扬州市维扬区畜牧兽医站）
黄银云（江苏农牧科技职业学院）
蒋春茂（江苏农牧科技职业学院）
程德元（贵州农业职业学院）
蔡丙严（江苏农牧科技职业学院）
魏冬霞（江苏农牧科技职业学院）

主　审： 薛　峰（南京农业大学）
刘俊栋（江苏农牧科技职业学院）

第3版前言

Preface of 3nd Edition

自2016年2月国家林业局高等职业教育畜牧业类“十三五”规划教材《动物防疫与检疫技术》（第2版）出版使用以来，我国制定颁布了《全国兽医卫生事业发展规划（2016—2020年）》，并相继出台《兽医诊断样品采集、保存与运输技术规范》《无规定动物疫病区管理技术规范》《无规定动物疫病区评估管理办法》《病死及病害动物无害化处理技术规范》《兔屠宰检疫规程》《农业农村部关于做好动物疫情报告等有关工作的通知》等国家标准、行业标准及行业规范性文件，原教材编写依据的《动物疫情报告管理办法》《动物疫病实验室检验采样方法》（NY/T 541—2002）、《病害动物和病害动物产品生物安全处理规程》（GB 16548—2006）、《高致病性禽流感防治技术规范》（GB 19442—2004）、《畜禽产地检疫规范》（GB 16549—1996）、《种畜禽调运检疫技术规范》（GB 16567—1996）等规范性文件、标准被废止，编入教材的诺氟沙星等兽药在食品动物中停止使用。职业教育以就业为导向，专业教材内容必须与行业企业实际接轨。因此，为了保证教材内容的职业性、适用性与先进性，本教材在国家林业局高等职业教育畜牧业类“十三五”规划教材《动物防疫与检疫技术》（第2版）基础上，对行业已经更新的上述有关内容进行了重新编写，力求体现行业最新规定、方法、技术、标准，满足相关专业教学需求。附录中收入2018年中国技能大赛——全国农业行业职业技能大赛（动物疫病防治员、动物检疫检验员）评分细则，培养学生的职业意识和竞争精神。本教材前两版在全国多所高职院校得以使用，反响良好，故第3版沿用了前两版的编写标题、体例与风格。

本教材由胡新岗、蒋春茂担任主编，魏冬霞、蔡丙严、车业贵、吴植担任副主编。具体编写分工为：胡新岗编写前言、绪论、项目一，并负责全书的编排统稿；蒋春茂编写任务1～12及附录，并参与全书的编排统稿；车业贵、陈洪编写项目二；郭广富、王顺林编写项目三；贾艳编写项目四；蔡丙严、涂黎晴编写项目五及任务23～30；吴植编写项目六及任务13～22；程德元编写项目七；黄铁生编写项目八；魏冬霞、刘海侠编写项目九；徐增强编写实训一～五；张库食编写实训六～十二；黄银云编写任务 31～36 并负责全书典型任务、综合实训的设计编排及全书校稿工作。本教材承蒙南京农业大学薛峰教授及江苏农牧科技职业学院刘俊栋教授审稿，在此谨致谢忱！

由于编者学识水平有限，书中难免存在错误和疏漏之处，敬请读者批评指正，以便再版时修订完善。

编　者

2018 年 10 月

第2版前言

Preface of 2nd Edition

本教材是全国高职高专规划教材《动物防疫与检疫技术》的第2版，是在第1版的基础上经必要的修改、完善而成的。第1版在全国多所高职院校得以使用，反响良好，故第2版沿用了第1版的编写风格，主要对第1版中存在的文字、数字、技术、规范等方面的错漏进行了必要的修改、补遗与更新。

参加本教材编写的人员仍为参与第1版编写的多年从事动物防疫与检疫教学、科研和生产实践的专家、老师，具体分工也与第1版基本一致。此外，河南农业职业学院的刘长春老师、内蒙古农业大学职业技术学院的沈向华老师参与了第1版的勘误及第2版的编写与统稿工作。

动物防疫与检疫技术涉及动物传染病、动物寄生虫病、动物临床诊疗等学科，作为高等职业教育教材的编写不仅要紧密结合生产实践，更要与动物防疫与检疫方面的国家法律、法规、规范、制度要求相一致。由于编者水平有限，书中难免仍有错漏或不妥之处，请读者及时予以指正，以便将来进一步改进。

编　者

2016年2月

第1版前言

Preface of 1st Edition

动物防疫与检疫技术是高等职业教育动物防疫与检疫、畜牧兽医及相关专业的一门核心职业技术课。随着我国职业教育“校企合作、工学结合”人才培养模式改革的不断深入，职业技术教育必然走向理实一体化教学模式，本教材的编写遵循“理论够用、突出实践”的原则，内容的选取贴近行业和职业的实际，充分反映行业中正在应用的新技术、新方法，体现实用性与先进性，凸显高等职业教育特色，满足相关专业的教学改革需要。

本教材坚持职业教育的“工作过程导向”原则，按照高职院校面向生产一线培养高素质技能型专门人才的目标，根据我国动物防疫与检疫职业岗位（群）的任职要求，参照相关的职业资格标准，设计项目化、模块式体系结构。全书注重体例创新，内容新颖全面，条理清晰，图文并茂，语言平实流畅。每个项目按职业岗位需求，设计了典型工作任务，加强与实际工作的接轨，力求突出学生职业岗位能力培养，体现理实一体化教学。项目小结采用树状结构，将主要的知识点及其之间的关联直观表达出来，有利于提高学习效果。项目后设计了练习思考题，列出了推荐阅读书目，方便学生自测与自学。

本教材分动物防疫与动物检疫两部分，全书共设计了9个项目，36个典型工作任务和12个综合实训。动物防疫部分介绍了饲养管理、兽医消毒、免疫接种、药物防治、隔离封锁、监测净化、环境污染处理和兽医公共卫生等综合性防疫措施以及无规定疫病区、动物疫病可追溯体系建设及畜禽标识与养殖档案等内容，包括生物安全基础工程建设、兽医消毒技术、生物防治技术、药物防治技术、疫病监测与净化技术、重大动物疫情处理技术6大项目和24个典型工作任务。动物检疫部分介绍了动物检疫基本技术和动物饲养、运输、屠宰等各个生产流通环节的检疫方式和检疫要领以及主要动物疫病的检疫要点和检疫后处理等，包括动物检疫技术、动物生产与流通环节的检疫、主要疫病的检疫3大项目和12个典型工作任务。综合实训涵盖养殖管理、兽医消毒、免疫接种、药物防治、监测净化、疫情处理、产地检疫、运输检疫、屠宰检疫等9大生产环节。

本教材作为高等职业教育教材，建议讲授学时数为60～75，不同院校可根据实际情况作适当调整。典型工作任务和综合实训由教师在教学时根据具体情况酌情选择。

本教材由胡新岗、蒋春茂担任主编，程汉、魏宁、吴植、李巨银担任副主编。具体编写分工为：胡新岗编写前言、绪论、项目一，并负责全书的编排统稿；蒋春茂编写任务1～12及附录，并参与全书的编排统稿；程汉、李静萍编写项目二；许余良、季慕寅编写项目三；李巨银、刘锐编写项目四及任务23～30；王金福、宋禾编写项目五；吴植编写项目六及任务13～22；魏宁、黄铁生编写项目七、项目八；魏冬霞、刘海侠编写项目九；徐小琴编写实训一至实训五；桂文龙编写实训六至实训十二；黄银云编写任务31～36并负责全书典型任务、综合实训的设计编排及全书校稿工作。本教材承蒙扬州大学高崧教授及江苏省泰州市动物卫生监督所夏新山研究员审稿，在此谨致谢意！

感谢江苏农牧科技职业学院及参编院校领导对本教材编写工作的支持！感谢江苏省动物卫生监督所、泰州市动物卫生监督所、扬州市维扬区畜牧兽医站等行业及相关企业对本教材编写、出版的关注！本书在编写过程中，参考了大量的相关资料，吸取了许多同仁的宝贵经验，在此深表谢意！

本教材在编写时虽经多次修改，但由于编者学识水平有限，错误和疏漏之处在所难免，敬请读者批评指正，以便再版时修订完善。

编　者

2011年9月

目录

Contents

绪 论

动物疫病是指由某些特定病原体(如细菌、病毒和寄生虫)引起的疾病，包括传染病和寄生虫病。传染病指由细菌、病毒等病原微生物引起，具有一定的潜伏期和临床症状并具有传染性的动物疫病，如高致病性禽流感、高致病性猪蓝耳病、口蹄疫等。寄生虫病指由寄生虫引起的动物疫病，如猪囊尾蚴病、旋毛虫病、血吸虫病等。动物寄生虫寄生方式多种多样，生活史复杂，既能造成动物机体的机械性损伤，也能通过夺取营养或分泌毒素危害动物健康。动物疫病不仅是养殖业生产的大敌，也会严重危害人体健康。

近几十年来，随着全球动物及动物产品贸易规模的迅速扩大，动物疫病进出国境的风险迅速增长，动物疫病在国家间的蔓延速度加快。全球人口数量的持续增长，促使人类不断开发新的未知地域。人类活动范围的扩大，增加了与未知动物和动物疫病的接触感染机会，使得原本不为人所认识的疫病逐步扩散。最近二三十年间，世界范围内新发现的多种重大动物疫病，几乎都是人畜共患病。高度集约化、规模化的现代化饲养方式使病原体原有的种间传播障碍不断减少，病原体的交流更加方便，增加了各种病原体基因变异、重组、互补的机会，可能导致新的病原体产生，使得疫病的发生和发展、传播和扩散也更加复杂多变，给疫病的诊断和防控增加了新的难度。广谱性兽药的滥用，导致病原体极易发生基因突变，产生耐药性菌株。弱毒疫苗的不合理使用，更加便利了病原体的广泛扩散，给防控动物疫病带来了新的挑战。随着国民经济的不断增长和人民生活水平的不断提高，畜产品作为生活中的主要食品，其质量与安全成为当今社会人们关注的热点。

因此，加强与世界动物卫生组织(OIE)以及国家间的交流与合作，构建完善的动物防疫检疫体系，实施动物防疫检疫法制化、规范化管理及标准化操作，成为抵御动物疫病威胁和降低养殖业风险的有力举措，对推动我国养殖业经济发展，提高动物源性产品安全水平，保障人类身体健康和促进国际贸易具有重大意义。

一、动物防疫与检疫概述

(一)动物防疫概述

(1)动物防疫的概念

《中华人民共和国动物防疫法》对“动物防疫”一词作了法律上的界定，即包括动物疫病的预防、控制、扑灭和动物、动物产品的检疫。预防、控制、扑灭疫病是对动物而言的，检疫则是对动物、动物产品两者而言的，两者之间有着密切的关系。这实际上是以法律的形式对动物防疫工作、动物防疫活动涉及的范围作了界定。所有从业人员应当在这个范围内行使权力、履行职责或开展相关活动。

(2)动物防疫的方针

《中华人民共和国动物防疫法》规定：国家对动物疫病实行预防为主的方针。这个方针就是通过采取以保护易感动物为主导措施的计划免疫手段，辅以控制传染源、切断传播途径等综合性防疫措施，最大限度地减少动物疫病发生的基本指导思想。其法律的重要意义在于有效地建立动物疫病防治的制度、采取措施和实施规定，促进养殖业的稳定发展，保护人体健康。一方面，预防为主的方针符合动物疫病发生、发展的客观规律。动物传染病和人类的传染病一样，只要采取消灭传染源、切断传播途径和保护健康或易感动物群体的措施，就可以有效地预防和控制动物疫病的发生和流行。另一方面，确立预防为主的方针符合我国基本国情。这是根据我国动物饲养的实际情况和动物疫病流行的特点及多年防制工作的经验而提出的。

针对高致病性禽流感、高致病性猪蓝耳病、口蹄疫及猪瘟等重大动物疫病的防控,《重大动物疫情应急条例》提出了"加强领导、密切配合,依靠科学、依法防治,群防群控、果断处置"的 24 字指导方针,指导各地坚持预防为主,落实免疫与扑杀相结合的综合防控策略,落实免疫、监测、流调、扑杀防控措施,有效控制重大动物疫情发生。

(3)动物防疫的基本思想

针对病毒、细菌、寄生虫进化史上的特点,可以明确动物疫病的基本防治策略。对病毒病关键是免疫密度,对细菌病主要是环境消毒,对寄生虫病则是打击病原体和消灭寄生环境并重。单纯从防疫角度来看,病毒病最好防,细菌病次之,而寄生虫病最难防。由于病毒病只有在动物体内能增殖,所以病毒病防控关键是控制传染源,细菌病防控主要是控制住环境,但寄生虫病就要兼顾环境和动物体。从危害角度讲,危害最大的是病毒病,由于患病动物的流动,疫情传播的范围最广也最快,甚至超越了国界的限制。

防治病毒病要以没有患病动物为目标,消灭病原和切断传播途径两者并重,这样就能控制源头。主要措施是加强群体强制免疫,提高群体保护水平,控制患病动物流动,在免疫的基础上,再发现患病动物就坚决扑杀。对病毒病而言,扑杀患病动物非常重要,因为免疫后又发病的动物,可能被变异的毒株感染,这样也就必须提高监测、诊断水平。如果让患病动物流动,可能破坏全部的免疫计划,引发新的疫情流动。从生物进化的角度讲,变异是进化的基础,病毒变异是普遍存在的。如任何一次口蹄疫的流行,都是两个以上血清亚型毒株作用的结果。

防治细菌病的根本措施是通过环境消毒,消灭环境中蓄积的细菌,使之达不到使动物发病的阈值(即最小数量),辅以药物预防、适当的治疗,或者实施必要的免疫手段。饲养者应重视环境消毒,防止细菌病成为多发病,一旦发病应尽早确诊并及时治疗,避免更大损失。

防治寄生虫病的策略是驱除并杀灭动物体内外寄生虫,保护动物健康。基本的原则就是在寄生虫性成熟前和动物生长迅速的关键时期主动用药。如猪蛔虫,性成熟期为 2～2.5 个月,应该每 1.5 个月驱虫 1 次。再如肝片吸虫,性成熟期为 3～4 个月,应该每 2.5 个月驱虫 1 次,保证动物体内没有成熟的虫体,再辅以良好的饲养方式和饲养习惯,从环境措施上加大力度以阻断传播。

(4)动物疫病防控的技术路线

动物疫病防控的技术路线要点是:第一,要进行免疫;第二,要进行疫情监测,监测中未见异常的通过检疫后进入交易市场或屠宰加工,监测中发现动物疫情或疑似疫情的,进行疫情报告;第三,由各级动物疫病预防控制中心、国家参考实验室和区域性实验室进行诊断,根据诊断结果划定疫点、疫区和受威胁区;第四,对疫区进行强制封锁,并按有关规定实施强制扑杀、无害化处理和消毒,同时通过流行病学调查追溯疫源,并加强效果监测;第五,在一个潜伏期后经验收合格解除封锁,逐步恢复生产和交易。

（二）动物检疫概述

(1)动物检疫的概念

通常所说的动物检疫包括动物检疫和动物产品检疫两个方面。所谓动物检疫是指为了预防、控制动物疫病，防止动物疫病的传播、扩散和流行，保护养殖业生产和人体健康，由法定的机构、人员，依照法定的检疫项目、标准和方法，对动物及其产品进行检查、定性和处理的一项带有强制性的技术行政措施。

(2)动物检疫的性质

动物检疫是一种以技术为依托的政府监督管理职能。检疫是由法律、行政法规规定的具有强制性的行政措施。检疫具有技术方法标准和处理方式的规范性及法律效力的时效性。管理相对人参与动物及动物产品的生产和经营行为，应主动报检并给予积极配合，否则可依据有关法律、法规进行处罚。

(3)动物检疫的原则

动物疫病具有传染性和扩散性，一旦发生将会带来较大的损失和工作难度，因此动物疫病的防控必须以预防为主。检疫工作必须尊重事实，做到有法可依、有法必依，否则就会受到法律制裁。

检疫工作是一项以技术为基础的行政工作，所制定的规程、标准和方法都要以科学为基础，技术的保障来源于科学。检疫后的处理必须要实事求是地按照检疫结果进行，否则就是违法，也会给国家和当事人带来损失。检疫是行政行为，必须与经营相分离。

检疫工作是为社会发展、为人民服务的，因此其手续要简便，方法要快捷，工作要严谨，布局要合理，即既要有利于把关，又要方便往来，有利于生产和流通。

(4)动物检疫的特点

动物检疫的性质决定了其不同于一般的诊断，并具有以下特点：强制性；须由法定的机构和人员实施；须按照法定的检疫项目和检疫对象进行检查；须按照法定的检疫标准和方法进行操作；须按照法定的处理方式处理检疫结果；须出具法定的检疫证、章及标志。

二、动物防疫与检疫技术的主要内容

动物防疫与检疫技术是集动物环境卫生、动物诊疗技术、动物微生物与免疫、动物传染病和动物寄生虫病诊断及预防技术等多方面知识、技能于一体的综合性课程，是动物防疫与检疫专业的一门核心职业技术课程，也是动物医学、畜牧兽医及相关专业的一门重要专业课程。

根据动物疫病“预防为主”的方针，结合“养、防、检、治”4 个基本环节的综合性措施，本教材主要介绍了生物安全基础工程建设、动物环境卫生管理、兽医卫生消毒、生物及药物防治、疫病监测与净化、动物疫病区域化管理、畜禽标识和动物疫病可追溯体系建设、重大动物疫情处理等防疫措施的基本理论和基本操作要领；动物主要疫病检疫及动物在饲养、运输、屠宰等生产流通环节的检疫要领。

为突出教材的职业性和内容实用性，在传统教材的基础上增设了消毒设备、检疫器械使用等内容。本教材结合动物防疫检疫职业岗位(群)生产实际，编写了典型工作任务 36

个。由于本教材与其他诸多相关课程有着紧密联系，在内容编排上，为尽量避免重复或脱节，坚持从“实用、够用”出发，既考虑到本课程内部各知识点之间、本课程与其他课程之间的有机衔接，同时也注意力求精简。

三、动物防疫与检疫的目的和任务

(1)促进我国养殖业持续健康发展

养殖业是我国农业和农村经济结构战略性调整中的优势产业，发展前景广阔。随着我国养殖业规模不断扩大，商品率不断提高，养殖密度和流通半径不断加大，境内外动物及其产品贸易活动日益频繁，非洲猪瘟等一些重大动物疫病呈大范围流行态势。重大动物疫情的发生，给养殖业生产造成巨大损失。据测算，我国每年仅动物发病死亡造成的直接损失近400亿元，相当于养殖业总产值增量的60%左右。加强动物防疫检疫，可以及时、准确地掌握动物疫病流行动态，为制订动物防疫计划和具体措施提供可靠的科学依据。加强动物防疫体系建设，预防和控制口蹄疫、高致病性禽流感等重大动物疫病的发生，降低养殖业的疫病风险，对于促进养殖业持续健康发展，繁荣畜牧业经济，增加养殖收入至关重要。

(2)保障动物源性食品安全和公共卫生安全

人畜共患病不仅给养殖业及相关产业造成巨大经济损失，影响国民经济的持续健康发展，而且直接威胁人类健康，打乱正常的社会生活秩序，引发严重的社会问题。我国作为养殖大国，人畜共患病时有发生。研究表明，70%的动物疫病可以传染给人类，75%的人类新发传染病来源于动物或动物源性食品，动物疫病如不加强防治，将会严重危害公共卫生安全。长期存在的动物炭疽、结核病、布鲁氏菌病、狂犬病、包虫病等人畜共患病，直接或间接来源于动物。通过实施动物免疫、兽医卫生消毒、疫病监测净化、合理药物预防和动物及动物产品检疫，可以有效阻止人畜共患病的发生和传染，对确保动物源性食品安全和公共卫生安全具有重要意义。

(3)提高我国动物产品国际竞争力

我国畜禽水产品产量世界第一，但近年来整体上呈现进口多于出口的状态。主要原因在于，一方面发达国家出于保护本国产业利益，采取不断颁布新的技术标准和技术法规，规定苛刻的包装和标签要求，执行严格的动物性产品质量认证制度，采取出口企业注册备案制度及其他登记管理制度等技术性贸易措施，对进口中国动物产品进行严格限制；另一方面主要是动物疫病的影响，我国目前尚有高致病性禽流感、口蹄疫、新城疫、高致病性猪蓝耳病、猪瘟等一类动物疫病没有得到消灭或有效控制，直接影响到我国动物产品的出口；此外，因疫病用药导致的兽药残留超标，也是造成动物产品出口屡屡受阻的重要原因，并已影响到我国动物及其产品的国际声誉。因此，开展动物防疫检疫，有效控制、扑灭动物疫病及减少兽药使用与残留，是提高我国动物产品整体质量和国际竞争力的关键。

四、我国动物防疫与检疫工作概况

为了保障养殖业安全、动物产品质量安全和公共卫生安全，我国政府不断强化兽医管理体制和机制建设，加快推进官方兽医和执业兽医制度实施，基本形成了机构健全、制度完善、职责明确、运转高效的兽医管理体制，构成了较为完整的国家级动物疫病防控管理和技术支持体系，建立了覆盖全国的动物疫情报告网络及动物标识和动物疫病可追溯体系，动物防疫检疫工作的法制化、标准化建设日臻完善。

(1)建立了较为完善的动物防疫检疫机构和组织

国务院农业农村部负责组织监督国内动物防疫检疫工作，发布疫情并组织扑灭。全国各省(自治区、直辖市)、市、县均设有兽医行政主管部门，负责辖区内动物防疫、检疫、兽药管理和残留控制等兽医行政管理工作；县级以上地方人民政府设立动物卫生监督机构，负责动物和动物产品的检疫工作和其他有关动物防疫的监督管理执法工作；农业农村部成立了中国动物疫病预防控制中心、中国兽医药品监察所、中国动物卫生与流行病学中心 3 个国家级兽医技术支持机构，为提升动物疫病防治和动物源性食品安全监管技术支撑能力，还建立了国家兽医参考实验室、国家兽医诊断实验室、国家兽药残留基准实验室及国家级兽药安全评价实验室约 20 个实验室，并在全国设立了 304 个国家动物疫情测报站、146 个边境动物疫情测报站，实施疫情预测、预报及疫情收集工作。

全国各省(自治区、直辖市)、市、县均设立了动物疫病预防控制机构，承担动物疫病的监测、检测、诊断、流行病学调查、疫情报告以及其他预防、控制等技术工作；县级地方人民政府兽医主管部门按乡镇或区域设立乡镇畜牧兽医站，承担动物防疫、检疫和公益性技术推广服务职能；国家质量监督检验检疫总局负责出入境动物及动物产品检疫工作，并对出入境检验检疫机构实施垂直管理，在全国各省(自治区、直辖市)、市和主要口岸设有 35 个直属出入境检验检疫局，在海陆空口岸和货物集散地设有近 300 个分支局和 200 多个办事处。

我国设立了多个兽医专业技术委员会、协会和学会等非政府组织，汇集各方力量共同促进全国动物卫生工作开展。全国动物防疫标准化技术委员会主要从事全国动物防疫标准化工作；全国动物防疫专家委员会是为国家动物疫病防控提供决策咨询和技术支持的专家组织；全国动物卫生风险评估专家委员会负责依法开展动物卫生风险评估，为动物卫生风险管理提供决策咨询和技术支持的专家组织等。

(2)动物防疫检疫法制化、标准化不断加强

制定、颁布和实施动物防疫检疫的法律、法规，使动物防疫检疫工作走上法制轨道，做到依法制疫，是动物防疫检疫工作得以正常运行并发挥其应有作用的根本保证。目前，我国已经制定了《中华人民共和国动物防疫法》《中华人民共和国进出境动植物检疫法》《兽药管理条例》《重大动物疫情应急条例》《动物检疫管理办法》等动物防疫检疫的法律、法规，为依法防疫检疫提供了法制保障，也标志着我国的动物防疫检疫工作走上了法制化、国际化的轨道。

随着《无规定动物疫病区标准》《集约化猪场防疫基本要求》《中、小型集约化养猪场兽医防疫工作规程》等国家标准以及《畜禽场场区设计规范》《畜禽场环境质量及卫生控制规范》《畜禽场环境污染控制技术规范》《动物免疫接种技术规范》等农业标准的出台，促进了我国各地畜禽场的设施建设、卫生消毒、免疫接种、疫情监测与净化、预防用药等动物防疫工作的标准化和规范化建设。《口蹄疫诊断技术》《动物结核病诊断技术》《血吸虫病诊断技术》《高致病性禽流感疫情判定及扑灭技术规范》《动物布鲁氏菌病诊断技术》等动物疫病诊断、防治标准规范的出台，为我国动物疫病的诊断、防治提供了技术支撑。《跨省调运乳用、种用动物产地检疫规程》《跨省调运种禽产地检疫规程》《生猪产地检疫规程》《生猪屠宰检疫规程》《反刍动物产地检疫规程》《进出境种牛检验检疫操作规程》《进出境禽鸟及其产品高致病性禽流感检疫规范》等技术标准的出台，对促进官方兽医依法检疫、提高检疫质量和检疫水平，奠定了坚实的工作基础。

(3)动物防疫检疫的国际交流与合作日益加强

当今的重大动物疫病已经超越了国界的限制，任何国家都不能“独善其身”，只有国际社会共同努力，才能更好地应对各种困难和挑战。作为维护动物生命健康安全的国际权威机构，世界动物卫生组织(OIE)在疫情的收集、疾病的诊断和防控等方面具有很大的优势。加强与世界动物卫生组织的交流与沟通，实现与世界动物卫生组织的信息共享与技术合作，可以最快地了解全球最新动物疫情，吸收和利用全球最先进的诊断方法和防控经验，提高我国的动物疫病防控水平。我国北、西、南三面与十余个国家接壤，缺少阻隔动物疫病传入的天然屏障。此外，这些邻国处于不同的气候带，生态环境千差万别，动物传染病的流行和变化也更加复杂。因此，周边国家的动物疫情更容易直接对我国造成巨大威胁。因此，加强与周边国家的合作，通过建立疫情互通机制，定期交流动物疫情信息，我们能够迅速了解周边国家动物疫情的发生原因、传播途径和流行趋势等相关情报，尽早制定和实施各种应对防范措施，提高预防动物疫情传入我国的针对性和有效性。

(4)我国动物防疫检疫工作进展和发展趋势

多年来，我国充分借鉴国际经验，立足国情，不断加大兽医工作力度，并取得积极成效。一是深入研究世界动物卫生组织规则，逐步建立了既与国际规则接轨，又适应国内实际的兽医政策、法规、规范和标准体系。二是参照世界动物卫生组织兽医体系能力建设指导原则，积极推进兽医管理体制改革，完善全国兽医管理体系，加快官方兽医和执业兽医制度建设，初步构建了机构健全、分工明确、运转高效的兽医工作体系。三是借鉴国外先进经验，创新动物疫病区域化管理机制，提高重大动物疫病预防控制水平；创新重大动物疫病防控应急管理机制，提高重大动物疫情应急处置能力；创新动物标识及疫病可追溯管理机制，提高动物防疫和动物产品质量安全全程监管能力；创新动物卫生监督执法机制，提高动物卫生监督执法水平；创新兽医事务协调交流合作机制，调动各级各类兽医资源合力促进动物疫病防控工作。

动物疫病防控工作任重道远，我国将进一步提高动物疫病防治能力，加强动物产品质量安全风险管理，提高动物防疫检疫技术水平。一是有计划地控制、净化重点病种。如在口蹄疫和高致病性禽流感防治中，继续实施强制免疫、监测净化等综合防治措施。在高致病性猪蓝耳病、猪瘟、新城疫、沙门氏菌病、禽白血病、猪伪狂犬病和猪繁殖与呼吸综合征防治中，强化种源监测净化等。二是通过创新跨境动物疫病防控模式，完善边境口岸动物防疫安全屏障、外来病监测网络，建立边境免疫带和风险控制区，健全监测巡查制度，协作开展野生动物传播外来动物疫病的风险监测，全面提高外来动物疫病风险预警和风险防范能力。三是通过实施种畜禽场疫病净化策略，严格养殖场所动物疫病风险管理，深化无规定动物疫病区建设，提升动物疫病监测预警处置能力等举措强化动物疫病综合防治能力。四是通过严格动物养殖、移动、屠宰各环节兽医卫生风险管理，建立完善病死畜禽无害化处理机制等加强动物产品质量安全风险管理。五是通过构建从养殖到屠宰全链条兽医卫生风险追溯监管信息体系，完善动物标识及动物产品追溯系统及进境动物检疫管理系统，健全电子检疫证明网络体系，推广电子标识等物联网技术，实现防疫检疫监督工作信息化。

五、国际动物防疫与检疫工作概况

防疫检疫工作在国际社会受到广泛重视，许多发达国家建立了比较完善的动物防疫体系，在动物疫病防治中发挥了重要作用。

(1)健全的兽医组织机构与科学的兽医管理模式

发达国家普遍实行“垂直管理”的官方兽医管理制度。官方兽医制度是世界动物卫生组织对其成员国兽医管理体制的根本要求。发达国家根据这一要求，并结合自己国家的实际情况，建立了不同形式的兽医管理模式。“垂直”兽医管理制度即上级兽医行政管理部门对下级兽医行政管理部门实行直接领导，下级兽医行政管理部门对上级兽医行政管理部门完全负责，且不受当地政府的领导。以德国为例，最高兽医行政长官为国家首席兽医官，该首席兽医官统领全国兽医工作；州和县市的兽医官都由国家首席兽医官领导，而不受地方行政当局即政府部门的领导，以保证其公正性。这种管理体制可以有效地防止地方保护主义，防止地方政府对该级兽医行政管理部门的执法过程的干预，从而维护该级兽医行政管理部门的执法公正。这种管理模式无论对疾病监测和控制、屠宰场检疫以及市场检疫都是十分有效的。发达国家的官方兽医实验室建设体系性强，利用率很高，全国的兽医实验室直接参与疫病的扑灭和控制工作。国家兽医诊断实验室每年投入巨资以维持其运转。另外，在防疫用品上，发达国家也都有很大投入，建立系统的兽医药品冷链系统，建立充裕的兽医药品和生物制品储备物资，建立紧急动物疫病扑杀政府补偿制度等。

(2)高素质的兽医队伍与严格的行业准入制度

按照世界动物卫生组织《国际动物卫生法典》的规定，官方兽医是指由国家行政管理部门授权的兽医，美国称其为兽医官(VMO)，澳大利亚称其为政府兽医。官方兽医官由国家兽医行政管理部门任命，并由国家提供经费支持和保障，代表国家行使动物卫生监督和检验职权，从而促使其公正执法。发达国家普遍制定了严格的兽医行业准入条件，所有兽医人员必须具有大学本科以上学历(美国要求具有兽医博士学位)，接受过官方培训，具备一定年限的实际工作经验后，并经过人力资源机构评估，取得兽医资格才可以加入到兽医队伍。无论官方兽医，还是私人兽医，必须定期接受审核和评估，这充分保证了兽医队伍的高素质，确保了动物防疫工作的效率和质量，同时重视培养建立一支经过认证的防疫骨干队伍。澳大利亚实施的“全国兽疫应急培训计划”，面向生产者、兽医、政府工作人员、急救行业人员等提供相关培训和认证考试，以此提高防疫人员的整体素质以及应急反应能力。

(3)完善的动物防疫法律法规体系

发达国家动物防疫立法起步很早，现已基本形成完善的动物防疫法律法规体系，并且由于其立法技术、立法模式、立法程序和执法体系的综合作用，使得其法律规范具有很强的体系性、可操作性、即时性和强制性，能够很好地为动物防疫和畜产品国际贸易服务。

如《美国联邦法典》第9卷是关于动物卫生方面的法律。该卷收集了近100个方面的动物卫生法规，法律条文达5000多条，内容涵盖动物卫生工作的各个方面，法规内容每年修订1次并及时通过各种媒体向公众公布。欧盟的兽医法律体系也毫不逊色，欧盟以指令和决议的形式制定兽医卫生方面的法律法规，仅其目录就达200多页。日本还根据不同时期动物防疫等重点编写相关的防疫手册，对防疫工作中应该做什么、怎么做，都有非常具体的、操作性很强的规定。

(4)科学的动物疫病防控策略

制定和采取科学的疫病防控策略是发达国家建立和维持良好动物卫生状况的重要手段。对于常发病、突发病和外来病，发达国家普遍采取不同的扑灭、防控和应对措施。对于常发且严重危害畜牧业发展的疫病以及人畜共患病，发达国家普遍根据其国内的实际情况，制订科学的重大动物疫病扑灭计划，集中人力财力，有条不紊地进行消灭，并且根据世界贸易组织(WTO)、世界动物卫生组织和联合国粮农组织(FAO)推荐的区域区划理论进行非疫区的管理和认证。而针对突发疫情，欧美等畜牧业发达国家均建立了突发动物疫病应急反应机制，力求在发现疫情后的第一时间迅速扑灭动物疫情。在外来病防范方面，发达国家严格动物及动物产品出入境管理，采取进口前评估风险、进口时检疫产品、进口后追踪的机制，最大限度降低外来病入侵的风险。

同时，发达国家对动物及动物产品生产实施全过程监控，即兽医管理涉及动物饲养、屠宰加工、市场流通和出入境检疫的全过程监控，以维护动物防疫执法过程中的系统性和科学性，降低疫病发生风险。如澳大利亚实施这种监控策略扑灭了60余种重大动物疫病，甚至消灭了布鲁氏菌病和结核病这两种长期威胁人类及动物健康的顽固性人畜共患病。为了应对突发的动物疫情，能迅速控制或扑灭动物疫病，各国分别制订了一套应急计划，包括疫情应急培训、紧急疫情报告热线、物资储备、患病及可疑病畜扑杀等。一旦发现疫情，按照统一的动物防疫工作标准，立即行动，以保证把疫情造成的损失降低到最低程度。发达国家非常重视可追溯性体系建设，重视畜禽登记追踪制度。各国目前已经对所有大家畜建立了登记系统。欧盟有些国家还对猪、禽甚至水生动物建立了登记系统。免疫耳标、尾标是最为常用的登记工具，有些国家还使用了电子标记技术。

项目一

生物安全基础工程建设

岗位需求

畜禽养殖场规划设计；饲养环境控制；养殖场废弃物处理；饲料、饮水、人员、车辆、用具等日常管理；动物疫病可追溯体系建设；满足畜禽养殖企业对动物疫病防治员、动物疫病检疫检验员的岗位要求。

能力目标

掌握畜禽养殖场规划设计的原则和方法、饲养环境的控制、养殖场废弃物的处理，对饲料、饮水、人员开展日常管理，配合开展动物疫病可追溯体系建设。

为使畜禽生长、生产处于最佳状态，国际上提出了生物安全体系概念。所谓生物安全体系，就是防止病原微生物侵入畜禽养殖场并阻断其在畜禽舍和畜禽之间传播以及保障畜禽健康的一整套防御体系。它可分为基础工程和主体工程。基础工程主要包括卫生防疫设施、饲养和管理等；主体工程则主要包括消毒、免疫、药物预防、疫病监测和疫情处理等。这是一项相当复杂的生物安全工程，它牵涉到从畜禽场规划到建筑，从饲养员到企业负责人，从畜禽生产到利用淘汰，从生产到销售等各个方面，贯穿于畜禽生产的始终。生产中任何一个环节都要严格按照防疫的原则进行管理，参与生产的任何一个人都要严格按照防疫的规程操作，才可能避免疫病的暴发。

模块一　卫生防疫设施规划与建设

卫生防疫设施是养殖场减少和避免疾病发生的重要基础设施。建设完善的卫生防疫设施，不仅方便日常饲养管理，而且有利于消毒制度的制订和执行。目前，许多养殖场卫生防疫设施薄弱或达不到防疫要求是影响消毒效果和疾病控制的重要因素。

为有效预防控制动物疫病，维护公共卫生安全，我国2010年实施的《动物防疫条件审核办法》规定，动物饲养场、养殖小区、动物隔离场所、动物屠宰加工场所以及动物和动物产品无害化处理场所，应当符合该办法规定的动物防疫条件，并取得《动物防疫条件合格证》。经营动物和动物产品的集贸市场应当符合该办法规定的动物防疫条件。

一、科学选择场址

场址不仅直接影响养殖场和畜禽舍的小气候环境、养殖场和畜禽舍的清洁卫生、畜禽群的健康和生产，也影响养殖场和畜禽舍的消毒管理及养殖场与周边环境的污染和安全。场址的选择应注意以下方面：

(1)总体要求

选择场址应符合本地区农牧业生产发展总体规划、土地利用发展规划、城乡建设发展规划和环境保护规划的要求。选择场址应遵守十分珍惜和合理利用土地的原则，不应占用基本农田，尽量利用荒地建场。分期建设时，选址应按总体规划需要一次完成，土地随用随征，预留远期工程建设用地。场址应水源充足，排水畅通，供电可靠，交通便利，地质条件能满足工程建设要求。选址时可按表1-1的推荐值估算所需占地面积。在规定的自然保护区、水源保护区、风景旅游区，受洪水或山洪威胁及泥石流、滑坡等自然灾害多发地带以及自然环境污染严重的地区或地段不应建场。

表1-1　畜禽场场区占地面积估算表

场　别	饲养规模	占地面积(m^2/头)	备　注
奶牛场	100～400头成乳牛	160～180	按成奶牛计
肉牛场	年出栏育肥牛1万头	16～20	按年出栏量计
种猪场	200～600头基础母猪	60～80	按基础母猪计

(续)

场　别	饲养规模	占地面积(m^2/头)	备　注
商品猪场	600～3000 头基础母猪	50～60	按基础母猪计
绵羊场	200～500 只母羊	10～15	按成年种羊计
奶山羊场	200 只母羊	15～20	按成年母羊计
种鸡场	1 万～5 万只种鸡	0.6～1.0	按种鸡计
蛋鸡场	10 万～20 万只产蛋鸡	0.5～0.8	按种鸡计
肉鸡场	年出栏肉鸡 100 万只	0.2～0.3	按年出栏量计

(2)地势、地形

场地要地势高燥，向阳背风，排水良好。如果场地地势低洼，排水不畅，容易积水，则有利于寄生虫和昆虫如蚊蝇、蜱、螨等的滋生繁殖，养殖场和畜禽舍易污染，消毒效果差；场地地形要开阔，有利于通风换气，维持场区良好的空气环境。山区建场应选在稍平缓的坡上，坡面向阳，总坡度不超过 25%，建筑区坡度应在 2.5%以内。以便于场内运输和管理。山区建场还要注意地质构造，避开断层、滑坡、塌方的地段，也要避开坡底和谷地以及风口，以免受山洪和暴风雪的袭击。

(3)环境

畜禽场新建场址周围应具备就地无害化处理粪尿、污水的足够场地和排污条件，并通过畜禽场建设环境影响评价。同时应满足卫生防疫要求，场区距铁路、高速公路、交通干线不小于 1000m；距一般道路不小于 500m；距其他禽畜养殖场、兽医机构、畜禽屠宰厂不小于 2000m；距居民区不小于 3000m，并且应位于居民区及公共建筑群常年主导风向的下风处。小型养殖场及养殖户要避开居民污水排放口，远离化工厂、制革厂、屠宰场、畜产品加工厂等易造成环境污染的企业和垃圾场；距离村镇、居民点、河流、工厂、学校以及其他畜禽场有 500m 以上，距离公路 100～300m。如果周围能够设 1000～2000m 的空白安全带会更好。

(4)土壤

场地土壤要求透水性、透气性好，容水性及吸湿性小，毛细管作用弱，导热性小，保温良好；不被有机物和病原微生物污染；没有地质化学环境性地方病；地下水位低和非沼泽性土壤。因而，在不被污染的前提下，选择砂壤土建场较理想。如土壤条件差，可通过加强对畜禽舍的设计、施工、使用和管理，弥补当地土壤的缺陷。

(5)水源

养殖场的水源要充足，水质良好，并且便于防护，不受周围污染，使水质经常处于良好状态。自备井应建在畜禽场粪便堆放场等污染源的上方和地下水位的上游，水量丰富，水质良好，取水方便，避免在低洼沼泽或容易积水的地方打井。水井附近 30m 范围内，不得建有渗水的厕所、渗水坑、粪坑及垃圾堆等污染源。

二、合理规划布局

良好的防疫条件和减少对外部环境的污染是现代集约化养殖场规划建设和生产经营面临的首要问题。根据畜禽场的生产工艺要求，按功能分区布置各个建(构)筑物的位置，为畜禽生产提供一个良好的生产环境。畜禽场一般应划分生活管理区、辅助生产区、生产区和隔离区。充分利用场区原有的地形、地势，保证建筑物具有合理的朝向，满足采光、通风要求，并有足够的防火间距。场区地形复杂或坡度较大时，应作台阶式布置，每个台阶高度应能满足行车坡度要求。场区地面标高除应防止场地被淹外，还应与场外标高相协调。

(一)功能分区

养殖场的功能分区是否合理，各区建筑布局是否得当，不仅影响基建投资、经营管理、生产组织、劳动生产率和经济效益，而且影响场区的环境状况和防疫卫生。因此，认真做好养殖场的分区规划，确保场区各种建筑物的合理布局，十分必要。畜禽场一般应划分生活管理区、辅助生产区、生产区和隔离区(图 1-1)。生活管理区和辅助生产区应位于场区常年主导风向的上风和地势较高处，隔离区位于场区常年主导风向的下风处和地势较低处。

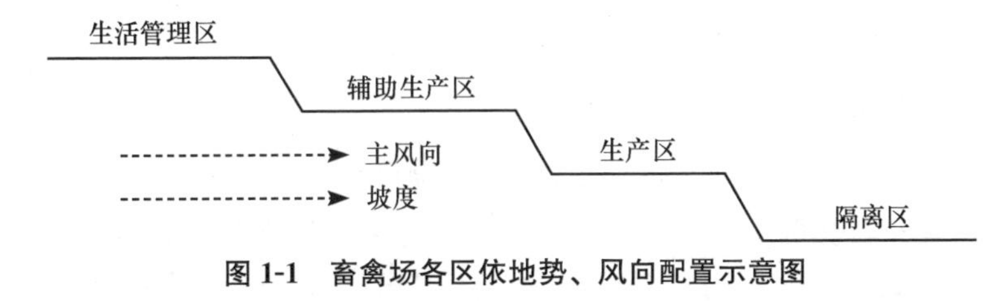

图 1-1　畜禽场各区依地势、风向配置示意图

(1)生活管理区

生活管理区是畜禽场进行经营管理与社会联系的场所，一般应位于场区全年主导风向的上风处或侧风处，并且应在紧邻场区大门内侧集中布置。主要布置管理人员办公用房、技术人员业务用房、职工生活用房、人员和车辆消毒设施及门卫、大门和场区围墙。主要包括办公室、接待室、会议室、技术资料室、食堂餐厅、职工值班宿舍、厕所、传达室、警卫值班室以及围墙和大门，外来人员第一次更衣消毒室和车辆消毒设施等。

(2)辅助生产区

畜禽场的辅助生产区主要布置供水、供电、供热、设备维修、物资仓库、饲料储存等设施。这些设施应靠近生产区的负荷中心布置，与生活管理区没有严格的界限要求。饲料库可以建在与生产区围墙同一平行线上，用饲料车直接将饲料送入料库。要求仓库的卸料口开在辅助生产区内，仓库的取料口开在生产区内，杜绝外来车辆进入生产区，保证生产区内外运料车互不交叉使用。

(3)生产区

生产区是畜禽生活和生产的场所。该区主要布置各种畜禽舍和相应的挤奶厅、乳品预处理间、孵化厅、蛋库、剪毛间、药浴池、家畜采精室、人工授精室、胚胎移植室、装车台、选种展示厅等。为利于防疫，禽场的孵化厅和奶牛场的乳品加工，应与畜禽圈舍保持一定距离或有明显分区。

生产区应位于全场中心地带，地势应低于管理区，并在其下风处。与其他区之间应用围墙或绿化隔离带严格分开，在生产区入口处设置第二次人员更衣消毒室和车辆消毒设施。这些设施都应设置两个出入口，分别与生活管理区和生产区相通。生产区的规划必须兼顾将来技术进步和改造的可能性，可按照分阶段、分期、分单元建场的方式进行规划。

生产区内不同年龄段的畜禽要分小区规划。如鸡场，育雏区、育成区和产蛋区严格分开，并加以隔离，日龄小的鸡群放在安全地带(上风处、地势高的地方)。甚至一些大型鸡场可以专门设置育雏场、育成场(三段制)或育雏育成场(二段制)和成年鸡场，隔离效果更好，更有利于消毒和疾病控制。

(4)隔离区

隔离区是用来治疗、隔离和处理患病畜禽的场所。为防止疫病传播和蔓延，该区应在生产区的下风处，并在地势最低处，而且应远离生产区。隔离舍尽可能与外界隔绝。该区四周应有自然或人工的隔离屏障，设单独的道路与出入口。

隔离区主要布置兽医室、隔离舍、尸体解剖室、病尸高压灭菌或焚烧处理设备及养殖场废弃物、粪便和污水储存与处理设施。隔离区应处于全场全年主导风向的下风处和场区地势最低处，并应与生产区之间设置适当的卫生防疫间距和绿化隔离带。隔离区内的粪便、污水设施也应与其他设施保持适当的卫生距离。隔离区与生产区有专用道路相通，与场区外有专用大门和道路相通。

(二)畜禽舍布置

应按生产工艺流程顺序排列布置，其朝向、间距合理。生产区畜禽舍朝向一般应以其长轴南向，或南偏东或偏西40°以内为宜，这样不仅可以合理利用主导风向，改善通风条件，以获得良好的圈舍环境，而且夏天防暑冬天保温。每相邻两栋长轴平行的畜禽舍间距，无舍外运动场时，两平行侧墙的间距控制在8～15m为宜；有舍外运动场时，相邻运动场栏杆的间距控制在5～8m为宜。每相邻两栋畜禽舍端墙之间的距离以不小于15m为宜。适宜的畜舍间距应根据采光、通风、防疫和消防几点综合考虑，畜禽舍间距应不小于南面畜禽舍檐高的3～5倍。

畜禽舍内地面标高应高于舍外地面标高0.2～0.4m，并与场区道路标高相协调。

(三)场区道路

养殖场道路包括与外部联系的场外主干交通道路和场内内部道路。场外主干道路担负着全场的货物、产品和人员的运输，其路面最小宽度应能保证两辆中型运输车辆的顺利错车，为6.0～7.0m。场内道路的功能不仅是运输，同时也具有卫生防疫作用，因此道路规划设计要满足分流和分工、联系简捷、路面质量、路面宽度、绿化防疫等要求。

场区道路要求在各种气候条件下能保证通车，防止扬尘。道路的设置应不妨碍场内排水，路两侧也应有排水沟、绿化。应分别有人员行走和运送饲料的清洁道、供运输粪污和病死畜禽的污物道及供畜禽产品装车外运的专用通道。场区道路设计标高应略高于场外路面标高。

清洁道也作为场区的主干道，宜用水泥混凝土路面，也可用平整石块或条石路面。宽度一般为3.5～6.0m，路面横坡1.0%～1.5%，纵坡0.3%～8.0%为宜。

污物道路面可同清洁道，也可用碎石或砾石路面及石灰渣土路面。宽度一般为2.0～3.5m，路面横坡2.0%～4.0%，纵坡0.33%～8.0%为宜。

场内道路一般与建筑物长轴平行或垂直布置，清洁道与污物道不宜交叉。道路与建筑物外墙最小距离，当无出入口时1.5m为宜；有出入口时3.0m为宜。

(四)场区绿化

绿色植物不仅能吸收二氧化碳、二氧化硫、氟化氢、氯气、氨、汞和铅等气体，对灰尘和粉尘也有很好的阻挡、过滤和吸附作用，大大减少空气中微生物的数量。因此，养殖场应该大力提倡绿化造林，选择适合当地生长，对人畜无害的花草树木进行场区绿化。绿化率不低于30%，以达到净化场区空气、消除畜禽致病因素的目的。树木与建筑物外墙、围墙、道路边缘及排水明沟边缘的距离应不小于1m。

场界林带的设置 在场界周边种植乔木和灌木混合林带，乔木如杨树、柳树、松树等，灌木如榆叶梅等。特别是场界的西侧和北侧，种植混合林带宽度应在10m以上，以起到防风阻沙的作用。树种选择应适应当地气候特点。

场区隔离林带的设置 常用杨树、槐树、柳树等，两侧种植灌木，总宽度为3～5m。主要用于分隔场区和防火。

场内外道路两旁的绿化 常用树冠整齐的乔木和亚乔木以及某些树冠呈锥形、枝条开阔、整齐的树种。在建筑物的采光地段，不应种植枝叶过密、过于高大的树种，可根据道路宽度选择树种的高矮，以免影响自然采光。

运动场的遮阴林 在运动场的南侧和西侧，应设1～2行遮阴林。多选枝叶开阔、生长势强、冬季落叶后枝条稀疏的树种，如杨树、槐树、枫树等。运动场内种植遮阴树时，应选遮阴性强的树种。

(五)粪污处理

粪污处理工程设施是现代集约化养殖场建设必不可少的项目，从建场伊始就要统筹考虑。其规划设计是粪污处理与综合利用工艺设计，主要内容一般应包括：粪污收集(即清粪)、粪污运输(管道和车辆)、粪污处理工程建筑物(池、坑、塘、井、泵站等)的形式与建设规模。其规划原则是：首先考虑其作为农田肥料的原则；充分考虑劳动力资源丰富的国情，不要一味追求全部机械化；选址时避免对周围环境的污染。还要充分考虑养殖场所处的地理与气候条件，严寒地区的堆粪时间长，场地较大，且收集设施与输送管道要防冻。

粪污处理工程除满足各种家畜每日粪便排泄量外，还需要将全部的污水排放量一并加以考虑。

场区实行雨污分流的原则，对场区自然降水可采用有组织的排水。对场区污水应采用暗管排放，集中处理。

养殖场设置粪尿处理区。此区距畜禽舍30～50m，并在畜禽舍的下风向。储粪场和污水池要进行防渗处理，避免污染水源和土壤。要利用树木等将蓄粪池遮挡起来，建设安全护栏，并为蓄粪池配备永久性的盖罩。

(六)防护设施

养殖场场界要划分明确。规模较大的养殖场，四周应建较高的围墙或较深的防疫沟，以防止场外人员及其他动物进入场区。为了更有效地切断外界的污染因素，必要时往沟内放水。应该指出，用刺网隔离是不能达到安全目的的，最好采用围墙，以防止野生动物侵入。在场内各区域间，也可设较小的防疫沟或围墙，或结合绿化培植隔离林带。不同年龄的畜群最好不集中在一个区域内，并应使它们之间留有足够的卫生防疫距离(100～200m)。

在养殖场大门及各区域、畜舍的入口处，应设相应的消毒设施，如车辆消毒池、人的脚踏消毒槽或喷雾消毒室、更衣换鞋间等。场区出入口处设置与门同宽，长4m、深0.3m以上的消毒池。装设紫外线杀菌灯，应强调安全时间(3～5min)，通过式(不停留)的紫外线杀菌灯照射达不到安全目的。因此，有些养殖场安装有定时通过指示器(定时打铃)的设备。对养殖场的一切卫生防疫设施，必须建立严格的检查制度，予以保证，否则会流于形式。

畜禽场大门应位于场区主干道与场外道路连接处，外来人员或车辆应经过强制性消毒，并经门卫放行才能进场。围墙距一般建筑物的间距不应小于3.5m；围墙距畜禽舍的间距不应小于6m。建筑物布局应紧凑以节约用地。

生产区与生活管理区和辅助生产区应设置围墙或树篱严格分开，在生产区入口处设置第二次更衣消毒室和车辆消毒设施。这些设施一端的出入口开在生活管理区内，另一端的出入口开在生产区内。

模块二　饲养方式与饲养制度

一、自繁自养的饲养方式

所谓自繁自养饲养方式，就是畜禽养殖场为了解决本场仔畜禽的来源，根据本场拟饲养商品畜禽的规模，饲养一定数量的母畜禽的养殖方式。

执行自繁自养方式不仅可以降低生产成本，减少仔畜禽市场价格影响，也可防止由于引入患病动物及隐性感染动物而人为将病原带入本场。有条件自行繁殖的养殖场，如不是很必要，切勿从外地引进种畜禽、种蛋。如果必须从外地或外场购入时，应从非疫区引进，不要从发病场或发病群或刚刚病愈的动物群引入，而且须经兽医人员检疫合格后方可引入。引入后应先隔离饲养30～45天，经检查确认无任何传染病或寄生虫病时，方可入群。禁止来源不明的动物进入场内。严禁将参加过展览及送往集市或屠宰场不合格的动物运回本场混群饲养。

二、全进全出的饲养制度

所谓全进全出，就是指在一个相对独立的饲养单元之内，饲养同样日龄、同样品种和同样生产功能的畜禽。简单地说，就是在一个相对独立的饲养单元之内的所有畜禽，应当同时引入(全进)，同时被迁出予以销售、淘汰或转群(全出)。

实行全进全出的饲养制度，不仅有利于提高动物群体生产性能，而且有利于采取各种有效措施防治畜禽疫病。因为通过全进全出，使每批动物的生产在时间上有一定的间隔，便于对动物舍栏进行彻底的清扫和消毒处理，便于有效切断疫病的传播途径，防止病原微生物在不同批次群体中形成连续感染或交叉感染。畜禽场中经常有畜禽，则很难做到彻底消毒，也就很难彻底清除病原，因此常有“老场不如新场”的说法。

为便于落实全进全出的养殖制度，实施时可将其分为3个层次：一是在一栋动物舍内全进全出；二是在一个饲养户或养殖场的一个区域范围内全进全出；三是整个养殖场实行全进全出。一栋动物舍内全进全出容易做到，以一个饲养户或养殖场的一个区全进全出也不难，但要做到整个场全进全出就很困难，特别是大型养殖场，设计时可考虑分成小区，做到以小区为单位全进全出。

在我国目前的条件下，大中型畜禽场可以考虑以建分场和小场大舍的形式，个体或小型畜禽场可以走联合的道路，使畜禽生产不同阶段处于不同场，各自相对独立，保证全进全出的饲养制度得以贯彻。

三、分区分类饲养制度

所谓分区分类饲养，包含几层含义：一是养殖场应实行专业化生产，即一个养殖场只养一种动物；二是不同生产用途的动物应分场饲养，如种畜禽和商品畜禽应分别养殖在不同场区；三是处于不同生长阶段的同种畜禽应分群饲养。如养猪场应分设仔猪舍、育成猪舍、后备猪舍、妊娠母猪舍、哺乳母猪舍等，便于及时分群饲养。

由于不同动物对同一种疫病的敏感性以及同种动物对同种疫病的敏感性均有不同，在同一畜禽场内，不同用途、不同年龄的动物群体混养时有复杂的相互影响，会给防疫工作带来很大的困难。例如，没有空气过滤设施的孵化厅建在鸡舍附近，孵化室和鸡舍的葡萄球菌、绿脓杆菌污染情况就会变得很严重。当育雏舍同育成鸡舍十分接近而隔离措施不严时，鸡群呼吸道疾病和球虫病的感染则难以控制。因此，对于大型畜禽场而言，严格执行分区分类饲养制度是降低防疫工作难度，提高防疫效果的重要措施。

四、规范日常饲养管理

影响动物疫病发生和流行的饲养管理因素，主要包括饲料营养、饮水质量、饲养密度、通风换气、防暑或保温、粪便和污物处理、环境卫生和消毒、动物圈舍管理、生产管理制度、技术操作规程以及患病动物隔离、检疫等内容。这些外界因素常常可通过改变动物群与各种病原体接触的机会，改变动物群对病原体的一般抵抗力以及影响动物群产生特异性的免疫应答等作用，使动物机体表现出不同的状态。

实践证明，规范化的饲养管理是提高养殖业经济效益和兽医综合性防疫水平的重要手段。在饲养管理制度健全的养殖场中，动物体生长发育良好，抗病能力强，人工免疫的应答能力高，外界病原体侵入的机会少，因而疫病的发病率及其造成的损失相对较小。各种应激因素，如饲喂不及时、饮水不足、过冷、过热、通风不良导致的有害气体浓度升高、免疫接种、噪声、挫伤、疾病等因素长期持续作用或累积相加，达到或超过了动物能够承受的临界点时，可以导致机体的免疫应答能力和抵抗力下降而诱发或加重疾病。在规模化养殖场，人们往往将注意力集中到疫病的控制和扑灭措施上，饲养管理条件和应激因素与机体健康的关系常常被忽略，从而形成了恶性循环。因此，动物疫病的综合防治工作需要在饲养管理条件和管理制度上进一步完善和加强。

模块三　人员、车辆及用具的防疫管理

一、人员的防疫管理

养殖场人员主要包括管理人员、畜牧及兽医技术人员、工勤人员以及外来人员。人员

在畜禽场之间、畜禽舍之间流动，是养殖场最大的潜在传播媒介。当人员从一个畜禽场到另一个畜禽场，或从一个畜禽舍到另一个畜禽舍时，病原体就会通过工作人员的鞋、衣服、帽子、手，甚至分泌物、排泄物等传播开来。因此，畜禽生产中必须高度重视对各类人员的防疫管理。

(一)人员的培训

加强防疫宣传，做好防疫培训，增强各级各类人员的防疫意识。在场内利用各种方式，如标语、口号加强防疫宣传。宣传的内容要简明扼要，易懂易记，除宣传经常性的防疫工作内容外，在不同情况下，根据防疫工作重点，制定专门的口号和标语。

利用各种方式，如讲座、进修、研讨会、录像、录音等，对全体职工加强防疫培训。虽然有些人员的素质较低，每次收获较小，但反复讲解，反复强调，积少成多，总能使他们有比较大的收获。通过防疫宣传和培训，一定要使各级各类人员，包括厂长、经理、饲养员、后勤人员、防疫人员都认识到防疫在畜禽生产中的重要性和自己对疫病发生所起的影响，掌握畜禽防疫的基本原则和基本技术。

(二)建立严格的人员防疫管理制度

(1)饲养人员要求

畜禽场工作的各类人员的家中，都不得饲养畜禽和鸟类，也不得从事与畜禽有关的商业活动、技术服务工作。否则，这些工作人员很容易把病原体从其他地点带至本地。

(2)人员消毒制度

在场工作的各类人员，进入生产区必须换鞋、更衣、洗澡，至少也应当换鞋和更换外套。进畜禽舍时要二次换鞋更衣。应当注意，生产区入口处、消毒室内的紫外线灯因数量少，很难照射到下半身，照射时间短，其消毒效果并不可靠；生产区入口处消毒池和畜禽舍门口的消毒盆也可因消毒液浓度或时间长而失效，消毒效果也不理想。因此，只有更换已经消毒或灭菌的鞋子、工作服才是可靠的。生产区的入口处消毒室应当预备多余的消毒鞋、靴、工作服，供外来人员使用。

(3)管理人员要带头遵守防疫制度

场长、经理、办公室的行政管理人员、兽医有时候是最不遵守卫生规则、防疫制度的人。他们还经常参观访问许多不同类型的畜禽养殖企业、畜禽疾病研究机关，在这些单位很容易被病原体污染。因此，管理人员如能严格遵守卫生规则和防疫制度，起模范带头作用，畜禽场的一切防疫制度都比较容易落实。

(4)饲养人员管理

饲养员应经常洗澡，换洗衣服、鞋袜、工作服，鞋、帽要经常消毒。每次进舍前须换工作服、鞋，并用紫外线照射消毒；手接触饲料和饮水前需用新洁尔灭或次氯酸钠等消毒。饲养员应固定岗位，不得串岗，随便进入其他畜禽舍。发生疫病畜禽舍的饲养员必须严格隔离，直至解除封锁。

(5)严格管理勤杂人员

场内的勤杂人员包括维修工、电工、司机、炊事员、清粪工，他们的工作地点不固定，经常从一栋畜禽舍到另一栋畜禽舍，他们的工具也随之转移。对他们严格管理也是畜禽场人员管理的重要内容。

(6)来宾接待

有时主管部门的领导会来畜禽场视察、检查，有时畜禽场还会邀请专家、学者来场指导。虽然他们是畜禽场的贵宾，接待自然要热情，但他们的活动范围很广，也经常出入其他畜禽场。因此，如果他们进入生产区，也要和其他人员一样进行严格的更衣和消毒。

(7)拒绝无关来访

畜禽场周围居民，尤其是小孩，由于好奇，常希望到畜禽场参观，邻近的畜禽饲养者也互相走访，更有甚者他们会带几只死畜禽请场内兽医帮助诊断。这些都是疾病传播的原因，对于个体畜禽饲养者来说更是如此。如果邻近畜禽场发生了一种非常新奇的疾病，可以通过电话讨论。总之，畜禽场应当拒绝一切无关人员的参观访问。

二、车辆及用具管理

畜禽场中可移动的车辆很多，如运料车、运蛋车、粪车等；用具包括饮水器、喂料器、笤帚、铁锹等。这些车辆、用具除要做定期消毒外，在管理上还应注意：生产区内部的大型机动车不能挂牌照，不能开出生产区，仅供生产区内部使用；外来车辆一律在场区大门外停放；畜禽舍内的小型用具，每栋舍内都要有完整的一套，不准互相借用、挪用；生产周转用具不得在畜禽饲养场间串用，生产区内畜禽舍内的生产周转用具不得带出生产区畜禽舍。一旦带出，经严格消毒后才能重新进入生产区或畜禽舍。不宜借用其他养殖场的车辆和用具，借用前后应严格消毒。

模块四　饲料与饮水管理

一、饲料的管理

(一)饲料管理总要求

购买饲料成品或原料时应注意检查霉变情况，必要时可通过化验进行检验。有时曲霉菌对玉米、豆饼(粕)、花生饼(粕)的污染，虽肉眼检查不能发现，但足以造成畜禽尤其是家禽中毒。

饲料运输、保藏的过程中应防止发霉变质，运输饲料的卡车必须带有篷布。料仓应当不漏雨，并有防潮措施，还应当有防鼠、防鸟措施。老鼠和鸟类偷食饲料，更重要的是它们可能把病原微生物带进饲料中，从而传进畜禽群。

畜禽舍的小料库储存的饲料一般不超过2天的饲喂量。

(二)饲料防霉措施

控制饲料原料的含水量　饲料原料的含水量要按国家标准执行，水分过高易于发霉。因此，谷物在收获后必须迅速进行干燥，使含水量在短时间内降到安全水分范围内，如稻谷含水量降到13%以下，大豆、玉米、花生的含水量分别降到12%、12.5%、8%以下。

我国北方允许含水量略高，贮运时应予以注意，以防途中霉变。

控制饲料加工过程中的水分和温度 饲料加工后如果散热不充分即装袋、储存，会因温差大导致水分凝结，易引起饲料霉变。特别是在生产颗粒饲料时，要注意保证蒸汽的质量，调整好冷却时间与所需空气量，使出机颗粒的含水量和温度达到规定的要求。一般而言，含水量在12.5%以下，温度一般可比室温高3～5℃。

注意饲料产品的包装、储存与运输 饲料产品包装袋要求密封性能好，如有破损应停止使用。应保证有良好的储存条件，仓库要通风、阴凉、干燥，相对湿度不超过70%。还可采用二氧化碳或氮气等惰性气体进行密闭保存。储存过程中还应防止虫害、鼠咬。运输饲料产品应防止途中受到雨淋和日晒。

应用饲料防霉剂 经过加工的饲料原料与配合饲料极易发霉，故在加工时可应用防霉剂。常用防霉剂主要是有机酸类或其盐类，例如丙酸、山梨酸、苯甲酸、乙酸及它们的盐类，其中以丙酸及其盐类丙酸钠和丙酸钙应用最广。目前多采用复合酸抑制霉菌的方法。

(三)防止沙门氏菌污染

饲料污染沙门氏菌是导致畜禽沙门氏菌病传染的重要原因。各种饲料原料均可发现沙门氏菌，尤以动物性饲料原料多见，如肉骨粉、肉粉、鱼粉、皮革蛋白粉、羽毛粉和血粉等。防止饲料污染沙门氏菌，应从饲料原料的生产、储运和饲料加工、运输、储藏及饲喂动物各个环节，采取相应的措施。

选择优质原料 无论用屠宰废弃物生产血粉、肉骨粉，还是利用低值鱼生产鱼粉及液体鱼蛋白饲料，都应以无传染病的动物为原料，不用传染病死畜或腐烂变质的畜禽、鱼类及其下脚料作原料。

科学加工处理 良好的发酵条件可抑制杂菌的生长，大大减少饲料中的有害细菌。通过发酵减少杂菌并快速干燥是保证发酵饲料安全的有效措施。动物性饲料要严格控制含水量，如发酵血粉的含水量应控制在8%以下，而且要严格密封包装。通过热处理可有效地从饲料中除去沙门氏菌。制粒和膨化时的瞬间温度均较高，对热抵抗力弱的沙门氏菌或大肠杆菌有较强的抑制、灭杀作用，应合理选用。

正确使用 动物性饲料的包装必须严密，产品在运输过程中要防止包装袋破损和日晒雨淋；放置饲料的仓库应通风、阴凉、干燥、地势高；可防蚊蝇、蟑螂等害虫和鼠、犬、猫、鸟类等动物的侵入；使用时，不宜在畜禽舍内堆放过多饲料。

添加有机酸 在饲料中添加各种有机酸，如甲酸、乙酸、丙酸、乳酸等，降低饲料pH值，可有效防止污染沙门氏菌。

(四)饲料中细菌总数的测定

饲料中细菌总数是指饲料试样经过处理后，在一定条件下(如培养成分、培养温度和时间等)培养后，所得1g(mL)试样中含细菌总数，主要作为判定饲料污染程度的依据。饲料中细菌总数测定的方法步骤参考GB/T 13093—2006。

(1)原理

试样经过处理，稀释至适当浓度，在一定条件(如用特定的培养基，在温度30℃±1℃，培养72h±3h等)下培养后，所得1g(mL)试样中含细菌总数。

(2)设备及材料

分析天平(感量0.1g)，振荡器(往复式)，粉碎机(非旋风磨，密闭要好)，高压灭菌器(灭菌压力0～3kg/cm²)，冰箱，恒温水浴锅(46℃±1℃)，恒温培养箱(30℃±1℃)，微型混合器，灭菌三角瓶(100mL、250mL、500mL)，灭菌移液管(1mL、10mL)，灭菌试管(16mm×160mm)，灭菌玻璃珠(直径5mm)，灭菌培养皿(直径90mm)，灭菌金属勺、刀等。

(3)培养基及试剂

营养琼脂培养基、磷酸盐缓冲液、0.85%生理盐水、水琼脂培养基、常见消毒药品等。

(4)试样的制备

采样时必须特别注意样品的代表性和避免采样时的污染。首先准备好灭菌容器和采样工具，如灭菌牛皮纸袋或广口瓶、金属勺和刀，在卫生学调查基础上，采取有代表性的样品。

然后根据饲料仓库、饲料垛的大小和类型，分层定点采样，一般可分三层五点或分层随机采样，不同点的样品，充分混合后，取500g左右送检，小量存贮的饲料可使用金属小勺采取上、中、下各部位的样品混合作试样。

(5)测定程序

细菌总数测定程序见图1-2。

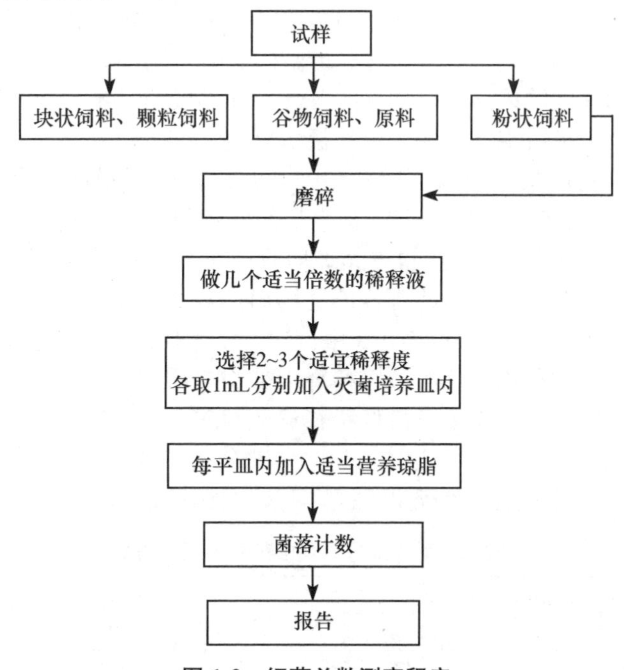

图1-2　细菌总数测定程序

(6)试样稀释及培养

① 以无菌操作称取试样25g(或10.0g)，放入含有225mL(或90mL)稀释液或生理盐水的灭菌三角烧瓶内(瓶内预先加有适当数量的玻璃珠)。置振荡器上，振荡30min。经充分振摇后，制成1∶10的均匀稀释液。最好置均质器中以8000～10 000r/min的速度处理1min。

② 用1mL灭菌吸管吸取1∶10稀释液1mL，沿管壁慢慢注入含有9mL灭菌稀释液

或生理盐水的试管内(注意吸管尖端不要触及管内稀释液)，振摇试管，或放微型混合器上混合30s，做成1∶100的稀释液。

③ 另取一支1mL灭菌吸管，按上述操作方法，作10倍递增稀释，如此每递增稀释一次，即更换一支吸管。

④ 根据饲料卫生标准要求或对试样污染程度的估计，选择2～3个适宜稀释度，分别在做10倍递增稀释的同时，即以吸取该稀释度的吸管移1mL稀释液于灭菌平皿内，每个稀释度做2个平皿。

⑤ 稀释液移入平皿后，应及时将凉至46℃±1℃的培养基(可放置46℃±1℃水浴锅内保温)注入平皿约15mL，小心转动平皿使试样与培养基充分混匀。从稀释试样到倾注培养基之间，时间不能超过30min。如估计试样中所含微生物可能在培养基平皿表面生长时，待培养基完全凝固后，可在培养基表面倾注凉至46℃±1℃的水琼脂培养基4mL。

⑥ 待琼脂凝固后，倒置平皿于30℃±1℃恒温箱内培养72h±3h取出，计数平板内细菌总数目，菌落总数乘以稀释倍数，即得每克试样所含细菌总数。

(7)细菌总数计算方法

做平板菌落计数时，可用肉眼观察，如菌落形态小时可借助于放大镜检查，以防遗漏。在计算出各平板菌落数后，求出同稀释度2个平板菌落的平均值。

(8)菌落计数的报告

选取菌落数在30～300之间的平板作为菌落计数标准。每一稀释度采用2个平板菌落的平均数，如2个平板其中一个有较大片状菌落生长时，则不宜采用，而应以无片状菌落生长的平板作为该稀释度的菌落数；如片状菌落不到平板的一半，而另一半菌落分布又很均匀，即可计算半个平板后乘2以代表全平板菌落数。

稀释度的选择 应选择平均菌落数在30～300之间的稀释度，乘以稀释倍数报告之(见表1-2中例次1)。如有2个稀释度，其生长的菌落数均在30～300之间，视两者之比来决定，如其比值小于或等于2，应报告其平均数；如大于2，则报告其中较小的数字(见表1-2中例次2及例次3)。如所有稀释度的平均菌落数均大于300，则应按稀释度最高的平均菌落数乘以稀释倍数报告之(见表1-2中例次4)。如所有稀释度的平均菌落数均小于30，则应按稀释度最低的平均菌落数乘以稀释倍数报告之(见表1-2中例次5)。如所有稀释度均无菌落生长，则以小于1乘以最低稀释倍数报告之(见表1-2中例次6)。如所有稀释度的平均菌落数均不在30～300之间，其中一部分大于300或小于30时，则以最接近30或300的平均菌落数乘以稀释倍数报告之(见表1-2中例次7)。

表1-2 稀释度选择及细菌总数报告方式

例次	稀释液及细菌总数			稀释液之比	细菌总数[cfu/g(mL)]	报告方式[cfu/g(mL)]
	10^{-1}	10^{-2}	10^{-3}			
1	多不可计	164	20	—	16 400	16 000或1.6×10^4
2	多不可计	295	46	1.6	37 750	38 000或3.8×10^4
3	多不可计	271	60	2.2	27 100	27 000或2.7×10^4
4	多不可计	多不可计	313	—	313 000	310 000或3.1×10^5
5	27	11	5	—	270	270或2.7×10^2
6	0	0	0	—	$<1\times10$	<10
7	多不可计	305	12	—	30 500	31 000或3.1×10^4

结果报告　细菌总数在100以内时，按其实有数报告；大于100时，采用2位有效数字，在2位有效数字后面的数值，以四舍五入方法计算。为了缩短数字后面的零数，也可用10的指数来表示(表1-2)。

二、饮水的管理

水是维持生命的主要物质，占动物组织成分的55%～60%。水能溶解动物体内所需要的营养物质，运送营养，排除废物。为动物提供安全的饮水，防止动物因饮水染疫，是做好饮水管理的根本目的。

(一)养殖场的水源

养殖场的饮用水以自来水为好，同时要自备水源。水源要远离污染源。水源周围50m内不得设置储粪场、渗漏厕所。水井设在地势高燥处，防止雨水、污水倒流引起污染。定期进行水质检测和微生物及寄生虫学检查，发现问题及时处理。

(二)水的细菌学指标

细菌学指标是评价水的质量指标之一，反映了水受到微生物污染的状况。水中可能含有多种细菌，其中以埃希杆菌属、沙门菌属及钩端螺旋体属最为常见。在饮水卫生要求上总的原则是水中的细菌越少越好。评价水质卫生的细菌学指标通常有细菌总数和总大肠菌群数。动物的饮用水和人的饮用水卫生安全指标是一致的。《生活饮用水卫生标准》(GB 5749—2006)规定饮用水消毒细菌学指标应达到如下标准：菌落总数≤100cfu/mL；总大肠菌群不得检出。

(三)水的消毒

天然水应消毒后供给。水消毒的方法很多，如氯化法、煮沸法、紫外线照射法、臭氧法、超声波法。目前应用最广的是氯化消毒法，因为此法杀毒力强、设备简单、使用方便，费用低。常用的氯化消毒剂有液态氯、漂白粉(含有效氯30%)或漂白粉精(含有效氯60%～70%)、次氯酸钠、二氧化氯等。

集中式给水的加氯消毒主要用液态氯，经加氯机配成氯的水溶液或直接将氯气加入管道；分散式给水多用漂白粉精、漂白粉片以及二氧化氯。

(四)供水系统的清洗消毒

供水系统应定期冲洗(通常每周1～2次)，可防止水管中沉积物的积聚。在集约化养鸡场实行全进全出制时，于新鸡群入舍之前，在进行鸡舍清洁的同时，也应对供水系统进行冲洗。通常可先采用高压水冲洗供水管道内腔，而后加入清洁剂，经约1h后，排出药液，再以清水冲洗。清洁剂通常分为酸性清洁剂(如柠檬酸、醋等)和碱性清洁剂(如氨水)两类，使用清洁剂可除去供水管道中沉积的水垢、锈迹、水藻等，并与水中的钙或镁相结合。此外，在采用经水投药防治疾病时，于经水投药之前2天和用药之后2天，也应使用清洁剂来清洗供水系统。

模块五　废弃物处理

一、粪便的处理和利用

畜禽粪便中常常含有一些病原微生物和寄生虫卵，如果不进行消毒处理，容易造成污染和传播疾病。

(一)焚烧

焚烧法是消灭一切病原微生物最有效的方法，常用于处理一些危险的传染病病畜的粪便(如炭疽、马脑脊髓炎、牛瘟、禽流感等)。做法：在地上挖一个深75cm、宽75～100cm的壕沟，在距壕底40～50cm处加一层铁梁(要较密些，否则粪便容易落下)，在铁梁下面放置木材等燃料，在铁梁上放置欲消毒的粪便(图1-3)，如果粪便太湿，可混合一些干草，以便迅速烧毁。但此种方法能损失有用的肥料，并且需要很多燃料，可酌情选用。

(二)化学药品消毒

粪便消毒用的化学药品可用含有2%～5%有效氯的漂白粉溶液、20%石灰乳等，但此法较麻烦，需要消毒的粪便量较少时可选用。

(三)掩埋

将污染的粪便与漂白粉或新鲜的生石灰混合，然后深埋于地下，埋的深度应达2m左右。此种方法简便易行，病原微生物易经地下水散布以及损失肥料是其缺点。

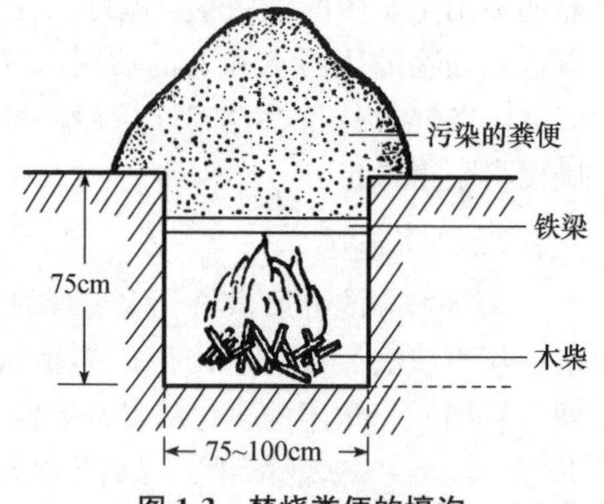

图1-3　焚烧粪便的壕沟

(四)生物热消毒

这是一种最常用的粪便消毒法，既能使非芽孢病原微生物污染的粪便变为无害，又不丧失肥料的应用价值。粪便的生物热消毒通常有2种：一种是发酵池法；另一种是堆粪法。

(1)发酵池法

此法适用于大量饲养畜禽的农牧场，多用于稀薄粪便(如牛、猪粪)的发酵。设备为距农场200m以外无居民、河流、水井的地方挖2个或2个以上的发酵池(池的数量和大小决定于每天运出的粪便数量)。池可筑成方形或圆形，池的边缘与池底用砖砌后再抹以水泥，使其不透水。如果土质干枯、地下水位低，可以不用砖和水泥。使用时先在池底倒一层干粪，然后将每天清除出的粪便垫草等倒入池内，直到快满时，在粪便表面铺一层干粪或杂草，上面盖一层泥土封好。如条件许可，可用木板盖上，以利于发酵和保持卫生。粪便经上述方法处理后，经过1～3个月即可掏出作为肥料。在此期间，每天所积的粪便可倒入另外的发酵池，如此轮换使用(图1-4)。

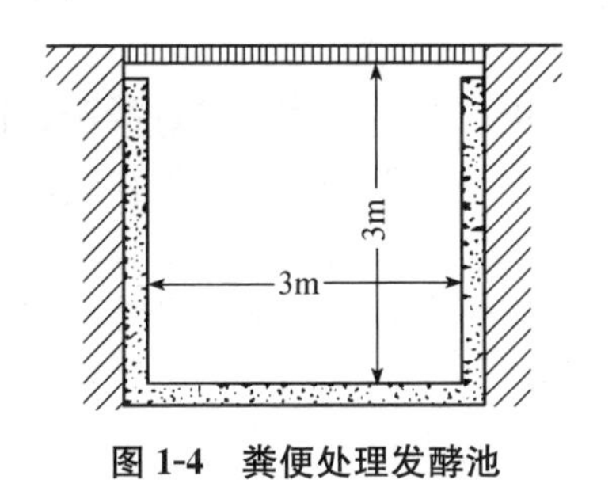

图 1-4　粪便处理发酵池

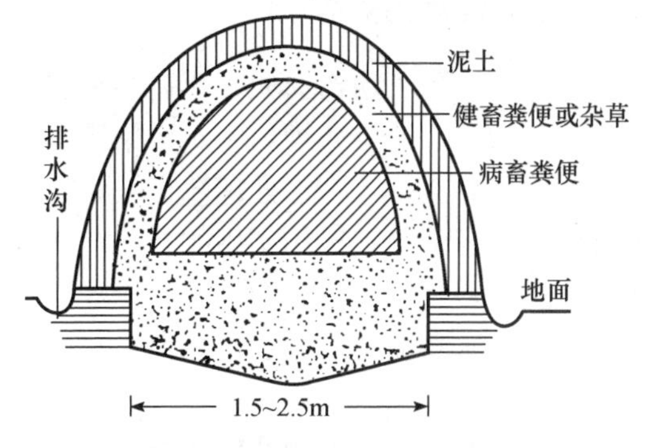

图 1-5　粪便处理堆粪法

(2)堆粪法

此法适用于干固粪便(如马、羊、鸡粪等)的处理。在距农牧场 100m 以外的地方设一个堆粪场。堆粪的方法如下：在地面挖一浅沟，深约 20cm，宽 1.5～2m，长度不限，随粪便多少确定。先将非传染性的粪便或垫草等堆至厚 25cm，其上堆放欲消毒的粪便、垫草等，高达 1.5～2m，然后在粪堆外再铺上厚 10cm 的非传染性的粪便或垫草，并覆盖厚 10cm 的沙子或土。如此堆放 3 周至 3 个月，即可用以肥田(图 1-5)。当粪便较稀时，应加些杂草，太干时倒入稀粪或加水，使其不稀不干，以促进迅速发酵。通常处理牛粪时，因牛粪比较稀不易发酵，可以掺马粪或干草，其比例为 4 份牛粪加 1 份马粪或干草。

二、一般尸体的处理

养殖生产中产生的非正常死亡的动物尸体、流产胎儿、死胎、胎衣、手术脏器等，由于含有较多的病原微生物，容易分解腐败，散发恶臭，污染环境。特别是发生传染病的病死畜禽的尸体，如处理不善，其病原微生物会污染大气、水源和土壤，造成疾病的传播和蔓延。因此，必须及时地妥善处理病死畜禽尸体。

(1)高温处理法

此法是将畜禽尸体放入特制的高温锅(温度达 150℃)内或有盖的大铁锅内熬煮，达到彻底消毒的目的。鸡场也可用普通大锅，经 100℃以上的高温熬煮处理。此法可保留一部分有价值的产品，但要注意熬煮的温度和时间，必须达到消毒的要求。

(2)发酵法

将尸体抛入尸坑内，利用生物热的方法进行发酵，从而起到消毒灭菌的作用。尸坑一般为井式，深达 9～10m，直径 2～3m，坑口有一个木盖，坑口高出地面 30cm 左右。将尸体投入坑内，堆到距坑口 1.5m 处，盖封木盖，经 3～5 个月发酵处理后，尸体即可完全腐败分解(图 1-6)。

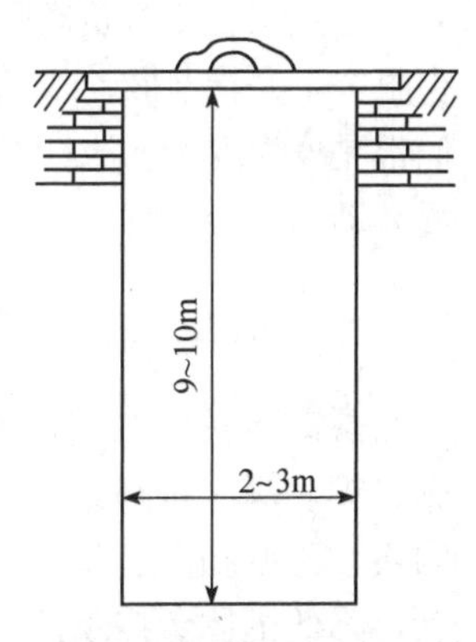

图 1-6　发酵法处理动物尸体的发酵池

在处理尸体时，不论采用哪种方法，都必须将病畜禽的排泄物、各种废弃物等一并进行处理，以免造成环境污染。

三、其他废弃物处理

动物生产中，除了动物粪便、尸体能够造成污染以外，生活污水、饲料残渣或霉变饲料、环境垃圾等也应严格处理，防止污染环境和饲料、饮水。

生活污水可直接排入污水处理池。被病原体污染的污水，可用沉淀法、过滤法、化学药品处理法等进行消毒。比较实用的是化学药品消毒法。方法是先将污水处理池的出水管用一木闸门关闭，将污水引入污水池后，加入化学药品(如漂白粉或生石灰)进行消毒。消毒药的用量视污水量而定(一般1L污水用2～5g漂白粉)。消毒后，将闸门打开，使污水流出(图1-7)。

饲料残渣、霉变饲料可同粪便混合处理。环境垃圾可通过焚烧、深埋等方法处理。

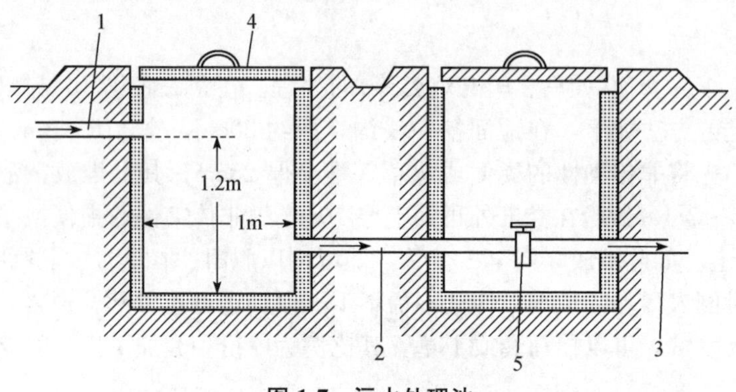

图1-7　污水处理池

1. 污水进水管；2. 出水管；3. 入下水道或渗井口；4. 木板盖；5. 闸门

模块六　大生物害虫的管理

大生物害虫就是肉眼可见的、可对畜禽生产带来安全隐患的生物。畜禽养殖场内大生物害虫主要是指节肢动物(蚊、蝇、虻和蜱等)、鼠类以及一些野生鸟类和宠物(狗、猫等)。它们都是疫病发生和流行的传播媒介，不可忽视。养殖场等应加强动物管理，及时发现并驱赶混入动物群中的野生动物或其他畜禽，严格采取杀虫灭鼠措施，切断传播途径。

一、防虫灭虫技术

畜禽养殖中主要的致病害虫有蚊、苍蝇、蟑螂、白蛉、蠓、虻、蚋等吸血昆虫以及虱、蜱、螨、蚤和其他害虫等。一方面，它们可通过直接叮咬动物传播疾病，如蚊可传播痢疾、乙型脑炎、丝虫病等；同时，叮咬造成的局部损伤、奇痒、皮炎、过敏影响畜禽休息，降低机体免疫功能。另一方面，害虫通过携带的病原微生物污染环境、器械、设备以及饮水、饲料等，也会间接传播疫病。因此，杀灭致病害虫有利于保持畜禽养殖场、屠宰厂、加工厂等场所环境卫生，减少疫病传播，维护人和动物的健康。

(一)防虫灭虫的方法

(1)环境卫生防虫法

搞好养殖场环境卫生，保持环境清洁干燥，是减少或杀灭蚊、蝇、蠓等昆虫的基本措施。如蚊虫需在水中产卵、孵化和发育，蝇蛆也需在潮湿的环境及粪便等废弃物中生长。因此，应填平无用的污水池、土坑、水沟和洼地；定期疏通阴沟、沟渠等，保持排水系统畅通；对贮水池、贮粪池等容器加盖，并保持四周环境的清洁，以防昆虫如蚊蝇等飞入产卵；对不能加盖的贮水器，在蚊蝇滋生季节，应定期换水。永久性水体(如鱼塘、池塘等)，蚊虫多滋生在水浅而有植被的边缘区域。修整边岸，加大坡度和填充浅湾，能有效地防止蚊虫滋生。圈舍内的粪便应及时清除并堆积发酵处理。

(2)物理杀灭法

利用机械方法以及光、声、电等物理方法捕杀、诱杀或驱逐蚊蝇。我国生产的多种紫外线光或其他光诱器，特别是四周装有电栅，通有将220V变为5500V的10mA电流的蚊蝇光诱器，杀虫效果良好。此外，可以发出声波或超声波并能将蚊蝇驱逐的电子驱蚊器等(图1-8、图1-9)，也具有防虫效果。

图1-8 室内用吸入式灭蚊器

图1-9 养殖用吸入式灭蚊器

(3)生物杀灭法

利用天敌杀灭害虫。如池塘养鱼即可达到利用鱼类灭蚊的目的。又如，可应用细菌内毒素制剂杀灭吸血蚊的幼虫。

(4)化学杀灭法

使用天然或合成的毒物，以不同的剂型(粉剂、乳剂、油剂、水悬剂、颗粒剂、缓释剂等)，通过不同途径(胃毒、触杀、熏杀、内吸等)，毒杀或驱逐昆虫。此法使用方便、见效快，是杀灭蚊蝇等害虫的较好方法。常用杀虫剂的性能及使用方法如下。

马拉硫磷 棕色油状液体，强烈臭味。对人、畜毒害小，适于畜舍内使用。防治蚊(幼)、蝇、蚤、蟑螂、螨等。0.2%～0.5%乳油喷雾，灭蚊、蚤；3%粉剂喷洒灭螨、蜱。

二溴磷 黄色油状液体、微辛辣，毒性较强。防治蚊(幼)、蝇、蚤、蟑螂、螨、蜱等，有50%的油乳剂。0.05%～0.1%用于室内外蚊、蝇、臭虫等，野外用5%浓度。

杀螟松 红棕色油状液体，蒜臭味，低毒、无残留。防治蚊(幼)、蝇、蚤、臭虫、螨、蜱等。40%的湿性粉剂灭蚊蝇及臭虫；2mg/L灭蚊。

地亚农 棕色油状液体，酯味，中等毒性。防治蚊(幼)、蝇、蚤、臭虫、蟑螂及体表害虫。滞留喷洒0.5%，喷浇0.05%；撒布用2%粉剂。

皮蝇磷 白色结晶粉末，微臭，低毒，但对农作物有害。防治体表害虫，0.25%喷涂皮肤，1%～2%乳剂灭臭虫。

辛硫磷 红棕色油状液体，微臭，低毒、日光下短效。防治蚊(幼)、蝇、蚤、臭虫、螨、蜱等。$2g/m^2$室内喷洒灭蚊蝇；50%乳油剂灭成蚊或水体内幼蚊。

双硫磷 棕色黏稠液体，低毒，稳定。防治幼蚊、人蚤等。5%乳油剂喷洒，0.5～1mL/L撒布，1mg/L颗粒剂撒布。

杀虫畏 白色固体，有臭味，微毒。防治家蝇及家畜体表寄生虫(蝇、蜱、蚊、虻、蚋)。20%乳剂喷洒、涂布家畜体表，50%粉剂喷洒体表灭虫。

毒死蜱 白色结晶粉末，中等毒性。防治蚊(幼)、蝇、螨、蟑螂及仓储害虫。$2g/m^2$喷洒物体表面。

害虫敌 淡黄色油状液体，低毒，防治蚊(幼)、蝇、蚤、蟑螂、螨、蜱。用法有2.5%的稀释液喷洒，2%粉剂，1～$2g/m^2$撒布，2%气雾。

西维因 灰褐色粉末，低毒。防治蚊(幼)、蝇、臭虫、蜱，25%的可湿性粉剂和5%粉剂撒布或喷洒。

速灭威 灰黄色粉末，中等毒性。防治蚊、蝇。25%的可湿性粉剂和30%乳油喷雾灭蚊。

双乙威 为白色结晶，芳香味，中等毒性。防治蚊、蝇。50%的可湿性粉剂喷雾、$2g/m^2$喷洒灭成蚊。

残杀威 白色结晶粉末，中等毒性。防治蚊(幼)、蝇、蟑螂。$2g/m^2$用于灭蚊、蝇，10%粉剂局部喷洒灭蟑螂。

丙烯菊酯 淡黄色、油状液体，低毒。防治各种医学昆虫，0.5%粉剂、0.6%蚊香，与其他杀虫剂配伍使用。

胺菊酯 白色结晶，微毒。防治蚊(幼)、蝇、蟑螂、臭虫，0.3%的油剂、气雾剂，须与其他杀虫剂配伍使用。

(二)防虫灭虫注意事项

(1)减少污染

利用生物或生物的代谢产物防治害虫，对人畜安全，不污染环境，有较好的持续杀灭作用。如保护好益鸟、益虫等，可充分利用天敌杀虫。

(2)正确选择杀虫剂

不同杀虫剂有不同的杀虫谱，要选择高效长效、速杀、广谱、低毒无害、低残留和廉价的杀虫剂。

二、防鼠灭鼠技术

鼠是许多疫病病原的储存宿主，可通过排泄物污染、机械携带及咬伤畜禽的方式，直接或间接传播多种传染病，如鼠疫、钩端螺旋体病、脑炎、流行性出血热、鼠咬热等。另外，鼠盗食糟蹋饲料，破坏畜禽厩舍建筑、设施等，对养殖业危害极大。因此，必须采取防鼠灭鼠措施，消除鼠患。

(1)防鼠措施

鼠的生存和繁殖同环境和食物来源有直接的关系。破坏其生存条件和食物来源可控制鼠的生存和繁殖。

防止鼠类进入建筑物　鼠类多从墙基、天棚、瓦顶等处窜入室内。在设计施工时注意：畜禽舍和饲料仓库应是砖、水泥结构，设立防鼠沟，建好防鼠墙，门窗关闭严密。墙基最好用水泥制成，碎石和砖砌的墙基，应用灰浆抹缝。墙面应平直光滑。砌缝不严的空心墙体，鼠易隐匿营巢，要填补抹平。为防止鼠类爬上屋顶，可将墙角处做成圆弧形。墙体上部与天棚衔接处应砌实，不留空隙。瓦顶房屋应缩小瓦缝和瓦、椽间的空隙并填实。用砖、石铺设的地面，应衔接紧密并用水泥灰浆填缝。各种管道周围要用水泥填平。通气孔、地脚窗、排水沟(粪尿沟)出口均应安装孔径小于1cm的铁丝网，以防鼠窜入。及时堵塞畜禽舍外上下水道和通风口处等的管道空隙。

清理环境　鼠喜欢黑暗和杂乱的场所。因此，畜禽舍、屠宰厂和加工厂等地要通畅、明亮，物品要放置整齐，使鼠不易藏身。畜禽舍周围不能堆放杂物，及时清除生活垃圾，发现鼠洞要立即堵塞。

断绝食物来源　大量饲料应装袋，放在离地面15cm的台或架上，少量饲料可放在水泥结构的饲料箱或大缸中，并且要加金属盖，散落在地面的饲料要立即清扫干净，鼠无法接触到饲料，就会离开畜禽舍。

改造厕所和粪池　鼠可吞食粪便，厕所和粪池极易吸引鼠。因此，应改造厕所和粪池的结构，使老鼠无法接触到粪便，同时也使鼠失去藏身的地方。

(2)灭鼠措施

器械灭鼠　灭鼠器械主要有夹、关、压、卡、翻、扣、淹、粘等，也可采用电灭鼠和超声波灭鼠等方法，简便易行、效果确实(图1-10、图1-11)。

图1-10　高压电子捕鼠器

图1-11　超声波电子驱鼠器

熏蒸灭鼠　某些药物在常温下易气化为有毒气体或通过化学反应产生有毒气体，这类药剂通称熏蒸剂。利用有毒气体使鼠吸入而中毒致死的灭鼠方法称熏蒸灭鼠。此法不必考虑鼠的习性，兼有杀虫作用，对畜禽较安全。主要用于仓库及其他密闭场所的灭鼠，还可以灭杀洞内鼠。目前使用的熏蒸剂有化学熏蒸剂如磷化铝等和灭鼠烟剂。

(3)毒饵灭鼠(化学灭鼠)

将化学药物加入饵料或水中，使鼠致死的方法称为毒饵灭鼠。毒饵灭鼠效率高、使用方便、成本低、见效快，缺点是能引起人、畜中毒。有些老鼠对药剂有选择性、拒食性和耐药性，所以，使用时须选好药剂并注意使用方法，以保证安全有效，禁用国家不准使用的灭鼠剂(如氟乙酰胺、毒鼠强)。一般情况下，4～5月是各种鼠类觅食、交配期，也是灭鼠的最佳时期。养殖场的鼠类以孵化室、饲料库、畜禽舍最多，是灭鼠的重点场所。投放毒饵时，防止毒饵混入饲料或被人畜误食。鼠尸应及时清理，以防被动物误食而发生二次中毒。选用鼠长期吃惯了的食物作饵料，突然投放，饵料充足，分布广泛，以保证灭鼠的效果。灭鼠药剂种类很多，主要有灭鼠剂、熏蒸剂、烟剂、化学绝育剂等。常用的化学药物及特性如下：

特杀鼠2号(复方灭鼠剂)　为慢性灭鼠剂，安全，有特效解毒剂。浓度0.05%～1%，浸渍法、混合法配制毒饵，也可配制毒水使用。

特杀鼠3号　为慢性灭鼠剂，安全，有特效解毒剂。浓度0.005%～0.01%，配制方法同特杀鼠2号。

敌鼠（二苯杀鼠酮、双苯杀鼠酮）　为慢性灭鼠剂，对猫、犬有一定危险，有特效解毒剂。浓度0.05%～0.3%，黏附法配制毒饵。

敌鼠钠盐　为慢性灭鼠剂，对猫、犬有一定危险，有特效解毒剂。浓度0.05%～0.3%，配制毒水使用。

杀鼠灵（灭鼠灵）　为慢性灭鼠剂，猫、犬和猪敏感，有特效解毒药。浓度0.025%～0.05%，黏附法、混合法配制毒饵。

杀鼠迷（香豆素、立克命、萘满）　为慢性灭鼠剂，安全，有特效解毒剂。浓度0.0375%～0.075%，黏附法、混合法和浸泡法配制毒饵。

氯敌鼠（氯鼠酮）　为慢性灭鼠剂，犬较敏感，有特效解毒剂。浓度0.005%～0.025%，黏附法、混合法和浸泡法配制毒饵。

大隆（沙鼠隆）　为慢性灭鼠剂，不太安全，有特效解毒剂。浓度0.001%～0.005%，浸泡法配制毒饵。

溴敌隆（乐万通）　为慢性灭鼠剂，兔、猪、犬、猫和家禽等注意安全，有特效解毒剂。浓度0.005%～0.01%，黏附法、混合法配制毒饵。

磷化铝　为熏杀药，高毒，无特效解毒药。室内（密闭3～7天），6～12g/m^3，直接投放鼠洞0.5～2片，每片3.3g。

C型肉毒梭菌毒素　为生物毒素，安全性好。配制成水剂毒素毒饵或冻干毒素毒饵。

模块七　动物疫病可追溯体系建设

有效控制疫病的发生、传播和扩散，需要从源头上寻找疫病源，从而从根本上切断疫病传播途径。2006年农业部颁布实施《畜禽标识和养殖档案管理办法》，启动动物标识及疫病可追溯体系（以下简称追溯体系）建设工作。目前追溯体系建设已在全国范围内全面开展，并在动物及动物产品追溯管理和重大动物疫病防控工作中发挥积极作用。农业部动物标识及疫病可追溯体系致力于建立一个现代化的防疫、检疫、监督网络平台。利用现代信息技术工具，在动物生命周期过程中，采集免疫、产地检疫、道路监督、屠宰检疫四大业务环节的信息，信息通过无线数据通信平台汇集到中央数据中心。

一、建设追溯体系的意义

建立动物标识及疫病可追溯体系，是充分利用现代科技，发展现代农业，推进健康养殖，提高动物管理水平的要求；是开展动物流行病学调查、进行动物疫病追踪，提高重大动物疫病防控水平的要求；是对动物及动物产品实施全程有效监管和追踪溯源，提升动物卫生监管水平，确保畜产品安全，建立畜产品消费信心的要求；是与国际上广泛推行动物标识和和可追溯体系的大趋势接轨，防止动物及动物产品国际贸易技术壁垒的要求；是畜牧兽医行业的一项基础工作，非常必要，势在必行。

追溯体系建成后具有重大的社会意义，同时体现了社会公益性。追溯体系推动了动物疫病防控从被动管理向主动管理转变。各级兽医管理机构可以利用管理平台，即时、准确掌握辖区内防疫检疫工作开展情况，及时分析、查找防疫漏洞和薄弱环节，提前采取有效措施，进一步坚实防疫工作基础，强化防检疫监管能力，直接促进基础免疫等重要防控措施的落实。追溯体系实现了动物源性食品从生产到消费的全程实时监管。追溯体系基本满足了管理部门对牲畜从出生到屠宰各环节一体化全程追踪监管的技术需求，实现了对生猪从出生到屠宰上市全程实时监管。

追溯体系实现了重大动物疫情及动物产品质量安全事件快速追踪。如果牲畜及其产品出现问题，就可以立即利用追溯体系追查到牲畜的产地、饲养者、防检疫责任人，追查到牲畜及其产品的流动路线，实现了畜产品安全事件的快速追踪和责任人追查。县级以上人民政府畜牧兽医行政主管部门应当根据畜禽标识、养殖档案等信息对畜禽及畜禽产品实施追溯和处理。

二、畜禽标识管理与使用

畜禽标识是指经农业农村部批准使用的耳标、电子标签、脚环以及其他承载畜禽信息的标识物。畜禽标识是追溯体系建设的基本信息载体，在新型畜禽标识采用二维码技术除了用于标识畜禽个体身份以外，还提供了快捷采集信息的方式。畜禽标识实行一畜一标，编码应当具有唯一性。二维码畜禽标识分为两部分：二维条码和数字编码。二维条码是采用加密技术的行业专用码，具有防伪功能；数字编码部分由 1 位畜禽种类代码（猪、牛、羊的种类代码分别为 1、2、3）、6 位县级行政区域代码、8 位标识顺序号共 15 位数字及专用条码组成（图 1-12 为样例）。编码形式为：×(种类代码)－××××××(县级行政区域代码)－××××××××(标识顺序号)。

农业农村部制定并公布畜禽标识技术规范，生产企业生产的畜禽标识应当符合该规范规定。省级人民政府畜牧兽医行政主管部门应当建立畜禽标识及所需配套设备的采购、保管、发放、使用、登记、回收、销毁等制度。省级动物疫病预防控制机构统一采购畜禽标识，逐级供应。畜禽标识生产企业不得向省级动物疫病预防控制机构以外的单位和个人提供畜禽标识。

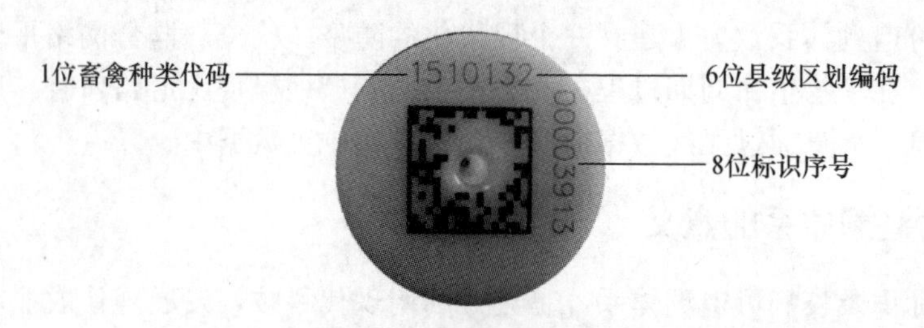

图 1-12 畜禽标识样例

动物卫生监督机构实施产地检疫时，应当查验畜禽标识。没有加施畜禽标识的，不得出具检疫合格证明。应当在畜禽屠宰前，查验、登记畜禽标识。畜禽屠宰经营者应当在畜禽屠宰时回收畜禽标识，由动物卫生监督机构保存、销毁，畜禽标识不得重复使用。畜禽经屠宰检疫合格后，动物卫生监督机构应当在畜禽产品检疫标志中注明畜禽标识编码。

畜禽养殖者应当向当地县级动物疫病预防控制机构申领畜禽标识，并按照下列规定对畜禽加施畜禽标识：①新出生畜禽，在出生后 30 天内加施畜禽标识；30 天内离开饲养地的，在离开饲养地前加施畜禽标识；从国外引进畜禽，在畜禽到达目的地 10 天内加施畜禽标识。②猪、牛、羊在左耳中部加施畜禽标识，需要再次加施畜禽标识的，在右耳中部加施。③畜禽标识严重磨损、破损、脱落后，应当及时加施新的标识，并在养殖档案中记录新标识编码。

三、养殖档案管理与记载

畜禽养殖场应当建立养殖档案，载明以下内容：①畜禽的品种、数量、繁殖记录、标识情况、来源和进出场日期；②饲料、饲料添加剂等投入品和兽药的来源、名称、使用对象、时间和用量等有关情况；③检疫、免疫、监测、消毒情况；畜禽发病、诊疗、死亡和无害化处理情况；④畜禽养殖代码；⑤农业农村部规定的其他内容。

县级动物疫病预防控制机构应当建立畜禽防疫档案，载明以下内容：①畜禽养殖场：名称、地址、畜禽种类、数量、免疫日期、疫苗名称、畜禽养殖代码、畜禽标识顺序号、免疫人员以及用药记录等。②畜禽散养户：户主姓名、地址、畜禽种类、数量、免疫日期、疫苗名称、畜禽标识顺序号、免疫人员以及用药记录等。

畜禽养殖场、养殖小区应当依法向所在地县级人民政府畜牧兽医行政主管部门备案，取得畜禽养殖代码。畜禽养殖代码由县级人民政府畜牧兽医行政主管部门按照备案顺序统一编号，每个畜禽养殖场、养殖小区只有一个畜禽养殖代码。畜禽养殖代码由 6 位县级行政区域代码和 4 位顺序号组成，作为养殖档案编号。

饲养种畜应当建立个体养殖档案，注明标识编码、性别、出生日期、父系和母系品种类型、母本的标识编码等信息。种畜调运时应当在个体养殖档案上注明调出和调入地，个体养殖档案应当随同调运。养殖档案和防疫档案保存时间：商品猪、禽为 2 年，牛为 20 年，羊为 10 年，种畜禽长期保存。从事畜禽经营的销售者和购买者应当向所在地县级动物疫病预防控制机构报告更新防疫档案相关内容。销售者或购买者属于养殖场的，应及时在畜禽养殖档案中登记畜禽标识编码及相关信息变化情况。畜禽养殖场养殖档案及种畜个体养殖档案格式由农业农村部统一制定。畜禽标识和养殖档案记载的信息应当连续、完整、真实。

四、追溯体系的主要组成部分

追溯体系是面向畜牧兽药全行业的、数据密集型的庞大系统。追溯体系涉及畜牧兽医各级领导决策部门、基层防疫检疫监督人员；覆盖了畜禽饲养、免疫、产地检疫、出县境检疫、道路监督、屠宰检疫、产品流通等诸多环节，为我国动物疫病防控及疫病源追踪提供了先进的技术平台。追溯体系从总体上分为畜禽标识申购与发放管理系统、动物生命周期各环节全程监管系统、动物产品质量安全追溯系统三部分。三大系统既紧密衔接，又相互独立，构成从耳标生产、配发，到动物饲养、流通，再到动物屠宰、动物产品销售全程监管追溯体系。

（一）畜禽标识申购与发放管理

我国从 2007 年 3 月起，全面推行新型畜禽标识（二维码标识）。《畜禽标识及养殖档案管理办法》对畜禽标识标准、申领、生产、供应、发放等制定了规范和要求。采用二维码技术的畜禽标识建立了全国唯一编码体系，可以满足对畜禽档案长期保存的有关规定。

畜禽标识申购与发放必须在网络上进行相关标识的申请，审核，审批，生产，发放等管理，从生产到注销具有严格的管理制度。具体流程如下：

耳标申请　县级管理机构根据本辖区耳标需求数量，通过网上申请该数量的耳标。申请以任务作为单位，申请任务畜种由用户指定。

耳标审核　市级耳标管理机构查看并对县级机构的耳标申请任务进行审核，审核意见作为上级耳标管理机构审批耳标的参考意见。

耳标审批　省（自治区、直辖市）级耳标管理机构对提交的耳标申请进行审批，审批时指定耳标生产厂商。如果审批通过，由中央管理机构生成耳标的序列号码。如果审批未通过，则不能生成耳标的序列号码。

耳标生成与下载　中央耳标管理机构定期查看耳标申请和审批情况，核准符合生产标准的任务，通过系统生成耳标编码和二维码数据。同时设定耳标下载的权限和参数，使耳标厂商可以从中央服务器下载耳标数据。

耳标生产　耳标生产企业定期上网查看耳标序号生成情况，下载已允许生产的耳标序列号。耳标生产企业根据耳标订购任务的交货日期排定生产优先级，自动化的耳标生产线完成生产任务。待生产完工后，企业通过网上上传数据确认耳标已生产完毕；企业将合格的耳标发货到县级管理机构。

耳标发货　生产完毕后，生产企业将合格的耳标通过物流网络发货到地区或县级管理机构，同时通过移动智能识读器将发货信息传至中央服务器。

耳标签收　县级管理机构收到耳标后，以任务为单位，核对耳标包装箱信息，如果信息无误，通过网上或移动智能识读设备签收耳标。

耳标发放　乡镇或县机构耳标管理员通过网上或移动设备向防疫员发放耳标，将领用信息传至中央服务器。防疫员领用耳标后，可以完成为畜禽佩戴耳标和其他的防疫工作。

（二）动物生命周期各环节全程监管

动物生命周期全程监管系统是动物标识及疫病可追溯体系建设的重要组成部分，是重大动物疫病和动物产品质量安全监管新的手段和先进技术举措。通过将饲养信息、防疫档案、检疫证明和监督数据传输到中央数据库，实现在发生重大动物疫病和动物产品安全事件时，利用牲畜唯一编码标识追溯原产地和同群畜，以实现快速、准确控制动物疫病的目的。

动物生命周期全程监管系统主要使用移动智能识读器来进行相关信息的采集和传输，在戴标防疫、产地检疫、运输监督、屠宰检疫等几个环节进行相关信息的监管。

在追溯体系中，针对现有动物防疫、检疫、监督环节技术手段较落后的现状，采用移动智能识读器作为信息采集终端，实时地把饲养、产地检疫、运输、屠宰检疫4个环节的防疫、检疫和监督信息通过无线网络传送到中央数据中心。移动智能识读器具有以下主要功能：①无线数据通信；②二维码识读；③IC卡读写；④检疫票据打印。在防疫、检疫、监督工作中应用移动智能识读器可以实现如下目标：减少基层业务人员登记档案时大量的手工操作；采集的数据来自基层工作人员，真实可靠；信息即时传输到中央数据中心，数据可长期保存，并能实现实时准确查询（图1-13）。

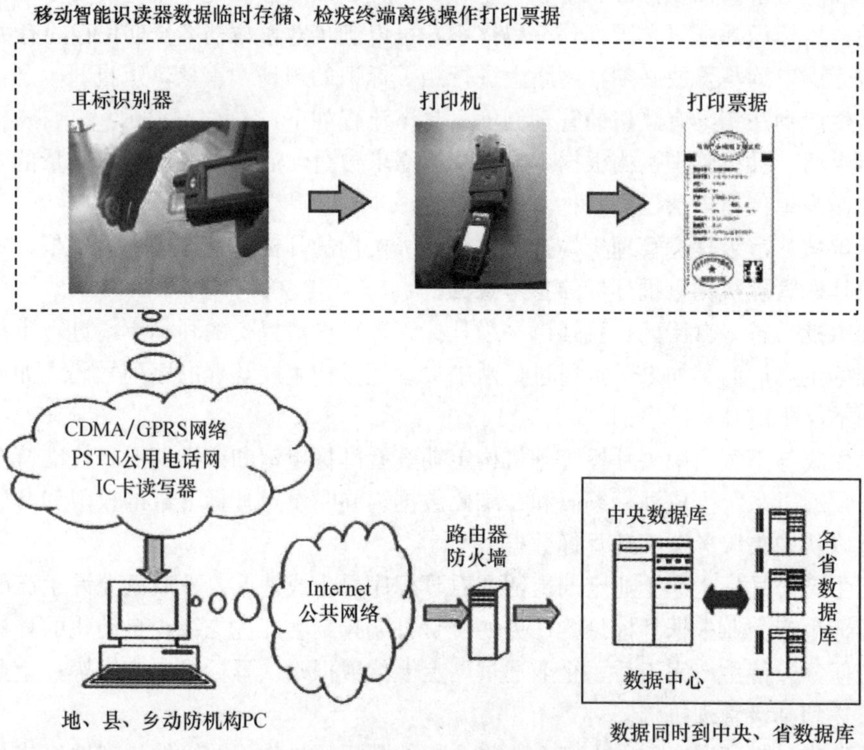

移动智能识读器数据临时存储、检疫终端离线操作打印票据

耳标识别器

打印机

打印票据

CDMA/GPRS网络
PSTN公用电话网
IC卡读写器

Internet
公共网络

路由器
防火墙

中央数据库

各省数据库

数据中心

地、县、乡动防机构PC

数据同时到中央、省数据库

图1-13　畜禽标识信息传输系统示意图

(1) 饲养环节

由防疫员为初生动物佩戴耳标和免疫，扫描耳标二维码信息，录入疫苗信息，利用移动智能识读器将饲养信息存入IC卡中，通过网络将免疫信息上传到中央数据中心。

(2) 产地检疫

由乡镇检疫员通过移动智能识读器扫描耳标二维码，在线查询免疫情况，检疫合格通过移动打印机出具机打产地检疫证；产地检疫证信息通过网络上传到中央数据中心。

(3) 运输监督

道路监督员使用移动智能识读器扫描电子检疫证上的二维码可以鉴别电子检疫证的真伪，也可以通过网络在线查询。监督信息通过网络上传到中央数据中心。

(4) 屠宰检疫

驻厂检疫员移动智能识读器扫描检疫证上的二维码进行信息查验和宰前检疫工作。动物产品出厂前，使用移动智能识读器开具电子检疫证，产品检疫证信息通过网络上传到中央数据中心。

（三）动物产品质量安全追溯系统

在追溯体系中使用识读设备读取动物标识二维码信息，并进行从畜禽标识向标准商品条码的转换和信息绑定工作。从动物胴体转移来的绑定信息通过网络实时传输到中央数据中心。质量安全追溯的主要环节包括：

(1) 屠宰厂标识转换

在屠宰厂的屠宰环节，驻厂检疫员在同步位检线上使用识读设备识读畜禽标识，查验免疫、产地检疫等信息，检疫合格后由系统自动进行标识的转换，由畜禽标识二维码转换为标准商品条码（图 1-14），并以打印产品标签的方式附与动物胴体，随同产品出厂。

(2) 超市（市场）**标识分发**

在超市畜产品分割柜台，售货员使用终端设备识读动物胴体标准商品编码，打印分割产品标签，附在最终消费者选购的商品包装上（图 1-15）。

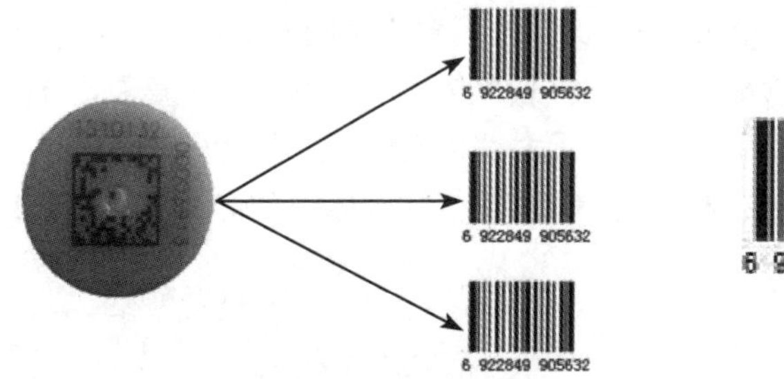

图 1-14　屠宰厂标识转换

图 1-15　超市（市场）**标识转换**

(3) 消费者查验畜产品质量

消费者通过追溯体系提供的查询窗口（互联网、手机、移动智能识读设备）查询动物从出生到屠宰，从饲养地到餐桌的全程质量安全监管信息，实现畜禽产品的质量安全可追溯（图 1-16）。

五、追溯体系信息管理和监督

国家实施畜禽标识及养殖档案信息化管理，实现畜禽及畜禽产品可追溯。农业农村部建立包括国家畜禽标识信息中央数据库在内的国家畜禽标识信息管理系统。省级人民政府畜牧兽医行政主管部门建立本行政区域畜禽标识信息数据库，并成为国家畜禽标识信息中央数据库的子数据库。县级以上人民政府畜牧兽医行政主管部门根据数据采集要求，组织

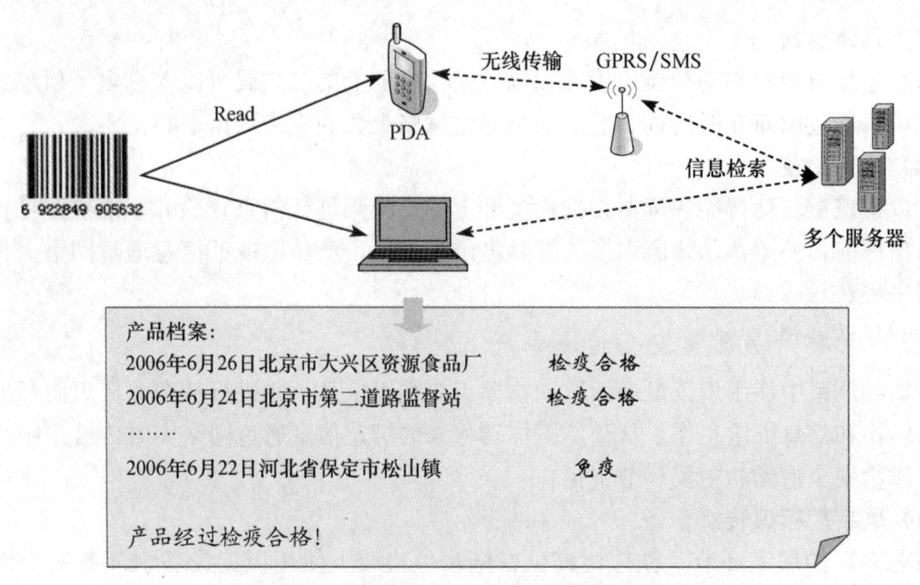

图 1-16 消费者查验畜产品质量数据流向

畜禽养殖相关信息的录入、上传和更新工作。

畜禽标识和养殖档案记载的信息应当连续、完整、真实。县级以上地方人民政府畜牧兽医行政主管部门所属动物卫生监督机构具体承担本行政区域内畜禽标识的监督管理工作。有下列情形之一的，应当对畜禽、畜禽产品实施追溯：①标识与畜禽、畜禽产品不符；②畜禽、畜禽产品染疫；③畜禽、畜禽产品没有检疫证明；④违规使用兽药及其他有毒、有害物质；⑤发生重大动物卫生安全事件；⑥其他应当实施追溯的情形。

县级以上人民政府畜牧兽医行政主管部门应当根据畜禽标识、养殖档案等信息对畜禽及畜禽产品实施追溯和处理。国外引进的畜禽在国内发生重大动物疫情，由农业农村部会同有关部门进行追溯。任何单位和个人不得销售、收购、运输、屠宰应当加施标识而没有标识的畜禽。

任务1 养殖场杀虫、灭鼠

【任务说明】

蚊、蝇、蜱、鼠等都是多种疫病病原的携带者或传播媒介。杀灭害虫，消灭老鼠，在动物养殖场是一项非常重要的防疫工作。本任务旨在使学生掌握养殖场杀虫、灭鼠技术，提高动物疫病防范意识。

【工作场景】

本任务安排在校内外养殖实训基地完成。所需材料包括常用杀虫药、灭鼠药、饵料、杀虫灭鼠器械等。

【工作过程】

学生在养殖场兽医技术人员或饲养人员的指导下，打扫动物圈舍，做到清洁卫生，无粪便、无污水、无垃圾。按照杀虫剂使用说明，根据实际需要药液量，配制杀虫药液，制作杀虫剂。①杀虫：动物舍内外药物杀虫可用敌敌畏 1kg 加水 500kg，喷洒地面、墙壁，也可用蝇毒磷 1kg 加水 400kg 喷洒地面、墙壁；灭蚊、蝇可用 0.2%除虫菊酯煤油溶液喷雾；灭蜱可用二氯苯醚菊酯 15g，加酒精 0.6kg 再加水 22kg 喷雾。灭蝇也可用粘蝇纸、捕蝇器或捕蝇拍。粘蝇纸的做法：2 份松香加 1 份蓖麻油涂在纸上，放在蝇虫聚集的地方，可保持粘蝇特性 2 周。②灭鼠：可以使用捕鼠器捕鼠，也可使用化学药物灭鼠。常用的灭鼠药有：消化道灭鼠药磷化锌，每 $1m^2$ 撒布的饵料中应含 0.5g，老鼠食后多在 24h 内死亡；敌鼠钠盐，饵料中应含 0.25%～0.5%，连续放药 3～5 天，在 5～7 天内出现死鼠高峰。使用这两种灭鼠药要妥善处理鼠尸，以免被其他动物吃掉引起中毒。熏蒸药物可用氯化苦或灭鼠烟剂。氯化苦可用器械将药物直接喷入鼠洞，每洞 5～10mL，以土封洞口。灭鼠烟剂需与研细的硝酸钾或氯化钾按 6∶4 比例混合，分装成包，每包 15g，用时点燃投入鼠洞，以土封洞口。

任务 2　粪便的生物热消毒

【任务说明】

动物粪便中含有大量的病原体，应严格消毒处理使之无害。粪便的消毒有焚烧法、掩埋法、化学消毒法及生物热消毒法。其中生物热消毒法是对粪便经济有效的消毒方法，主要有发酵池法和堆粪法。本任务旨在让学生掌握粪便生物热的消毒方法，提高动物粪便处理利用能力。

【工作场景】

本任务安排在校内外畜禽养殖场进行。养殖场应在专门的场所设置堆放坑或发酵池、干草或秸秆等。如暂无以上设施，有条件新建亦可。

【工作过程】

学生在养殖场技术人员的带领下，实地察看发酵池结构；如无现成的发酵池，则在距养殖场 200m 以外无居民、溪流及水井的地方，挖 2 个发酵池（大小根据实际需要而定），池的边缘与池底用砖砌后再抹上水泥，使其不透水。然后将每天清除的粪便及污物等倒入池内，直到快满时，在粪便表面铺一层杂草，上面用一层泥土封好，经过 1～3 个月取出作肥料用。堆粪前在距养殖场 100m 以外的地方设一个堆粪场，在地面挖一个深约 20cm、宽约 1m 的沟，长度随粪便多少而定。先将干草或秸秆堆至 25cm 厚，其上堆放欲消毒的粪便、垫草及污物等，高可达 1m，然后在粪堆外面再铺上 10cm 厚的谷草，并覆盖 10cm 厚的土，如此堆放 3 周，取出作肥料用。

任务 3　饲料中细菌总数的测定

【任务说明】

保证饲料安全无污染是动物防疫的重要环节。细菌总数主要作为判定饲料被污染程度的标志，可为被检饲料进行卫生学评价时提供依据。本任务旨在使学生掌握饲料中细菌总数的测定的方法步骤，提高养殖生产中饲料安全意识和管理能力。

【工作场景】

本任务可在动物防疫实训室或养殖场兽医室完成，所需条件为天平、振荡器、干热灭菌箱、高压灭菌锅、冰箱、恒温箱、电炉、平皿、吸管、三角烧瓶、玻璃珠、试管、水浴锅、酒精灯、试管架、橡皮乳头、稀释液、平板计数用培养基和水琼脂培养基等。

【工作过程】

学生在专业教师或养殖场技术人员的指导下，无菌操作称取试样，将试样稀释成1∶10的均匀稀释液后，根据饲料卫生标准要求或对试样污染程度的估计，将此稀释液作10倍递增稀释至满足需要为止。选择2～3个适宜的稀释度，每个稀释度做2个平皿，用特定的培养基，在30℃±1℃下培养72h±3h。选择符合要求的平皿，计数平板中长出的菌落平均数，计算每克试样中的细菌数量，撰写细菌总数测定报告。

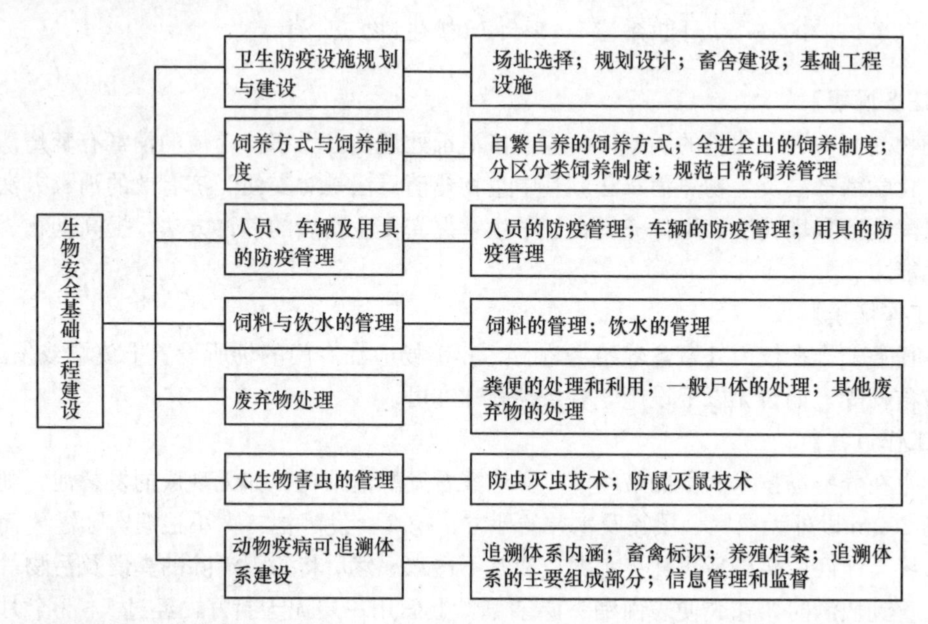

练习思考题

一、单项选择题

1. 山区建畜牧场应选在稍平缓坡上，坡面向阳，总坡度不超过25%，建筑区坡度应在________以内。

A. 2.5%　　B. 10%　　C. 15%　　D. 25%

2. 下列各种畜禽养殖场中，一般分区不明显的是________。

A. 猪场　　B. 奶牛场　　C. 蛋鸡场　　D. 肉鸡场

3. 畜牧场的各分区中，应处于场区常年主导风向下风向处和地势较低处的是________。

A. 隔离区　　B. 辅助生产区　　C. 生活管理区　　D. 生产区

4. 人工受精室一般位于畜牧场的________。

A. 隔离区　　B. 辅助生产区　　C. 生活管理区　　D. 生产区

5. 畜舍防火间距一般为南面畜舍檐口高度的________倍。

A. 3～5　　B. 5～7　　C. 8～10　　D. 12～15

6. ________被禁止用于养殖场灭鼠。

A. 氟乙酰胺　　B. 敌鼠　　C. 杀鼠灵　　D. 磷化铝

7. 畜禽舍的小料库储存的饲料一般不超过________天的饲喂量。

A. 2　　B. 5　　C. 7　　D. 10

8. 目前畜禽饮用水消毒应用最广的方法是________。

A. 氯化法　　B. 煮沸法　　C. 紫外线照射法　　D. 臭氧法

9. 下列药物不可以用来杀虫的是________。

A. 马拉硫磷　　B. 杀虫畏　　C. 辛硫磷　　D. 磺胺嘧啶

10. 新出生畜禽，在出生后________天内必须加施畜禽标识。

A. 15　　B. 30　　C. 45　　D. 60

二、判断题

1. 对于存栏万头以上规模的猪场，通常考虑以场为单位实行全进全出。（　）

2. 畜牧场最大的污水源是生活污水。（　）

3. 公猪、妊娠哺乳母猪、仔猪一般单栏饲养。（　）

4. 畜舍的间距主要是由采光间距来决定。（　）

5. 通常管理区在畜牧场最大风向的上风向处，而隔离区应布置在下风向处。（　）

6. 在进行饲料中细菌总数测定时，采样时必须特别注意样品的代表性和避免采样时的污染。（　）

7. 畜舍应建在地势高燥、地下水位较低、周围排水通畅的地方。（　）

8. 畜禽场一般分为生活管理区、辅助生产区、生产区、隔离区。（　）

9. 同一养殖场内的生产用具可以相互借用。（　）

10. 全进全出的饲养制度，有利于提高动物群体生产性能及采取各种有效措施防控畜禽疫病。（　）

11. 分区分类饲养是大型养殖场减少防疫工作难度，提高防疫效果的重要措施。（　）

12. 评价水质卫生的细菌学指标通常有细菌总数和大肠菌群数。（　）

13. 养殖场各类工作人员家中不宜饲养畜禽和鸟类。（　）

14. 粪便的生物热消毒通常有发酵池法和堆粪法 2 种。（　）

15. 不管养殖规模大小，都应当提倡全进全出的饲养制度。（　）

16. 畜禽标识是指经农业农村部批准使用的耳标、电子标签、脚环以及其他承载畜禽信息的标识物。（　）

17. 从国外引进畜禽，在畜禽到达目的地 30 天内加施畜禽标识。（　）

18. 养殖档案和防疫档案保存时间与动物生命周期一致。（　）

19. 追溯体系从总体上分为畜禽标识申购与发放管理系统、动物生命周期各环节全程监管系统、动物产品质量安全追溯系统三部分。 ( )

20. 畜禽养殖代码由省级人民政府畜牧兽医行政主管部门按照备案顺序统一编号，每个畜禽养殖场、养殖小区只有一个畜禽养殖代码。 ( )

三、综合分析题

1. 王某欲新建一规模化种猪场，按照动物防疫的要求，在选址和建设布局上你能够给他提出哪些建议？

2. 假设你是某鸡场的场长，你对饲养场的相关人员将如何培训与管理？

3. 在不污染环境和有利于疫病防制的前提下，如何充分利用养殖场的畜禽粪便？

4. 你认为小型养殖场及农村养殖户应如何做到生产中饲料和饮水的卫生安全？

5. 什么是动物疫病可追溯体系？建设该体系有何作用？

推荐阅读书目

陈顺友. 畜禽养殖场规划设计与管理. 中国农业出版社，2009.

高凤仙，钟元春. 畜禽养殖场规划与设计. 湖南科学技术出版社，2010.

李学森，任玉平. 家庭牧场及健康养殖规范设施规划设计. 中国农业科学技术出版社，2011.

兽医消毒技术

岗位需求

消毒方法的选择；各类消毒设施、设备的使用；消毒剂的选用；消毒的实施；消毒效果检查。

能力目标

根据消毒对象、病原体选择合适的消毒方法；能使用各类消毒设施、设备；熟悉各类消毒剂的特性，根据实际情况选用合适的消毒药；能独立进行畜禽舍场区、畜禽舍、孵化室等场所的消毒；能正确开展消毒效果的检查及评价。

消毒是指采用物理的、化学的和生物学的方法清除或杀灭外界环境（各种物体、场所、饲料、饮水及畜禽体表皮肤、黏膜及浅表体腔）中病原微生物及其他有害微生物的防疫措施。及时正确的消毒能有效切断疫病传播途径，阻止疫病的蔓延、扩散，是重要的综合性防疫措施之一。尤其是在养殖业规模化、集约化和舍内高密度饲养的情况下，消毒工作更加重要。

模块一 消毒方法的选择

微生物种类、形态构造及所处的环境条件不同，其适应力和抵抗力存在差异，需要采取不同的消毒方法。常用方法有物理消毒法、化学消毒法及生物学消毒法。

一、物理消毒法

物理消毒法指应用物理因素杀灭或清除病原微生物及其他有害微生物的方法。物理消毒法包括清除、辐射、煮沸、干热、湿热、火焰焚烧及滤过除菌、超声波、激光、X射线消毒等。由于简便经济，常用于场地、设备、卫生防疫器具和用具的消毒。

（一）清除消毒

清除消毒指通过清扫、冲洗、洗擦和通风换气等手段达到清除病原体的目的，是最常用的一种消毒方法，也是日常的卫生工作之一。

用清扫、铲刮、冲洗等机械方法清除降尘、污物及污染的墙壁、地面以及设备上的粪尿、残余的饲料、废物、垃圾等，可除掉70%的病原体，并为化学消毒创造条件。机械清除并不能杀灭病原体，必须结合其他消毒方法使用。

通风换气的目的是排出畜禽舍内的污秽气体和水汽，换入新鲜空气。为减少或避免排出的污浊空气污染场区和其他畜舍，可采用纵向通风系统，风机安装在排污道一侧，畜禽舍之间保持40～50m的卫生间距。有条件的畜禽场，可以在通风口安装过滤器，过滤空气中的微粒和杀灭空气中微生物，把经过过滤的舍外空气送入舍内，有利于舍内空气的新鲜洁净。如使用电除尘器来净化畜舍空气中的尘埃和微生物效果更好。

（二）辐射消毒和灭菌

辐射消毒和灭菌主要分为两类：一类是紫外线照射消毒，另一类是电离辐射消毒。

(1) 紫外线照射消毒

紫外线照射就是将待消毒的物品放在日光下暴晒或放在人工紫外线灯下，利用紫外线、灼热以及干燥等作用使病原微生物灭活而达到消毒的目的。紫外线可以杀灭各种微生物，包括细菌、真菌、病毒和立克次体等。此法较适用于畜禽圈舍的垫草、用具、进出的人员等的消毒，对被污染的土壤、牧场、场地表层的消毒均具有重要意义。一般常用的灭菌消毒紫外灯是低压汞气灯，紫外线波长为253.7nm。

紫外灯的配置和安装 生产区入口消毒室宜按照不低于1W/m^3配置相应功率的紫外灯。例如：消毒室面积25m^2，高度为2.5m，其空间为37.5m^3，则宜配置40W紫外灯1支，或20W紫外灯2支，后者的配置更好。如房间只需安装1支紫外灯，则应吊装在房间的正中央；如需配置2支紫外灯，则2支灯互相垂直安装为好 。

紫外灯安装的高度应距天棚有一定的距离。照射时，灯管距离污染表面不宜超过1m，消毒有效区为灯管周围1.5～2m，所需时间为30min左右。

生产人员紫外线消毒一般程序　在养殖场生产区入口，常用紫外线照射进行人员消毒。一般程序是：人员→沐浴→换工作服，经紫外线消毒→进入生产区；或：人员→脱掉外衣，经紫外线照射消毒→换工作服→进生产区。

(2) 电离辐射消毒

电离辐射是利用γ射线、伦琴射线或电子辐射能穿透物品，杀死其中的微生物的低温灭菌方法。由于是低温灭菌，适用于不耐热物品，可用于饲料和肉蛋成品的消毒灭菌。

（三）高温消毒和灭菌

高温对微生物有明显的致死作用。所以，应用高温进行灭菌是比较确实可靠而且也是常用的物理方法。高温可以灭活包括细菌及繁殖体、真菌、病毒和抵抗力最强的细菌芽孢在内的一切微生物。高温消毒和灭菌方法主要分为干热消毒灭菌和湿热消毒灭菌。

(1) 干热消毒和灭菌法

灼烧或焚烧消毒法　指直接用火焰灭菌。适用于金属笼具、地面、墙壁以及兽医使用的接种针、接种环、剪刀等耐热的金属器材。接种针、环、棒以及剖检器械等体积较小的物品可直接在酒精灯火焰上或点燃的酒精棉球火焰上灼烧，金属笼具、地面、墙壁的灼烧必须借助火焰消毒器进行。

焚烧主要是对病畜禽尸体、垃圾、污染的垫草、垫料和不可利用的物品器材采用直接点燃或在焚烧炉内烧毁，从而消灭传染源。

热空气灭菌法　又称干热灭菌法。需在电热干烤箱内进行。此法适用于干燥的玻璃器皿，如烧杯、烧瓶、吸管、试管、离心管、培养皿、玻璃注射器、针头、滑石粉、凡士林及液体石蜡等的灭菌。灭菌时，将待灭菌的物品放入烘烤箱内，使温度逐渐上升到160℃，维持2h，可以杀死全部细菌及芽孢。

干热灭菌时注意：①消毒灭菌器械应洗净后再放入电烤箱内，以防附着在器械上面的污物炭化。玻璃器材灭菌前应洗净并干燥，勿与烤箱底壁直接接触，灭菌结束后，应待烤箱温度降至40℃以下再打开烤箱，以防灭菌器具炸裂。②物品包装不宜过大，干烤物品体积不能超过烤箱容积的2/3，物品之间应留有空隙，有利于热空气流通。粉剂和油剂不宜太厚（小于1.3cm），有利于热的穿透。③棉织品、合成纤维、塑料制品、橡胶制品、导热差的物品及其他在高温下易损坏的物品，不可用干烤灭菌。灭菌过程中，高温下不得中途打开烤箱，以免引燃灭菌物品。④灭菌时间计算应从温度达到要求时算起。

(2) 湿热消毒和灭菌法

湿热灭菌法是灭菌效力较强的消毒方法。常用的有以下几种：

煮沸消毒　即利用沸水的高温作用杀灭病原体。常用于针头、金属器械、工作服、工作帽等物品的消毒。煮沸温度接近100℃，10～20min可以杀死所有细菌的繁殖体，对于寄生虫性病原体，消毒时间应加长。若在水中加入5%～10%的肥皂或1%的碳酸钠，使溶液中pH值偏碱性，可使物品上的污物易于溶解，同时还可提高沸点，增强杀菌力。若加入2%～5%的石炭酸，能增强消毒效果，经15min的煮沸可杀死炭疽杆菌的芽孢。煮沸消毒时间，一般从水沸腾时算起。

流通蒸汽消毒　又称常压蒸汽消毒，即利用蒸笼或流通蒸汽灭菌器进行消毒灭菌。一般在100℃加热30min，可杀死细菌的繁殖体，但不能杀死芽孢和霉菌孢子。因此常在100℃ 30min灭菌后，将消毒物品置于室温下，待其芽孢萌发，第2天、第3天再用同样的方法进行处理和消毒。这样连续3天3次处理，即可保证杀死全部细菌及其芽孢。这种连续流通蒸汽灭菌的方法，称为间歇灭菌法。此消毒方法常用于易被高温破坏的物品，如血清培养基、牛乳培养基、糖培养基等的灭菌。若为了不破坏血清等，还可用较低一点温度如70℃加热1h，连续6次，也可达到灭菌的目的。

巴氏消毒法 是法国微生物学家巴斯德为葡萄酒消毒时发明，并以他的名字来命名的一种消毒方法。指在规定时间内以不太高的温度处理液体食品的一种加热灭菌方法。此法常用于啤酒、葡萄酒、鲜牛奶等食品的消毒以及血清的消毒。温度一般控制在61～80℃。根据消毒物品性质确定消毒温度，牛奶62.8～65.6℃，血清56℃。

高压蒸汽灭菌 利用高压灭菌器进行，通常压力达到1×10^5Pa，温度121.3℃时，经过30min即可杀灭所有的细菌以及繁殖体和芽孢。此法具有灭菌速度快、效果可靠的特点，常用于玻璃器皿、纱布、金属器械、培养基、橡胶制品、生理盐水、针具等消毒灭菌。

高压蒸汽灭菌应注意：①排净灭菌器内冷空气，排气不充分易导致灭菌失败。一般当压力升至7～14kPa时，缓缓打开气门，排出灭菌器中的冷空气，然后再关闭气门，使灭菌器内的压力再度上升。②要从压力升到所需压力时计算灭菌时间。③消毒物品的包装和容器要合适，不要过大、过紧，否则不利于空气穿透。④注意安全操作，检查各部件是否灵敏，控制加热速度，防止空气超高热。

二、化学消毒法

化学消毒法就是利用化学药物（消毒剂）杀灭或清除病原微生物的方法。微生物的形态、生长繁殖、致病力、抗原性等都受化学因素的影响。各种化学物质对病原微生物的抑菌、杀菌作用是不同的，有的使菌体蛋白质变性或凝固，有的可阻碍微生物的新陈代谢的某些环节。生产中，根据消毒的对象，选用不同的药物（消毒剂），进行清洗、浸泡、喷洒、熏蒸，以杀灭病原体。化学药物消毒是生产中最常用的消毒方法，主要应用于养殖场内外环境，禽畜笼、舍、饲槽，各种物品表面及饮水消毒等。

浸洗法 如对注射局部用酒精、碘酊棉球擦拭消毒；对一些器械、用具、衣物等的浸泡消毒，一般应洗涤干净后再行浸泡，药液要浸过物体，浸泡时间应长些，水温应高些。养殖场入口和畜禽舍入口处消毒槽内，可用浸泡药物的草垫或草袋对人员的靴鞋消毒。

喷洒法 喷洒地面、墙壁、舍内固定设备等，可用细眼喷壶；对舍内空间消毒，则用喷雾器。喷洒要全面，药液要喷到物体的各个部位。一般而言，喷洒地面药液量为$2L/m^2$，喷墙壁、顶棚为$1L/m^2$。

熏蒸法 适用于可以密闭的畜禽舍和其他建筑物。这种方法简便，对房屋结构无损，消毒全面，如育雏育成舍、饲料仓库等常用。常用的药物有福尔马林（40%的甲醛水溶液）、过氧乙酸水溶液。为加速蒸发，常利用高锰酸钾的氧化作用。实际操作中应注意：畜舍及设备必须清洗干净；畜舍进出气口、门窗和排气扇等的缝隙要糊严，不能漏气。

气雾法 气雾是将消毒液倒进气雾发生器后喷射出的雾状微粒，分子量极小，能悬浮在空气中较长时间，可飘移穿透到畜禽舍周围及其空隙。气雾法是消灭空气及畜禽体表病原微生物的理想办法。畜禽舍的空气消毒和带畜（禽）消毒等常用。如禽舍空间全面消毒，每立方米用5%的过氧乙酸溶液25mL喷雾。

拌和法 对粪便、垃圾等污物消毒时，可用粉剂消毒药品与其拌和均匀，堆放一定时间，就能达到消毒的目的。如将漂白粉与粪便按1∶5的比例拌和均匀，可进行粪便的消毒。

撒布法 将粉剂型消毒药均匀地撒布在消毒对象表面。如用生石灰加适量水使之松散后，撒布在潮湿地面、粪池周围及污水沟进行消毒。

三、生物学消毒法

生物学消毒法是利用自然界中广泛存在的微生物在氧化分解污物（如垫草、粪便等）中的有机物时所产生的大量热能来杀死病原体。畜禽养殖场中粪便和垃圾的堆积发酵，就是利用嗜热细菌繁殖产生的热量杀灭病原微生物。但此法只能杀灭粪便中的非芽孢性病原微生物和寄生虫幼虫及虫卵，不适于芽孢及患危险疫病畜禽的粪便消毒。粪便、垫料采用此法比较经济，消毒后可作肥料。畜禽生产中常用的生物消毒方法有地面泥封堆肥发酵法和坑式堆肥发酵法等。

地面泥封堆肥发酵法 堆肥地点应选择在距离畜舍、水池、水井较远处。挖一宽1.5～2m，两侧深25cm向中央稍倾斜的浅坑，坑的长度视粪便的多少而定。坑底用黏土夯实，用小树枝条或小圆棍横架于中央沟上，以利于空气流通，沟的两端冬天关闭，夏天打开。在坑底铺一层30～40cm厚的干草或非传染病的畜禽粪便，然后将要消毒的粪便堆积于上，粪便堆放时要疏松，掺10%马粪或稻草。干粪需加水浸湿，冬天应加热水，粪堆高1.2m。粪堆好后，在粪堆的表面覆盖一层厚10cm的稻草或杂草，然后再在草外面封盖一层10cm厚的泥土。这样堆放1～3个月即达消毒目的。

坑式堆肥发酵法 在适当的场所设粪便堆放坑池若干个，坑池的数量和大小视粪便的多少而定。坑池内壁最好用水泥或坚实的黏土筑成。堆粪之前，在坑底垫一层稻草或其他秸秆，然后堆放待消毒的粪便，上方再堆一层稻草或健康畜禽的粪便，堆好后表面加盖或加5～10cm厚的土或草泥，堆放发酵1～3个月即达目的。堆粪时，若粪便过于干燥，应加水浇湿，含水量30%～50%为宜。另外，在生产沼气的地方，可把堆放发酵与生产沼气结合在一起。

应注意的是，生物发酵消毒法不能杀灭芽孢，若粪便中含有炭疽、气肿疽等芽孢杆菌时，则应焚毁或加有效化学药品处理。为减少堆肥过程中产生有机酸，促进纤维分解菌的生长繁殖，可加入适量的草木灰、石灰等调节pH值。此外，在粪便中加入10%～20%已腐熟的堆肥土，可增加高温纤维菌的含量，促进发酵。堆肥内温度一般以50～60℃为宜，气温高有利于提高堆肥效果和堆肥速度。

模块二 消毒设备（设施）的使用

根据消毒方法、消毒性质的不同，消毒设备也可分为多种。消毒工作中，要根据具体消毒对象的特点和消毒要求确定和选择消毒设备，注意各种消毒设备在操作中的事项，提高消毒的效果。

一、物理消毒设备

（一）高压清洗机

（1）高压清洗机用途及分类（图 2-1）

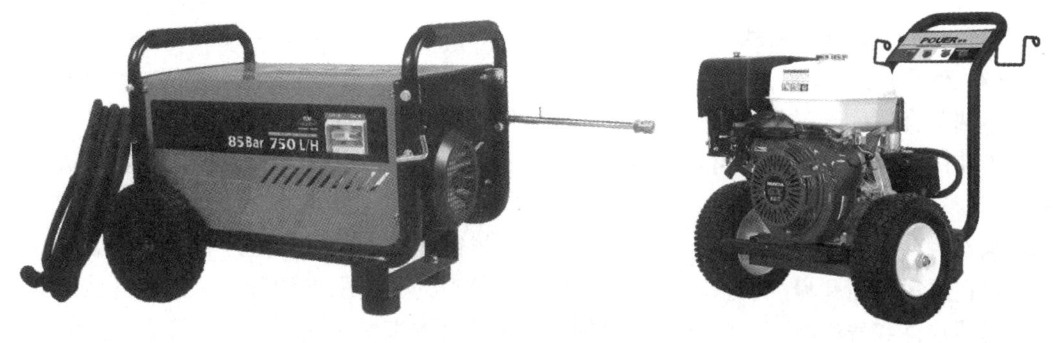

图 2-1 高压清洗机

高压清洗机是依靠出水的冲击力大于污垢与物体表面的附着力，将污垢剥离、冲走，达到清洗物体表面目的的一种清洗设备。可用于冲洗养殖场场地、畜舍建筑、养殖场设施、设备、车辆等。按驱动引擎性质可分为电机驱动高压清洗机、汽油机驱动高压清洗机和柴油驱动清洗机 3 类；有冷水高压清洗机和热水高压清洗机 2 种。

选择高压清洗机应视生产中的使用量及冷热水需要而定。如果每年使用清洗机的时间在 50h 以下，只需要购买小型、价廉的家用清洗机。使用时间在 100h 以上，则应考虑功能强大、使用寿命更长、价格相对较高的专业用高压清洗机。此外还应选择喷头，不同的喷头所造成的清洗效果也不同。如圆形水柱喷头可以增加清洗效率，扇型喷头可以转动喷头作为低压喷雾（可喷肥皂水）及高压扇型水柱，低压刷头可以喷出低压水流轻轻刷洗等。

（2）安全使用注意事项

①操作者应始终戴适当的护目镜、手套和面具。手和脚不接触清洗喷嘴。②要经常检查所有的电接头。③经常检查所有的液体。④经常检查软管是否有裂缝和泄漏处。在检查所有软管接头都已在原位锁定之前，决不要启动设备。在断开软管连接之前，总是要先释放掉清洗机里的压力。每次使用后要排干净软管里的水。⑤当未使用喷枪时，总是将设置扳机处于安全锁定状态。⑥在满足清洗要求的前提下，尽可能地使用最低压力来工作。⑦在接通供应水并让适当的水流过喷枪杆之前，决不要启动设备。然后将所需要的清洗喷嘴连接到喷枪杆上。⑧不要让高压清洗机在运转过程中处于无人监管的状态。不要将喷枪对着自己或其他人。

（二）紫外线灯

目前市售的紫外线灯有多种形式，如直管形、H 形、U 形等，功率从几瓦到几十瓦不等，使用寿命在 300h 左右。常用的是热阴极低压汞灯。国内消毒用紫外线灯光的波长绝大多数在 253.7nm 左右。普通紫外线灯管由于照射时辐射部分 184.9nm 波长的紫外线可产生臭氧，也称为臭氧紫外线灯。

(1) 使用方法

紫外灯主要分固定式照射和移动式照射。固定式照射是将紫外线灯悬挂、固定在天花板或墙壁上，向下或侧向照射。该方式多用于需要经常进行空气消毒的场所，如兽医室、进场大门消毒室、无菌室等。移动式照射是将紫外线灯管装于活动式灯架下，适于不需要经常进行消毒或不便于安装紫外线灯管的场所。消毒效果依据照射强度不同而异，如达到足够的辐射度值，同样可获得较好的消毒效果。

(2) 使用注意事项

①选用合适反光罩，增强紫外线灯光的辐照强度。注意保持灯管的清洁，定期清洁灯管。不使用时，不要频繁开闭紫外线灯，以延长紫外线灯的使用寿命。②照射消毒时，应关闭门窗。人不应该直视灯管，以免伤害眼睛（紫外线可以引起结膜炎和角膜炎）。人员照射消毒时间为 20～30min。③空气的湿度和尘埃能吸收紫外线，应经常擦拭灯管，保持清洁，在湿度较高和粉尘较多时，应适当增加紫外线的照射强度和剂量。④紫外线不能穿透不透明物体和普通玻璃，因此，受照物应在紫外灯的直射光线下，衣物等应尽量展开。

（三）干热灭菌设备

(1) 热空气灭菌设备

热空气灭菌设备主要有电热鼓风干燥箱，用途是对玻璃仪器如烧杯、烧瓶、试管、吸管、培养皿、玻璃注射器、针头、滑石粉、凡士林以及液体石蜡等按照兽医室规模进行配置灭菌（图 2-2、图 2-3）。

图 2-2　电热鼓风干燥箱

图 2-3　干热式快速灭菌器

使用中注意：在干热的情况下，由于热的穿透力低，灭菌时间要掌握好。一般细菌繁殖体在 100℃经 1.5h 才能杀死；芽孢 140℃经 3h 杀死；真菌孢子 100～115℃经 1.5h 杀死。灭菌时也可将待灭菌的物品放进烘箱内，使温度逐渐上升到 160～180℃，热穿透至被消毒物品中心，经 2～3h 可杀死全部细菌及芽孢。

(2) 火焰灭菌设备

火焰灭菌设备主要是火焰专用型喷灯和喷雾火焰兼用型，直接用火焰灼烧，可以立即杀死存在于消毒对象的全部病原微生物。

火焰喷灯（图 2-4A）　是利用汽油或煤油作燃料的一种工业用喷灯。因喷出的火焰具有很高的温度，所以在实践中常用于消毒各种被病原体污染的金属制品，如管理家畜的用具、金属笼具等。但在消毒时不要喷烧过久，以免将消毒物烧坏。在消毒时还应有一定的顺序，以免发生遗漏。

喷雾火焰兼用型（图 2-4B） 产品特点是使用轻便，适用于大型机种无法操作的地方；易于携带，适宜室内外，小型及中型面积处理，方便快捷、操作容易；采用全不锈钢，机件坚固耐用。兼用型除具有火焰喷灯的特点外，还很节省药剂，可根据被使用的场所和目的，用旋转式药剂开关来调节药量；节省人工费用，用 1 台烟雾消毒器能达到 10 台手压式喷雾器的作业效率；消毒器喷出的直径 5～30μm 的小粒子形成雾状浸透到每个角落，可达到最大的消毒效果。

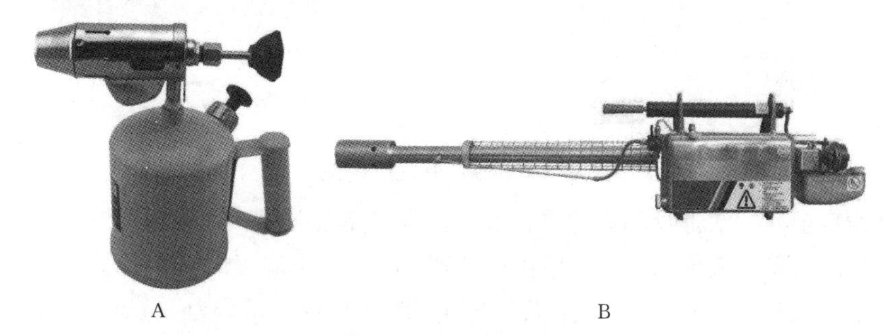

A B

图 2-4 火焰灭菌设备

A. 专用型火焰喷灯；B. 喷雾火焰兼用型

（四）湿热灭菌设备

（1）煮沸消毒设备

煮沸消毒设备主要是消毒锅，适用于消毒器具、金属、玻璃制品、棉织品等。消毒锅一般使用金属容器。这种方法简单、实用、杀菌能力比较强、效果可靠。煮沸消毒时要求水沸腾 5～15min。一般水温能达到 100℃，细菌繁殖体、真菌、病毒等可立即死亡，而细菌芽孢需要的时间比较长，要 15～30min，有的要几个小时才能杀灭。

煮沸消毒时应注意：应清洗被消毒物品后再煮沸消毒；除玻璃制品外，其他消毒物品应在水沸腾后加入；被消毒物品应完全浸于水中，不超过消毒锅总容量的 3/4；消毒时间从水沸腾后计算；消毒过程中如中途加入物品，须待水煮沸后重新计算时间；棉织品的消毒应适当搅拌；消毒注射器材时，针筒、针头等应拆开分放；经煮沸灭菌的物品，“无菌”有效期不超过 6h；一些塑料制品等不能煮沸消毒。

（2）蒸汽灭菌设备

蒸汽灭菌设备主要是手提式下排气式压力蒸汽灭菌器（图 2-5），是畜牧生产中兽医室、实验室等部门常用的小型高压蒸汽灭菌器，容积约 18L，重 10kg 左右。这类灭菌器的下部有个排气孔，用来排放灭菌器内的冷空气。

操作方法 ①在容器内盛水约 3L（如为电热式则加水至覆盖底部电热管）。②将要消毒物品连同盛物的桶一起放入灭菌器内，将盖子上的排气软管插于铝桶内壁的方管中。③盖好盖子，拧紧螺丝。④加热，在水沸腾后 1～15min，打开排气阀门，放出冷空气，待冷气放完关闭排气阀门，使压力逐渐上升至设定值，维持预定时间，停止加热，待压力降至常压时，排气后即可取出被消毒物品。⑤消毒液体时，应慢慢冷却，以防止因减压过快造成液体猛烈沸腾而冲出瓶外，甚至造成玻璃瓶破裂。

图 2-5　高压蒸汽灭菌锅

使用注意事项　①消毒物品应先进行洗涤，再用高压灭菌。②压力蒸汽灭菌器内空气应充分排除。③压力蒸汽灭菌的时间，应由灭菌器内达到要求温度时开始计算，至灭菌完成时为止。一般下排式压力蒸汽灭菌器总共所需灭菌时间是：115℃为 30min，112℃为 20min，126℃为 10min。④消毒物品的包装不能过大，体积不超过消毒器容积的 85%，物品之间应保留适当的空间利于蒸汽的流通。⑤加热速度不能太快。⑥注意安全操作。高压灭菌前应先检查灭菌器是否处于良好的工作状态，尤其是安全阀是否良好；加热必须均匀，开启或关闭送气阀时动作应轻缓；加热和送气前应检查门或盖子是否关紧；灭菌完毕后减压不可过快。

二、化学消毒设备

（一）喷雾器

(1) 常用喷雾器的种类

按照喷雾器的动力来源可分为手动型、机动型；按使用方式可分为背负式、手提式、可推式、担架式等（图 2-6）。

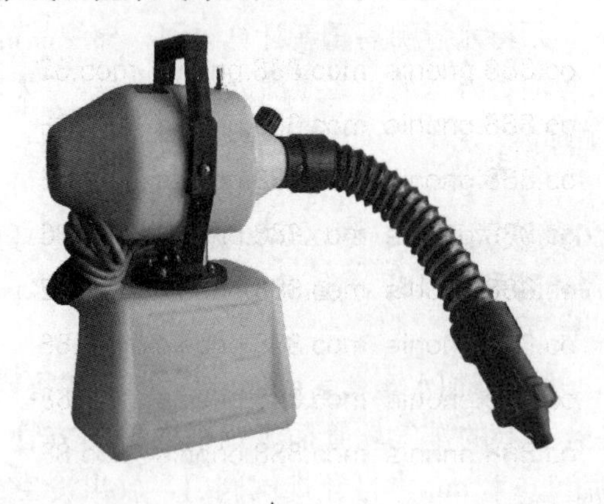

A

B

图 2-6　喷雾器

A. 手提式电动喷雾器；B. 臂挎式电动喷雾器

背负式手动喷雾器　主要用于包括对场地、畜舍、设施和带畜（禽）的喷雾消毒。产品结构简单，保养方便，喷洒效率高。常见的背负式手动喷雾器如图 2-7 所示。

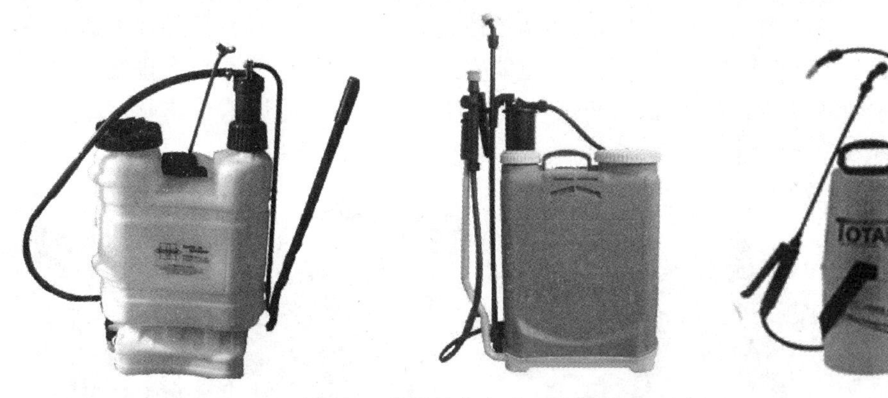

图 2-7　常见的背负式手动喷雾器

动力喷雾器（图 2-8 至图 2-10）　常用于场地消毒以及畜舍消毒使用。设备特点是：有动力装置；重量轻，振动小，噪声低；高压喷雾、高效、安全、经济、耐用；用少量的液体即可进行大面积消毒，且喷雾迅速。高压机动喷雾器主要由喷管、药水箱、燃料箱、高效二冲程发动机组成，使用中需注意佩戴防护面具或安全护目镜。操作者应戴合适的防噪声装置。

图 2-8　高压消毒喷雾器

图 2-9　电动高压消毒清洗机

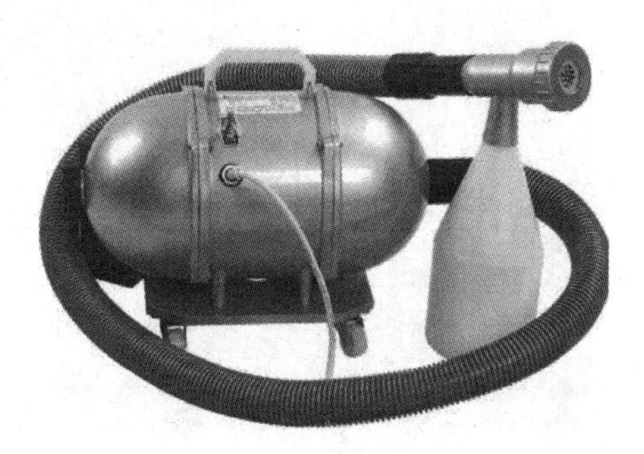

图 2-10　电动气溶胶喷雾器

大功率喷雾消毒机（图2-11） 用于大面积喷洒环境消毒，尤其在场区环境消毒、疫区环境消毒防疫中使用。产品特点是二冲程发动机强劲有力，不仅驱动行驶，而且驱动辐射式喷洒及活塞膜片式水泵。进、退各两挡使其具有爬坡能力及良好的地形适应性，快速离合及可调节手闸保证在特殊的山坡上也能安全工作。主要结构是较大排气量的二冲程发动机带有变速装置如前进/后退，药箱容积相对较大，适宜连续消毒作业。每分钟喷洒量大，同时具有较大的喷洒压力，可短时间内胜任大量的消毒工作。

图2-11　大功率喷雾消毒机

(2) 喷雾器使用注意事项

操作者喷雾消毒时应穿戴防护服，避免对现场第三方造成伤害。每次使用后，及时清理和冲洗喷雾器的容器和有关与化学药剂相接触的部件以及喷嘴、滤网、垫片、密封件等易耗件，以避免残液造成的腐蚀和损坏。

（二）消毒液机

消毒液机是以食盐和水为原料，通过电化学方法生产次氯酸钠、二氧化氯复合含氯消毒剂的专用机器。所生产的次氯酸钠、二氧化氯形成了协同杀菌作用，具有更高的杀菌效果。由于可以现用现制、快速生产，适用于畜禽养殖场、屠宰场、运输车船，人员防护消毒以及发生疫情的病原污染区的大面积消毒。图2-12至图2-14所示为三款消毒液机外观。

由于消毒机产品整体的技术水平参差不齐，养殖场在选择消毒机类产品时，主要应注意3个方面：一是消毒机是否能生产复合消毒剂；二是要注意消毒机的安全性；三是使用

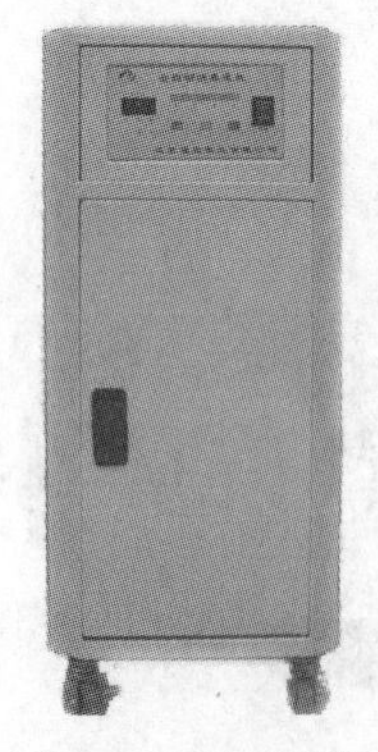

图2-12　消毒液机

图2-13　次氯酸钠消毒液机

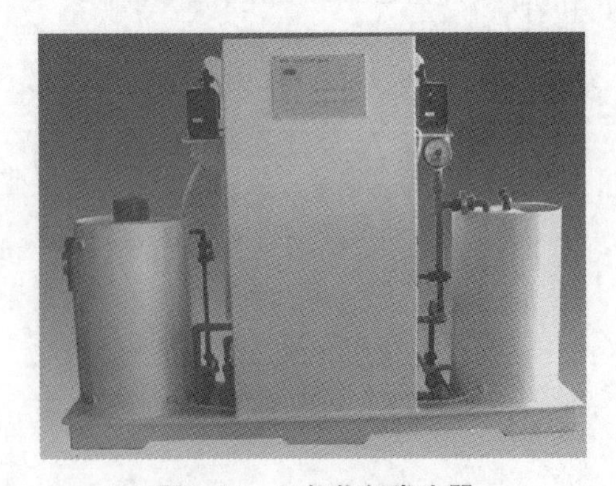

图2-14　二氧化氯发生器

寿命。在满足安全生产的前提下，选择安全系数高，药液产量、浓度正负误差小，使用寿命长的优质产品。好的消毒液机使用寿命可高达 30 000h，若每天使用 8h 可以使用 10 年时间。

（三）臭氧空气消毒机

产品用途 主要用于在养殖场的兽医室、大门口消毒室的空气的消毒，生产车间的空气消毒，如屠宰行业的生产车间、畜禽产品的加工车间及其他洁净区的消毒。臭氧是一种强氧化杀菌剂，消毒时呈弥漫扩散方式，因此消毒彻底、无死角，消毒效果好。臭氧稳定性极差，常温下 30min 后自行分解。因此消毒后无残留毒性，被公认为“洁净消毒剂”，如图 2-15、图 2-16 为几款臭氧消毒机。

图 2-15 两款移动式臭氧消毒机

图 2-16 壁挂式臭氧空气消毒机

工作原理 产品多是采用脉冲高压放电技术将空气中一定量的氧电离分解后形成三氧（O_3，俗称臭氧），并配合先进的控制系统组成新型消毒器械。其主要结构包括臭氧发生器、专用配套电源、风机和控制器等部分，臭氧消毒为气相消毒，与直线照射的紫外线消毒相比，不存在死角。由于臭氧极不稳定，其发生量及时间要视所消毒的空间内各类器械物品所占空间的比例及当时的环境温度和相对湿度而定。可根据需要消毒的空气容积，选择适当的型号和消毒时间。

（四）大型车辆消毒通道

全自动喷雾车辆消毒通道（图 2-17），采用地感测控技术，实现无人值守车辆防疫消毒。当需要消毒的车辆行驶至消毒通道时，消毒系统自动启动；当消毒车辆离开车辆消毒通道时，消毒系统自动关闭，同时车辆消毒通道进入待机状态，等待下一辆消毒车辆。喷雾时广角扇面喷射 30～100μm 超微粒子，对车辆前、后、上、下、左、右六面喷射，喷射范围广，消毒均匀、彻底。整套消毒系统可安装于任何平整地面，能迅速移动和安装，既可永久固定使用也可应急使用。对畜牧养殖场、农场、饲料厂、屠宰场、畜禽交易市场、畜牧工业园区进出口通行的车辆消毒；发生紧急疫情时，安装于疫区高速公路、收费站、省界道口等实施车辆防疫消毒。此外，该设备具有高压清洗用途，可对进出车辆保洁清洗。

图 2-17　自动传感式车辆消毒通道

三、生物消毒设施

生物消毒常用于废弃物处理，其设施主要有发酵池或沼气池。发酵池的结构见图 2-18。

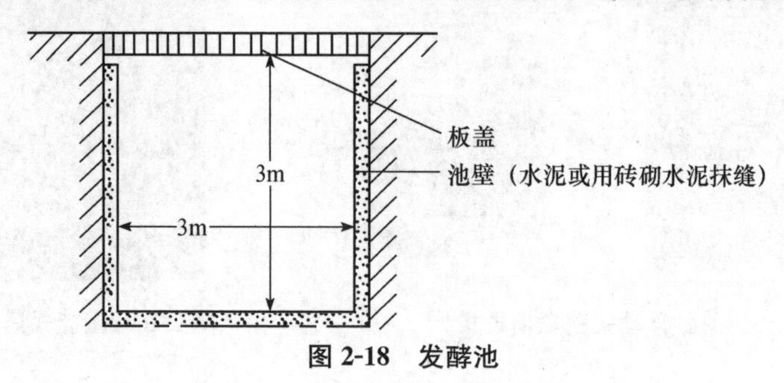

图 2-18　发酵池

模块三　消毒剂的选择与配制

用于杀灭或清除外环境中病原微生物或其他有害微生物的化学药物，称为消毒剂。包括杀灭无生命物体上的微生物和生命体皮肤、黏膜、浅表体腔微生物的化学药品。各种消毒药物的理化性质不同，其杀菌或抑菌作用机理也有所不同，生产中应根据消毒对象、病原特性、消毒剂杀菌能力等适当选择使用。

一、常用消毒剂的选择

（1）含氯消毒剂

含氯消毒剂通过在水中产生具杀菌作用的活性次氯酸发挥消毒作用，包括有机含氯消毒剂和无机含氯消毒剂。一般来说，有效氯浓度越高，作用时间越长，消毒效果越好。可杀灭所有类型的微生物，对肠杆菌、肠球菌、牛结核分支杆菌、金黄色葡萄球菌、口蹄疫病毒、猪轮状病毒、猪传染性水疱病毒、胃肠炎病毒、新城疫及传染性法氏囊病毒有较强的杀灭作用，使用方便，价格适宜。缺点是对金属有腐蚀性，药效持续时间较短，久贮失效等。

漂白粉　为白色颗粒状粉末，有氯臭味，含有效氯 25%～30%，久置空气中失效，大部分溶于水和醇。5%～20%的悬浮液环境消毒。饮水消毒每 50L 水加 1g；1%～5%的澄清液用于食槽、玻璃器皿、非金属用具消毒等，宜现配现用。

漂白粉精　为白色结晶，有氯臭味，含氯稳定。0.5%～1.5%用于地面、墙壁消毒，0.3～0.4g/kg 饮水消毒。

氯胺-T　白色微黄晶体，有氯臭味，含有效氯 24%～26%。对细菌的繁殖体及芽孢、病毒、真菌孢子有杀灭作用。杀菌作用慢，但性质稳定。0.2%～0.5%水溶液喷雾用于室内空气及表面消毒；1%～2%浸泡物品、器材消毒；3%的溶液用于排泄物和分泌物的消毒；黏膜消毒，0.1%～0.5%；饮水消毒，1L 水用 2～4mg。配制消毒液时，加入一定量的氯化铵，可大大提高消毒能力。

二氯异氰尿酸钠　商品名优氯净，含有效氯 60%～64%。为白色晶粉，有氯臭味。一般 0.5%～1%溶液可以杀灭细菌和病毒，5%～10%的溶液用作杀灭芽孢。环境器具消毒按 0.015%～0.02%配制。饮水消毒，每升水加 4～6mg，作用 30min。本品宜现用现配。球虫卵囊消毒每 10L 水加入 10～20mg。另外，强力消毒净、84 消毒液、速效净等均含有二氯异氰尿酸钠。

二氧化氯（ClO_2）　商品名益康、消毒王、超氯，制剂有效氯含量 5%。白色粉末，有氯臭，易溶于水。具有高效、低毒、除臭和不残留的特点。可快速杀灭所有病原微生物，可用于畜禽舍、场地、器具、种蛋、屠宰厂、饮水消毒和带畜消毒。含有效氯 5%时，环境消毒，每升水加药 5～10mL，泼洒或喷雾消毒；饮水消毒，100L 水加药 5～10mL；用具、食槽消毒，每升水加药 5mg，浸泡 5～10min。现配现用。

(2) 碘类消毒剂

碘类消毒剂为碘与表面活性剂（载体）及增溶剂等形成稳定的络合物，包括传统的碘制剂如碘水溶液、碘酊（碘酒）、碘甘油和碘伏类制剂。碘伏类制剂主要有聚维酮碘（PVP-I）和聚醇醚碘（NP-I）。本类消毒剂可杀死细菌、真菌、芽孢、病毒、结核杆菌等。对金属设施及用具的腐蚀性较低，低浓度时可以进行饮水消毒和带畜禽消毒。

碘酊　俗称碘酒，为碘的醇溶液，红棕色澄清液体，杀菌力强。2%～2.5%用于皮肤消毒。

碘伏　又名络合碘，红棕色液体，随着有效碘含量的下降逐渐向黄色转变。主要剂型为聚乙烯吡咯烷酮碘和聚乙烯醇碘等，性质稳定，对皮肤无害。0.5%～1%用于皮肤消毒剂，10mg/L 用于饮水消毒。

威力碘　红棕色液体。含碘 0.5%。1%～2%用于畜舍、家畜体表及环境消毒。5%用于手术器械、手术部位消毒。

(3) 醛类消毒剂

醛类消毒剂能产生自由醛基在适当条件下与微生物的蛋白质及某些其他成分发生反应。包括甲醛、戊二醛、聚甲醛、邻苯二甲醛等。杀菌谱广，可杀灭细菌、芽孢、真菌和病毒；性质稳定，耐储存；受有机物影响小。有一定毒性和刺激性，有特殊臭味，受湿度影响大。

福尔马林　市售商品为 36%～40%甲醛水溶液。无色有刺激性气味的液体，90℃下易生成沉淀。对细菌繁殖体及芽孢、病毒和真菌均有杀灭作用，广泛用于防腐消毒。1%～2%

环境消毒，与高锰酸钾配伍熏蒸消毒畜禽房舍等，可使用不同浓度。

戊二醛 无色油状体，味苦。有微弱甲醛气味，挥发度较低。可与水、酒精作任何比例的稀释，溶液呈弱酸性。碱性溶液有强大的灭菌作用。2%水溶液，用0.3%碳酸氢钠调整pH值7.5～8.5可消毒。不能用于热灭菌的精密仪器、器材。

多聚甲醛 为甲醛的聚合物，含甲醛91%～99%。白色疏松粉末，常温下不能分解出甲醛气体，加热时分解加快，释放出甲醛气体与少量水蒸气。难溶于水，但能溶于热水。加热至150℃时，可全部蒸发为气体。多聚甲醛的气体与水溶液，均能杀灭各种类型病原微生物。1%～5%溶液作用10～30min，可杀灭除细菌芽孢以外的各种细菌和病毒；杀灭芽孢时，须8%浓度作用6h。用于熏蒸消毒，用量为3～10g/m³，消毒时间为6h。

(4) 氧化剂类消毒剂

氧化剂是一些含不稳定结合态氧的化合物。这类化合物遇到有机物和某些酶时可释放出初生态氧，破坏菌体蛋白或细菌的酶系统。分解后产生的各种自由基，如巯基、活性氧衍生物等破坏微生物的通透性屏障、蛋白质、氨基酸、酶等，最终导致微生物死亡。

过氧乙酸 无色透明酸性液体，易挥发，具有浓烈刺激性，不稳定，对皮肤、黏膜有腐蚀性。对多种细菌和病毒杀灭效果好。400～2000mg/L，浸泡2～120min；0.1%～0.5%擦拭物品表面；或0.5%～5%环境消毒，0.2%器械消毒。

过氧化氢 商品名双氧水，无色透明，无异味，微酸苦，易溶于水，在水中分解成水和氧。可快速灭活多种微生物。1%～2%创面消毒；0.3%～1%黏膜消毒。

过氧戊二酸 有固体和液体两种。固体难溶于水，为白色粉末，有轻度刺激性。2%器械浸泡消毒和物体表面擦拭，0.5%皮肤消毒，雾化气溶胶用于空气消毒。

臭氧 常温下为淡蓝色气体，有鱼腥臭味，极不稳定，易溶于水。对细菌繁殖体、病毒、真菌和枯草杆菌黑色变种芽孢有较好的杀灭作用；对原虫和虫卵也有很好的杀灭作用。30mg/m³，15min圈舍内空气消毒；0.5mg/L用于水消毒，作用10min；15～20mg/L用于疫区污水消毒。

高锰酸钾 俗称PP粉、灰锰氧。紫黑色斜方形结晶或结晶性粉末，无臭，易溶于水，容易以其浓度不同而呈暗紫色至粉红色。低浓度可杀死多种细菌的繁殖体，高浓度（2%～5%）在24h内可杀灭细菌芽孢，在酸性溶液中可以明显提高杀菌作用。0.1%溶液可用于鸡的饮水消毒，杀灭肠道病原微生物；0.1%创面和黏膜消毒；0.01%～0.02%消化道清洗；用于体表消毒时使用的浓度为0.1%～0.2%。

(5) 酚类消毒剂

酚类消毒剂对细菌、真菌和带囊膜病毒具有灭活作用，对多种寄生虫卵也有一定杀灭作用。性质稳定，通常一次用药，药效可以维持5～7天；有轻微腐蚀性，能损害橡胶制品；对人畜有害，且气味滞留，不能用于带畜消毒和饮水消毒，常用于空圈舍消毒；与碱性药物或其他消毒剂混合使用效果差。

苯酚 又名石炭酸，白色针状结晶，弱碱性易溶于水、有芳香味。杀菌力强，3%～5%用于环境与器械消毒，2%用于皮肤消毒。

煤酚皂 又名来苏儿，由煤酚和植物油、氢氧化钠按一定比例配制而成。无色，见光和空气变为深褐色，与水混合成为乳状液体。毒性较低。3%～5%用于环境消毒；5%～

10％器械消毒、处理污物；2％的溶液用于术前、术后和皮肤消毒。

复合酚　商品名农福、消毒净、消毒灵等，为棕色黏稠状液体，有煤焦油臭味，对多种细菌和病毒有杀灭作用。用水稀释100～300倍后，用于环境、禽舍、器具的喷雾消毒，稀释用水温度不低于8℃；1∶200倍可杀灭烈性传染病，如口蹄疫；1∶300～1∶400倍药浴或擦拭皮肤，药浴25min，可以防治猪、牛、羊螨虫等皮肤寄生虫病，效果良好。

氯甲酚溶液　商品名菌球杀，一般为5％的溶液。杀菌作用强，毒性较小。主要用于禽舍、用具、污染物的消毒。用水稀释30～100倍后用于环境、畜禽舍的喷雾消毒。

(6) 表面活性剂类消毒剂

表面活性剂又称清洁剂或除污剂，生产中常用阳离子表面活性剂，其抗菌广谱，对细菌、霉菌、真菌、藻类和病毒均具有杀灭作用。产品性质稳定、安全性好、无刺激性和腐蚀性。对常见病毒如马立克氏病毒、新城疫病毒、猪瘟病毒、口蹄疫病毒等均有良好的杀灭效果，但对无囊膜病毒消毒效果不好。要避免与阴离子活性剂如肥皂等共用，也不能与碘、碘化钾、过氧化物等合用，否则会降低消毒的效果。不适用于粪便、污水消毒及细菌芽孢消毒。

新洁尔灭　又名苯扎溴铵，市售的一般为浓度5％的苯扎溴铵水溶液。无色或淡黄色液，振摇产生大量泡沫。对革兰阴性细菌的杀灭效果比对革兰阳性菌强，能杀灭有囊膜的亲脂病毒，不能杀灭亲水病毒、芽孢菌、结核菌，易产生耐药性。皮肤、器械消毒用0.1％的溶液（以苯扎溴铵计），黏膜、创口消毒用0.02％以下的溶液。0.5％～1％溶液用于手术局部消毒。

杜米芬　白色或微白色片状结晶，能溶于水和乙醇。主要用于细菌病原，消毒能力强，毒性小，可用于环境、皮肤、黏膜、器械和创口的消毒。皮肤、器械消毒用0.05％～0.1％的溶液，带畜禽消毒用0.05％的溶液喷雾。

癸甲溴铵　商品名百毒杀，市售浓度一般为10％癸甲溴铵溶液。白色、无臭、无刺激性、无腐蚀性的溶液剂。本品性质稳定，不受环境酸碱度、水质硬度、粪便血污等有机物及光、热影响，适用范围广。饮水消毒，日常按1∶(2000～4000）配制，可长期使用。疫病期间按1∶(1000～2000）配制，连用7天；畜禽舍及带畜消毒，日常按1∶600配制；疫病期间按1∶(200～400）配制，喷雾、洗刷、浸泡。

双氯苯胍己烷　白色结晶粉末，微溶于水和乙醇。0.5％环境消毒，0.3％器械消毒，0.02％皮肤消毒。

环氧乙烷（烷基化合物）　常温无色气体，沸点10.3℃，易燃、易爆、有毒。50mg/L密闭容器内用于器械、敷料等消毒。

氯己定　商品名洗必泰。白色结晶、微溶于水，易溶于醇，禁与升汞配伍。0.02％～0.05％水溶液，术前洗手浸泡5min；0.01％～0.025％用于腹腔、膀胱等冲洗。

(7) 醇类消毒剂

醇类消毒剂可快速杀灭多种微生物，如细菌繁殖体、真菌和多种病毒，但不能杀灭细菌、芽孢。与戊二醛、碘伏等配伍，可以增强其作用。

乙醇　俗称酒精，无色透明液体，易挥发，易燃，可与水和挥发油任意混合。无水乙醇含乙醇量为95％以上。主要通过使细菌菌体蛋白凝固并脱水而发挥杀菌作用。以70％～

75%乙醇杀菌能力最强。对组织有刺激作用，浓度越大刺激性越强。70%～75%用于皮肤、手术、注射部位和器械及手术、实验台面消毒，作用时间3min。注意：不能作为灭菌剂使用，不能用于黏膜消毒；浸泡消毒时，消毒物品不能带有过多水分，物品要清洁。

异丙醇 无色透明液体，易挥发，易燃，具有乙醇和丙酮混合气味，与水和大多数有机溶剂可混溶。作用浓度为50%～70%，过浓、过稀，杀菌作用都会减弱。50%～70%的水溶液涂擦与浸泡，作用时间5～60min。只能用于物体表面和环境消毒。杀菌效果优于乙醇，但毒性也高于乙醇，有轻度的蓄积和致癌作用。

(8) 强碱类消毒剂

强碱类消毒剂由于氢氧根离子可以水解蛋白质和核酸，使微生物的结构和酶系统受到损害，同时可分解菌体中的糖类而杀灭细菌和病毒。尤其是对病毒和革兰阴性杆菌的杀灭作用最强，但其腐蚀性也强。

氢氧化钠 商品名烧碱、火碱，白色干燥的颗粒、棒状、块状、片状结晶，易溶于水和乙醇，易吸收空气中的CO_2形成碳酸钠或碳酸氢钠盐。对细菌繁殖体、芽孢体和病毒有很强的杀灭作用，对寄生虫卵也有杀灭作用，浓度增大，作用增强。2%～4%溶液可杀死病毒和繁殖型细菌，30%溶液10min可杀死芽孢，4%溶液45min杀死芽孢，如加入10%食盐能增强杀芽孢能力。2%～4%的热溶液用于喷洒或洗刷消毒，畜禽舍、仓库、墙壁、工作间、入口处、运输车辆、饮饲用具等，10%用于炭疽消毒。

氧化钙 俗称生石灰。白色或灰白色块状或粉末、无臭，易吸水，加水后生成氢氧化钙。加水配制10%～20%石灰乳涂刷畜舍墙壁、畜栏等消毒。

草木灰 新鲜草木灰主要含氢氧化钾。取筛过的草木灰10～15kg，加水35～40kg，搅拌均匀，持续煮沸1h，补足蒸发的水分即成20%～30%草木灰，可用于圈舍、运动场、墙壁及食槽的消毒。注意：水温应在50～70℃。

(9) 重金属类消毒剂

重金属指汞、银、锌等，因其盐类化合物能与细菌蛋白结合，使蛋白质沉淀而发挥杀菌作用。

甲紫（龙胆紫） 深绿色块状，溶于水和乙醇。1%～3%溶液用于浅表创面消毒、防腐。

硫柳汞 不沉淀蛋白质，0.01%用于生物制品防腐；1%用于皮肤或手术部位消毒。高浓度可杀菌，低浓度时仅有抑菌作用。

(10) 酸类消毒剂

酸类消毒剂高浓度能使菌体蛋白质变性和水解，低浓度可以改变菌体蛋白两性物质的离解度，抑制细胞膜的通透性，影响细菌的吸收、排泄、代谢和生长。还可以与其他阳离子在菌体表现为竞争性吸附，妨碍细菌的正常活动。有机酸的抗菌作用比无机酸强。

无机酸（硫酸和盐酸） 具有强烈的刺激性和腐蚀性，生产中较少使用。0.5mol/L的硫酸处理排泄物、痰液等，30min可杀死多数结核杆菌。2%盐酸用于消毒皮肤。

乳酸 微黄色透明液体，无臭微酸味，有吸湿性。蒸汽用于空气消毒，也可用于与其他醛类配伍。

醋酸 浓烈酸味，5～10mL/m^3加等量水，蒸发消毒房间空气。

十一烯酸 黄色油状溶液，5%～10%十一烯酸醇溶液用于皮肤、物体表面消毒。

(11) 中草药类消毒剂

中草药消毒剂大多采用多种中草药提取物，主要用于空气消毒、皮肤黏膜消毒等。中药不仅可以治疗动物疫病，许多中药体外又有较强的抗菌抗病毒作用，对空气消毒也具有广泛的使用价值，特别是在有人条件下，能达到安全、有效的空气消毒，因此越来越受到人们的重视。中药消毒剂主要以祛湿清热等“祛邪法”为法则，故以芳香化湿、清热解毒二类中药为主。常用的方法有中药烟熏法、药片药香点燃法、中药熏蒸法、中药气雾剂和中药液喷雾法等。

二、化学消毒剂的配制

(一) 配制准备

配药前应准备量筒、台秤、搅拌棒、盛药容器（最好是塑料或搪瓷等耐腐蚀制品）、温度计、橡皮手套等。

(二) 配制要求

所需药品应准确称量。配制浓度应符合消毒要求，不得随意加大或减少。使药品完全溶解，混合均匀。先将稀释药品所需要的水倒入配药容器（盆、桶或缸）中，再将已称量的药品倒入水中混合均匀或完全溶解即成待用消毒液。在配置过程中注意以下问题：①某些消毒药品（如生石灰）遇水会产生高温，应在耐热容器中配制。②配制有腐蚀性的消毒药品（如氢氧化钠），应戴橡胶手套操作，严禁用手直接接触，以免灼伤。③配制好的消毒液，应选择塑料或搪瓷桶、盆盛放。④宜现用现配。

(三) 消毒剂浓度表示及计算

生产中消毒剂浓度常用百分浓度表示，即每百克或每百毫升药液中含某药纯品的克数或毫升数。百分浓度又分为质量百分浓度、容量百分浓度、质量容量百分浓度。

(1) 稀释浓度计算公式

$$浓溶液容量=\frac{稀溶液浓度}{浓溶液浓度}\times稀溶液容量$$

$$稀溶液容量=\frac{浓溶液浓度}{稀溶液浓度}\times浓溶液容量$$

例：若配0.5%过氧乙酸溶液5000mL，需用20%过氧乙酸原液多少毫升？

答：20%过氧乙酸原液=(0.5/20)×5000=125mL

例：现有20%过氧乙酸原液50mL，可配成0.5%过氧乙酸溶液多少毫升？

答：配成0.5%过氧乙酸溶液量=(20/0.5)×50=2000mL

(2) 稀释倍数计算公式

$$稀释倍数=\frac{原药浓度}{使用浓度}-1(若稀释100倍以上时公式中不必减1)$$

例：用20%的漂白粉澄清液，配制5%澄清液时，需加水几倍？

答：需加水的倍数=(20/5)−1=3倍

(3) 增加药液计算公式

$$需加浓溶液容量=\frac{稀溶液浓度\times 稀溶液容量}{浓溶液浓度-使用浓度}$$

例：有剩余0.2%过氧乙酸2500mL，欲增加药液浓度至0.5%，需加28%过氧乙酸多少毫升?

答：需加28%过氧乙酸量=(0.2×2500)/(28−0.5)=18.1mL

（四）配制方法

(1) 固体消毒剂配制示例

4%氢氧化钠溶液 称取40g烧碱（粗制氢氧化钠），加入1000mL清水中（最好用60～70℃热水）溶解搅匀即成。

20%生石灰乳 1g生石灰加5g水即为20%石灰乳。配制时最好用陶缸或木桶、木盆。首先把等量水缓慢加入石灰内，稍停，石灰变为粉状时，再加入余下的水，搅匀即成。

20%漂白粉乳剂 在漂白粉中加少量水，充分搅成稀糊状，然后按所需浓度加入全部水（25℃左右温水），即每1000mL水加漂白粉200g（含有效氯25%）的混悬液。

20%漂白粉澄清液 把20%漂白粉乳剂静置一段时间，上清液即为20%澄清液，使用时可稀释成所需浓度。

5%碘酊 10g碘化钾加蒸馏水10mL溶解后，加碘50g与适量95%的乙醇，搅拌至溶解。再加乙醇使成1000mL即成。

(2) 液体消毒剂配制示例

10%福尔马林溶液 福尔马林为40%甲醛溶液（市售商品）。取10mL福尔马林加90mL水，即成10%福尔马林溶液。

5%来苏儿溶液 取来苏儿5份，加清水95份（最好用50～60℃温水配制），混合均匀即成。

模块四 消毒的实施

根据消毒时机和消毒目的的不同，可将消毒分为预防性消毒、临时消毒和终末消毒3类。预防性消毒是指为预防疫病的发生，结合平时的饲养管理对畜舍、场地、用具和饮水等进行定期或不定期的各种消毒措施。临时消毒是指在发生疫病期间，为及时清除、杀灭患病动物排出的病原体而采取的消毒措施。如在隔离封锁期间，对患病动物的排泄物、分泌物污染的环境及一切用具、物品、设施等进行反复、多次的消毒。终末消毒是指在疫病控制、平息之后，解除疫区封锁前，为了消灭疫区内可能残留的病原体而采取的全面、彻底的大消毒。

（一）主要通道口消毒

车辆消毒池 生产区入口必须设置车辆消毒池，车辆消毒池的长度为长4m，与门同宽，深0.3m以上，消毒池上方最好建有顶棚，防止日晒雨淋。消毒池内放入2%～4%的氢氧化钠溶液，每周更换3次。北方地区冬季严寒，可用石灰粉代替消毒液。有条件的可在生产区出入口处设置喷雾装置，喷雾消毒液可采用0.1%百毒杀溶液、0.1%新洁尔灭或0.5%过氧乙酸。

消毒室 场区门口及生产区入口要设置消毒室，人员和用具进入要消毒。消毒室内安装紫外线灯（1～2W/m^3 空间）；有脚踏消毒池，内放2%～5%的氢氧化钠溶液。进入人员要换鞋、工作服等，如有条件，可以设置淋浴设备，洗澡后方可入内。脚踏消毒池中消毒液每周至少更换2次。

消毒槽（盘） 每栋畜禽舍、孵化室（厅）门前也要设置脚踏消毒槽（盘），内放2%～4%氢氧化钠溶液，进出畜禽舍最好换穿不同的专用橡胶长靴，在消毒槽（盘）中浸泡1min，并进行洗手消毒，穿上消毒过的工作服和戴上工作帽方可进入。

（二）场区环境消毒

平时应做好场区环境的卫生工作，定期使用高压水洗净路面和其他硬化的场所，每月对场区环境进行一次环境消毒。进畜禽前对动物舍周围5m以内的地面用0.2%～0.3%过氧乙酸，或使用5%的氢氧化钠溶液进行彻底喷洒；道路使用3%～5%的氢氧化钠溶液喷洒；用3%氢氧化钠（笼养时）或百毒杀、益康喷洒消毒。畜禽场周围环境保持清洁卫生，不乱堆放垃圾和污物，道路每天要清扫。

被病畜禽的排泄物和分泌物污染的地面土壤，可用5%～10%漂白粉溶液、百毒杀或10%氢氧化钠溶液消毒。停放过芽孢所致传染病（如炭疽、气肿疽等）病畜尸体的场所，或者是此种病畜倒毙的地方，应严格消毒。首先用10%～20%漂白粉乳剂或5%～10%优氯净喷洒地面，然后将表层土壤铲起30cm左右，撒上漂白粉并与土混合，将此表土运出掩埋。在运输时应用不漏土的车以免沿途漏撒，如无条件将表土运出，则应按5kg/m^2 漂白粉用量，将漂白粉与土混合，加水湿润后原地压平。牧场被污染后，一般利用阳光或种植某些对病原体有杀灭力的植物（如大蒜、大葱、小麦、黑麦等），连种数年，土壤可产生自洁作用。

（三）空圈舍消毒

任何规模和类型的养殖场，其场舍在启用及下次使用之前，必须空出一定时间（15～30天或更长时间）。经多种方法全面彻底消毒后，方可正常启用。

机械清除 对空圈舍顶棚、天花板、风扇、通风口、墙壁、地面彻底打扫，将垃圾、粪便、垫草、羽毛和其他各种污物全部清除，定点堆放烧毁并配合生物热消毒处理。

净水冲洗 料槽、水槽、围栏、笼具、网床等设施采用动力喷雾器或高压水枪进行常水洗净，洗净按照从上至下、从里至外的顺序进行。对较脏的地方，可事先刮除，要注意对角落、缝隙、设施背面的冲洗，做到不留死角。最后冲洗地面、走道、粪槽等，待干后用化学法消毒。

药物喷洒 常用3%～5%来苏儿、0.2%～0.5%过氧乙酸、20%石灰乳、5%～20%漂白粉等喷洒消毒。地面用药量800～1000mL/m^2，舍内其他设施200～400mL/m^2。为了提高消毒效果，应使用2种或3种不同类型的消毒药进行2～3次消毒。通常第一次使用碱性消毒液，第二次使用表面活性剂类、卤素类、酚类等消毒药，第三次常采用甲醛熏蒸消毒。每次消毒要等地面和物品干燥后再进行下次消毒。必要时，对耐燃物品还可使用酒精喷灯或煤油喷灯进行火焰消毒。

甲醛熏蒸 熏蒸消毒可用于密闭的畜禽舍、仓库及饲养用具、种蛋、孵化机（室）污染表面的消毒。其穿透性差，不能消毒用布、纸或塑料薄膜包装的物品。优点是可对空气、墙缝及药物喷洒不到但空气流通的地方进行彻底消毒。常用福尔马林熏蒸，用量为28mL/m^3，密闭1～2周，或按每立方米空间25mL福尔马林、12.5mL水、25g高锰酸钾的比例进行熏蒸，消毒时间为12～24h。但墙壁及顶棚易被熏黄，用等量生石灰代替高锰酸钾可消除此缺点。熏蒸消毒完成后，应通风换气，待对动物无刺激后，方可使用。

熏蒸消毒前须将舍、室密闭。室温保持在20℃以上，相对湿度在70%～90%。充分暴露舍、室及物品的表面，并去除各角落的灰尘和蛋壳上的污物。操作时，先将氧化剂放入容器中，然后注入福尔马林。反应开始后药液沸腾，在短时间内即可将甲醛蒸发完毕。由于产生的热较高，容器不要放在地板上，也不要使用易燃、易腐蚀的容器。使用的容器容积要大些（为药液的10倍左右），徐徐加入药液，防止反应过猛药液溢出。为调节空气中的湿度，需要蒸发定量水分时，可直接将水加入福尔马林中，这样还可减弱反应强度。必要时用小棒搅拌药液，可使反应充分进行。达到规定消毒时间后，打开门窗通风换气，必要时用25%氨水中和残留的甲醛（用量为甲醛的1/2）。

（四）带畜禽消毒

带畜禽消毒是指对畜禽舍环境和畜禽体表的定期或紧急喷雾消毒。正常动物体表可携带多种病原体，尤其在动物换羽、脱毛期间，羽毛可成为一些疫病的传播媒介。做好动物体表的消毒工作，对预防一般疫病的发生有一定作用，在疫病流行期间采取此项措施意义更大。带畜禽消毒常选用对皮肤、黏膜无刺激性或刺激性较小的药品用喷雾法消毒。主要药物有0.015%百毒杀、0.1%新洁尔灭、0.2%～0.3%次氯酸钠或过氧乙酸等。药液用量为60～240mL/m^2，以地面、墙壁、天花板均匀湿润和畜禽体表略湿为宜。喷雾粒子以80～100μm，喷雾距离以1～2m为宜。

发生疫情时，可每天消毒1次。冬季带畜禽消毒，应提高舍温3～4℃，且药液温度以室温为宜。一般鸡、鸭10日龄、鹅8日龄以前不可实施带禽消毒，否则容易引起呼吸道疾病。如果动物患有呼吸道疾病，一般亦不宜带动物消毒。带畜禽消毒必须避开活苗接种，即在活苗接种的当天、前后各1天不得消毒。

（五）畜禽保健消毒

畜禽保健消毒主要用于猪、牛、羊等哺乳动物乳房、蹄部等皮肤消毒及外伤防感染消毒。

猪保健消毒 妊娠母猪在分娩前5天，最好用热毛巾对全身皮肤进行清洁，然后用0.1%高锰酸钾水擦洗全身，在临产前3天再消毒1次，重点要擦洗会阴部和乳头，保证仔猪在出生后和哺乳期间免受病原微生物的感染。哺乳期母猪的乳房要定期清洗和消毒。如果有腹泻等病发生，可以用带动物消毒药进行消毒，一般每隔7天消毒1次，严重发病的可按照污染猪场的状况进行消毒处理。新生仔猪，在分娩后用热毛巾对全身皮肤进行擦洗，要保证舍内温度（舍温在25℃以上），然后用0.1%高锰酸钾水擦洗全身，再用毛巾擦干。

牛蹄部保健消毒 每天坚持清洗蹄部数次，使之保持清洁卫生。每年春、秋季各检查和修整蹄1次，对患有肢蹄病的牛要及时治疗。每年蹄病高发季节，每周用5%硫酸铜溶液喷洒蹄部2～3次，以降低蹄部发病率。牛舍和运动场的地面应保持平整，随时清除污物；保持干燥。严禁用炉灰渣或碎石子垫运动场或奶牛的走道。要经常检查奶牛日粮中营养平衡状况，如发现问题要及时调整，尤其是蹄病发病率达到15%以上时，更要引起重视。禁用有肢蹄病遗传缺陷的公牛精液进行配种。

牛乳房保健消毒　经常保持牛床及乳房清洁，挤奶时，必须用清洁水（6～10月，水中可以加1%漂白粉或0.1%高锰酸钾溶液等）清洗乳房，然后用干净的毛巾擦干。挤完奶后，每个乳头必须用3%～4%次氯酸钠溶液等消毒药浸泡数秒钟，停乳前10天要进行隐性乳腺炎的监测，如发现“++”以上阳性反应的要及时治疗，在停乳前3天内再监测数次，阴性反应的牛方可停乳。停乳时，应采用效果可靠的干乳药进行药物快速停乳。停乳后继续药浴乳头1周，预产前1周恢复药浴，每天2次。

外伤防感染消毒　动物在断脐、断尾、阉割、外伤情况下，用双氧水冲洗伤口，并可在伤口涂上碘酒等消毒药水。

（六）运输工具消毒

运载工具包括各种车、船、集装箱和飞机等，在装卸动物、动物产品前后，都应对运输工具进行消毒。消毒按以下方法进行：

装运过健康畜禽及其产品的运输工具，清扫后用热水洗刷。

装运过一般传染病畜禽及其产品的运输工具，应彻底清扫。先打扫车辆表面和车内部，车辆内部包括车厢内地面、内壁及分隔板，外部包括车身、车轮、轮箍、轮框、挡泥板及底盘。除去车体大部分的污染物，将可以卸载的，现场不能或不易消毒的物品移出放于场外。打扫完毕后，用高压水冲洗车辆表面、内部及车底。用含5%有效氯漂白粉溶液或4%氢氧化钠溶液喷洒消毒15～30min。清除的粪便、垫草和垃圾，采取焚烧或堆积泥封发酵消毒。

运载过危害严重的传染病或由形成芽孢的病原体所污染的畜禽及其产品的运输工具，应先用消毒药液喷洒消毒，经一定时间后彻底清扫，特别注意工作人员卸载物品可能接触的地方，注意缝隙、车轮和车底。再用含5%有效氯漂白粉溶液或10%氢氧化钠溶液、4%福尔马林、0.5%过氧乙酸等喷洒消毒1次，消毒30min后，用热水冲洗，清除的粪便、垫草集中烧毁。

（七）屠宰加工车间消毒

屠宰加工间的消毒应建立经常性和临时性的卫生制度。

经常性消毒　应当做到以下卫生要求：每天生产完毕后，仔细彻底清洗地面、墙裙、通道、台桌、各种设备、用具、检验工具等，再用82℃以上热水洗刷消毒；油污、血污沾染严重的，用热碱水重点洗刷。车间内经常保持清洁卫生，每15天或每月进行1次大扫除和大消毒。

每次消毒的程序是：对地面、墙裙先用含2%～5%有效氯的漂白粉溶液或2%～4%氢氧化钠溶液进行消毒，喷洒药液后，应保留一定时间后再用清水冲洗干净，并加强通风，以清除残留的特殊气味。对沾染有油脂、血垢的地面、台板等，先用氢氧化钠溶液洗刷，再用清水冲洗。

临时性消毒 当屠宰加工时发现胴体或其他内脏有传染病或可疑者，尤其是人畜共患传染病，必须紧急严格消毒。要根据疾病性质和疫情来选定相应的消毒药物。

（八）孵化设施及种蛋消毒

对孵化设施及种蛋进行消毒是预防、控制禽类蛋媒垂直传播疫病的有效手段。孵化室内的下水道口处应定期投放氢氧化钠消毒，定期对室内、室外进行喷雾消毒。种蛋预选室和孵化厅各车间，每日要用清水冲洗干净后，再用消毒液喷洒消毒1次。

孵化器材的消毒方法多采用熏蒸、浸泡、冲洗、擦拭等手段进行。孵化器和出雏器经冲洗干净后，用过氧乙酸喷洒消毒。出雏盒、蛋盘、蛋架等用次氯酸钠或新洁尔灭溶液浸泡或刷拭干净后，再用福尔马林熏蒸1h。每出一次雏禽，所有使用过的器具都要取出，放入消毒液内浸泡消毒洗净，然后将孵化器和出雏器内外用高压清水冲洗干净，再用消毒液喷洒消毒，逐个进行彻底清洗擦拭、喷洒和熏蒸消毒。蛋盘和雏箱、送雏盒等用具不得逆转使用。雏禽须用本厅专用车辆运送，用过的雏禽盘、鉴别器具、车辆等须经消毒后使用，运送雏禽车辆在回厅时应冲洗消毒。

经收集初选合格的种蛋应在30min内送入孵化厅，并放入消毒柜或熏蒸室进行熏蒸消毒，一般不用溶液法，以免破坏蛋壳表面的胶质保护层。消毒后放入种蛋库存放。种蛋入孵前可以采用熏蒸法、浸泡法和喷雾法消毒。熏蒸法消毒可用福尔马林、过氧乙酸。浸泡法可用0.1%新洁尔灭溶液、0.05%高锰酸钾溶液或0.02%季铵盐溶液，浸泡5min捞出沥干入孵，浸泡时水温控制在43～50℃。喷雾法可用0.1%新洁尔灭溶液均匀喷洒在种蛋的表面，经3～5min，药液干后即可入孵。

（九）畜禽产品外包装消毒

畜禽产品外包装物品和用具反复使用，进出场、户会带出、带入各种病原体。因此，必须对外包装进行妥善消毒处理。

塑料包装制品消毒时，常用0.04%～0.2%过氧乙酸或1%～2%氢氧化钠溶液浸泡消毒。操作时先用常水洗刷，除去表面污物，干燥后在放入消毒液中浸泡10～15min，取出用常水冲洗，干燥后备用。也可在专用消毒房间用0.05%～0.5%过氧乙酸喷雾消毒，喷雾后密封1～2h。

金属制品消毒时，先用常水洗刷干净，干燥后用火焰喷烧消毒，或用4%～5%的碳酸钠喷洒或洗刷，对染疫制品要反复消毒2～3次。

其他制品如木箱、竹筐等消毒时，由于不耐腐蚀，一般不采用浸泡法。可在专用消毒间熏蒸消毒。用福尔马林42mL/m^3熏蒸2～4h或时间更长些。对染疫的此类包装物，必要时烧毁处理。

（十）交易场所消毒

出售肉品、交易畜禽散集后，要彻底清扫场地，粪便垃圾投入发酵坑；出售肉品的肉案、秤、钩、刀等用82℃以上热水或2%热碱水刷洗消毒；地面和交易畜禽的场地、栏圈、饲槽等用3%～5%克辽林溶液或2%～4%热碱水消毒；肉案、秤、饲槽等用药物消毒后再用清水冲洗干净。集装箱可用福尔马林熏蒸消毒。

模块五　消毒效果检查

生产中消毒效果常常受到消毒维持时间、消毒液浓度、消毒剂酸碱特性、环境温湿度及卫生状况等多种因素影响，因此消毒后应及时进行消毒效果检查。

（一）清洁程度的检查

检查车间地面、墙壁、设备及圈舍场地清扫的情况，要求做到干净、卫生、无死角。

（二）消毒药剂正确性的检查

查看消毒工作记录，了解选用消毒药剂的种类、浓度及用法、用量。检查消毒药液的浓度时，可从剩余的消毒药液中取样进行化学检查。要求选用的消毒药剂高效、低毒，浓度和用量必须适宜。

（三）消毒效果判定标准

消毒效果可以通过杀菌率判定，即分别于消毒前后计算菌落数，然后按下列公式计算杀菌率，杀菌率达到99.9%为消毒合格。有的需通过检查消毒后有无致病菌来判定。

$$\text{杀菌率}=\frac{\text{消毒前菌落数}-\text{消毒后菌落数}}{\text{消毒前菌落数}}\times 100\%$$

（四）消毒对象的细菌学检查

（1）物体表面消毒效果检查

检查对象　主要为畜禽舍墙壁、地面、门窗、笼具、水槽、料槽等设备。

检测材料　普通琼脂培养基、灭菌生理盐水、灭菌吸管、吸球、棉拭子、规板5cm×5cm、带塞试管、剪刀、培养箱、消毒剂等。

检测方法　①物体表面采样时，将内径为5cm×5cm的灭菌规板放在被检物体表面。②在装有4～5mL灭菌生理盐水的试管中浸湿灭菌的棉拭子，在试管壁上压挤多余的生理盐水，然后在规板范围内滚动棉拭子涂抹取样。③剪去棉棒的手持端，和棉棒落入生理盐水试管内，塞紧试管塞，带回实验室检验。④以同样的方法，在同一物体上的同处采样4～5处。⑤利用提拉棉棒或敲打采样试管的方法将棉棒的细菌全部洗入生理盐水中。⑥用灭菌吸管从采样试管中吸取1mL菌悬液转入另一支装有9mL灭菌生理盐水的试管中，作10倍递增稀释。⑦根据物体表面污染程度，选择3个稀释度，每个稀释度，分别取1mL放入灭菌平皿内，用普通琼脂作倾注培养。每个稀释度作平行样品2个。置37℃温箱中，培养24h，观察并计算平板上的菌落数。计算公式为：

$$\text{菌落数}(\text{个}/cm^2)=\frac{\text{平均菌落数}\times\text{稀释倍数}\times\text{采样管液体毫升数}}{\text{采样面积}(cm^2)}$$

（2）空气消毒效果检查

空气消毒效果检查通常采用平皿暴露法。将灭菌普通琼脂培养基或血液琼脂平皿，水平地放在畜舍内四角和中央各1个，也可在不同高度增加放置若干层。打开平皿盖，暴露10～20min后取出，将平皿做好标记。置于37℃温箱中，培养24～48h，观察并计算平板上的菌落数，求出5个平板中的平均菌落数。

试验测定，5min内在100cm^{2}面积上降落的细菌数，相当于10L空气中所含的细菌数，因此，可按下列公式求出每立方米空气中细菌的含量：

$$\text{细菌菌落总数}(\mathrm{cfu/m^3})=\frac{50\ 000\times N}{A\times T}$$

式中 A——平皿面积（cm^2）；T——平皿暴露于空气中的时间（min）；N——平均菌落数。

(3) 粪便消毒效果的检查

测温法 用装有金属套管的温度计，测量发酵粪便生物发热达60～70℃时，经过1～2昼夜，可以使其中的巴氏杆菌、布鲁氏菌、沙门氏菌及口蹄疫病毒等死亡；经过24h可以杀灭猪丹毒杆菌；经12h能杀死猪瘟病毒。

细菌学检查法 按常规方法检查，要求不得检出致病菌。

典型任务

任务4 用高压蒸汽灭菌消毒普通琼脂培养基

【任务说明】

高压蒸汽灭菌器是养殖场兽医室、畜牧兽医类实验室等用来高压灭菌的重要设备。常用于玻璃器皿、纱布、金属器械、培养基、橡胶制品、生理盐水、针具等消毒灭菌。本任务旨在通过对高压蒸汽灭菌消毒普通琼脂培养基的操作，使学生掌握高压蒸汽灭菌器使用操作技术。

【工作场景】

本任务安排在养殖场兽医室或动物防疫与检疫实训室完成。所需设备材料包括高压蒸汽灭菌器、普通培养基制备所需材料、计时器等。

【工作过程】

配制一定体积的普通琼脂培养基，分装于几个锥形瓶中，在棉塞与瓶口外再包以厚纸，用棉绳以活结扎紧。打开灭菌锅盖，向锅内加水到水位线，灭菌材料放好后，关闭灭菌器盖，采用对角式均匀拧紧锅盖上的螺旋，使蒸汽锅密闭。打开放气阀。接通电源加热，待水煮沸后，水蒸气和空气一起从排气孔排出，当有大量蒸汽排出时，维持5min，当锅内冷空气完全排净后，即可关闭排气阀，压力开始上升。当压力上升至所需压力时，控制电压维持恒温，并开始计算灭菌时间，待时间达到要求（一般培养基和器皿灭菌控制在121℃，20min）后，停止加热，待压力降至接近“0”时，打开放气阀，取出培养基。

任务5 用2%氢氧化钠溶液消毒圈舍地面

【任务说明】

消毒剂使用前必须根据消毒对象及病原特点按一定浓度配制才能取得好的消毒效果。烧碱（市售粗制氢氧化钠）是养殖生产中常用的固体化学消毒剂之一，常用浓度为2%～4%。本任务旨在通过配制2%氢氧化钠溶液并消毒圈舍地面的操作，使学生掌握常见固体消毒剂配制及地面消毒操作技术。

【工作场景】

本任务安排在动物养殖场进行，所需材料为量筒、天平、搅拌棒、盛药容器（最好是塑料或搪瓷等耐腐蚀制品）、市售烧碱、胶靴、橡胶手套、扫帚、冲洗设备等。

【工作过程】

学生在养殖场兽医技术人员的指导下，移动圈舍内所有物品至舍外，清扫圈舍，用净水冲洗干净。丈量圈舍地面面积，按 800～1000mL/m² 用药量，计算 2%烧碱消毒液需要量及烧碱用量。称取适量烧碱倒入定量清水中（最好用 60～70℃热水）搅拌溶解混匀。配制成 2%溶液，用喷壶喷洒或用盆泼洒，同时用扫帚左右扫动，使药液与地面充分接触。维持消毒 30min 左右，用清水冲洗干净。圈舍地面消毒的同时应做好舍内物品、用具的消毒。

任务 6　空圈舍的熏蒸消毒及消毒效果检查

【任务说明】

熏蒸消毒是化学消毒法中非常重要的消毒方法，可用于密闭的畜禽舍、仓库及饲养用具、种蛋、孵化机（室）污染表面的消毒。实施消毒效果检查是保证消毒效果确实可靠的重要措施。本任务旨在通过空圈舍的熏蒸消毒及消毒效果检查，使学生掌握熏蒸消毒操作及空气消毒效果检查技术。

【工作场景】

本任务选择在畜禽养殖场空圈舍内进行，所需器材为卷尺、福尔马林、高锰酸钾、搪瓷盆或陶瓷瓦罐、清扫工具、胶带纸、灭菌普通琼脂培养基或血液琼脂平皿、温箱等。

【工作过程】

丈量计算畜（禽）舍的空间大小，然后对空圈舍顶棚、天花板、风扇、通风口、墙壁、地面进行彻底打扫，将垃圾、粪便、垫草、羽毛和其他各种污物全部清除，用高压水枪进行常水洗净。消毒前将畜（禽）舍密闭。按每立方米空间 25mL 福尔马林、12.5mL 水、25g 高锰酸钾的比例进行熏蒸。根据空间大小计算福尔马林、高锰酸钾、水的用量，准备适当数量的搪瓷盆或陶瓷瓦罐，将高锰酸钾均匀分放其中后，在舍内均匀摆放，将福尔马林与水混合后，从里向外依次按需要量快速倒入搪瓷盆或陶瓷瓦罐，用玻璃棒适当搅拌，促进甲醛蒸汽产生。完成后迅速退出圈舍，并密闭熏蒸消毒 12～24h。熏蒸消毒完成后，及时通风换气，待对动物无刺激后，根据需要投入使用。空气消毒效果检查采用平皿暴露法。将灭菌普通琼脂培养基或血液琼脂平皿，水平地放在畜（禽）舍内四角和中央各 1 个，也可在不同高度增加放置若干层。打开平皿盖，暴露 10～20min 后取出，将平皿作好标记。置于 37℃温箱中，培养 24～48h，观察结果。分别计算菌落数。评估消毒效果。

任务 7　养猪场进场车辆消毒

【任务说明】

养殖场运输饲料、药品、活猪的车辆进场常携带病原，必须严格消毒处理。本任务旨在通过养猪场运输车辆的消毒，使学生掌握运载工具消毒的基本操作，提高防疫意识和消毒水平。

【工作场景】

本任务选择在养猪场进行，所需器材为运输饲料、药品、猪等的车辆、消毒药液、扫帚、喷雾器、高压清洗机等，有条件的可用自动消毒通道。

【工作过程】

学生在养猪场兽医技术人员的指导下，对运输饲料、药品等车辆进行预约，并在预约好的当天换好消毒液。对接近、进入猪场大门的车辆进行登记，内容包括姓名、单位、所运送的物品、接触包括活猪在内污染敏感区域的地点以及具体时期。登记完毕后对车辆进行清扫、冲洗及消毒。工作人员穿好干净的隔离服后先打扫车辆，包括车表面和车厢内地面、内壁及分隔板，车身、车轮、轮轴、轮框、挡泥板及底盘。除掉车体上的污染物。将可以卸载的、现场不能或不易消毒的物品放到场外。打扫完毕后，用高压水冲洗车辆表面、内部及车底，检查车辆是否还有遗留的有机物。确定无残余有机物后将车辆驶入大门消毒池内。使用消毒剂对车辆进行喷洒，特别注意工作人员卸载物品可能接触的地方，注意缝隙、车轮和车底。驾驶室实行喷洒消毒。驾驶员穿上消毒服及靴子并进行消毒后进入车辆驾驶室。消毒剂停留至少15～30min后驶出消毒间。若选用的消毒剂对车身有损伤则用水冲洗完毕后再驶出。驶出消毒间的车辆停留在生活区，干燥后卸载物品。消毒人员消毒完毕后，换下消毒服，消毒后进入生活区。

所有运输屠宰猪、淘汰猪、种猪、子猪等的车辆在接近场区以前必须经过2次严格清洗、消毒、干燥，最后一次清洗、消毒、干燥完成后与接近场区的间隔期至少24h。在此期间，车辆的内外部避免一切可能发生的动物源性污染。这些车辆停留在装猪台，不得进入场区。场区内转运猪的车辆应专用。淘汰猪车、死猪转运车每天使用完毕后应该清洗、消毒、干燥。干燥后放置在最后运输的起始地。饲料车每周清洗、消毒1次。饲料车消毒、冲洗完毕后应放置在指定的地点，并注意防止鸟、鼠接触。

项目小结

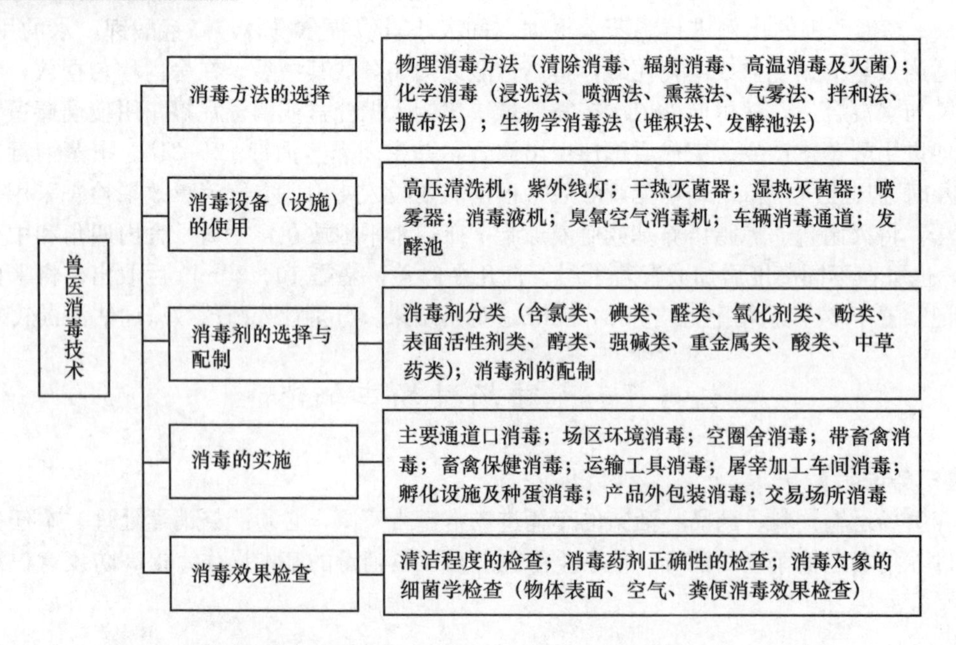

练习思考题

一、单项选择题

1. 采用物理和化学方法，彻底杀灭物体中微生物的方法称为________。
A. 灭菌　B. 消毒　C. 防腐　D. 除菌

2. 湿热灭菌法中效果最好的是________。
A. 高压蒸汽灭菌　B. 巴氏消毒法　C. 煮沸法　D. 流通蒸汽灭菌

3. 高压蒸汽灭菌的温度是________。
A. 150℃　B. 121℃　C. 100℃　D. 80℃

4. 干热灭菌法常采用的温度是________。
A. 200℃　B. 160℃　C. 120℃　D. 100℃

5. 兽医室常用干热法灭菌的器材是________。
A. 玻璃器材　B. 橡皮手套　C. 手术刀、剪　D. 移液吸头

6. 用于饮水、游泳池水消毒的常用消毒剂是________。
A. 高锰酸钾　B. 石炭酸　C. 漂白粉　D. 过氧乙酸

7. 适用于熏蒸消毒的药品是________。
A. 复合酚　B. 甲醛溶液　C. 苯扎溴铵　D. 二氯异氰脲酸

8. 运输畜禽的车船等的消毒一般用________氢氧化钠溶液。
A. 2%～5%　B. 6%～10%　C. 11%～15%　D. 16%～20%

9. 用酒精消毒时浓度为________时杀菌作用最好。
A. 50%～60%　B. 60%～65%　C. 70%～75%　D. 80%～85%

10. 常用来作为解剖尸体或生物标本固定液和防腐剂的药品是________。
A. 甲酚　B. 新洁尔灭　C. 利凡诺　D. 福尔马林

二、判断题

1. 更换消毒液时，一定要把旧的消毒液全部倒掉，并将容器洗净。（　）
2. 新洁尔灭对霉菌杀灭效果较好。（　）
3. 消毒液随着温度的增加消毒效果增强。（　）
4. 牛乳可通过巴氏消毒法进行消毒。（　）
5. 消毒是采用物理、化学或生物学措施杀灭病原微生物，主要是指将传播媒介中的病原微生物杀灭或清除。（　）
6. 工作人员进出病畜禽舍不需要消毒。（　）
7. 平时按规定的定期消毒称为预防性消毒。（　）
8. 福尔马林常用作畜禽的喷雾消毒剂。（　）
9. 粪便多采用生物热消毒法消毒。（　）
10. 畜禽舍消毒前应彻底清扫。（　）
11. 热空气灭菌时不能够杀死芽孢。（　）
12. 煮沸消毒可以利用沸水的高温作用杀死全部细菌及芽孢。（　）

13. 紫外线消毒的缺点是不能穿透不透明物体和普通玻璃。（ ）
14. 乙醇能杀灭细菌繁殖体、真菌和病毒，但不能杀灭细菌芽孢。（ ）
15. 一般而言，适当升高消毒液温度可增强杀菌作用。（ ）
16. 高温对细菌有明显的致死作用，是最有效的灭菌方法。（ ）
17. 强酸和强碱均能杀灭病毒，强酸作用更大。（ ）
18. 漂白粉的常用消毒浓度为1%～5%。（ ）
19. 消毒是杀死物体中的病原微生物。（ ）
20. 种蛋室空气消毒常用的方法是紫外线消毒。（ ）

三、综合分析题

1. 养鸡场如何做好雏鸡的消毒工作？
2. 实地调查你周围的养殖场平时都使用哪些消毒剂，它们分别属于哪一类？
3. 如何进行蛋鸡舍气雾消毒效果的检查？
4. 养殖场兽医室常用器械应该怎样消毒？
5. 猪场圈舍外环境如何消毒？

推荐阅读书目

郑瑞峰，王玉田. 猪场消毒防疫实用技术. 机械工业出版社，2016.
苗志国，李凌，刘小芳. 养殖场实用消毒技术. 化学工业出版社，2018.
吴荣富. 鸡场消毒关键技术. 中国农业出版社，2014.
李连任. 羊场消毒防疫与疾病防制技术. 中国农业科学技术出版社，2016.

生物防治技术

岗位需求

免疫程序制订；疫苗选购、运输、保存、稀释；免疫接种准备；免疫接种及反应处理；免疫效果评价；微生态制品选购与应用。

能力目标

能根据需要选购、运输、保存、使用生物制品；能根据养殖生产实际科学制订免疫计划和免疫程序；能正确实施各种动物的免疫接种；具备评价免疫效果和进行免疫失败原因分析的能力；能正确选购微生态制品并合理应用。

免疫是机体对外源性或内源性异物进行识别、排斥和清除的过程，是机体免疫系统发挥的一种保护性生理功能。机体抵抗感染的能力称为免疫力，分为先天性免疫（非特异性免疫）和获得性免疫（特异性免疫）。获得性免疫是动物在个体发育过程中受到某种病原体或其有毒产物刺激而产生的防御机能，分为主动免疫和被动免疫两类，二者均有天然和人工之分。

主动免疫是动物受到某种病原体抗原刺激后，自身所产生的针对该抗原的免疫力，包括天然主动免疫和人工主动免疫。天然主动免疫是指动物感染某种病原体后对该病原体的再次入侵呈不感染状态。人工主动免疫是给动物接种疫苗等抗原物质，刺激机体免疫系统发生免疫应答而产生的特异性免疫。被动免疫是动物依靠输入其他机体所产生的抗体或细胞因子而产生的免疫力，包括天然被动免疫和人工被动免疫。动物通过母体胎盘、初乳或卵黄获得某种特异性母源抗体，从而获得对某种病原的免疫力，称天然被动免疫。将含有特异性抗体的血清或细胞因子等制剂，人工输入到动物体内使其获得对某种病原的免疫力，称为人工被动免疫，主要用于动物疫病的免疫治疗或紧急预防。

模块一　免疫计划的制订

一、计划免疫

(1) 计划免疫的概念

计划免疫指根据动物传染病疫情监测、动物群免疫状况及动物免疫特点的分析，按照免疫学原理和养殖场制订的免疫程序，有计划地使用生物制品进行动物群预防接种，以提高动物群的免疫水平，达到控制以至最终消灭相应传染病的目的。

(2) 计划免疫的意义

计划免疫是养殖场科学实施动物免疫的前提，是避免盲目、随意进行动物免疫，减少免疫失败的重要措施。要想有效地预防疫病，接种必须要在疾病发生前 30 天以上进行，待机体受某抗原刺激后产生了抗体，才能起到有效预防该疫病的作用。而不同的疫病又都有不同的发病季节性、地区性和不同的日龄、性别等，而且接种后，预防有一定的时间性，不是接种一次就可一生不得疫病。因此，养殖单位应根据动物疫病发病特点科学地安排，有计划地、适时地进行预防接种，以达到预防疫病的目的。

(3) 计划免疫的内容

组织领导　计划免疫工作的计划、检查、总结；免疫工作人员的配备与培训；免疫接种器材的管理；定期开展查漏补种工作；开展免疫宣传；动物疫病诊断人员及预防接种异常反应诊断与处理人员的配备等。

基础资料　动物存栏情况及背景资料；养殖场历年使用生物制品情况的资料；本地、本场有关动物传染病资料；动物免疫状况监测资料等。

制度建设　安全接种制度；异常接种反应处理制度；查漏补种制度；疫苗和冷链管理制度等。

免疫实施 疫苗检查；器械消毒；接种前动物临床检查；操作人员的培训；按程序正确接种；接种后动物观察等。

免疫监测 定期监测动物群抗体水平，掌握群体免疫状态，确定免疫时机，适时补充免疫。

(4) 补充免疫

补充免疫是计划免疫的重要部分，是按照免疫计划，在对大群动物按免疫程序免疫后，对未免疫的小群动物实施的免疫。凡属以下情况的动物应实施补充免疫：由于动物个体暂不适于免疫，如生病、妊娠等，在群体免疫时未予免疫的动物；因各种原因免疫失败的动物；散养畜禽在每年春、秋两季集中免疫后，每月应对未免疫的动物进行定期补充免疫。

(5) 紧急免疫

紧急免疫的概念 指在发生动物疫病后，为迅速控制和扑灭疫病的流行，而对疫区和受威胁区尚未发病的动物进行的应急性免疫接种。其目的在于建立环状免疫隔离带或免疫屏障以包围疫区，防止疫情扩散。实践证明，在疫区和受威胁区内使用疫苗紧急接种，不但可以防止疫病向周围地区蔓延，还可以减少未发病动物的感染死亡。

紧急免疫注意事项 ①只能对临床健康动物进行免疫接种，对于患病动物和处于潜伏期的动物不能接种，只能扑杀或隔离治疗。使用高免血清、卵黄抗体等生物制品时，具有安全、产生免疫快的特点，但免疫期短，用量大，价格高。②对疫区、受威胁区域的所有易感动物，不论是否免疫过或免疫到期，发生地都要重新进行一次免疫，建立免疫隔离带。紧急免疫顺序应是由外到里，即从受威胁区到疫区。③紧急免疫必须使免疫密度达到100%，即易感动物要全部免疫，才能一致地获得免疫力。同时，操作人员必须做到一只畜禽用一个针头，避免人为导致的动物间交叉感染。④为了保证接种效果，有时疫苗剂量可加倍使用。但必须注意，不是所有疫苗均可用于紧急接种，只有证明紧急接种有效的疫苗才能使用。⑤紧急免疫必须与疫区的隔离、封锁、消毒及病害动物的生物安全处理等防疫措施相结合，才能收到好的效果。

二、免疫程序

(1) 免疫程序的概念

生产上，免疫程序有广义和狭义之分。广义的免疫程序是指根据一定地区或养殖场内不同疫病的流行状况及疫苗特性，为特定动物群制订的免疫接种方案。主要包括所用各种类疫苗的名称、类型、接种顺序、用法、用量、次数、途径及间隔时间。狭义的免疫程序指在一个畜禽的生产周期中，为预防某种传染病而制定的疫苗接种规程，其内容包括所用疫苗的品系、来源、用法、用量、免疫时机和免疫次数等。各个国家和地区都重视免疫程序的制订，这不仅是养殖场防疫部门的工作，而且是疫苗生产和研究部门的责任，疫苗的产品说明书上应包括免疫程序和使用方法。

(2) 制订免疫程序应考虑的问题

免疫程序不是统一的或一成不变的，目前并没有一个能够适合所有地区或养殖场的标准免疫程序。免疫程序的制订，应根据不同动物或不同疫病的流行特点和生产实际情况，充分考虑本地区常发多见或威胁大的疫病分布特点、疫苗类型及其免疫效能和母源抗体水平等因素。具体制定免疫程序时，应考虑以下几点：

疫病的“三间分布”特征 由于动物疫病在地区、时间和动物群中的分布特点和流行规律不同，需要根据具体情况随时调整。有些疫病流行持续时间长、危害程度大，应制订长期的免疫防治对策。

疫苗的免疫学特性 疫苗的种类、品系、性质、免疫途径、产生免疫力需要的时间、免疫期等差异以及疫苗间的相互干扰是影响免疫效果的重要因素，在制订免疫程序时应予充分考虑。

动物的种类、日龄及用途 使用何种疫苗应根据动物的种类、日龄而定，动物的用途不同，生长期或生长周期会有差异，也会影响疫苗的使用。同时，要考虑减少捕捉动物次数等。

动物免疫状况 严格来讲，应根据动物体内的抗体水平来决定动物是否应该免疫。因此，应考虑动物体内抗体滴度的高低、母源抗体的有无，有条件时进行抗体监测。

配套防疫措施及饲养管理条件 规模化养殖场的配套防疫措施及饲养管理条件较好，免疫程序应用效果良时，一般较为固定。散养场户由于管理粗放，配套防疫措施跟不上，制定程序时应灵活并适时调整。

三、免疫程序示例

(1) 商品代蛋鸡免疫参考程序（表 3-1）

表 3-1 商品代蛋鸡免疫参考程序

接种时间	疫苗名称	用 法	用 量	备 注
1 日龄	马立克氏病疫苗	皮下注射	每羽 1 羽份	出壳 24h 内用
7 日龄	新城疫-传支（H120）二联苗	滴鼻或点眼	每羽 1～2 滴	
12 日龄	传染性法氏囊病疫苗	滴鼻或点眼	每羽 1～2 滴	
18 日龄	新城疫Ⅱ系和Ⅳ系苗	饮水或滴鼻、点眼	每羽 1.5 倍量饮水或滴鼻点眼 1～2 滴	Ⅱ系和Ⅳ系同时免疫
22 日龄	鸡痘活疫苗	翼膜刺种	按规定羽份	
25 日龄	中毒株法氏囊病疫苗	滴鼻或点眼	每羽 1～2 滴	
31 日龄	传染性喉气管炎冻干苗	滴鼻或点眼	每只 1～2 滴	非疫区不用
35 日龄	传染性鼻炎油乳剂灭活苗	皮下注射	每只 1 羽份	
40 日龄	新城疫-传支（H52）二联苗	滴鼻	每只 1～2 滴	
65 日龄	新城疫Ⅳ系（或Ⅰ系）	饮水或气雾	每只 1.5 倍量饮水	由 HI 滴度水平而定
80 日龄	传染性喉气管炎冻干苗	滴鼻或点眼	每只 1～2 滴	非疫区不用
90 日龄	禽霍乱油乳苗	肌内注射	每只 0.5mL	
110 日龄	传染性鼻炎油乳剂灭活苗	皮下注射	每只 0.5mL	
115 日龄	新城疫油乳剂灭活苗	皮下或肌内注射	每只 1mL	可单独注射或用联苗注射
125 日龄	禽流感油乳剂灭活苗	皮下注射	每只 1 羽份	非疫区少用
130 日龄	传染性法氏囊病油乳剂灭活苗	皮下注射	每只 0.5mL	可单独注射或用二联、三联苗注射
140 日龄	产蛋下降综合征油乳剂灭活苗	肌内注射	每只 0.5mL	
300 日龄	新城疫Ⅳ系苗	饮水或气雾	每只 1.5 倍量饮水	由 HI 滴度水平而定

(2) 蛋（肉）种鸡免疫参考程序（表3-2）

表3-2 蛋（肉）种鸡免疫参考程序

接种时间	疫苗名称	用法	用量	备注
1日龄	马立克氏病疫苗	皮下注射	每羽1羽份	出壳24h内用
3日龄	新城疫Ⅳ系苗	滴鼻或点眼	每羽1～2滴	
5日龄	H120株传染性支气管炎疫苗	饮水或气雾	每羽1.5倍量饮水	
12～14日龄	中等毒力传染性法氏囊病疫苗	滴鼻或点眼	每羽1～2滴	
16～18日龄	病毒性关节炎1号苗	皮下注射	每羽1羽份	仅供肉种鸡用
20～22日龄	鸡痘活疫苗	翼膜刺种	按规定羽份	
26～28日龄	新城疫Ⅳ系（或Ⅰ系）	滴鼻或点眼	每羽1～2滴	
34日龄	中等毒力传染性法氏囊病疫苗	滴鼻或点眼	每只1～2滴	
35日龄	传染性鼻炎油乳剂灭活苗	皮下注射	每只1羽份	
40日龄	传染性喉气管炎冻干苗	滴鼻或点眼	每只1～2滴	非疫区不用
45日龄	传染性鼻炎油乳剂灭活苗	皮下注射	每只1羽份	
50日龄	病毒性关节炎2号苗	皮下注射	每只1羽份	仅供肉种鸡用
90日龄	禽霍乱油乳苗	肌内注射	每只0.5mL	
110日龄	传染性鼻炎油乳剂灭活苗	皮下注射	每只0.5mL	
115日龄	新城疫油乳剂灭活苗	皮下或肌内注射	每只1mL	可单独注射或用联苗注射
125日龄	禽流感油乳剂灭活苗	皮下注射	每只1羽份	非疫区少用
130日龄	传染性法氏囊病油乳剂灭活苗	皮下注射	每只0.5mL	可单独注射或用二联、三联苗注射
140日龄	产蛋下降综合征油乳剂灭活苗	肌内注射	每只0.5mL	
300日龄	新城疫Ⅳ系苗	饮水或气雾	每只1.5倍量饮水	由HI滴度水平而定

(3) 商品代肉鸡免疫参考程序（表3-3）

表3-3 商品代肉鸡免疫参考程序

接种时间	疫苗名称	用法	用量	备注
1日龄	马立克氏病疫苗	皮下注射	每羽1羽份	出壳24h内用
4日龄	新城疫-传支（H120）二联苗	滴鼻或点眼	每羽1～2滴	
7日龄	传染性法氏囊病中等毒力疫苗	滴鼻或点眼	每羽1～2滴	
8日龄	新城疫Ⅳ系苗	饮水或滴鼻点眼	每羽1.5倍量饮水或滴鼻点眼1～2滴	
15日龄	H5型禽流感灭活疫苗	皮下或肌内注射	每羽0.3mL	
22日龄	鸡痘活疫苗	翼膜刺种	按规定羽份	
28日龄	新城疫Ⅳ系苗	饮水免疫	加倍量	
35～40日龄	H5型禽流感灭活疫苗	皮下或肌内注射	每只0.5mL	

(4) 育肥猪免疫参考程序(表 3-4)

表 3-4 育肥猪免疫参考程序

接种时间	疫苗名称	用 法	用 量	备 注
10 日龄	猪链球菌病二价灭活苗	肌内注射	每头 1mL	
15 日龄	猪水肿病多价灭活苗	肌内注射	每头 2mL	
20 日龄	猪瘟活疫苗	皮下或肌内注射	每头 4 头份	
28 日龄	猪伪狂犬病灭活苗	肌内注射	每头 2mL	疫区用
30 日龄	猪传染性萎缩性鼻炎二联灭活苗	皮下注射	每头 0.5mL	疫区用
35 日龄	仔猪副伤寒活疫苗	肌注或口服	每头 1 头份	
40 日龄	猪链球菌病二价灭活菌	肌内注射	每头 2mL	
50 日龄	猪丹毒-猪肺疫二联活疫苗	肌内注射	每头 1 头份	
55 日龄	猪 O 型口蹄疫灭活苗	肌内注射	每头 2mL	
60 日龄	猪瘟活疫苗	皮下或肌内注射	每头 4 头份	
65 日龄	猪传染性胸膜肺炎灭活苗	皮下注射	每头 2mL	
每年 9 月底	猪传染性胃肠炎-猪流行性腹泻二联灭活苗	后海穴注射	每头 1～2mL	

(5) 种猪免疫参考程序(表 3-5)

表 3-5 种猪免疫参考程序

接种时间	疫苗名称	用 法	用 量	备 注
配种前 40 天	猪 O 型口蹄疫灭活苗	肌内注射	每头 2mL	初产母猪
配种前 35 天	猪细小病毒灭活菌	肌内注射	每头 2mL	
配种前 30 天	猪链球菌病二价灭活苗	肌内注射	每头 2mL	
配种前 25 天	猪瘟活疫苗	皮下或肌内注射	每头 4 头份	
配种前 20 天	猪丹毒-猪肺疫二联活疫苗	肌内注射	每头 1 头份	
配种前 15 天	猪传染性胸膜肺炎灭活苗	皮下注射	每头 2mL	
配种前 10 天	猪繁殖与呼吸综合征灭活苗	肌内注射	每头 2mL	
产前 30 天	猪伪狂犬病灭活苗	肌内注射	每头 2mL	
产前 15 天	仔猪大肠埃希氏菌三价灭活苗	肌内注射	每头 2mL	
产后 10 天	猪瘟活疫苗	皮下或肌内注射	每头 4 头份	经产母猪
产后 15 天	猪 O 型口蹄疫灭活苗	肌内注射	每头 2mL	
产后 20 天	猪链球菌病二价灭活苗	肌内注射	每头 2mL	
产后 25 天	猪丹毒-猪肺疫二联活疫苗	肌内注射	每头 1 头份	
产后 30 天	猪繁殖与呼吸综合征灭活苗	肌内注射	每头 2mL	
产前 30 天	猪传染性胸膜肺炎灭活苗	肌内注射	每头 2mL	
产前 15 天	猪伪狂犬病灭活苗	肌内注射	每头 2mL	

（续）

接种时间	疫苗名称	用　法	用　量	备　注
每年3月和9月各1次	猪瘟活疫苗	皮下或肌内注射	每头4头份	种公猪
	猪O型口蹄疫灭活苗	肌内注射	每头2mL	
	猪链球菌病二价灭活苗	肌内注射	每头2mL	
	猪丹毒-猪肺疫二联活疫苗	肌内注射	每头1头份	
	猪伪狂犬病灭活苗	肌内注射	每头2mL	
	猪传染性胸膜肺炎灭活苗	肌内注射	每头2mL	
	猪繁殖与呼吸综合征灭活苗	肌内注射	每头2mL	
	猪传染性萎缩性鼻炎二联灭活苗	肌内注射	每头2mL	
每年4月1次	猪细小病毒灭活苗	肌内注射	每头2mL	
	猪乙型脑炎弱毒活疫苗	皮下或肌内注射	每头2mL	

模块二　免疫用生物制品的选择

一、动物预防用生物制品的分类

动物预防用生物制品从功能上可分为主动免疫用制品和被动免疫用制品两大类。前者包括常规疫苗、亚单位疫苗和生物技术疫苗3类；后者包括高免血清和高免卵黄抗体2类。

（一）常规疫苗

常规疫苗是指由细菌、病毒、立克次氏体、螺旋体、支原体等完整微生物制成的疫苗。

灭活苗　又称死苗，指选用免疫原性强的细菌、病毒等经人工培养后，用物理或化学方法致死（灭活），使传染因子被破坏而保留免疫原性所制成的疫苗。

弱毒苗　又称活苗，指通过人工诱变获得的弱毒株、筛选的天然弱毒株或失去毒力但仍保持抗原性的无毒株所制成的疫苗。用同种病原体的弱毒株或无毒变异株制成的疫苗称同源疫苗，如新城疫的B1系毒株和La Sota系毒株等。通过含交叉保护性抗原的非同种微生物制成的疫苗称异源疫苗，如预防马立克氏病的火鸡疱疹病毒（HVTFC126株）疫苗和预防鸡痘的鸽痘病毒疫苗等。灭活疫苗和弱毒活疫苗比较见表3-6。

表3-6　灭活疫苗和弱毒活疫苗比较

项　目	优　点	缺　点
灭活疫苗	比较安全，不发生全身性副作用，无返祖现象；有利于制成联苗、多价苗；激发机体产生抗体的持续时间较短，有利于确定某种传染病是否被消灭；制品稳定，受外界条件影响小，有利于运输、保存	需要接种次数多、剂量大，必须经注射免疫，工作量大；不产生局部免疫，引起细胞介导免疫的能力较弱；免疫力产生较迟，不适于作紧急免疫用；需要佐剂增强免疫效应，生产成本高
弱毒活疫苗	一次接种即可成功；可采取注射、滴鼻、饮水、喷雾、划痕等多种免疫途径接种；可引起局部和全身性免疫应答；免疫力持久，有利于清除局部野毒；产量高，生产成本低。可以通过对母畜禽免疫接种使幼畜禽获得被动免疫	残毒在自然界动物群体中持续传递后毒力有增强、返祖危险；疫苗中存在的污染毒有可能扩散；存在不同抗原的干扰现象，从而影响免疫效果；某些弱毒苗可引起接种的动物免疫抑制；要求在低温冷暗条件下运输、储存

类毒素　由某些细菌产生的外毒素，经适当浓度（0.3%～0.4%）甲醛脱毒后制成的生物制品，如破伤风类毒素。

生态制剂或生态疫苗　动物机体的消化道、呼吸道和泌尿生殖道等处具有正常菌群，它们是机体的保护屏障，是机体非特异性天然抵抗力的重要因素，对一些病原体具有拮抗作用。由正常菌群微生物所制成的生物制品称为生态制剂或生态疫苗。

联苗和多价苗　不同种微生物或其代谢产物组成的疫苗称为联合疫苗或联苗；同种微生物不同型或株所制成的疫苗称为多价苗。应用联苗或多价苗，可以简化接种程序，节省人力、物力，减少被免疫动物应激反应的次数。

（二）亚单位疫苗

亚单位疫苗指用理化方法提取病原微生物中一种或几种具有免疫原性的成分所制成的疫苗。此类疫苗接种动物能诱导产生对相应病原微生物的免疫抵抗力。由于去除了病原体中与激发保护性免疫无关的成分，没有病原微生物的遗传物质，因而副作用小、安全性高，具有广阔的应用前景。目前，已投入使用的有脑膜炎球菌的荚膜多糖疫苗、A族链球菌M蛋白疫苗、沙门菌共同抗原疫苗、大肠杆菌菌毛疫苗及百日咳杆菌组分疫苗等。

（三）生物技术疫苗

生物技术疫苗即利用分子生物学技术研制生产的新型疫苗，通常包括以下几种：

基因工程亚单位疫苗　将病原微生物中编码保护性抗原的肽段基因，通过基因工程技术导入细菌、酵母或哺乳动物细胞中，使该抗原高效表达后，产生大量保护性肽段，提取此保护性肽段，加佐剂后即成为亚单位疫苗。但因该类疫苗的免疫原性较弱，往往达不到常规疫苗的免疫水平，且生产工艺复杂，尚未被广泛应用。

合成肽疫苗　指根据病原微生物中保护性抗原的氨基酸序列，人工合成免疫原性多肽并连接到载体蛋白后制成的疫苗。该类疫苗性质稳定、无病原性、能够激发动物的免疫保护性反应，且可将具有不同抗原性的短肽段链接到同一载体蛋白上构成多价苗。其缺点是免疫原性较差，合成成本高。

基因工程活载体苗　指将病原微生物的保护性抗原基因，插入到病毒疫苗株等活载体的基因组或细菌的质粒中，使载体病毒获得表达外源基因的新特性，利用这种重组病毒或质粒制成的疫苗。该类活载体疫苗具有容量大、可以插入多个外源基因、应用剂量小而安全、能同时激发体液免疫和细胞免疫、生产和使用方便、成本低等特点。它是目前生物工程疫苗研究的主要方向之一，并已有多种产品成功地用于生产实践。

基因缺失苗　指通过基因工程技术在DNA或cDNA水平上去除与病原体毒力相关的基因，但仍保持复制能力及免疫原性的毒株制成的疫苗。该疫苗的特点是毒株稳定，不易返祖，可制成免疫原性好、安全性高的疫苗。目前生产中使用的有伪狂犬病基因缺失苗等。

DNA疫苗　指用编码病原体有效抗原的基因与细菌质粒构建的重组体。用该重组体可直接免疫动物机体，可诱导机体产生持久的细胞免疫和体液免疫。DNA疫苗在预防细菌性、病毒性及寄生虫性疾病方面已经显示出广泛的应用前景，被称为疫苗发展史上的一次革命。

抗独特型疫苗　指根据免疫调节网络学说设计的疫苗。由于抗体分子的可变区不仅有抗体活性，而且也具有抗原活性，故任何一种抗体的Fab段不仅能特异地与抗原结合，同时其本身也是一种独特的抗原决定簇，能刺激自身淋巴细胞产生抗体，即抗独特型抗体。这种抗独特型抗体与原始抗原的免疫原性相同，故可作为抗独特型疫苗而激发机体对相应病原体的免疫力。

二、免疫血清

免疫血清又称为抗病血清、高免血清，为含有高效价特异性抗体的动物血清制剂，能用于治疗、紧急预防相应病原体所致的疾病，所以又称为被动免疫制品。通过给适当动物以反复多次注射特定的病原微生物或其代谢产物，促使动物不断产生免疫应答，在血清中含有大量相应的特异性抗体制成。虽然高免血清的使用成本高、生产周期长而受到限制，但毒素血清如破伤风抗毒素血清、肉毒抗毒素血清、葡萄球菌抗毒素血清的早期应用仍具有十分重要的意义。

使用免疫血清防治传染病，越早越好。免疫血清的使用，大多采用注射的途径。在注射方法上，可以皮下注射，也可以静脉注射，一般多采用皮下注射法。静脉注射吸收虽然最快，但容易引起过敏反应，主要在预防时使用。免疫血清的有效维持时间一般只有 2～3 周。因此，必须多次注射、足量注射，才能取得理想的效果。使用免疫血清要注意防止引起血清病，预防的主要措施是使用提纯的制品，不用不合格的产品。同时要按照要求剂量使用，一次用量不可过大。

三、高免卵黄抗体

高免卵黄抗体也称为卵黄免疫球蛋白，是用抗原免疫禽类后从卵黄中分离得到的高效价特异性抗体。其原理是用抗原大剂量强化免疫健康产蛋鸡（鸭），蛋鸡（鸭）体内产生大量抗体，垂直传递到鸡（鸭）蛋的卵黄中。将卵黄中的抗体分离提纯并稀释后，测定效价，合格者用于临床预防、治疗动物传染病。与哺乳动物来源的 IgG（免疫球蛋白）比较，卵黄抗体具有取材方便、分离纯化方法简单、产量高、价格便宜，同时具有特异性高、稳定性较好等优点，在疾病预防、诊断、防治等诸多方面得到了广泛的应用。对于雏鸭病毒性肝炎、小鹅瘟等危害幼雏的疾病，使用高免卵黄抗体早期预防具有较好效果。

四、生物制品的保存和运送

(1) 生物制品的保存

各种生物制品均应保存在低温、阴暗及干燥的场所。灭活苗和类毒素等应保存在 2～8℃的环境中，防止冻结；油乳剂灭活苗在冷冻后会出现破乳分层现象，影响其效力，应常温保存。大多数弱毒活疫苗应放在 -15℃以下冻结保存。对于真空冻干活苗，还应注意其真空度。马立克氏病活疫苗等细胞结合性疫苗必须在液氮中保存。图 3-1 为用来盛放液氮的液氮罐。

图 3-1 液氮罐

(2) 生物制品的运送

弱毒活疫苗的运送一般要求“冷链”，即需要冷藏工具如冷藏车、冷藏箱（图 3-2）、保温瓶（杯）（图 3-3）等。购买时要弄清各种疫苗的保存和运输中要求的条件，运输时装入保温冷藏设备中，购入后立即按规定温度存放，严禁在高温和日光下保存和运输。灭活苗在运输中也要防止冻结和暴晒。

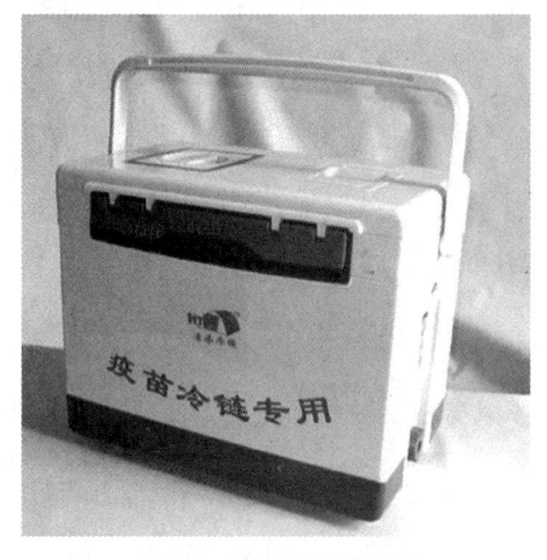

图 3-2 疫苗冷链专用箱

图 3-3 保温杯

总之，各类生物制品的特性与生产工艺不同，在产品流通、存放与使用过程中，应严格按照产品说明书规范操作。

模块三 免疫接种技术

动物的免疫方法可分为个体免疫法和群体免疫法。前者免疫途径包括注射、点眼、滴鼻、滴口、刺种、擦肛等，后者包括饮水、拌料、气雾免疫等。选择合理的免疫接种途径可以大大提高动物机体的免疫应答能力。

（一）注射免疫接种

适用于各种灭活苗和弱毒苗的免疫接种。根据疫苗注入的组织不同，又可分为皮下注射、皮内注射、肌内注射。注射接种剂量准确、免疫密度高、效果确实可靠，在实践中应用广泛。但费时费力，消毒不严格时容易造成病原体人为传播和局部感染，而且捕捉动物时易出现应激反应。

(1) 接种器械

动物防疫常用的金属注射器使用后应及时清洗、消毒、晾干，并放松橡胶推动活塞，以延长其使用寿命。兽用连续注射器（图 3-4）的特点是能够按照动物防疫员调节好的免疫剂量自动吸取疫苗，以达到连续注射的目的。连续注射器每次最大注射剂量为 2mL，最大误差不超过 2%。连续注射器适宜作皮下、肌内注射，家禽防疫时常用。注射时宜平行

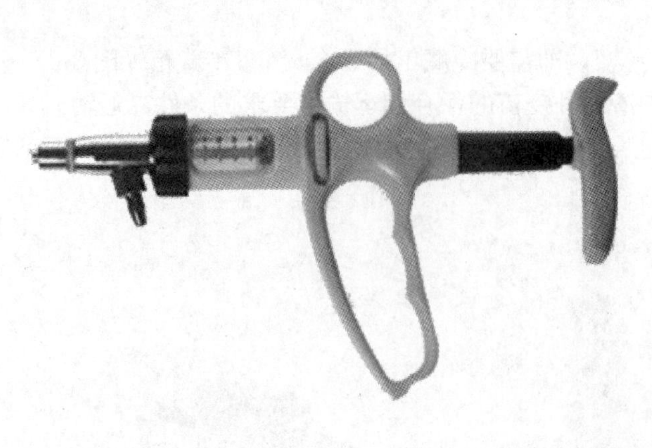
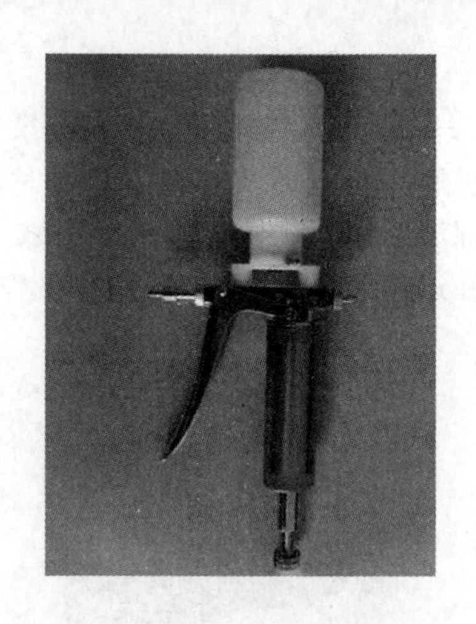

图3-4　兽用连续注射器

操作，防止疫苗中的极少量气体进入动物体内。使用后要及时用清水冲洗干净，消毒，晾干后备用。

防疫用金属针头一般分为牛用、猪（羊）用和家禽用3种。家禽使用9～12号针头为宜，应按家禽的大小及肥度确定。仔猪使用12～16号（2.5cm）针头，育成猪和成年猪使用16～18号（4.0cm）针头，牛使用16～20号（4.0cm）针头，绵羊和山羊使用12～18号（2.5～4.0cm）针头。防疫注射针头使用频率高、损耗大，一方面要选购正规厂家生产的质量好的针头，另一方面防疫时应尽量多准备一些各种规格的备用针头。防疫中要经常检查针头是否完好，有无针尖卷曲、起刺或堵塞等现象，已损坏的或无法再利用的均应无害化废弃。注射器和针头应洁净无菌。一支注射器只能用于一种疫苗的接种，接种时针头要逐头（只）更换。

（2）皮下接种

这种方法多用于灭活苗及免疫血清、高免卵黄抗体接种，选择皮薄、被毛少、皮肤松弛、皮下血管少的部位。大家畜宜在颈侧中1/3部位；猪在耳根后或股内侧；犬和羊宜在股内侧；兔在耳后；家禽在颈部背侧下1/3处，针头自头部刺向躯干部。注射部位消毒后，注射者右手持注射器，左手食指与拇指将皮肤提起呈三角形，使之形成一个囊，沿囊下部刺入皮下约注射针头的2/3，将左手放开后，再推动注射器活塞将疫苗徐徐注入。然后用酒精棉球按住注射部位，将针头拔出。

（3）皮内接种

选择皮肤致密、被毛少的部位。大家畜选择颈侧、尾根、眼睑，猪在耳根后，羊在颈侧或耳根部，鸡在肉髯部位。注射部位如有被毛的应先将其剪去，用酒精棉球消毒后，左手将皮肤捏起形成皮褶，或以左手绷紧固定皮肤，右手持注射器，使针头斜面向上，几乎与注射皮面平行刺入0.5cm左右，即可刺入皮肤的真皮层中。应注意刺时宜慢，以防刺出表皮或深入皮下。同时，注射药液后在注射部位有一小包，且小包会随皮肤移动，则证明确实注入皮内，然后用酒精棉球对皮肤针孔及其周围进行消毒。皮内接种疫苗的使用剂量和局部副作用小，相同剂量疫苗产生的免疫力比皮下接种高。

（4）肌内注射

多用于弱毒疫苗的接种。肌内注射操作简便、应用广泛、副作用较小，药液吸收快，免疫效果较好。应选择肌肉丰满、血管少、远离神经干的部位。疫苗要注入深层肌肉内。牛、马、羊注射部位在颈侧中部上1/3处，猪选择耳根后，注射时避开耳道（图3-5）。禽宜在胸肌或大腿外侧肌肉。注射时针头与皮肤表面呈45°角，避免疫苗的流出。

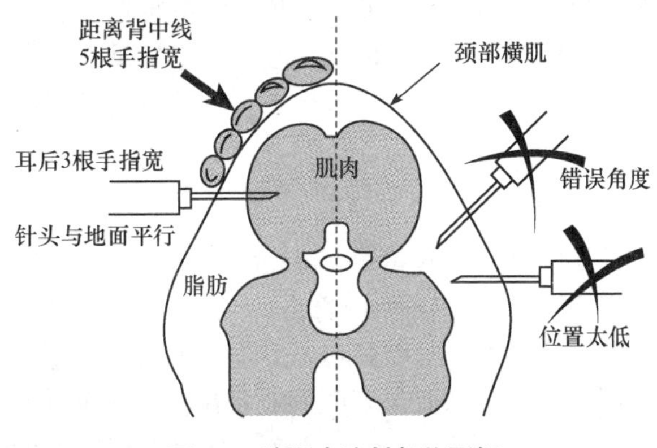

图3-5 猪肌内注射部位图解

（5）胸腔注射

胸腔注射目前仅见于猪支原体肺炎弱毒冻干疫苗的免疫。它能很快刺激胸部的免疫器官产生局部的免疫应答，直接保护被侵器官。猪支原体肺炎的免疫主要以局部细胞免疫为主，应用弱毒株免疫接种途径必须是肺内注射，其他部位免疫效果不确实或无效。免疫时需要保定猪只，免疫刺激大，免疫技术要求较高。肺脏是猪肺炎支原体的靶器官，肺内免疫途径对猪支原体肺炎免疫力的建立是一个突破性进展。具体操作为：猪支原体肺炎弱毒冻干疫苗用灭菌生理盐水、注射用水或5%葡萄糖生理盐水溶解，用12号短针头与金属注射器或连续注射枪按规定剂量接种，注射部位为右侧肩胛骨后缘（中上部）1cm处肋间隙，吸取疫苗的针头用后每窝更换，防止针头带菌或沾污。溶解疫苗在2h内用完。

（6）静脉注射

静脉注射主要用于紧急预防和治疗时注射免疫血清。疫苗因残余毒力等原因，一般不通过静脉注射接种。注射部位为：马、牛、羊在颈静脉，猪在耳静脉，鸡在翅下静脉。

（7）穴位注射

穴位免疫注射是近年来应用于兽医临床的一种新方法。它主要是将具有免疫作用的生物制剂（抗原、抗体等）注入一定的穴位中，从而借助疫苗对穴位的刺激，放大疫苗的免疫作用，增强机体的免疫功能。研究表明，后海穴（交巢穴）、风池穴、足三里穴能显著提高抗体的效价，放大疫苗的免疫作用。后海穴是临床上进行穴位免疫常用的穴位。应用于穴位免疫的疫苗有新城疫疫苗、传染性法氏囊病疫苗、猪旋毛虫病疫苗、口蹄疫疫苗、大肠杆菌基因工程疫苗、破伤风杆菌液、羊衣原体灭活苗等。

（二）点眼与滴鼻

禽类眼部有哈德氏腺（副泪腺），鼻腔黏膜下有丰富的淋巴样组织，对抗原的刺激都能产生很强的免疫应答反应。操作时，用乳头滴管吸取疫苗，将鸡眼或鼻孔向上，呈水平位置，滴头距离眼或鼻孔1cm左右，滴于眼或鼻孔内。这种方法多用于雏禽，尤其是雏鸡的首免。利用点眼或滴鼻法接种时应注意：接种时均使用弱毒苗，如果有母源抗体存在，会影响病毒的定居和刺激机体产生抗体，此时可考虑适当增大疫苗接种量。点眼时，要等待疫苗扩散后才能放开雏鸡。滴鼻时，可用固定雏鸡的左手食指堵着非滴鼻侧的鼻孔，加速疫苗的吸入。

生产中也可以用能安装滴头的塑料滴瓶盛装稀释好的疫苗，装上专用滴头后，挤出滴瓶内部分空气，迅速将滴瓶倒置，使滴头向下，拿在手中呈垂直方向轻捏滴瓶，进行点眼或滴鼻，疫苗瓶在手中应一直倒置，滴头保持向下。为减少应激反应，最好在晚上或光线稍暗的环境下接种。

（三）皮肤刺种

常用于禽痘、禽脑脊髓炎等疫病的弱毒疫苗接种。家禽一般采用翼膜刺种法，在家禽翅膀内侧无血管处的“三角区”，用刺种针（图 3-6）蘸取疫苗，刺针针尖向下，使药液自然下垂，轻轻展开鸡翅，从翅膀内侧对准翼膜用力垂直刺入并快速穿透，使针上的凹槽露出翼膜（图 3-7）。每次刺种针蘸苗都要保证凹槽能浸在疫苗液面以下，出瓶时将针在瓶口擦一下，将多余疫苗擦去。在针刺过程中，要避免针槽碰上羽毛以免疫苗溶液被擦去，也应避免刺伤骨头和血管。每 1～2 瓶疫苗就应换用一个新的刺种针，因为针头在多次使用后会变钝，针头变钝意味着需要加力才能完成刺种，这可能使一些疫苗在针头穿入表皮之前被抖落。刺种后，应及时对禽群的接种部位进行接种反应观察。一般接种 4～6 天后在接种部位会出现皮肤红肿、增厚、结痂等接种反应。要在刺种后 2 周左右检查免疫的效果，如接种部位无反应或禽群的反应率低，则应检查鸡群是否处于免疫阶段，疫苗质量有无问题或接种方法是否有差错，及时进行补充免疫。

图 3-6　疫苗刺种针

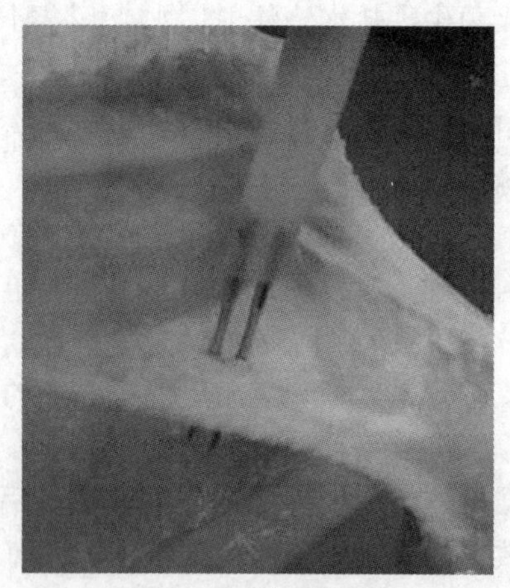

图 3-7　鸡翼膜刺种

（四）擦肛接种

用消毒的棉签、毛笔或小刷蘸取疫苗，直接涂擦在家禽泄殖腔的黏膜上。擦肛后 4～5 天，可见泄殖腔黏膜潮红，否则应重新接种。如鸡传染性喉气管炎强毒苗的接种就用此法。

（五）经口免疫接种

经口免疫即将疫苗均匀地混于饲料或饮水中经口服后使动物获得免疫，可分为饮水、滴口、拌料3种方法。饮水、拌料免疫效率高、省时省力、操作方便，能使全群动物在同一时间内共同被接种，对群体的应激反应小，但动物群中抗体滴度往往不均匀，免疫持续期短，免疫效果常受到其他多种因素的影响。

(1) 饮水免疫

饮水免疫时，应按畜禽数量和畜禽平均饮水量，准确计算疫苗用量。用于口服的疫苗必须是高效价的活苗，可增加疫苗用量，一般为注射剂量的2～5倍。例如，鸡饮水免疫时，稀释疫苗的用水量应根据鸡的大小来确定，一般为鸡日饮水量的30%，疫苗用量高于平均用量的2～3倍，保证所有的鸡同时喝到疫苗水。具体可参照如下用水量：1～2周龄每只8～10mL；3～4周龄每只15～20mL；5～6周龄每只20～30mL；7～8周龄每只30～40mL；9～10周龄每只40～50mL。疫苗混入饮水后，必须迅速口服，保证在最短的时间内摄入足量疫苗。因此，免疫前应停饮一段时间，具体停水时间长短可灵活掌握，一般在天气炎热的夏秋季节或饲喂干料时，停水时间可适当短些；在天气寒冷的冬春季节或饲喂湿料时，停水时间可适当长些，使动物在施用饮水免疫前有一定的口渴感，确保动物在0.5～1h内将疫苗稀释液饮完。稀释疫苗的水，可用深井水或凉开水，饮水中不应含有游离氯或其他消毒剂。饮水器要保持清洁干净，不可有消毒剂和洗涤剂等化学物质残留。饮水的器皿不能是金属容器，可用瓷器和无毒塑料容器。稀释疫苗时宜将疫苗开瓶后倒入水中搅匀。为有效地保护疫苗的效价，可在加入疫苗前往疫苗稀释液中加入2%～3%鲜牛奶或与0.2%～0.3%的脱脂奶粉混合使用。

混有疫苗的饮水以不超过室温为宜，应注意避免疫苗暴露在阳光下。如在炎热季节给动物施用饮水免疫时，应尽量避开高温时段进行。为保证动物充分吸收药物，在饮水免疫后还应适当停水1～2h。此外，动物在饮水免疫前后24h内，其饲料和饮水中不可使用消毒剂和抗菌素类药物，以防引起免疫失败或干扰机体产生免疫力。

(2) 滴口免疫

将按照要求稀释之后的疫苗滴于家禽口中（图3-8），使疫苗通过消化道进入家禽体内，从而产生免疫力的免疫接种方法。

操作方法 按规定剂量用适量生理盐水或凉开水稀释疫苗，充分摇匀后用滴管或一次性注射器吸取疫苗，然后将鸡腹部朝上，食指托住头颈后部，大拇指轻按前面头颈处，待张口后在口腔上方1cm处滴下1～2滴疫苗溶液即可。

注意事项 滴口免疫时须注意：①确定稀释量，普通滴瓶每毫升水有25～30滴，差异较大，所以必须事先测量出每毫升水的滴数，计算出稀释液用量，最好购买正规厂家生产的疫苗专用稀释液及配套滴瓶；②稀释液可选用疫苗专用稀释液或灭菌生理盐水；③疫苗稀释后必须在0.5～1h滴完；④防止漏滴，做到只只免疫；⑤要注意经常摇动疫苗，以保持疫苗的均匀；⑥在滴口免疫前后24h内停饮任何有消毒剂的水。

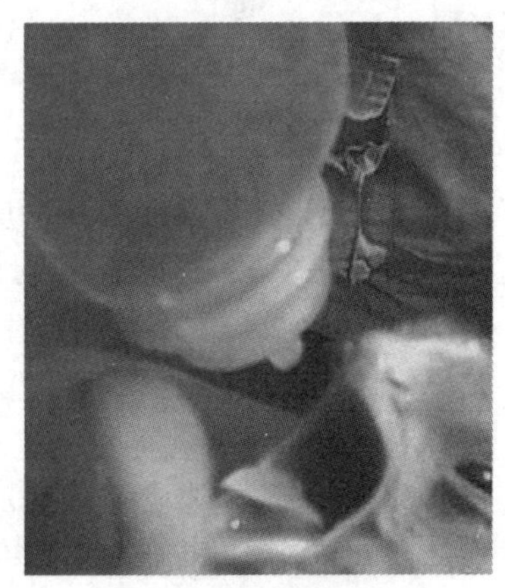

图3-8 雏鸡滴口免疫

(3) 拌料免疫

生产中采用拌料免疫的有鸡新城疫Ⅰ系、Ⅱ系苗及鸡球虫苗。注意拌料要均匀，并现配现用。拌疫苗的饲料温度以室温为宜，不可直接撒在地面上，且应避免日光照射。

直接拌料　将新城疫疫苗按规定剂量溶解于水，混匀后拌碎米或玉米粉或鸡颗粒料，早晨鸡空腹时一次喂给，让鸡采食。对大小不一和吃食较少的鸡，可在第二天重复饲喂1次，以确保鸡吃进足够的剂量。免疫前应计算鸡群实际需要饲料粮，防止饲料不足或过剩。

喷雾拌料　将按规定剂量稀释后的球虫疫苗悬液倒入干净的农用喷雾器或加压式喷雾器中，称取适量的饲料放入料盘中，把球虫疫苗均匀地喷洒在饲料上，喷洒时需要不时摇晃喷雾器，至少来回喷2次，每喷一次都要充分拌料。将拌有疫苗的料平均分配到每个料盘，让鸡自由采食，全部吃干净需4～5h。注意倒拌有疫苗料之前不要刻意断料，倒料前只把料盘中的剩料倒干净即可，以免“抢食”造成每只鸡免疫剂量不均匀。

（六）气雾免疫法

将稀释的疫苗在气雾发生器的作用下喷雾射出去，使疫苗形成5～100μm的雾化粒子，其中雾粒直径50～100μm称为粗滴气雾免疫，雾粒直径5～22μm称为细滴气雾免疫。雾化粒子均匀地浮游于空气中，动物随着呼吸运动，将疫苗吸入而达到免疫。气雾免疫分为气溶胶免疫和喷雾免疫2种形式，其中气溶胶免疫最为常见。气雾免疫法不但省力，而且对少数疫苗特别有效，适用于大群动物的免疫。进行气雾免疫时，将动物赶入圈舍，关闭门窗，尽量减少空气流动，喷雾完毕后，动物在圈内停留10～20min即可放出。图3-9为可调式气溶胶气雾发生器。

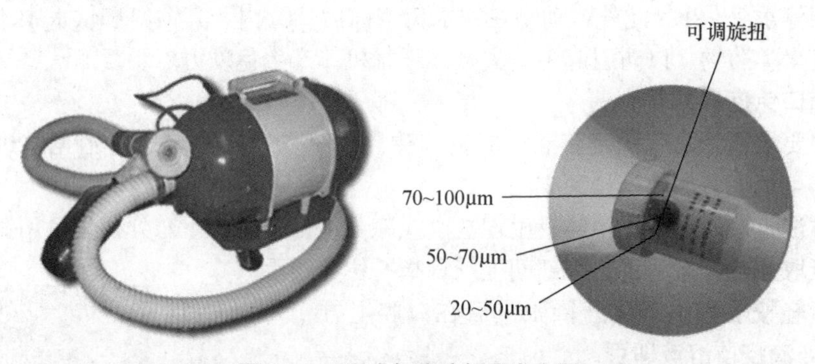

图3-9　可调式气溶胶气雾发生器

在进行鸡群喷雾免疫前，应加强通风，并采取带鸡消毒等降温或增湿措施，以使舍内的温度保持在18～24℃，相对湿度保持在70%左右，空气中看不到灰尘颗粒等。气雾免疫不适于30日龄内的雏鸡和存在慢性呼吸道病的鸡群，以免诱发呼吸道系统疾患。气雾粒子为60μm左右时，一般停留在雏鸡的眼和鼻腔内，很少发生慢性呼吸道病，适宜对6周龄以内的小雏鸡气雾免疫。对12周龄雏鸡气雾免疫时，气雾粒子取10～30μm为宜。在鸡头上1.5m左右喷雾，呈45°角，使雾粒刚好落在家禽的头部。喷完后要最大限度地降低通风换气量，以保证气雾免疫效果，同时也要防止通风不良而造成窒息死亡。

小日龄雏鸡喷雾时，可打开出雏器或运雏箱，使其排列整齐。平养的肉鸡，可集中在鸡舍一角，或把鸡舍分成两半，中间设一栅栏并留门，从一边向另一边驱赶肉鸡，当肉鸡分批通过栅栏门时喷雾。接种人员还可在鸡群中间来回走动喷雾疫苗，至少来回2次。笼养蛋（肉）鸡，直接在笼内一层层地循序进行喷雾。

模块四 免疫接种准备与反应处理

（一）熟悉疫情动态和动物健康状况

为了保证免疫接种的安全和效果，最好于接种前对部分幼畜禽的母源抗体进行监测，选择最佳时机进行接种。了解本地、本场各种疫病发生和流行情况，依据疫病种类和流行特点（如流行季节）做好各种准备，免疫工作要在疫病来临之前完成。接种前要观察动物的营养和健康状况，凡疑似发病、体温升高、体质瘦弱、妊娠后期等的动物均不宜接种疫苗，待动物健康或生产后适时补充免疫。

（二）选用合格的生物制品

结合免疫程序，根据疫情选择合适的疫苗，特别是疫苗类型。应选购通过GMP验收的生物制品企业的疫苗。产品要具有农业农村部正式生产许可证及批准文号。说明书应注明疫苗的安全性、有效性、含毒量等。

按照疫苗的使用说明书，选用规定的稀释液，按标明的头份充分稀释、摇匀，注意注射器、针头及瓶塞表面的消毒。稀释后的疫苗，如一次不能吸完，吸液后针头不必拔出，用酒精棉球包裹，以便再次吸取。给动物注射过的针头不能吸液，以免污染疫苗。各种疫苗使用的稀释液、稀释倍数和稀释方法都有明确规定，必须严格按照产品的使用说明书进行。稀释疫苗用的器械必须无菌，否则不但影响疫苗的效果，而且会造成污染。用于注射的活苗一般配备专用稀释液，若无稀释液，可以用蒸馏水稀释。稀释前先用酒精棉球消毒疫苗的瓶盖，然后用灭菌注射器吸取少量的蒸馏水注入疫苗瓶中，充分振荡溶解后，抽取溶解的疫苗放入干净的容器中，再用蒸馏水把疫苗瓶冲洗几次，使全部疫苗所含病毒（细菌）都被冲洗下来，然后按一定剂量加入蒸馏水。

（三）免疫接种器械的准备

免疫接种的注射器、针头和镊子等用具，应严格消毒。针头要经常更换，可以将换下的针头浸入酒精、新洁尔灭或其他消毒液中，浸泡20min后，用灭菌蒸馏水冲洗后重新使用。接种过程也应注意消毒，接种后的用具、空疫苗瓶也应进行消毒处理。

（四）选择接种方法

根据疫苗的种类不同、剂型不同，畜禽饲养规模不同，采取不同的免疫接种途径。免疫途径不同，产生的免疫效果也不一样。

（五）免疫接种记录

接种记录的内容包括疫苗的种类、批号、生产日期、厂家、剂量、稀释液，接种方法和途径、畜禽数量、接种时间、参加人员等，并对接种的检测效果进行记录。还应注明对漏免者补免的时间。同时，对接种的对象，注意接种后的临床观察，动物出现的不良反应也要予以记录。

（六）接种后动物的检查与护理

已经打开瓶塞或稀释过的疫苗，必须当天用完，未用完的处理后弃去。饮水、气雾、拌料接种疫苗的前2天、后5天不得让动物饮用消毒药（如高锰酸钾等），也不得进行任何消毒，使用弱毒菌苗的前后各1周内不得使用抗微生物药。接种疫苗后，有的可发生暂时性的抵抗力降低现象，应加强护理，同时特别注意控制家畜的使役，以免过分劳累而产生不良后果。有的免疫后可能引起过敏反应，应详细观查1周左右。发生严重过敏者，应立即用肾上腺素等药物脱敏，以免导致死亡。

（七）免疫接种的反应及处理

(1) 产生免疫应激反应的原因

免疫接种应激反应产生的原因比较复杂，主要有生物制品本身的原因，运输与保存的原因，免疫器械消毒不严的原因，动物个体的原因，动物健康状态的原因等。主要表现为免疫接种途径错误，操作不规范；注射疫苗剂量过大，部位不准确；疫苗储藏、运输等不当，质量不高；接种前临床检查不细，带病接种疫苗；接种对象错误，忽视品种和个体差异或过早接种疫苗。

(2) 免疫接种反应的类型及处理

对动物机体来说，疫苗是外源性物质，接种后会出现一些不良反应，按照反应的强度和性质可将其分为3种类型：

正常反应 指由于疫苗本身的特性引起的反应。少数疫苗接种后，动物常常出现一过性的精神沉郁、食欲下降、注射部位的短时轻度炎症等局部性或全身性异常表现。如果出现这种反应的动物数量少、反应程度轻、维持时间短暂，则被认为是正常反应，一般不用处理。

异常反应 一次免疫注射后发生反应的动物较多，表现为震颤、流涎、流产、瘙痒等，其原因通常是疫苗质量低劣或毒（菌）株的毒力偏强、使用剂量过大、操作不正确、接种途径错误或使用对象不正确等，要注意分析并及时对症治疗和抢救。

严重反应 多属于超敏反应和过敏性休克，轻则体温升高、黏膜发绀、皮肤出现丘疹等，重则全身淤血，鼻盘青紫，呼吸困难，口吐白沫或血沫，骨骼肌痉挛、抽搐，最后循环衰竭导致猝死。多在0.5～1h死亡。主要与生物制品的性质和动物本身体质有关，仅发生于个别动物，需用抗过敏药物和激素疗法及时救治，如有全身感染，可配合抗菌素治疗。

模块五 免疫效果评价及免疫失败的原因分析

一、免疫效果的评价

免疫接种的目的是将易感动物群转变为非易感动物群，从而降低疫病带来的损失。因此，某一免疫程序对特定动物群是否合理并达到了降低群体发病率的作用，需要定期对接种对象的实际发病率和实际抗体水平进行分析和评价。免疫效果评价的方法主要包括流行病学法、血清学方法和人工攻毒试验。

流行病学方法　用流行病学调查的方法，检查免疫动物群和非免疫动物群发病率、死亡率等指标，可以比较并评价不同疫苗或免疫程序的保护效果。保护率越高，免疫效果越好。

$$免疫指数=\frac{对照组患病率}{免疫组患病率}\times 100\%$$

$$保护率=\frac{对照组患病率-免疫组患病率}{对照组患病率}\times 100\%$$

血清学方法　一般是通过测定免疫动物群血清抗体的几何平均滴度，比较接种前后滴度升高的幅度及其持续时间来评价疫苗的免疫效果。血清学评价方法有琼脂扩散试验、血凝与血凝抑制试验、正相间接血凝试验、酶联免疫吸附试验等。如用血凝与血凝抑制试验检测禽流感、新城疫免疫鸡血清中抗体滴度，当禽流感抗体滴度大于 2^4，新城疫抗体滴度大于 2^5 时，判定为免疫合格；当群体免疫合格率大于70%时，判定为全群免疫合格。

人工攻毒试验　通过对免疫动物的人工攻毒试验，确定疫苗的免疫保护率、开始产生免疫力的时间、免疫持续和保护性抗体临界值等指标。

二、免疫失败原因分析及对策

生产实践中造成免疫失败的原因是多方面的，各种因素可通过不同的机制干扰动物免疫力的产生。归纳起来，造成免疫失败的因素主要有以下几个方面：

（一）疫苗因素

(1) 疫苗本身的质量低劣

疫苗中免疫原成分的多少是疫苗能否达到良好免疫效果的决定因素。正规厂家生产的疫苗质量较为可靠，购买使用前应查看生产厂家、产品批号、生产日期等，了解厂家有无产销资质。

(2) 疫苗的保存不当

对那些瓶签说明不清、有裂缝破损，色泽性状不正常（如灭活苗的破乳分层现象）或瓶内发现杂质异物等的疫苗，应停止使用。

(3) 疫苗使用不当

疫苗稀释不当　各种疫苗所用的稀释剂、稀释倍数及稀释的方法都有一定的规定，必须严格按照使用说明书操作。例如，饮水免疫不得使用金属容器，饮水必须用蒸馏水或冷开水，水中不得有消毒剂、金属离子，可在疫苗溶液中加入0.2%～0.3%的脱脂奶粉作保护剂。

疫苗选择不当　一些疫苗，如鸡新城疫弱毒苗、传染性法氏囊病疫苗、传染性支气管炎疫苗等，本身容易引起免疫损伤，造成免疫水平低下。

首免时间选择不当　幼畜（禽）刚出生（壳）的几天内，体内往往存在大量母源抗体，若此时进行免疫（尤其是进行活疫苗的免疫），则体内母源抗体与免疫原结合，一方面会中和免疫原，干扰病毒的复制，另一方面会造成免疫损伤，影响免疫效果。但鸡马立克氏病疫苗除外，因雏鸡体内不存在相应的母源抗体，故接种越早越好。

疫苗间干扰作用 将两种或两种以上无交叉反应的抗原同时接种或接种的时间间隔很短，机体对其中一种抗原的抗体应答显著降低。如鸡传染性支气管炎疫苗可干扰新城疫疫苗。

免疫方法不当 滴鼻、点眼免疫时，疫苗未能进入眼内或鼻腔；肌内注射时，“打飞针”，疫苗根本没有注射进去，或注入的疫苗又从注射孔流出，或注射针头过短，刺入深度不够，疫苗注入皮下脂肪。因此，免疫时应注意保定动物，选择型号适宜的注射针头，控制针头刺入的深度。使用连续注射器接种疫苗时，注射剂量要反复校正，使误差小于0.01mL，针头不能太粗，以免拔针后疫苗流出。

（二）畜禽机体状况

遗传因素 动物品种不同，免疫应答各有差异，即使同一品种的不同个体，因日龄、性别等不同，对同一疫苗的免疫反应强弱也不一致。

母源抗体的干扰 主要是干扰疫苗病毒在体内的复制，影响免疫效果。同时母源抗体本身也被中和。可及时做好免疫监测，测定母源抗体水平后再决定接种时机。

营养因素 维生素及许多其他营养成分都对畜禽机体免疫力有显著影响。特别是缺乏维生素A、D、B、E和多种微量元素时，会影响机体对抗原的免疫应答，免疫反应明显受到抑制。

健康原因 患病动物接种疫苗不仅不会产生免疫效果，严重的可导致死亡。此外，动物发生免疫抑制性疾病也是免疫失败的常见原因。如鸡马立克氏病、传染性法氏囊病、猪繁殖障碍与呼吸综合征、圆环病毒病等都可能造成动物免疫抑制。

（三）病原体的血清型和变异性

许多病原微生物有多个血清型，容易出现抗原变异，如果感染的病原微生物与使用的疫苗毒（菌）株在抗原上存在较大差异或不属于一个血清型，则可导致免疫失败。如大肠杆菌病、禽流感、传染性法氏囊病等。另外，如果病原出现超强毒力变异株，也会造成免疫失败，如马立克氏病等。因此，选用疫苗时，应考虑当地疫情、病原特点。

（四）免疫程序

疫苗的种类、接种时机、接种途径和剂量、接种次数及间隔时间等不适当，容易出现免疫效果差或免疫失败的现象。此外，疫病分布发生变化时，疫苗的接种时机、接种次数及间隔时间等应相应调整。

因此，应根据本地区或本场疫病流行情况和规律、动物群的病史、品种、日龄、母源抗体水平和饲养管理条件以及疫苗的种类、性质等因素制定出科学合理的免疫程序，在执行时视具体情况进行调整，使本场免疫程序更加合理。

（五）其他因素

饲养管理不当，饲喂霉变饲料，饲料中蛋白质不均衡，动物误食铅、镉、砷等重金属或卤素、农药等化学物质可抑制免疫应答，引起免疫失败。此外，接种期间或接种前后给予动物消毒、治疗药物，也会影响免疫效果。接种前后光照、温度、通风、饲料的突然变化也可产生应激反应，影响疫苗的效果。

养殖场可通过加强饲养管理，保持合理的饲养密度与稳定的饲养管理制度，保证动物营养供应，重视免疫后动物的护理等措施提高免疫效果。

模块六　微生态制剂应用技术

微生态制剂又称活菌制剂、益生菌制剂，指能在动物消化道中生长、发育或繁殖，并起有益作用的微生物制剂，是为替代抗生素添加剂而开发的一类新型饲料添加剂。根据其作用特点，可分为益生素、微生物生长促进剂两类。益生素即直接饲喂的微生物制剂，主要由正常消化道优势菌群的乳酸杆菌或双歧杆菌等种、属菌株组成。微生物生长促进剂是由真菌、酵母、芽孢杆菌等具有很强消化能力的种、属菌株组成。

一、微生态制剂的作用

（1）维持动物肠道菌群平衡

微生态制剂常用于恢复肠道优势菌群，调节微生态平衡。一些需氧的微生物特别是芽孢杆菌能消耗肠道内氧气，造成局部厌氧环境，有利于厌氧微生物生长，同时也抑制了需氧和兼性厌氧病原菌生长，从而使失调菌群恢复正常，即生物夺氧作用。

（2）抑制病原菌的繁殖

益生素中的有益微生物可竞争性抑制病原菌附着到肠细胞上，促使其随粪便排出体外。给新生家畜、禽接种（或饲喂）益生素有助于畜禽建立正常的微生物区系，排除或控制潜在的病原体。益生素在动物肠道内代谢后产生乳酸、丙酸等，能抑制大肠杆菌等有害菌，同时可促进饲料的消化与吸收，而且乳酸的生成又会防止仔猪腹泻。另外，益生素在代谢过程中产生的过氧化氢对潜在的病原微生物有杀灭作用。

（3）提高饲料转化率，促进生长

有益菌在动物肠道内生长繁殖产生多种消化酶，如水解酶、发酵酶和呼吸酶等，有利于降解饲料中蛋白质、脂肪和复杂的碳水化合物，并且还会合成B族维生素、氨基酸以及不明促生长因子等营养物质，提高饲料转化率，促进动物生长。另外，许多微生物本身富含营养物质，添加到饲料中可作为营养物质被动物摄取，从而促进动物生长。

（4）增强机体免疫功能

益生菌可作为非特异性免疫调节因子，通过细菌本身或细胞壁成分刺激宿主免疫细胞，使其激活，促进吞噬细胞活力或作为佐剂发挥作用。此外，还可发挥特异性免疫功能，促进宿主B细胞分化，增强产生抗体的能力。

（5）改善环境卫生

微生态制剂中的某些菌属，例如嗜胺菌可利用消化道内游离的氨、胺及吲哚等有害物质，使肠内粪便和血中氨下降，排出的氨也减少；而且排出的粪中还含有大量的活性菌体，可以利用剩余的氨。因此，微生态制剂的添加可极大地降低粪便臭味，改善舍内空气质量，减少机体应激，降低对环境的污染。

二、微生态制剂的应用及注意事项

（1）正确选用微生态制剂

预防动物疾病时主要选用乳酸菌、双歧杆菌等产乳酸类的细菌效果较好；为促进动物快速生长、提高饲料效率，可选用以芽孢杆菌、乳酸杆菌、酵母菌和霉菌等制成的微生态制剂；若以改善养殖环境为主要目的，应从以光合细菌、硝化细菌以及芽孢杆菌为主的微生态制剂中去选择。

（2）掌握使用剂量

剂量不够，在体内不能形成菌群优势，难以起到益生作用；数量过多，则会造成浪费。一般认为每克日粮中活菌（或孢子）数以 2×10^5～2×10^6 个为佳，饲料中一般添加0.02%～0.2%。

（3）注意使用时间

微生态制剂在动物的整个生长过程都可以使用，但不同生长时期其作用效果不尽相同。幼龄动物体内微生态平衡尚未完全建立，抵抗疾病的能力较弱，此时引入益生菌，可较快地进入体内，占据附着点，效果最佳。如预防仔猪下痢，宜在母猪产前15天使用；为控制仔猪断奶应激性腹泻，可从仔猪断奶前2天开始喂至断奶后第5天停药。另外在断奶、运输、饲料转变、天气突变和饲养环境恶劣等应激条件下，动物体内微生态平衡易遭破坏，使用微生态制剂对形成优势菌群极为有利。

（4）避免与抗菌类药物合用

微生态制剂是活菌制剂，而抗生素具有杀菌作用，一般情况下不可同时使用。但是当肠道内病原体较多，而微生态制剂又不能取代肠道微生物时，可先用抗生素调理肠道，然后使用微生态制剂，使非病原菌及微生态制剂中的有益菌成为肠道内的有益菌群。

（5）适当保存

应尽量采用低温、干燥、避光存放，以保证活菌制剂的质量。

三、影响微生态制剂作用效果的因素

（1）动物种类

动物种类不同，益生素的作用也各异。研究表明：适于单胃动物的菌株多为乳酸菌、芽孢杆菌、酵母菌等；适于反刍动物的则多为真菌类，以曲霉菌效果为好，它使瘤胃内的总细菌数和纤维分解酶成倍增加，加速纤维分解。

（2）水分

为了保证微生态制剂中的菌群活力，配合饲料的含水量越低越好，含水量低于10%比较理想。

（3）pH值

大多数微生物在pH 4～4.5时均会自动死亡。因此不适宜与酸化剂混合使用。

（4）温度

储藏以不高于25℃为宜。芽孢杆菌能耐受较高温度，52～102℃范围内损失很小。加入配合饲料中，在102℃条件下制粒，储藏8周后仍然比较稳定。乳酸菌类在温度66℃或更高时几乎完全失去活性；链球菌在71℃条件下，活菌损失96%以上；酵母菌在82～86℃条件下完全失去活性。

（5）营养物质

研究结果表明，一些营养物质能显著影响微生物的活性。不饱和脂肪酸对微生态制剂具有拮抗作用。也有研究表明，饲料中的油脂在制粒过程中对微生态制剂耐受温热压的能力具有保护作用。此外，饲料中的矿物质、防霉剂、抗氧化剂对微生物有拮抗作用，可降低其活性。

任务8　蛋鸡免疫程序的制订

【任务说明】

科学制订免疫程序是实施动物免疫的重要基础工作，也是养殖场兽医人员的基本工作内容。本任务旨在通过蛋鸡免疫程序的制订，使学生掌握动物免疫程序的内容和制订方法，能根据地区疫情及动物情况制订科学可行的免疫程序。

【工作场景】

本任务选择在蛋鸡场进行。所需材料包括蛋鸡场（户）基本情况、区域性蛋鸡疫情资料、蛋鸡存栏情况、蛋鸡拟用疫苗说明书。

【工作过程】

学生在蛋鸡场兽医技术人员或养殖技术人员的帮助下，询问、查看蛋鸡场（户）基本情况、区域性蛋鸡疫情资料、蛋鸡存栏情况、蛋鸡拟用疫苗说明书，了解当地蛋鸡疫情，了解蛋鸡生产周期养殖流程，熟悉蛋鸡在一个生产周期内拟用疫苗的品系、来源、用法、用量、免疫时机和免疫次数等，然后根据蛋鸡不同疫病的流行特点和生产实际情况，充分考虑本地区常发多见或威胁大的蛋鸡疫病分布特点、疫苗类型及其免疫效能和母源抗体水平等因素，在兽医技术人员或教师的指导下，为该蛋鸡场制订一份蛋鸡免疫程序。

任务9　鸡新城疫低毒力活疫苗（La Sota株）的稀释及接种

【任务说明】

正确稀释各类疫苗是养殖场兽医技术人员的必备技能，也是保证动物免疫效果的重要环节。本任务旨在通过鸡新城疫低毒力活疫苗（La Sota株）的稀释，使学生学会常用疫苗稀释的基本操作技术。

【工作场景】

本任务选择在养鸡场育雏室进行。所需材料包括灭菌生理盐水或蒸馏水稀释液、鸡新城疫低毒力活疫苗（La Sota株）、兽用连续注射器、9～12号针头、70%酒精棉球、剪刀、镊子、盛放疫苗稀释液的灭菌空瓶、新洁尔灭或来苏儿消毒剂、5日龄以上健康雏鸡群、纱布、脱脂棉、带盖搪瓷盘、工作服和帽、胶靴、免疫登记册等。

【工作过程】

学生在养鸡场兽医技术人员的指导下，熟悉鸡群日龄、健康状况及鸡新城疫低毒力活疫苗（La Sota株）使用说明。按瓶签注明羽份用灭菌生理盐水或蒸馏水稀释疫苗，采用点眼、饮水途径接种。点眼：将1000羽份疫苗稀释至30mL，每只鸡点眼1滴（0.03mL）。饮水：在稀释用水中加入0.2%～0.3%的脱脂奶粉，饮水量视品种、大小和季节而定，以1h能饮完的水量为标准。对用过的疫苗瓶、器具和稀释后剩余的疫苗等按法规进行消毒或焚烧处理。雏鸡接种后，应注意观察7～10天，加强护理，如有不良反应，可根据情况及时处理，不良反应要记载到免疫登记册上。

任务10 鸡重组禽流感病毒灭活疫苗（H5N1亚型，Re-5株）的注射接种

【任务说明】

皮下或肌内注射疫苗是最常用的免疫途径。本任务旨在通过重组禽流感病毒灭活疫苗（H5N1亚型，Re-5株）的注射接种，使学生学会禽类注射免疫的基本操作技术以及油乳剂疫苗的使用技术。

【工作场景】

本任务选择在养鸡场进行。所需材料包括灭菌的金属注射器、兽用连续注射器、9～12号针头、75%酒精棉球、剪刀、镊子、重组禽流感病毒灭活疫苗（H5N1亚型，Re-5株）、新洁尔灭或来苏儿等消毒剂、纱布、脱脂棉、带盖搪瓷盘、工作服和帽、胶靴、免疫登记册等。

【工作过程】

学生在鸡场兽医技术人员的指导下，熟悉鸡群日龄、健康状况及重组禽流感病毒灭活疫苗（H5N1亚型，Re-5株）使用说明。禽流感病毒感染鸡或健康状况异常的鸡，切忌使用该疫苗。屠宰前28日内也禁止使用。注射器械消毒。使用前应将疫苗恢复至常温，并充分摇匀。检查疫苗瓶及疫苗性状，如出现破损、异物或破乳分层等异常现象，切勿使用。颈部皮下或胸部肌内注射。2～5周龄鸡，每只0.3mL；5周龄以上鸡，每只0.5mL；2～5周龄鸭和鹅，每只0.5mL；5周龄以上鸭，每只1.0mL；5周龄以上鹅，每只1.5mL。接种时应及时更换针头，最好1只鸡1个针头。疫苗启封后，限当日用完。消毒处理用过的疫苗瓶、器具和未用完的疫苗。1周内注意随时观察禽类的反应，如有异常应及时处理。填写免疫档案。做好个人防护。

任务11 鸡痘活疫苗（鹌鹑化弱毒株）的刺种

【任务说明】

刺种是动物痘病毒接种的重要途径。本任务旨在通过鸡痘疫苗的刺种，使学生掌握动物刺种的基本操作技术。

【工作场景】

本任务安排在育雏季节的养鸡场育雏室进行，选择未免疫鸡痘的雏鸡刺种。所需材料包括刺种针、75%酒精棉球、剪刀、镊子、鸡痘活疫苗（鹌鹑化弱毒株）、新洁尔灭或来苏儿等消毒剂、纱布、脱脂棉、带盖搪瓷盘、工作服和帽、胶靴、免疫登记册等。

【工作过程】

学生在鸡场兽医技术人员的指导下，熟悉雏鸡群日龄及鸡痘活疫苗（鹌鹑化弱毒株）使用说明，按瓶签注明羽份，用生理盐水将疫苗稀释，用鸡痘刺种针蘸取稀释的疫苗，采用翼膜刺种法，在鸡的一侧翅膀内侧无血管、无毛处的翼膜刺种。20～30 日龄雏鸡刺 1 针；30 日龄以上鸡刺 2 针；6～20 日龄雏鸡用再稀释 1 倍的疫苗刺 1 针。接种后 7～10 日，逐个检查刺种部位是否出现绿豆大小的肿胀或结痂反应。如接种部位无反应或鸡群的反应率低，应及时重新接种。疫苗稀释及接种应注意消毒操作。消毒处理用过的疫苗瓶、器具和未用完的疫苗。填写免疫档案。全程做好个人防护。

任务 12 鸡传染性支气管炎疫苗室内气雾免疫

【任务说明】

气雾免疫是禽类室内大群免疫的重要方法。本任务旨在通过对鸡传染性支气管炎疫苗进行气雾免疫，使学生掌握禽类室内气雾免疫的基本操作技术。

【工作场景】

本任务选择在育雏季节的养鸡场育雏室进行，选择未免疫传染性支气管炎疫苗的雏鸡气雾免疫。所需材料包括鸡传染性支气管炎疫苗，气雾免疫机或喷雾器等喷雾器械，去离子水或蒸馏水稀释液、脱脂奶粉、稀释桶、新洁尔灭或来苏儿等消毒剂、工作服和帽、口罩、胶靴、免疫登记册、干湿温度计等。

【工作过程】

学生在鸡场兽医技术人员的帮助下，熟悉鸡群日龄及鸡传染性支气管炎疫苗使用说明。①选用合适的喷雾器械试用，测定雾滴的大小及喷完鸡群所需时间，以便具体操作时更好地控制行走速度。②用干湿温度计测定鸡舍温湿度，喷雾时要求温度为 18～24℃，湿度 70%以上，以避免雾滴迅速被蒸发。③配制疫苗时，按瓶签注明羽份 1 倍量，用去离子水或蒸馏水加入 0.2%～0.3%脱脂奶粉，充分溶解混匀后将疫苗稀释。1～4 周龄雏鸡每 1000 羽所需水量为 300～500mL，5～10 周龄的为 1000mL。④采用合理措施，使鸡群安静。⑤喷雾免疫时，鸡舍应密闭，减少空气流动，并无直射阳光，操作者距离鸡只 2～3m，将药液喷匀，喷头与鸡保持 1.5m 左右的距离，呈 45°角，使雾粒刚好落在鸡的头部，雏鸡身体稍微喷湿即可。⑥喷雾完毕 20min 后开启门窗。疫苗稀释及接种应注意消毒操作。消毒处理用过的疫苗瓶、器具和未用完的疫苗。填写免疫档案。全程做好个人防护。

任务13　牧场羊布氏杆菌病活疫苗（M5）室外气雾免疫

【任务说明】

羊群的室外气雾免疫是羊场牧羊防疫的一项重要工作。本任务旨在通过羊布氏杆菌病活疫苗（M5）室外气雾免疫，使学生掌握动物室外气雾免疫的基本操作技术。

【工作场景】

本任务选择在牧场进行，气雾免疫时较合适的温度是15～25℃，相对湿度在70%以上。所需材料包括疫苗稀释用水、气雾免疫专用喷雾器（压缩泵和喷头），羊布氏杆菌病M5活疫苗、量筒、自我防护装置等。

【工作过程】

免疫应在配种前1～2个月进行，疫苗的用量根据动物的数量来确定。每只羊免疫剂量为50亿活菌，疫苗用深井水或凉开水稀释，实际应用量要比计算量略高一些。免疫时将动物赶入四周有矮墙的围栏内，操作人员手持喷头，站在羊群中，喷头与羊头部同高，朝羊头部方向喷射。操作人员要随时走动，使每只羊都有机会吸入，如遇微风，还应注意风向。操作者应站在上风，以免雾化粒子被风吹走。喷射完后，让羊群在圈内停留数分钟即可放出。在这个气雾免疫过程中，操作者应当要做好自我防护。

任务14　猪口蹄疫O型灭活疫苗（Ⅱ）肌内注射接种

【任务说明】

肌内注射免疫是大中型动物的常用接种途径。本任务旨在通过猪口蹄疫O型灭活疫苗（Ⅱ）肌内注射接种，使学生掌握大中型动物肌内注射免疫接种的基本操作技术。

【工作场景】

本任务选择在商品化猪场进行。所需材料包括疫苗稀释用液、猪口蹄疫O型灭活疫苗（Ⅱ）、量筒、免疫用连续注射器、酒精棉球、防护用具等。

【工作过程】

学生在猪场兽医技术人员帮助下，了解猪场免疫程序、当地猪病疫情状况，检查猪群健康状况。免疫之前应仔细检查疫苗密封情况、是否过期、有无标签等。使用前充分摇匀疫苗，根据动物数量及接种剂量稀释疫苗。选择适宜的灭菌针头和金属注射器，采用耳根后深层肌肉注射，切勿注入脂肪层或皮下，建议先由猪场兽医技术人员或专业教师现场示范。体重10～25kg的猪每头1mL，25kg以上的猪每头2mL。免疫过程中须做好记录，注明接种猪品种、大小、性别、数量、接种时间、疫苗批号和注射剂量等。同时要注意猪免疫接种后产生的反应。接种完毕后，疫苗瓶集中无害处理，做好接种器械消毒和个人安全防护。

项目小结

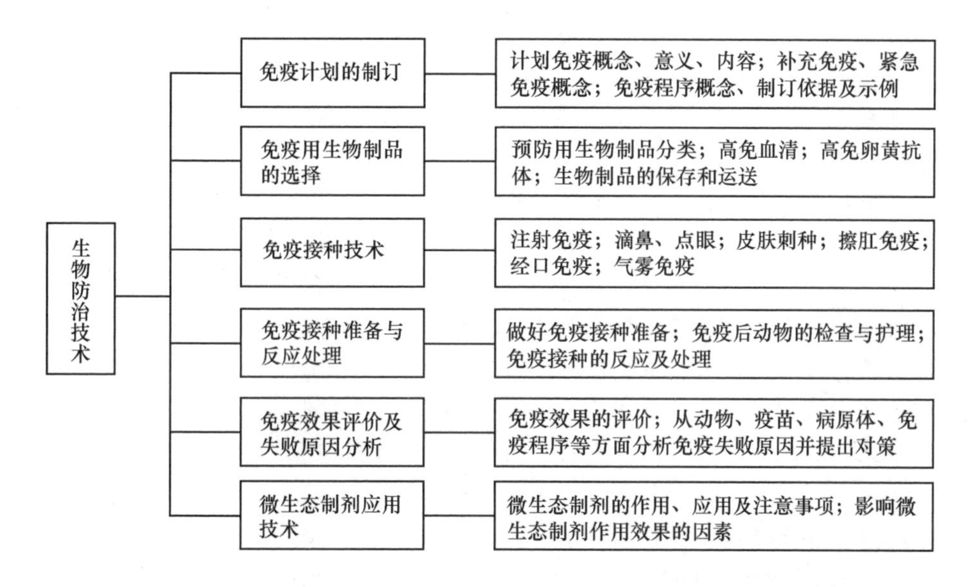

练习思考题

一、单项选择题

1. 动物用生物制品不包括________。
   A. 抗生素　B. 疫苗　C. 高免血清　D. 高免卵黄
2. 类毒素是由________经适当浓度甲醛溶液脱毒后制成的生物制品。
   A. 内毒素　B. 热原　C. 外毒素　D. 菌体
3. 为了预防某种传染病而制订的疫苗接种规程称为________。
   A. 免疫计划　B. 免疫途径　C. 免疫方法　D. 免疫程序
4. 气雾免疫喷雾完毕后应让动物留圈________ min。
   A. 3～5　B. 10～20　C. 20～30　D. 40～50
5. 利用同一种微生物菌（毒）株的增殖培养物制备的疫苗为________。
   A. 单价苗　B. 多价苗　C. 混合苗　D. 基因工程苗
6. 灭活疫苗一般保存温度为________。
   A. 2～8℃　B. 10～15℃　C. －15℃　D. 20℃以上
7. 鸡痘疫苗常采用的接种途径为________。
   A. 肌内注射　B. 静脉注射　C. 皮肤刺种　D. 滴鼻、点眼
8. 疫苗的稀释液不可选用________。
   A. 蒸馏水　B. 生理盐水　C. 专用稀释液　D. 自来水

9. “免疫带”的建立是指给疫区和受威胁区尚未发病的易感动物进行紧急免疫接种，旨在构筑预防传染扩大的“屏障”。“免疫带”的建立是为了________。

A. 提高动物特异性抵抗力　　B. 提高动物非特异性抵抗力
C. 为了更好地实施划区封锁措施　　D. 为了迅速进行药物预防

二、判断题

1. 免疫是指动物机体识别自己排除异己，以维护机体的生理平衡和稳定的一种生理性反应。（　）

2. 易过期失效疫苗的保管，要定期检查，按照“先进先出”和“失效期近的后出”原则使用。（　）

3. 破伤风抗毒素血清属于被动免疫制品。（　）

4. 疫苗就是接种动物后能产生被动免疫，预防细菌性及病毒性疾病的一类生物制剂。（　）

5. 各类疫苗都应在低温避光条件下运输、储存。（　）

6. 给动物注射过的针头，不能再用于吸取疫苗。（　）

7. 肌内注射法适用于接种弱毒或灭活疫苗。（　）

8. 经口免疫法是指将疫苗均匀地混于饲料或饮水中经口服而获得免疫的接种方法。（　）

9. 点眼或滴鼻法适用于各种动物。（　）

10. 非特异性免疫是特异性免疫的基础。（　）

三、综合分析题

1. 我国的猪瘟兔化弱毒疫苗是全世界公认的安全性好而免疫效力高的疫苗，有的国家使用该疫苗并结合其他措施成功地消灭了猪瘟，而我国虽广泛使用该疫苗达40多年，但目前仍有猪瘟流行，试分析其主要原因，从中受到哪些启发？

2. 实地调查你家乡周围的规模化养殖场的免疫接种程序，结合所学的知识，看看是否合理？

3. 假设你是某蛋鸡场兽医技术人员，需要组织蛋鸡的气雾免疫，应做好哪些工作？

推荐阅读书目

李志，杜淑清. 新编动物疫病免疫技术手册. 中国农业出版社，2014.
闫若潜，李桂喜，孙清莲. 动物疫病防控工作指南. 3版. 中国农业出版社，2014.
孙劲. 养殖场动物病原微生物检验及免疫监测实训指导. 武汉大学出版社，2016.

药物防治技术

岗位需求

传染病的药物防治和动物体内外寄生虫的驱杀。

能力目标

理解药物预防的重要性与必要性；把握选择药物的原则；生产中能合理选择药物及正确给药；科学实施动物驱虫。

规模化动物养殖生产中，群体药物预防和治疗是动物防疫工作的主要环节，对于预防病毒性疾病流行中可能出现的混合或继发感染，开展细菌性疾病的防控，驱除动物体内外寄生虫具有十分重要的作用。然而，由于长期使用和滥用抗生素，致使养殖生产中耐药菌株不断增加，甚至一些致病力不强的细菌也对动物构成了新的威胁。违禁药物的继续使用以及不按规定使用药物对动物性食品卫生安全和动物性产品贸易造成了不良影响。因此，合理选择并正确使用抗菌及驱虫药物具有十分重要的意义。

模块一　药物选择技术

由于不同种类的病原在畜禽体内存在交叉感染和混合感染的情况，而且不同药物对不同病原的作用效果也不尽相同，因此，选择合适的药物来控制疫病就显得非常重要。

（一）熟悉病原体及动物对药物的敏感性

一方面，考虑病原体对药物的敏感性和耐药性，选用防治效果最好的药物。在使用药物之前或使用药物过程中，最好进行药物敏感性试验，选择使用最敏感的或抗菌谱广的药物，以期收到良好的预防效果。要适时更换药物，防止产生耐药性。另一方面，不同种属的动物对药物的敏感性不同，应区别对待。例如，抗球虫药常山酮用 3mg/kg 拌料对鸡来说是适宜的，但对鸭、鹅均有毒性，甚至引起死亡。某些药物剂量过大或长期使用会引起动物中毒。将要出售的畜禽应适时停药，以免药物残留。

（二）注意药物的安全性与有效剂量

药物在发挥防治疾病作用的同时，可能对动物机体产生不同程度的损害或改变病原体对药物的敏感性，因此保证病患动物的用药安全是药物治疗的前提。药物必须达到最低有效剂量，才能收到应有的防治效果。因此，要按规定的剂量，均匀地拌入饲料或完全溶解于饮水中。有些药物的有效剂量与中毒剂量之间距离太近，如喹乙醇，掌握不好就会引起中毒。有些药物在低浓度时具有预防和治疗作用，而在高浓度时会变成毒药，使用时要倍加小心。

（三）把握治疗的规范性和适度性

实施药物防治应根据疾病的分型、分期、疾病的动态发展及并发症，对药物选择、剂量、剂型、给药方案及疗程进行规范。确定适当的剂量、疗程与给药方案，才能使药物的作用发挥得当，达到治疗疾病的目的。因此，应在明确疾病诊断的基础上，从病情的实际需要出发，选择适当的药物治疗方案。针对具体患畜时，应注意个体化的灵活性，避免过度治疗或治疗不足。药物过度治疗是指超过疾病治疗需要，使用大量的药物，而且没有收到理想效果的治疗，表现为超适应症用药、剂量过大、疗程过长、无病用药、轻症用重药等。而治疗不足则表现为剂量不够，达不到有效的治疗剂量，或疗程太短，达不到预期的治疗效果。

（四）注意药物的配伍禁忌

2 种或 2 种以上药物配合使用时，有的会产生理化性质改变，使药物产生沉淀或分解、失效甚至产生毒性。磺胺类药（钠盐）与抗生素（硫酸盐或盐酸盐）混合产生中和作用会使药效降低，维生素 B_1、维生素 C 属酸性，遇碱性药物即分解失效，如用利巴韦林等抗病毒药治疗流感时与小苏打、氨茶碱配合使用疗效大大减低；头孢菌素类与庆大霉素、卡那霉素、新霉素联合防治大肠杆菌、沙门氏菌可产生协同作用，但与红霉素、白霉素等联用，会导致其抗菌作用减弱；泰乐菌素＋痢特灵、泰乐菌素＋磺胺嘧啶钠（泰磺合剂）、红霉素＋TMP（三甲氧苄氨嘧啶）、红霉素＋磺胺嘧啶钠，可以提高对大肠杆菌、沙门氏菌的治疗效果，但红霉素不能与羧苄青霉素、庆大霉素配伍；泰乐菌素不能与链霉素、四环素配伍；林可霉素可配合阿奇霉素（比例为 1∶1 或 1∶2）治疗慢性呼吸道病、弓形体病、螺旋体病等疗效确切，但不能与青霉素、庆大霉素、四环素类药物配伍。

（五）坚持有效性与经济性的统一

药物防治的有效性是选择药物的基本准则。提高药物防治的有效性既要了解药物特性及用药方法，又要熟悉动物的情况。一方面，药物的生物学特性、药物的理化性质、剂型、剂量、给药途径、药物之间的相互作用等因素均会影响药物防治的有效性；另一方面，动物的年龄、体重、性别、精神因素、病理状态、遗传因素及用药时间等对药物防治效果均可产生重要影响。保证药物防治的有效性的同时，也要考虑药物防治的经济性。在集约化养殖场中，畜禽数量多，防治疫病用药开支较大。为了降低养殖成本，在保证防治效果的前提下，应尽可能地选用价廉易得而又确有预防或驱虫作用的药物，不盲目追求新药、高价药。

模块二　给药技术

不同的给药方法可以影响药物的吸收速度、利用程度、药效出现时间及维持时间。药物预防一般采用群体给药法，将药物添加在饲料中，或溶解到水中，让动物服用，有时也采用气雾法给药。

一、给药方法

（一）拌料给药

拌料给药即将药物均匀地拌入饲料中，让动物自由采食。该法简便易行，节省人力，减少应激。主要适用于预防性用药，尤其是长期给药。对于患病的动物，当其食欲下降时，不宜应用。拌料给药时应注意以下几点：

（1）准确掌握药量

应严格按照动物群体重，结合动物的采食量，计算并准确称量所需药物，以免造成药量过小起不到作用或药量过大导致动物中毒。

（2）确保拌和均匀

通常采用分级混合法，即把全部用量的药物加到少量饲料中，充分混合后，再加到一定量饲料中，再充分混匀，然后拌入到给药所需的全部饲料中。大批量饲料拌药更需多次分级扩充，以达到充分混匀的目的。切忌把全部药量一次加到所需饲料中，简单混合，否则会造成部分动物因摄入过量药物发生中毒，而大部分动物吃不到药物，达不到防治疫病的目的。

（3）注意不良反应

有些药物混入饲料后，可与饲料中的某些成分发生拮抗作用。如饲料中长期混合磺胺类药物，就容易引起鸡维生素 B 或维生素 K 缺乏。应密切注意并及时纠正不良反应。

（二）饮水给药

饮水给药即把药物溶于饮水中饲喂，是禽用药物最适宜、最方便的途径。这一方法适用于短期投药和紧急治疗投药，特别有利于发病后采食量下降的禽群。但在日常操作中，很多养殖场户不太注意。为了确保药效快速、安全、有效，应该注意以下三点：

（1）注意药物特性和饮水要求

饮水给药要注意药物必须是水溶性的，要能完全溶解于水。同时，饮用水要清洁，若是用氯消毒的自来水，应先用容器装好露天放置 1～2 天，让余氯挥发掉，以免影响药物效果。

（2）注意调药均匀，按量给水

调配药液时，药物要充分溶解并搅拌均匀。保证绝大部分禽只在一定时间内喝到一定量的药物水，一般药水以在 1h 内饮完为好，防止剩水过多，造成饮入禽体内的药物剂量不够，或加水不够、饮水不够、饮水不均。调药时要认真计算不同日龄及禽群大小的供水量，并掌握饮水中的药物浓度，浓度通常以百分比表示。

（3）注意给药前停水，确保药效

为保证禽只饮入适量的药物，用药前要让整个禽群停止饮水一段时间（具体时间视气温而定），一般寒冷季节停水 4h 左右，气温较高季节停水 2～3h。经过一定时间的停水，然后添加对症的带药饮水，不仅能让禽只在一定时间内充分喝到药水，而且治疗效果比较理想。

（三）气雾给药

气雾给药指用药物气雾发生器械将药物弥散到空气中，让动物通过呼吸作用吸入体内或作用于动物皮肤及黏膜的一种给药方法。气雾给药是家禽有效给药途径之一，它是充分利用家禽独特的气囊功能特性，促进药物增大扩散面积，从而增大药物吸收量。气雾给药时，药物吸收快，作用迅速，节省人力，尤其适用于现代化大型养殖场，但需要一定的气雾发生设备，且动物舍门窗应能密闭，容易诱发呼吸道疾病。气雾给药时应注意以下几点：

（1）药物的特性

并不是所有的药物都可通过气雾途径给药，有刺激性的药物不应通过气雾给药。可应用于气雾途径给药的药物应无刺激性，易溶解于水。若欲使药物作用于肺部，应选用吸湿性较差的药物；而欲使药物作用于上呼吸道，就应选择吸湿性较强的药物。

（2）药物的浓度

在应用气雾给药时，不要随意套用拌料或饮水给药浓度。气雾给药的剂量与其他给药的途径不同，一般以每立方米用多少药物来表示。要掌握气雾的药量，应先计算出动物舍的体积，然后再计算出药物的用量。

（3）气雾颗粒的大小

气雾给药时，雾粒直径大小与用药效果有直接关系。气雾微粒越细，越容易进入肺泡内，但与肺泡表面黏着力小，容易随呼气排出，影响药效。若微粒过大，则不易进入肺内。要使药物主要作用于上呼吸道，就应选用雾粒较大的雾化器。大量试验证实，进入肺部的微粒直径以0.5～5μm最适宜。

(4) 其他因素

如用药时间、动物的呼吸道健康状况等，要综合考虑。

(四) 体外用药

体外用药主要指为杀死畜禽的体表寄生虫、微生物所进行的体表用药，包括喷洒、喷雾、熏蒸、涂擦和药浴等不同方法。涂擦法适用于畜禽体表寄生虫的驱虫，以及部分体内寄生虫的驱治。

药浴主要适用于羊体外寄生虫的驱治。

(1) 药浴器具

药浴一般在药浴池中进行，有条件的地区可用药浴机。羊的数量少时，可用浴槽、浴盆或大缸进行。药浴池一般长10m、宽2m、深1.5m。浴池一端竖直（也可有坡度），另一端有一定坡度，保证羊从竖直端游到另一端时能自动上岸。在药池的出口处砌有滴流台，使羊身上的药液能充分回流到药池内。

(2) 药浴时机

药浴最好在剪毛（抓绒）后7～10天进行，如过早，则羊毛太短，羊体上药液沾得少；若过迟，则羊毛太长，药液沾不到皮肤上，都对消灭体外寄生虫和预防疥癣病不利。选择晴朗、无风、温暖的天气，配制好药液，进行药浴。大群药浴前先用小群试浴。

(3) 药液要求

药液应按有关使用说明配制并搅拌均匀。药液温度以12～25℃为宜，不宜过冷，防止冷应激。药液用量应根据浴池的大小，羊的品种及个体大小来定。水深以羊进入浴池能没及躯干为宜。

(4) 药浴操作

药浴前8h停止喂料，入浴前2h给羊饮足水，以免羊入浴池后吞饮药液。药浴前不可追赶羊群。当羊走近出口时，要将羊头压入药液内1～2次，以防治头部寄生虫。离开药池后，让羊在滴流台上停留20min；待身上药液滴流入池后，才将羊收容在凉棚或宽敞的厩舍内，免受日光照射；过6～8h后，方可饲喂或放牧。第一次药浴后，隔8～14天再药浴一次。工作人员应戴好口罩和橡皮手套，以防中毒。药浴时间以羊体浴透为宜，一般3～5min为最佳药浴时间，可对第一批药浴后的羊抽检浴透率。

(5) 注意事项

应先药浴健康羊，后药浴病羊。公羊、母羊和羔羊要分别入浴，以免混群。母羊怀孕2个月以上，当年羔羊以及有外伤的羊只不药浴。凡和病羊接触过的牲畜及牧羊犬等也应同时药浴。

(五) 注射给药

注射给药是指将无菌药液注入体内，达到预防和治疗疾病的目的。药物吸收快、血药浓度升高迅速、进入体内的药量准确。

(1) 皮内注射法

该方法用于牛、羊、犬结核菌素变态反应试验、绵羊痘预防接种及马鼻疽菌素皮内试验等。

注射部位 在肩胛部或颈侧中部 1/3 处，大耳朵犬也可在耳背部，绵羊痘接种在尾根、腋下或股内侧，马鼻疽菌素皮内反应在眼睑皮内。

注射方法 注射部剃毛，用 75%酒精消毒后，操作者左手食指和拇指绷紧注射部皮肤，右手持注射器将注射针头刺入真皮内，推动针栓，注入药液，使局部呈现圆形隆起，拔出针头。此时切忌按压注射部位。

(2) 皮下注射法

将药液注射于皮下结缔组织内，注药后 5～10min 呈现作用。凡是易溶解、无刺激性的药品均可皮下注射。

注射部位 选取皮下组织发达的部位注射，家畜多在颈侧，犬、猫在肩和臀部的背面，禽类在颈中部，兔在颈部。

注射方法 局部剪毛、消毒后，左手食指、中指和拇指将注射部皮肤掐起形成一皱褶，右手持注射器将针头刺入皱褶处皮下，深 1.5～2cm；也可在注射部位先用针头深刺入肌肉，然后用左手拇指和食指在注射部将皮肤和针头一起捏住，向上提拉，使针头进入皮下，将针头与注射器连接后右手将注射器内药液注入皮下，注药完毕，拔出针头，局部用碘酊消毒。

(3) 肌内注射法

肌肉内血管多，药液注入后吸收较快，仅次于静脉注射；又因感觉神经较皮下少，疼痛较轻。一般刺激性较强的和较难吸收的药液，如水剂青霉素、维生素 B_1，均可肌内注射。但刺激性很强的药液，如氯化钙、水合氯醛、浓盐水等，都不能作肌内注射。

注射部位 大家畜及猪、羊等动物选择臀部和颈侧。犬、猫等小动物选择腰部肌肉。禽在翼根内侧、胸部和腿部肌肉进行注射。

注射方法 大家畜及猪、羊等动物经确实保定后，注射部剪毛、消毒，宠物可将注射部被毛分开后消毒。右手持连接针头的注射器，将针头刺入肌肉内，回抽注射器针栓，针头无回血时，将药液注入肌肉内。

(4) 静脉注射法

将药液直接注射到静脉血管内的方法，称为静脉注射法。

注射部位 大家畜牛、羊、马在颈部上 1/3 与中 1/3 交界处的颈静脉上。马、牛也可用胸外静脉或母牛的乳静脉；猪、兔采用耳静脉注射（图 4-1）；犬可选用前肢腕关节稍上方的头静脉或后肢跗关节外侧、距跗关节上方 5～10cm 处的外侧隐静脉上。猫选用后肢股内侧的隐静脉，禽类在肱窝处的翼根静脉，鸭为肱静脉。

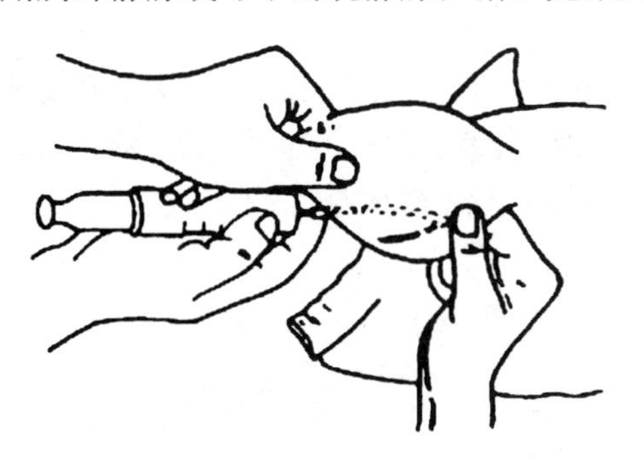

图 4-1 猪耳静脉注射示意图

注射方法 大家畜静脉注射时，先压迫静脉的近心端，使静脉怒张。牛、马的静脉注射用 16～18 号注射针头，对准已怒张的血管用力刺入，见针头回血后，将针头继续向血管内推进，然后松开对颈静脉近心端的压迫，连接输液管接头，调整控制开关进行静脉注射，输液管用夹子固定在颈部皮肤上。耳静脉注射时压迫耳根部（图4-1）；乳静脉注射时压迫远离乳房的一端血管。犬的静脉注射可用弹力橡胶管扎紧注射部上方的肢体使血管怒张。猫的隐静脉注射时用手指压迫隐静脉近心端。手持注射针头顺血流方向与皮肤呈45°角，刺入血管内，刺入正确时可见到回血，调整针头与血管的角度，继续将注射针头送入血管内；解除对静脉近心端的压迫或松去弹力结扎带，打开连接输液瓶上的控制开关即可输液，用胶布固定针头，以防止针头从血管内移出。在注射过程中要经常观察是否漏针，若发现漏针，应立即停止注射，重新调整针头，待正确刺入血管后再继续注入药液。注药完毕，拔下针头，用酒精棉球压迫片刻后可松解保定。

(5) 腹腔注射法

利用腹膜毛细血管和淋巴管多、吸收力强的特性，将药液注入腹膜腔内，经腹膜吸收进入血液循环，其药物作用的速度仅次于静脉注射。

注射部位 小动物可在脐和耻骨前缘连线的中点（或下腹部正中线的旁边）注射为宜，大动物可在左肷部或右肷部为注射部位。

注射方法 术部剪毛、消毒后，用16～18号针头（小动物用7～12号针头）垂直皮肤刺入，依次穿透腹肌和腹膜，当针头透过腹膜后，其阻力降低，有落空感。针头内不出现气泡及血液，也无空腔脏器内容物溢出，经针头注入生理盐水无阻力，说明刺入正确。此时可连接注射器或连接输液吊瓶上的输液管接头向腹腔内注入药液，向腹膜腔内注入药液应加温至37～38℃，药液过凉会引起胃肠痉挛产生腹痛。注入的药液应为等渗溶液且无刺激性。当膀胱积尿时，应轻轻压迫腹部，强迫排尿，待膀胱排空后再进行腹腔注射。注射过程中应防止针头退出腹腔，必要时用胶布粘贴固定针头，一次注药量为200～1500mL。注药完毕，拔下针头，局部消毒后松解保定。

二、给药剂量与疗程

(1) 给药剂量

群体给药时药物剂量一般按百分比、万分比浓度计算。百分比浓度表示将饲料或饮水质量作为100，所用药物占的比例。万分比浓度即将饲料或饮水质量作为10 000，所用药物占的比例。个体给药时，通常按体重给药，即按每千克体重用药量为单位，乘以动物体重（以kg为单位），计算出每头动物的一次用药量。

(2) 给药疗程

适当的给药时间及给药间隔是保证防治效果、维持血药浓度稳定、避免药物毒害的必要条件。预防或治疗时用药量要足，疗程要够，一般3～5天为一疗程，最长不超过7天。疗程的长短应视病情而定，应根据规定疗程给药。另外，疗程长短还应根据药物毒性大小而定。

三、常用药物及其应用

（一）抗微生物药

(1) 青霉素类

青霉素 属窄谱杀菌性抗生素，对大多数革兰阳性菌、少数革兰阴性球菌（巴氏杆菌、脑膜炎双球菌）、放线菌和螺旋体等敏感。应用于炭疽、破伤风、猪丹毒、链球菌病、禽霍乱等病。一般肌内注射，一次量，马、牛 1 万～2 万 U/kg 体重；猪、羊 2 万～3 万 U/kg 体重；禽 5 万 U/kg 体重，2 次/天。

氨苄青霉素 又名氨苄西林，广谱杀菌剂，对大多数革兰阳性菌、革兰阴性菌、放线菌、螺旋体敏感。应用于仔猪黄痢、仔猪白痢、禽大肠杆菌病、鸡白痢、禽伤寒、猪传染性胸膜肺炎、禽霍乱、鸭传染性浆膜炎等病。内服或肌注均易吸收。内服，一次量，20～40mg/kg 体重，2～3 次/天；注射，一次量，10～20mg/kg 体重，2～3 次/天。

羟氨苄青霉素（阿莫西林） 与氨苄西林基本相似，作用比氨苄西林强，尤其是对大肠杆菌和沙门氏菌。内服或肌注均易吸收。内服，一次量，10～15mg/kg 体重，2～3 次/天；注射，一次量，4～7mg/kg 体重，2～3 次/天。

(2) 头孢菌素类

头孢菌素类又称先锋霉素类，具有杀菌力强、抗菌谱广（特别是第二、三代产品）、毒性小、过敏反应少、对酸和 β-内酰胺酶较青霉素稳定等优点。第三代和第四代头孢菌素，对厌氧菌、铜绿假单胞菌作用强。

头孢氨苄 内服，一次量，10～30mg/kg 体重，2～3 次/天。

头孢噻呋钠 注射，一次量，1～5mg/kg 体重，2～3 次/天。

硫酸头孢喹肟 注射，一次量，1～2 mg/kg 体重，1 次/天。

(3) 氨基糖苷类

链霉素 抗菌谱较广，主要对结核杆菌和大多数革兰阴性杆菌及革兰阳性菌有效，对钩端螺旋体、支原体也有效。应用于结核病、鸡传染性鼻炎、畜禽大肠杆菌病、牛出血性败血病、猪肺疫、禽霍乱、布鲁氏菌病、鸡毒支原体感染等病。肌内注射，一次量，家畜 10～15mg/kg 体重，家禽 20～30mg/kg 体重，2～3 次/天。

卡那霉素 主要用于治疗多数革兰阴性杆菌病，如鸡霍乱、雏鸡白痢、猪支原体肺炎、猪萎缩性鼻炎、鸡慢性呼吸道病等。肌内注射，一次量，家畜 5～15mg/kg 体重，家禽 10～15mg/kg 体重，2～3 次/天。

庆大霉素 本品在氨基苷类抗生素中抗菌谱广，抗菌活性最强。对革兰阴性菌和革兰阳性菌均有较强作用，特别对铜绿假单胞菌及耐药金黄色葡萄球菌的作用最强。此外，对支原体、结核杆菌也有作用。主要用于治疗耐药金黄色葡萄球菌、副嗜血杆菌、铜绿假单胞菌、大肠杆菌等引起的各种疾病和细菌性腹泻。内服，一次量，5～10mg/kg 体重，2 次/天；注射，一次量，家畜 2～4mg/kg 体重，家禽 5～7.5mg/kg 体重，2 次/天。

丁胺卡那霉素 又名阿米卡星，抗菌谱较卡那霉素广，与庆大霉素相似，对耐庆大霉素、卡那霉素的铜绿假单胞菌、大肠杆菌、结核杆菌、变形杆菌等也有效，对金葡菌有较好的作用。主要用于治疗各型大肠杆菌病、铜绿假单胞菌病、禽霍乱、猪肺疫、牛出血性败血病、鸭传染性浆膜炎、沙门氏菌病、猪支原体肺炎、结核病等。肌内注射，一次量，5～7.5mg/kg 体重，2 次/天。

安普霉素 商品名氟苯尼考，抗菌谱广，对革兰阴性菌（大肠杆菌、沙门氏菌、变形杆菌等）、革兰阳性菌（某些链球菌）、螺旋体、支原体有较好的作用。主要用于治疗幼龄动物的大肠杆菌病、沙门氏菌病，猪痢疾和畜禽的支原体病。内服，一次量，20～40mg/kg

体重，2次/天；注射，一次量，20mg/kg体重，2次/天。

(4) 大环内酯类

红霉素 窄谱快效抑菌剂，对革兰阳性菌有较强的抗菌作用，对部分革兰阴性菌（如布鲁氏菌、巴氏杆菌）、立克次氏体、钩端螺旋体、衣原体、支原体等也有抑制作用。主要用于治疗耐青霉素的革兰阳性菌感染、畜禽支原体感染等。内服，一次量，10～20mg/kg体重，2次/天；静脉注射，一次量，家畜3～5mg/kg体重，犬、猫5～10mg/kg体重，2次/天。

泰乐菌素 对革兰阳性菌、螺旋体、支原体和一些阴性菌有抑制作用，对支原体的抑制作用强。主要用于治疗慢性呼吸道病、鸡传染性鼻炎、猪传染性胸膜肺炎等。混饮，每升水，禽500mg，猪200～500mg，连用3～5天；混饲，每千克饲料，禽4～50mg，猪10～100mg。

替米考星 对革兰阳性菌、某些革兰阴性菌、支原体、螺旋体均有抑制作用，尤其是胸膜肺炎放线杆菌、巴氏杆菌及畜禽支原体。主要用于治疗家畜肺炎（胸膜肺炎放线杆菌、巴氏杆菌、支原体等感染引起）、鸡慢性呼吸道病等。混饮，每升水，禽100～200mg，连用5天；混饲，每千克饲料，猪200～400mg，连用7天；皮下注射，一次量，牛、猪10～200mg/kg体重，1次/天。

(5) 四环素类

土霉素 广谱抑菌剂。除对革兰阳性菌和阴性菌有作用外，对立克次氏体、衣原体、支原体、螺旋体、放线菌和某些原虫（如球虫）也有抑制作用。主要用于治疗猪肺疫、猪支原体肺炎、猪传染性胸膜肺炎、猪附红细胞体病、禽霍乱、布鲁氏菌病、大肠杆菌病、坏死杆菌病、球虫病、泰勒虫病、钩端螺旋体病等。内服，一次量，家畜10～25mg/kg体重，家禽25～50mg/kg体重，2～3次/天，连用3～5天；注射，一次量，家畜5～10mg/kg体重，1～2次/天，连用2～3天。

四环素 抗菌作用与土霉素相似，但对革兰阴性菌作用较好。内服，一次量，家畜10～25mg/kg体重，家禽25～50mg/kg体重，2～3次/天，连用3～5天；静脉注射，一次量，家畜5～10mg/kg体重，2次/天，连用2～3天。

金霉素 抗菌作用与土霉素相似。内服，一次量，家畜10～25mg/kg体重，2次/天。

多西环素（强力霉素） 抗菌活性较土霉素、四环素强。内服，一次量，家畜3～5mg/kg体重，犬、猫5～10mg/kg体重，家禽15～25mg/kg体重，1次/天，连用3～5天。

(6) 氯霉素类

属广谱抗生素。当前临床上主要应用的是氟苯尼考。对革兰阳性菌、革兰阴性菌、厌氧菌等敏感，主要用于治疗大肠杆菌病、沙门氏菌病、猪传染性胸膜肺炎、坏死杆菌病、鸭传染性浆膜炎等。内服，一次量，猪、鸡20～30mg/kg体重，2次/天，连用3～5天；肌内注射，一次量，猪、鸡20mg/kg体重，1次/2天，连用2次。

(7) 林可胺类

林可霉素 商品名洁霉素，抗菌谱与大环内酯类相似。对革兰阳性菌如葡萄球菌、溶血性链球菌和肺炎球菌等有较强的抗菌作用，对某些厌氧菌（破伤风梭菌、产气荚膜芽孢杆菌)、支原体也有抑制作用；对革兰阴性菌无效。主要用于治疗金黄色葡萄球菌、链球菌、厌氧菌的感染，以及猪和鸡的支原体病。内服，一次量，牛 6～10mg/kg 体重，猪、羊 10～15mg/kg 体重，犬、猫 15～25mg/kg 体重，鸡 20～30mg/kg 体重，1～2 次/天；肌内注射，一次量，猪 10mg/kg 体重，犬、猫 10～15mg/kg 体重，2 次/天，连用 3～5 天。

克林霉素 抗菌谱与林可霉素相同，抗菌效力较林可霉素强 4～8 倍。内服或肌内注射，一次量，5～15mg/kg 体重，2 次/天。

（二）化学合成抗菌药

(1) 磺胺药

磺胺药具有品种多、抗菌谱广、用法简便、性质稳定、便于长期保存等许多优点。全身感染时，宜选用肠道吸收类药物；肠道感染时，宜选用肠道难吸收类药物；治疗创伤烧伤时，宜选用外用磺胺药，尤其是铜绿假单胞菌感染时，选用烧伤宁（SD-Ag）最好；泌尿道感染，首选乙酰化低的药物，如 SMM（磺胺元甲氧嘧啶）。磺胺药钠盐水溶液呈强碱性，忌与酸性药（如维生素 B、维生素 C、青霉素、四环素类、氯化钙、盐酸麻黄素等）混合应用。

外用本类药物时，应彻底清除创面的脓汁、黏液和坏死组织等，以免影响疗效。幼畜禽、杂食或肉食动物使用磺胺类药物时，宜与碳酸氢钠同服，以碱化尿液，同时充分饮水，增加尿量，促进排出。蛋鸡产蛋期禁用；肝肾功能不全、少尿、脱水、酸中毒、休克的动物慎用或不用。

(2) 抗菌增效剂

抗菌增效剂不仅自身具有抗菌作用，还能增强磺胺药和多种抗生素的疗效。国内常用甲氧苄胺嘧啶（TMP）和二甲氧苄胺嘧啶（DVD，即敌菌净）两种抗菌增效剂。抗菌谱广，对多种革兰阳性菌及阴性菌均有抗菌活性，其中较敏感的有溶血性链球菌、葡萄球菌、大肠杆菌、变形杆菌、巴氏杆菌和沙门氏菌等。TMP 内服、肌注，吸收迅速、完全；DVD 内服在胃肠道内的浓度较高，故用作肠道抗菌增效剂比 TMP 好。TMP 与磺胺异恶唑（SMD）、磺胺间甲氧嘧啶（SMM）、磺胺甲基异恶唑（SMZ）、磺胺嘧啶（SD）、磺胺二甲基嘧啶（SM_2）、磺胺喹恶啉（SQ）等磺胺药按 1∶5 合用，或 TMP 与抗生素（如青霉素、红霉素、庆大霉素、四环素类、多黏菌素等）按 1∶4 合用。主要用于治疗敏感菌引起的呼吸道、泌尿道感染及蜂窝织炎、腹膜炎、乳腺炎、创伤感染等，也用于治疗幼畜肠道感染、猪萎缩性鼻炎、猪传染性胸膜肺炎、禽大肠杆菌病、鸡白痢、鸡传染性鼻炎等。DVD 常与 SQ 等合用（商品名复方敌菌净）。主要防治禽、兔球虫病及畜禽肠道感染等。

(3) 喹诺酮类

恩诺沙星 动物专用广谱杀菌药，对支原体有特效。对大肠杆菌、沙门氏菌、巴氏杆菌、克雷伯菌、变形杆菌、铜绿假单胞杆菌、嗜血杆菌、波氏杆菌、丹毒杆菌、金黄色葡萄球菌、链球菌、化脓棒状杆菌等均敏感，对耐泰乐菌素的支原体也有效。主要用于治疗细菌与细菌的混合感染、严重感染、细菌与支原体的混合感染、病毒病的继发感染等，尤其用于各种动物的支原体病及乳腺炎的治疗。内服，一次量，畜 2.5～5mg/kg 体重，禽 5～7.5mg/kg 体重，2 次/天，连用 3～5 天；肌内注射，一次量，牛、羊、猪 2.5mg/kg 体重，犬、猫、兔 2.5～5mg/kg 体重，1～2 次/天，连用 2～3 天。

环丙沙星　广谱杀菌药。对革兰阴性菌、阳性菌的抗菌活性均较强。此外，对厌氧菌、支原体、铜绿假单胞菌也有较强的抗菌作用。主要用于全身各系统的感染，对消化道、呼吸道、泌尿生殖道、皮肤软组织感染及支原体感染等均有良效。内服，一次量，家畜5～15mg/kg体重，2次/天；混饮，每升水，禽25～50mg；肌内注射，一次量，家畜2.5mg/kg体重，禽5mg/kg体重，2次/天。

达氟沙星　又名单诺沙星，广谱杀菌药。对犊牛溶血性巴氏杆菌、多杀性巴氏杆菌、支原体、猪胸膜肺炎放线杆菌、猪肺炎支原体，鸡大肠杆菌、鸡毒支原体等均有较强的作用。主要用于治疗牛巴氏杆菌病、猪传染性胸膜肺炎、猪支原体肺炎、禽大肠杆菌病、禽霍乱、鸡毒支原体感染等。混饮，每升水，禽25～150mg；肌内注射，一次量，家畜1.25～2.5mg/kg体重，1次/天。

(4) 硝基咪唑类

甲硝唑　商品名灭滴灵，对大多数专性厌氧菌具有较强的作用，包括拟杆菌属、梭状芽孢杆菌属、产气荚膜梭菌、粪链球菌等；还有抗滴虫和阿米巴原虫的作用。主要用于治疗外科手术后厌氧菌感染、肠道和全身的厌氧菌感染、猪痢疾、阿米巴痢疾、毛滴虫病等。本品易进入中枢神经系统，为脑部厌氧菌感染的首选药物。混饮，每升水，禽500mg，连用7天；内服，一次量，畜60mg/kg体重，犬25mg/kg，1～2次/天；静脉注射，一次量，牛10mg/kg体重，1次/天，连用3天。

二甲硝咪唑　商品名地美硝唑，具有广谱抗菌和抗原虫作用，不仅能抗厌氧菌、链球菌、葡萄球菌和密螺旋体，且能抗组织滴虫、纤毛虫、阿米巴原虫等。主要用于治疗猪痢疾、禽组织滴虫病、肠道和全身的厌氧菌感染等。混饲，每千克饲料，禽80～500mg，猪200～500mg。产蛋鸡禁用。

（三）抗病毒药

目前临床常用的抗病毒药主要有吗啉胍、利巴韦林与干扰素等。许多中草药，如茵陈、板蓝根、大青叶等也可用于某些病毒感染性疾病的防治。

吗啉胍　商品名病毒灵，广谱抗病毒药。主要用于鸡传染性支气管炎、鸡传染性喉气管炎、鸡痘、禽流感等的防治。混饮，每升水100mg，连用3天。

干扰素　如猪白细胞干扰素，可用于防治禽类传染性支气管炎、传染性喉气管炎、鸭瘟、鸭病毒性肝炎、小鹅瘟、传染性法氏囊炎等病毒性疾病。混饮或注射，按产品说明书使用。

（四）抗寄生虫药

(1) 驱线虫药

伊维菌素　高效、广谱的大环内酯类抗寄生虫药，对线虫、昆虫和螨均有驱杀作用。用于防治马、牛、羊、猪、犬、鸡消化道和呼吸道线虫，犬、猫钩口线虫，犬恶丝虫，牛、羊、猪、犬、猫、兔螨病等。此外，对蜱、虱、蝇类及蝇类等也有好的驱杀效果。皮下注射，一次量，猪0.3mg/kg体重，牛、羊0.2mg/kg体重，用1次。

阿维菌素　作用、应用、用法与用量基本同伊维菌素。

左旋咪唑　又名左咪唑，广谱、高效、低毒的驱线虫药，主要用于牛、羊、猪、禽、犬、猫胃肠道线虫和肺线虫病的治疗。此外，左旋咪唑还具有免疫调节功能。内服、皮下和肌内注射，一次量，牛、羊、猪 7.5mg/kg 体重，犬、猫 10mg/kg 体重，禽 25mg/kg 体重，可间隔 7～10 天再用 1 次。

阿苯达唑 又名丙硫咪唑，商品名肠虫清，对线虫、绦虫和吸虫均有驱除作用。用于防治各种畜禽的线虫病，如各种畜禽的蛔虫病、鸡异刺线虫病、血矛线虫病、肺线虫病、肾虫病等；绦虫病，如猪囊尾蚴，猪细颈囊尾蚴病、鸡赖利绦虫病等；各种吸虫病，如牛羊肝片吸虫病、猪姜片吸虫病、血吸虫病等，也可用于防治猪旋毛虫病。内服，一次量，牛、羊 10～15mg/kg 体重，猪 5～10mg/kg 体重，犬 25～50mg/kg 体重，禽 10～20mg/kg 体重，用 1 次。

(2) 驱绦虫药

吡喹酮 广谱驱绦虫药、抗血吸虫药和驱吸虫药，对多数成虫、幼虫都有效。主要用于防治血吸虫病，也用于绦虫病和囊尾蚴病。内服，一次量，牛、羊、猪 10～35mg/kg 体重，犬、猫 2.5～5mg/kg 体重，禽 10～20mg/kg 体重，用 1 次。

氯硝柳胺 商品名灭绦灵，氯硝柳胺驱绦范围广，对马裸头绦虫、牛羊莫尼茨绦虫、鸡绦虫以及反刍动物前后盘吸虫等均有高效，对犬、猫绦虫也有明显驱杀作用。此外，氯硝柳胺还能杀死钉螺（血吸虫中间宿主）。内服，一次量，牛 40～60mg/kg 体重，羊 60～70mg/kg 体重，犬、猫 80～100mg/kg 体重，禽 50～60mg/kg 体重，用 1 次。

硫双二氯酚 又名别丁，对畜禽多种吸虫和绦虫有驱虫作用。用于防治肝片吸虫病（对成虫效力高，对童虫差）、前后盘吸虫病、姜片吸虫病和绦虫病。内服，一次量，马 10～20mg/kg 体重，牛 40～60mg/kg 体重，羊、猪 75～100mg/kg 体重，犬、猫 200mg/kg 体重，禽 100～200mg/kg 体重，用 1 次。

(3) 驱吸虫药

硝氯酚 又名拜耳 9015，是牛、羊肝片吸虫较理想的驱虫药，具有高效、低毒、用量小的特点，对前后盘未成熟的虫体也有较强的杀灭作用。内服，一次量，黄牛 3～7mg/kg 体重，水牛 1～3mg/kg 体重，羊 3～4mg/kg 体重，猪 3～6mg/kg 体重，用 1 次；深层肌内注射，一次量，牛、羊 0.5～1mg/kg 体重，用 1 次。

(4) 驱血吸虫药

硝硫氰胺 我国 1975 年合成，故代号 7505，对各型血吸虫都有强烈的杀虫作用。内服，一次量，牛 60mg/kg 体重。

硝硫氰醚 新型广谱驱虫药，主要用于治疗血吸虫病、肝片吸虫病、弓首蛔虫病、猪姜片吸虫病、各种带绦虫病等。内服，一次量，牛 30～40mg/kg 体重，猪 15～20mg/kg 体重，犬、猫 50mg/kg 体重，禽 50～70mg/kg 体重，用 1 次。牛第三胃注射，一次量，15～20mg/kg 体重。

(5) 抗球虫药

马杜拉霉素 商品名加福、抗球王等，抗球虫谱广，对柔嫩艾美耳球虫、毒害艾美耳球虫效果均好。主要用于预防鸡球虫病。混饲，每千克饲料，鸡 5mg，休药期 5～7 天。

莫能霉素 又名牧宁霉素、瘤胃素，抗球虫谱广，对柔嫩艾美耳球虫、毒害艾美耳球虫等常见鸡球虫效果均好。主要用于预防鸡、兔球虫病。混饲，每千克饲料，鸡 90～110mg，兔 2～40mg，鸡休药期 3 天。

盐霉素　能杀灭多种鸡球虫，但对巨型艾美耳球虫和布氏艾美耳球虫作用弱。主要用于预防禽球虫病。混饲，每千克饲料，禽5mg，休药期5天。

拉沙菌素　又名拉沙洛西，能杀灭柔嫩艾美耳球虫等多种鸡球虫，但对毒害艾美耳球虫和堆型艾美耳球虫作用弱。主要用于预防禽球虫病。混饲，每千克饲料，禽75～125mg。

海南霉素　对鸡球虫疗效好，对革兰阳性菌也有较好效果，并能提高饲料利用率。混饲，每千克饲料，禽5～10mg。

二硝托胺　商品名球痢灵，对多种球虫有抑制作用。主要用于预防和治疗畜禽球虫病。混饲，每千克饲料，预防用125mg，治疗用250mg。

氨丙啉　对各种鸡球虫有效，对柔嫩艾美耳球虫和堆型艾美耳球虫效果最好。主要用于治疗鸡球虫病。混饲，每千克饲料，治疗用250mg，连用3～5天。

氯羟吡啶　此药物对各种鸡球虫有效，对柔嫩艾美耳球虫效果最好。主要用于预防禽球虫病。混饲，每千克饲料，预防用125mg。

地克珠利　均三嗪类广谱抗球虫药，高效、低毒。对各种禽球虫有效，临床上用于预防和治疗畜禽各种球虫病。混饲，每千克饲料，禽1mg；混饮，每升水，禽0.5～1mg。

妥曲珠利　均三嗪类广谱抗球虫药，高效、低毒。对各种禽球虫有效。临床上用于预防和治疗禽各种球虫病。混饲，每千克饲料，禽50mg；混饮，每升水，禽25mg，连用3～5天。

磺胺喹恶啉（SQ）　对各种禽球虫有效。与氨丙啉或TMP有协同作用，临床上主要用于治疗禽各种球虫病。SQ＋TMP：混饮，每升水，治疗按300～500mg用药，连用3天，休药期10天。

磺胺氯吡嗪　对各种球虫有效。临床上主要用于治疗鸡、兔球虫病。混饮，每升水，治疗鸡球虫按300～500mg，连用3天；内服，治疗兔球虫5mg/kg体重，1次/天，连用10天。

常山酮　又名卤夫酮，广谱抗球虫药，对各种球虫有效。作用于第一代和第二代裂殖体，与其他抗球虫药无交叉耐药性。临床上主要用于预防和治疗鸡、兔球虫病。混饲，每千克饲料，预防3mg，治疗6mg。

(6) 抗梨形虫药（抗焦虫药）

三氮脒　又名贝尼尔、血虫净，对锥虫、梨形虫、附红细胞体均有效。临床上主要用于治疗家畜巴贝斯虫病、泰勒虫病、伊氏锥虫病、附红细胞体病等。肌内注射，一次量，马3～4mg/kg体重，牛、羊、猪3～5mg/kg体重，犬3.5mg/kg体重，1次/天，连用3天。

双脒苯脲　新型防治梨形虫的药物，对家畜巴贝斯虫病和泰勒虫病均有预防和治疗作用。毒性较小，但部分动物会出现拟抗胆碱酯酶作用的不良反应，小剂量阿托品可缓解。肌内注射，一次量，马2.2～5mg/kg体重，牛、羊1～2mg/kg体重，犬6mg/kg体重，14天后再用1次。

(7) 抗锥虫药

萘磺苯酰脲　又名那加诺、苏拉明，对马、牛、骆驼的伊氏锥虫有效。静脉、皮下、肌内注射，一次量，马10～15mg/kg体重，牛15～20mg/kg体重，骆驼8.5～17mg/kg体重，7天后再用1次。

喹嘧胺 又名安锥赛，抗锥虫谱广，对伊氏锥虫和马媾疫锥虫最有效。主要用于治疗马媾疫，马、牛、骆驼的伊氏锥虫病。皮下、肌内注射，一次量，马、牛、骆驼 4～5mg/kg 体重。

(8) 杀虫药

二嗪农 新型有机磷杀虫、杀螨剂，有触毒、胃毒作用，无内吸毒作用。外用效果佳，可杀虱、螨、蜱。羊药浴，配成 0.025％的溶液；牛药浴，配成 0.0625％的溶液；牛、羊喷淋，配成 0.06％的溶液；猪喷淋，配成 0.025％的溶液。

倍硫磷 速效、高效、低毒、广谱的杀虫药。是防治牛皮蝇蛆的首选药物。可配成 0.25％溶液喷淋。

溴氰菊酯 商品名敌杀死，本品对虫体有触毒、胃毒作用，无内吸毒作用。外用可杀虱、螨，畜禽疫病防治常用药物内蚊蝇。药浴，配成 0.0015％的溶液；喷淋，配成 0.003％的溶液。

双甲脒 为合成广谱杀虫药，具有毒性小、高效、作用慢、妊娠及泌乳动物可用等特点。对蜱、螨、虱、蝇都有杀灭作用。配成 0.025％～0.05％的溶液，进行药浴、喷淋或涂擦。

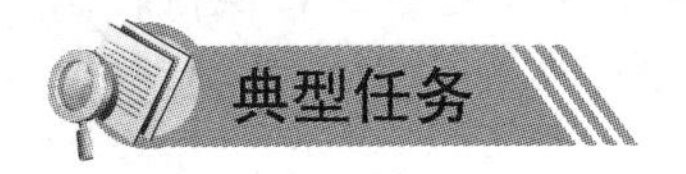

任务 15 以 0.01％高锰酸钾溶液饮水预防雏鸡白痢

【任务说明】

饮水给药是给大群动物投药的最适宜、最方便的途径，饮水给药特别有利于发病后采食量下降的动物。本任务旨在通过以高锰酸钾饮水防治雏鸡白痢，使学生学会动物饮水给药的基本操作技术。

【工作场景】

本任务选择在育雏季节的养鸡场育雏室进行。所需材料包括清洁的饮水器、稀释药物用水、稀释桶、高锰酸钾、天平、量筒等。

【工作过程】

选择刚出壳雏鸡，了解数量，准备充足的清洁饮水器、饮用水。给药前适当对雏鸡停饮一段时间，增加雏鸡饮欲。称取高锰酸钾及饮用水，配制成 0.01％的高锰酸钾溶液，装入清洁饮水器，同时分多点供应雏鸡自由饮用。每天更换 2～3 次，连用 2 天，停 2 天后再用 2 天。

任务 16 以盐酸土霉素拌料预防雏鸡大肠杆菌病

【任务说明】

在动物饲料中拌入药物饲喂具有食欲的动物，作为预防或治疗性给药的重要途径，对有食欲的患病动物能起到很好的治疗作用。本任务旨在通过以粗制土霉素拌料防治雏鸡大肠杆菌病，使学生掌握动物拌料给药的基本操作技术。

【工作场景】

本任务宜安排在鸡场育雏舍进行。所需材料包括用颗粒料粉碎好的雏鸡饲料或自配精饲料、盐酸土霉素、饮用水、拌料及投料工具、料槽、称量工具等。

【工作过程】

学生在鸡场饲养人员的指导下，将料槽、操作工具清洗干净，熟悉雏鸡的数量、日龄。在鸡场养殖技术人员的指导下，计算雏鸡一天的用料量。拌料前按照每1000kg饲料添加盐酸土霉素100～200g的比例，称取所需的盐酸土霉素，加到少量饲料中，充分混合后，再加到一定量饲料中，再充分混匀，然后再拌入到给药所需的全部饲料中。同时分多点供应雏鸡自由采食。连喂3～4天。

任务17　以0.05%辛硫磷溶液给羊药浴

【任务说明】

药浴是防治羊体外寄生虫的一种简单实用的方法。为保证羊健康生长发育，保持较高的生产性能，定期对羊进行药浴，驱杀体外寄生虫十分必要。本任务旨在通过羊的药浴，使学生学会用药液杀灭动物体外寄生虫的操作技术。

【工作场景】

本任务宜选择在规模化绵羊场或山羊场进行。工作场地应设有专用药浴池，适宜药浴的羊只，所需材料包括50%辛硫磷乳油、药浴器械、工作人员口罩及橡胶手套。

【工作过程】

选在晴朗无风的上午进行，药浴前羊群饮足水，不饲喂及放牧。按照浴液为0.05%辛硫磷溶液的要求，根据药浴池的适宜水量，计算并量取所需辛硫磷原液，将药液加热到40℃左右，倒进药浴池中，按照先健康羊后病羊，病羊由轻到重的顺序，将羊赶到药浴池中浸泡2～3min，注意用木棍将羊头压入药液中浸泡数次。由于不能杀死螨虫的卵，应该在7～8天后重复药浴1次。

任务18　以精制敌百虫给猪群驱虫

【任务说明】

给猪驱虫是提高猪群生长速度和饲料报酬的重要措施。在实际生产中应采用正确的驱虫方法，才能获得较好的驱虫效果。本任务旨在通过以精制敌百虫给猪群驱虫的操作，使学生学会用抗寄生虫药驱除动物体内寄生虫的操作技术。

【工作场景】

本任务选在校内外猪场完成。所需材料包括精制敌百虫、研钵等、消毒及运输器材。

【工作过程】

学生在猪场技术人员的帮助下，熟悉待驱虫猪群数量、体重，内服量按每千克体重给药0.08～0.1g，将精制敌百虫研碎备用。单独饲养的猪，投药前先停食1顿，到

19:00～20:00时，将药物与少量适口性好的饲料一起拌匀，放入食槽中一次让猪吃完，然后再喂常用饲料，或者将药物溶解在少量的水中经口灌服。对于群养猪，计算好总的用药量，将药均匀地拌入所需的饲料中。多准备一些饲槽，投喂饲料量要多于饲料常量，以猪吃食后略有剩余为好，这样可避免强者多食而发生中毒现象。对猪驱虫后1周内排出的粪便，应每天清扫后集中单独堆放，进行发酵杀灭虫卵。圈舍场地及食槽、用具要彻底消毒。

项目小结

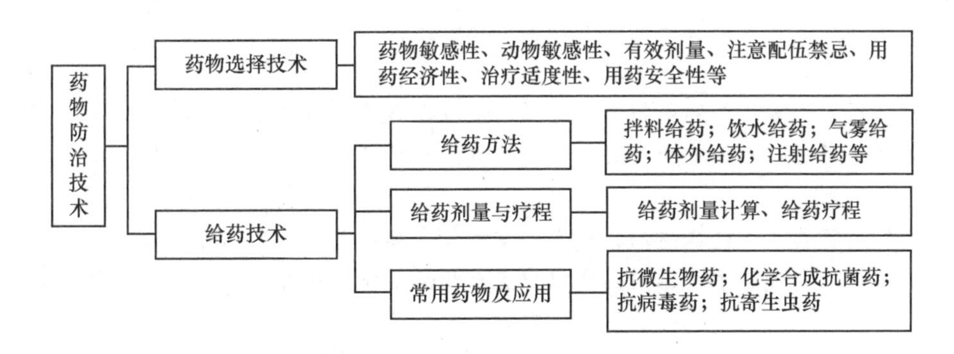

练习思考题

一、单项选择题

1. 下列给药途径中药效发挥最快的是________。

A. 口服　　B. 肌内注射　　C. 皮下注射　　D. 静脉注射

2. 动物疫病治疗的疗程一般为________天。

A. 1～2　　B. 3～5　　C. 7～10　　D. 10～15

3. 羊药浴时间一般为________。

A. 1min内　　B. 3～5min　　C. 8～10min　　D. 15min以上

4. 禁止在饲料和动物饮用水中添加________药品和国务院兽医行政管理部门规定的其他禁用药品。

A. 人用　　B. 兽用　　C. 精神类　　D. 激素类

5. 禁止将________用于动物。

A. 人用药品　　B. 激素类药品　　C. 精神类药品　　D. 不合格药品

6. 兽药使用单位应当依照国家有关兽药安全使用规定使用兽药，并建立________记录。

A. 用药　　B. 用量　　C. 采购兽药　　D. 使用

7. 动物购买者或者屠宰者应当确保动物及其产品在________内不被用于食品消费。

A. 用药期及休药期　　B. 发病期　　C. 生产期　　D. 潜伏期

8. 动物驱虫期间，对其粪便最适宜的处理方法是________。

A. 深埋　　B. 直接用作肥料　　C. 生物热发酵　　D. 使用消毒剂

9. 预防用药一般采用________。

A. 群体给药法　B. 个体给药法　C. 静脉注射法　D. 直肠给药法

10. 下列给药方法中属于群体给药方法的是________。

A. 肌内注射　B. 静脉注射　C. 饮水给药　D. 胃导管给药

11. 气雾给药是充分利用家禽独特的________功能特性，促进药物增大扩散面积，从而增大药物吸收量。

A. 淋巴结　B. 哈德氏腺　C. 法氏囊　D. 气囊

二、判断题

1. 使用药物预防应以不影响动物产品的品质，不影响人的健康为前提。（　）
2. 饮水给药是禽大群给药最适宜、最方便的途径。（　）
3. 饮水给药的药物不一定是水溶性的。（　）
4. 可应用于气雾给药的药物必须是无刺激性，且易溶解于水。（　）
5. 饮水给药时，应让整个动物群停止饮水一段时间，一般寒冷季节停水1h左右。（　）
6. 体外用药的方法包括喷洒、喷雾、熏蒸、涂擦和药浴等不同方法。（　）
7. 一些药物易残留于畜体内，所以规定动物屠宰前必须停止饲喂药物一定时间。（　）
8. 羊药浴温度应保持在12～25℃。（　）
9. 生产中用药剂量不够或疗程太短是治疗不足的主要原因。（　）
10. 不同给药方法可以影响药物的吸收程度、利用程度和药效出现的时间及维持时间。（　）

三、综合分析题

1. 生产中如何正确选择预防或治疗药物？
2. 仔猪如何拌料给药？
3. 蛋鸡如何气雾给药？
4. 如何给羊药浴？
5. 育肥猪如何驱蛔虫？

推荐阅读书目

闫若潜，李桂喜，孙清莲. 动物疫病防控工作指南. 3版. 中国农业出版社，2014.

胡功政，李荣誉. 新全兽药手册. 5版. 河南科学技术出版社，2015.

权亚伟. 实用动物防疫技术规程. 陕西科学技术出版社，2016.

动物疫病监测与净化技术

岗位需求

动物疫情监测管理；动物流行病学调查；动物疫病的病原学监测；动物疫病的免疫学监测；动物疫病净化；动物疫病区域化管理。

能力目标

掌握动物疫病监测管理、动物流行病学调查与分析、疫病的临诊监测、免疫抗体监测、病原监测和动物疫病净化工作要领。会有针对性地开展动物流行病学调查与分析、疫病的临诊监测、免疫抗体监测、病原监测和动物疫病净化工作，会运用统计学原理，形成各类统计图表，提高畜牧生产、疫病防控的科学性和准确性，能初步开展动物疫情分析预测、预警和风险评估，为动物疫病防控提供科学、快速依据。

动物疫病监测工作是动物疫病防控工作的重要组成部分，是疫情认定和预测、预警工作的基础，动物疫病监测结果的准确性对防控工作的成败具有重要影响。面对复杂的动物疫情，只有狠抓动物疫病监测工作，加强综合防控对策和防范措施调研，为合理防控动物疫病提供科学依据，才能有效防止和控制动物疫病的发生和流行。

模块一　动物疫病监测管理

疫病监测是指连续地、系统地和完整地收集动物疫病的有关资料，经过分析、解释后及时反馈和利用信息并制定有效防治对策的过程。疫病监测具有以下基本特征，即资料收集的连续性和系统性；收集的资料不仅包括发病和死亡，还包括与疫病发生、流行和防治有关的其他问题；不仅是将监测的原始资料进行汇总、分析和解释，还包括信息反馈和利用的过程（图 5-1）。

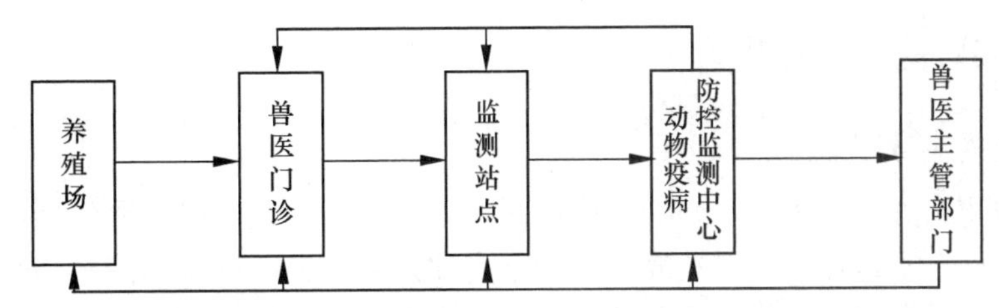

图 5-1　疫病监测资料（信息）的流向

一、疫病监测的意义

建立健全国家动物疫病监测体系是动物疫病控制工作的一项重要内容，可为国家制订动物疫病控制规划和疫病预警提供科学依据，同时对动物保健咨询以及保证输出动物及动物产品的无害性都具有非常重要的意义。

疫病监测不仅是掌握动物疫病分布特征和发展趋势以及评价疫病控制措施效果的重要方法，也是兽医部门掌握动物群体特性及影响疫病流行社会因素的重要手段和国家调整兽医防疫策略和计划、制订动物疫病消灭方案的基础。同时，疫病监测也是保证动物产品质量的重要措施之一。

制订疫情监测规划和计划，科学、全面、准确地开展动物疫情监测预报，是防疫工作的重要内容。通过监测，正确评估动物生活环境的卫生状况，为适时使用疫苗及药物预防等有效措施提供科学依据。通过监测，还可以对免疫、消毒效果进行正确评价，及时调整免疫程序或应用药物进行预防。

二、疫病监测体系

疫病监测体系由中央、省、县三级机构及技术支撑单位组成，即国家动物疫病预防控制中心、省级动物疫病预防控制中心、县级动物疫病预防控制中心和边境动物疫情监测站；技术支撑单位包括国家动物卫生与流行病学中心、农业农村部兽医诊断中心及相关国家动物疫病诊断实验室。标准的疫病监测系统通常由疫病监测中心、诊断实验室和分布各地的监测点等组成。疫病监测系统的组成成分和数据流向如图5-2所示。

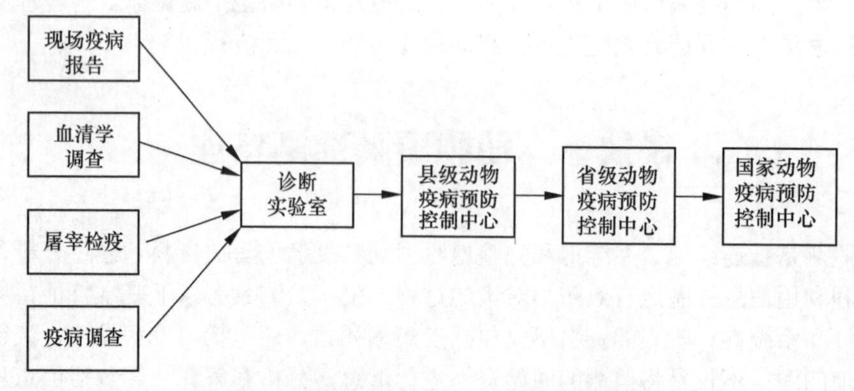

图5-2　疫病监测系统的组成成分和数据流向

三、疫病监测对象和内容

（一）疫病监测对象

疫病监测净化对象虽然在不同国家或地区具有一定的差异，但主要包括重要的动物传染病和寄生虫病，尤其是危害严重的烈性传染病和人畜共患性疫病如高致病性禽流感。我国则将各种法定报告的动物传染病和外来动物疫病作为重点监测对象。畜禽养殖场应依照动物防疫法及其配套法规，以及当地兽医行政管理部门有关要求，结合当地疫病流行的实际情况，制订疫病监测方案并实施，并应及时将监测结果报告当地兽医行政管理部门。同时，畜禽饲养场应接受并配合当地动物防疫监督机构进行定期或不定期的疫病监督抽查、普查、监测等工作。

根据国家规定和当地及周边地区疫病流行状况，选择以下动物疫病进行常规监测：

牛：口蹄疫、炭疽、蓝舌病、结核病、布鲁氏菌病。

猪：口蹄疫、猪水疱病、猪瘟、猪繁殖与呼吸障碍综合征、乙型脑炎、猪丹毒、猪囊尾蚴病、猪旋毛虫病、猪链球菌病、伪狂犬病、布鲁氏菌病、结核病。

羊：口蹄疫、小反刍兽疫、蓝舌病、羊痘、结核病、布鲁氏菌病。

兔：兔流行性出血热、兔黏液瘤病、野兔热、兔球虫病。

鸡：高致病性禽流感、鸡新城疫、鸡马立克氏病、禽白血病、禽结核、鸡白痢、鸡伤寒。

鸭：高致病性禽流感、鸭瘟、鸭病毒性肝炎、禽衣原体病、禽结核。

鹅：高致病性禽流感、鹅副黏病毒病、小鹅瘟、禽霍乱、鹅白痢与伤寒。

（二）疫病监测内容

疫病监测内容主要包括：①动物的群体特性以及疫病发生和流行的社会影响因素；②动物疫病的发病、死亡及其分布特征；③动物群的免疫水平；④病原体的型别、毒力和耐药性等；⑤野生动物、疫病传播媒介及其种类、分布；⑥动物群的病原体携带状况；

⑦疫病的防治措施及其效果等；⑧疫病的流行规律。对某种具体疫病进行监测时，应综合考虑其特点、预防措施的需要和人力、物力、财力等方面的实际条件。

四、疫病监测程序、手段和方法

（一）监测的程序

动物疫病的监测程序包括资料收集、整理和分析，疫情信息的表达、解释和发送等。

(1) 资料收集

疫病监测资料收集时应注意完整性、连续性和系统性。资料来源的渠道应广泛。收集的资料通常包括疫病流行或暴发及发病和死亡等资料；血清学、病原学检测或分离鉴定等实验室检验资料；现场调查或其他流行病学方法调查的资料；药物和疫苗使用资料；动物群体及其环境方面的资料等。上述资料可通过基层监测点按常规疫情进行上报，或按照周密的设计方案要求基层单位严格按规定方法调查并收集样品和资料信息。

(2) 资料的整理和分析

资料的整理和分析是指将原始资料加工成有价值信息的过程。通常包括以下步骤：①将收集的原始资料认真核对、整理，同时了解其来源和收集方法，选择符合质量要求的资料录入疫病信息管理系统供分析用；②利用统计学方法将各种数据转换为有关的指标；③解释不同指标说明的问题。

(3) 资料的表达、解释和发送

将资料转化为不同指标后，要经统计学方法检验，并考虑影响监测结果的因素，最后对所获得的信息作出准确、合理的解释。

运转正常的动物疫病监测系统，能够将整理和分析的疫病监测资料以及对监测问题的解释和评价迅速发送给有关的机构或个人。这些机构或个人主要包括：提供基本资料的机构或个人、需要知道有关信息或参与疾病防治行动的机构或个人以及一定范围内的公众。监测信息的发送应采取定期发送和紧急情况下即时发送相结合的方式进行。

（二）监测手段

疫病监测的内容很多，监测手段也多种多样，通常包括：①临床观察；②病原学检测；③血清学检测；④动物群体特性和疫病流行影响因素的调查；⑤岗哨动物的应用。

（三）监测方式

监测方式通常包括被动疫病监测和主动疫病监测两种。

(1) 被动监测

被动疫病监测是疫病相关资料收集的常规方法，主要通过需要帮助的养殖业主、现场兽医、诊断实验室和疫病监测员以及屠宰场、动物交易市场等以常规疫病报告的形式获得资料。被动监测必须有主动疫病监测系统作为补充，尤其对紧急疫病更应强调主动监测。疫病报告的内容包括：疑似疫病的种类；疫病暴发的确切地点，发生疫病的养殖场户的名称和地址；发病动物的种类；病死动物的估计数量；发病动物临床症状和剖检变化的简要描述；疫病初次暴发被发现的地点和蔓延情况；当地易感动物近期的来源和运输去处；其他任何关键的流行病学信息如野生动物疫病和昆虫的异常活动；初步采取的疫病控制措施等。

（2）主动监测

主动疫病监测是指根据特殊需要严格按照预先设计的监测方案，要求监测员有目的地对动物群进行疫病资料的全面收集和上报的过程。主动监测的步骤通常是按照流行病学监测中心的要求，监测员在其辖区内随机选择采样地点，对动物群和动物进行采样，同时按规定的方法填写采样表格。

无论是主动监测还是被动监测，所获得的疫病监测资料均应汇集到动物疫病监测中心以便进行有序的管理、储存和分析，然后将分析的结果反馈给资料呈递的有关人员，如养殖业主、诊疗兽医、屠宰检疫员、市场检验员或地区疫病监测员，必要时还需要在较大范围内通报。

五、动物疫病监测的计划与具体实施

（一）制订动物疫病监测的计划

根据《中华人民共和国动物防疫法》第十五条规定：国务院兽医主管部门制订国家动物疫病监测计划；省、自治区、直辖市兽医主管部门根据国家动物疫病监测计划，制订本行政区域的动物疫病监测计划。疫情监测计划应当严格按照有关流行病学调查统计要求编制和设计。计划的科学性、数据的可靠性至关重要。

（二）动物疫病监测的具体实施

我国将对动物疫病的发生、流行等情况进行监测的职责赋予了动物疫病预防控制机构。动物疫病预防控制机构应当按照国务院兽医主管部门的规定，认真监测动物疫病的发生、流行等情况。动物疫病预防控制机构对动物疫病的发生、流行等情况进行监测时，从事动物饲养、屠宰、经营、隔离、运输以及动物产品生产、经营、加工、储藏等活动的单位和个人不得拒绝或者阻碍。由于各级动物疫病防控机构负责具体实施国家动物疫情监测计划，其监测工作是一种强制性技术活动，是服务于国家和公众利益的政府行为。同其他技术性监督行为一样，有关管理相对人，即从事动物饲养、屠宰、经营、隔离、运输以及动物产品生产、经营、加工、储藏等活动的单位和个人，必须配合做好有关监测工作，不得拒绝或阻碍。

六、疫情的预测预报

疫病预测是根据疫病发生发展的规律及其影响因素，用分析判断和数学模型等方法对流行的可能性和强度作出预测。疫情预测的原理和方法通常包括以下几个方面：疫病或传染源的分布和消长情况；动物群易感性的变化；传播媒介的消长规律；病原体的分析结果；某些影响流行的因素；以往疫情的资料。

国家动物疫情测报中心、各省级疫情测报中心、各动物疫情测报站和边境动物疫情监测站，对疫情进行监测和流行病学调查，作出疫情预测预报，及时发现突发疫情及隐患。重点地区的监测包括边境地区、发生过疫情的地区、养殖密集区、传播媒介活动密集区等。每次组织监测结束，在一定时间内提出汇总、分析和评估动物疫情报告，预测疫情流行态势，并根据疫情分析结果，完善相应防控对策和措施。同时，及时向社会发布疫情预警信息。

模块二　动物流行病学调查技术

流行病学调查与分析是研究动物疫病流行规律的主要方法。其目的在于揭示疫病在动物群中发生的特征，阐明疫病的流行原因和规律，以作出正确的流行病学判断，迅速采取有效的措施，控制疫病的流行。同时流行病学调查分析，也是探讨原因未明疾病的一种重要方法。

流行病学调查在于查明疫病在动物群中发生的地点、时间、畜群分布、流行条件等，这是认识疾病的感性阶段。流行病学分析是将调查所获得的资料，归纳整理，进行全面的综合分析，查明流行原因和条件，找出流行规律，即由感性认识上升到理性认识阶段。因此，调查与分析是认识疫病流行规律的不可分割的两个阶段。调查是分析的基础，分析是调查的深入。通过分析可以为进一步调查提供线索。只调查不分析，找不出流行过程的本质，得不出正确的结论。一切防疫措施都是以调查分析的结果为依据，调查分析越充分，制定的措施就越合理，效果也越显著。

一、流行病学调查

（一）流行病学调查的种类和内容

根据调查对象和目的的不同，一般分为个例调查、流行（或暴发）调查、专题调查。

(1) 个例调查

个例调查是指疫病发生以后，对每个疫源地所进行的调查。目的是查出传染源、传播途径和传播因素，以便及时采取措施，防止疫病蔓延。个例调查是流行病学调查与分析的基础。个例调查的内容如下：

核实诊断　准确的诊断是制定正确的防疫措施和进一步调查分析的依据。有些疫病的症状相似，但传播方式、预防方法却完全不同。如果诊断不准确，会使调查线索不清，防疫措施无效。所以调查时首先必须核实诊断，除临床症状和流行病学诊断外，尚需进行血清学诊断、病原学诊断和病理学诊断。

确定疫源地的范围　根据患病动物在传染期内的活动范围，判断疫源地的范围。

查明接触者　通常是将患病动物发病前1～2天或从发病之日到隔离之前这段时间曾经与患病动物有过有效接触的动物和人视为接触者。如与呼吸道传染病病畜拴系在一起，与肠道传染病病畜同槽饲喂、同槽饮水等，均属于有效接触。

找出传染源　通常根据病的潜伏期来推断传染源。如系个别散发病例，则传染源调查应首先从确定感染日期开始。感染日期计算一般是从发病之日向前推一个潜伏期，在最长潜伏期与最短潜伏期之间，即可能为感染日期。感染日期确定后，再仔细询问畜主，病畜在这几天里到过的地方、活动场所及使役情况；是否接触过类似的病畜以及接触方式。当怀疑某畜是传染源时，可进一步调查登记该畜周围畜群中有无类似的病畜发生。若同样发现类似病畜，则该畜为传染源的可能性很大。

如系一次流行或暴发，可根据潜伏期来估计有无共同流行因素存在，以推断传染源。若发病日期集中在该病最短潜伏期之内，说明它们之间不可能是互相传染的，可能来自一个共同的传染源。

一般情况下，临床症状明显、传播途径比较简单的疫病，如狂犬病等，传染源比较容易寻找。可有些疫病，如结核病、布鲁氏菌病等，因有大量的慢性或隐性感染病畜存在，传染源就比较难以查明。

判定传播途径 一般是根据与传染源的接触方式来推断。当传染源不能确定时，可根据可能受感染的方式来推断，如钩端螺旋体病可根据有疫水接触史来判断。

调查防疫措施 包括患病动物的隔离检疫日期、方法、接触的畜禽及死亡畜禽处理情况、有无继发病例、疫源地是否经过消毒，并针对存在的问题，采取必要的措施。

(2) 流行（或暴发）调查

流行调查是指对某一单位或一定地区在短期内突然发生某种疫病很多病例所进行的调查。疫病流行时，由于病畜数量较多、疫情紧急，当地动物防疫监督机构接到疫情报告后，应尽快派人赶赴现场，及时进行调查。调查一般按如下两个步骤进行：

初步调查 首先，了解疫情，着重了解本次流行开始发生的日期和逐日发病情况，最先从哪些单位或哪种动物中发生；哪些单位和动物发病最多，哪些单位和动物发病最少，哪些单位和动物没有发病；对比发病与未发病的单位和动物在近期内使役和饲养卫生管理情况等方面有何不同；已经采取的防疫措施；当地居民有无类似疫病发生等。其次，根据了解到的情况及在现场对病畜的检查，作出初步诊断，推测流行原因，判断疫情发展趋势。最后，根据本次流行的可能原因及流行趋势，结合传播途径特点，有针对性地提出初步防疫措施。

深入调查 首先，对已发生的病例作全部或抽样调查，并按事先设计的流行病学调查表进行登记。调查时应注意寻找最早的病畜及其传染源；查明误诊或漏诊的病例；对疑似传染源的病畜或病原携带者，应多次进行病原学检查；根据实际发病数，了解发病顺序，调查各病例之间的相互传播关系，判断可能的传染源和传播途径。其次，计算各种发病率，根据发病日期绘制时间分布曲线；按患畜单位分布、畜群分布，分别计算发病率，并对比不同组别的发病率，找出相互之间的差异。推测流行（或暴发）的性质是接触传播，还是经污染的饲料、饮水或其他方式传播；是由于一次污染引起，还是长期污染的结果。再次，进行流行因素调查，根据不同的病种及特征，有重点地对流行的有关因素进行详细调查。如可疑为经水或经饲料传播时，则可对水源或饲料作重点调查，从而可以判断流行（或暴发）的原因。最后，制定进一步的防疫措施，针对流行（或暴发）的原因，采取综合性防疫措施，尽快控制疫情。如果调查分析正确，措施落实后，发病应得到控制，经过该病一个最长潜伏期没有新病例发生。反之，疫情可能继续发展。因此，疫情能否被控制，是验证调查分析是否正确的标志。在整个调查过程中，必须与防疫措施结合进行，不能只顾调查不采取措施。

(3) 专题调查

在流行病学调查中，有时为了阐明某一个流行病学专题，需要进行深入调查，以得出明确的结论。如常见病、多发病和自然疫源性疾病的调查、某病带菌率的调查、血清学调查等，均属于专题调查。近来越来越广泛地将流行病学调查的方法应用于一些病因未明的非传染病的病因研究。这类调查具有更为明显的科学研究的性质，因此事先要有严密的科研设计。所用的调查方法有回顾性调查与前瞻性调查两种。

回顾性调查　也叫病史调查或病例对照调查，是在病例发生之后进行的调查。个例调查及流行（或暴发）调查均属于回顾性调查。在做对照调查时，首先要确定病例组与对照组（非病例组），在两组中回顾某些因素与发病有无联系。作为对照组，条件必须与病例组相同。回顾性调查不能直接估计某因素与某病的因果关系，只能提供线索。因此，回顾性调查的作用只是“从果推因”。

前瞻性调查　在疫病未发生之前，为了研究某因素是否与某病的发生或死亡有联系，可先将畜群划分为两组：一组为暴露于某因素组，另一组为非暴露于某因素组。然后在一定时期内跟踪观察两组某病的发病率和死亡率，并进行比较。前瞻性调查是“从因到果”，它可以直接估计某因素与某病的关系。预防接种或某项防疫措施的效果观察也属于前瞻性调查。

（二）流行病学调查的方法

调查前，工作人员必须熟悉所要调查的疫病的临床症状和流行病学特征以及预防措施，明确调查的目的，根据调查目的决定调查方法、拟订调查计划，根据计划要求设计合理的调查表。调查的方法与步骤如下：

（1）询问座谈

询问是流行病学调查的一种最简单而又基本的方法，必要时可组织座谈。调查对象主要是畜主。调查结果按照统一的规定和要求记录在调查表上。询问时要耐心细致，态度亲切，边提问边分析，但不要按主观意图作暗示性提问，力求使调查的结果客观真实。询问时要着重问清：疫病从何处传来，怎样传来，病畜是否有可能传染给了其他健畜。

（2）现场调查

现场调查就是对病畜周围环境进行实地调查。了解病畜发病当时周围环境的卫生状况，以便分析发病原因和传播方式。查看的内容应根据不同疫病的传播途径特点来确定。如当调查肠道疫病时，应着重查看畜舍、水源、饲料等场所的卫生状况，以及防蝇、灭蝇措施等；调查呼吸道疫病时，应着重查看畜舍的卫生条件及接触的密切程度（是否拥挤）；调查虫媒疫病时，应着重查看媒介昆虫的种类、密度、滋生场所以及防虫灭虫措施等，并分析这些因素对发病的影响。

（3）实验室检查

调查中为了查明可疑的传染源和传播途径，确定病畜周围环境的污染情况及接触畜禽的感染情况等，有条件时可对有关标本作细菌培养、病毒分离及血清学检查等。

（4）收集有关流行病学资料

包括以下几方面的资料：①本地区、本单位历年或近几年本病的逐年、逐月发病率；②疫情报告表、门诊登记以及过去防治经验总结等；③本单位周围的畜禽发病情况、卫生习惯、环境卫生状况等；④当地的地理、气候及野生动物、昆虫等。

（5）确定调查范围

普查　即某地区或某单位发生疫病流行时，对其畜群（包括病畜及健康动物）普遍进行调查。如果流行范围不大，普查是较为理想的方法，获得资料比较全面。

抽样调查 即从畜群中抽取部分家畜进行调查。通过对部分家畜的调查了解某病在全群中的发病情况，以部分估计总体。此法节省人力和时间，运用合适，可以得出较准确的结果。抽样调查的原则是：一要保证样本足够大；二要保证样本的代表性，使每个对象都具有同等被抽到的机会，不带任何主观选择性，这样才能使样本具有充分的代表性。其方法是用随机抽样法。最简单的随机抽样法就是抽签或将全体畜群按顺序编号，或抽双数或抽单数，或每隔一定数字抽取一个等方法。若为了了解疫病在各种畜群中的发病特点，可用分层抽样，即将全群畜禽按不同的标志，如年龄、性别、使役或放牧等分成不同的组别，再在各组畜禽中进行随机抽样。分层抽样调查所获得的结果比较正确，可以相互比较研究各组发病率差异的原因。

(6) 拟定流行病学调查表

流行病学调查表是进行流行病学分析的原始资料，必须有统一的格式及内容。表格的项目应根据调查的目的和疫病种类而定。要有重点，不宜烦琐，但必要的内容不可遗漏。项目的内容要明确具体，不致因调查者理解不同造成记录混乱而无法归类整理。流行病学调查表通常包括以下内容：①一般项目：单位、年龄、性别、使役或放牧、引入时间等；②发病日期、症状、剖检变化、化验、诊断等；③既往病史和预防接种史；④传染源及传播途径；⑤接触者及其他可能受感染者（包括人在内）；⑥疫源地卫生状况；⑦已采取的防疫措施。

二、流行病学分析

（一）整理资料

首先将调查所获得的资料作全面检查，看是否完整、准确。若有遗漏项目尽可能予以补查。对一些没有价值的或错误的材料予以剔除，以保证分析结果不致出现偏差。然后根据所分析的目的，将资料按不同的性质进行分组，如畜群可按年龄、性别、使役或放牧、免疫情况等进行分组，时间可按日、周、旬、月、年进行分组；地区可按农区、牧区、多林山区、半农半牧区或单位分组。分组后，计算各组发病率，并制成统计表或统计图进行对比，综合分析。流行病学分析中常用的几种统计指标如下：

发病率 在一定时间内新发生的某种动物疫病病例数与同期该种动物总头数之比，常以百分率表示。“动物总头数”指对该种疫病具有易感性的动物种的头数，特指者例外。“平均”指特定期内（如1月或1周）存养均数。

$$发病率=\frac{新发病例数}{同期平均动物总头数}\times 100\%$$

感染率 在特定时间内，某疫病感染动物的总数在被调查（检查）动物群样本中所占的比例。感染率能比较深入地反映出流行过程，特别是在发生某些慢性传染病，如猪支原体肺炎、结核病、布鲁氏菌病、鸡白痢、鼻疽等时，进行感染率的统计分析，具有重要的实践意义。

$$(某疫病)感染率=\frac{(调查当时)感染动物数}{被调(检)查动物总数}\times 100\%$$

患病率 又称现患率，表示特定时间内，某地动物群体中存在某病新老病例的频率。

$$（某病）患病率=\frac{（特定时间某病）（新老）患病例数}{（同期）暴露（受检）动物头数}\times 100\%$$

死亡率　某动物群体在一定时间死亡总数与该群同期动物平均总数之比值，常以百分率表示。

$$死亡率=\frac{（一定时间内）动物死亡总数}{该群体动物的平均总数}\times 100\%$$

病死率　一定时间内某病病死的动物头数与同期确诊该病病例动物总数之比，以百分率表示。

$$病死率=\frac{某病病死动物头数}{同期确诊的该病例动物总数}\times 100\%$$

流行率　调查时，特定地区某病（新老）感染头数占调查头数的百分率。

$$流行率=\frac{某病（新老）感染头数}{被调查动物数}\times 100\%$$

（二）分析资料

（1）分析的方法

综合分析　动物疫病的流行过程受社会因素和自然因素多方面的影响，因此其过程的表现复杂多样。有必然现象，也有偶然现象；有真相，也有假象。所以，分析时应以调查的客观资料为依据，进行全面的综合分析，不能单凭个别现象就片面作出流行病学结论。

对比分析　是流行病学分析中常用的重要方法，即对比不同单位、不同时间、不同畜群等之间发病率的差别，找出差别的原因，从而找出流行的主要因素。

逐个排除　类似于临床上的鉴别诊断，即结合流行特征的分析，先提出引起流行的各种可能因素，再对其逐个深入调查与分析，即可得出结论。

（2）分析的内容

流行特征的分析　主要对发病率、发病时间、发病地区和发病畜群分布 4 个方面进行分析。

发病率的分析：发病率是流行强度的指标。通过对发病率的分析，可以了解流行水平、流行趋势，评价防疫措施的效果和明确防疫工作的重点。如从某畜牧场近几年几种主要传染病的年度发病率的升降曲线进行分析，可以看出在当前几种传染病中，对畜群威胁最大的是哪一种，防疫工作的重点应放在哪里。又如分析某传染病历年发病率变动情况，可以看出该传染病发病趋势是继续上升，还是趋于下降或稳定状态，以此判断历年所采取的防疫措施的效果，有助于总结经验。

发病时间的分析：通常是将发病时间以小时或日、周、旬或月、季（年度分析时）为单位进行分组，排列在横坐标上，将发病数、发病率或百分比排列在纵坐标上，制成流行曲线图，一目了然地看出流行的起始时间、升降趋势及流行强度，从中推测流行的原因。一般从以下几个方面进行分析：若短时间内突然有大批病畜发生，时间都集中在该病的潜伏期范围以内，说明所有病畜可能是在同一个时间内，由共同因素感染。围绕感染日期进行调查，可以查明流行或暴发的原因。即使共同的传播因素已被消除，但相互接触传播仍可能存在。所以通常有流行的“拖尾”现象，而食物中毒则无，因病例之间不会相互传播。若一个共同因素（如饲料或水）隔一定时间发生两次污染，则发病曲线可出现两个高峰（双峰型）。如钩端螺旋体病的流行，即出现两个高峰，这两个高峰与两次降雨时间是一致的，因大雨将含有钩端螺旋体的鼠（或猪）尿冲刷到雨水中，耕畜到稻田耕地而受到感染。若病畜陆续出现，发病时间不集中，流行持续时间较久，超过一个潜伏期，病畜之间有较为明显的相互传播关系，则通常不是由共同原因引起的，可能畜群在日常接触中传播，其发病曲线多呈不规则型。

发病地区分布的分析：将病畜按地区、单位、畜舍等分别进行统计，比较发病率的差别，并绘制点状分布图（图上可标出病畜发病日期）。根据分布的特点（集中或分散），分析发病与周围环境的关系。若病畜在图上呈散在性分布，找不到相互联系的关系，说明可能有多种传播因素同时存在；如果病畜呈集中分布，局限在一定范围内，说明该地区可能存在一个共同传播因素。

发病畜群分布的分析：按病畜的年龄、性别、役别、匹（头）数等，分析某病发病率，可以阐明该病的易感动物和主要患病对象，从而可以确定该病的主要防疫对象。同时结合病畜发病前的使役情况及饲养管理条件可以判断传播途径和流行因素。如某单位在一次钩端螺旋体病的流行中，发病的畜群均在3周前有下稻田使役的经历，而未下稻田的畜群中，无一动物发病，说明接触稻田疫水可能是传播途径。

流行因素的分析　将可疑的流行因素，如畜群的饲养管理、卫生条件、使役情况、气象因素（温度、湿度、雨量）、媒介昆虫的消长等，与病畜的发病曲线结合制成曲线图，进行综合分析，可提示两者之间的因果关系，找出流行的因素。

防疫效果的分析　防疫措施的效果，主要表现在发病率和流行规律的变化上。一般来说，若措施有效，发病率应在采取措施后，经过一个潜伏期就开始下降，或表现为流行季节性的消失，流行高峰的削平。如果发病率在采取措施前已开始下降，或措施一开始发病立即下降，则不能说明这是措施的效果。在评价防疫效果时，还要分析以下几点：①对传染源的措施，包括诊断的正确性与及时性、病畜隔离的早晚、继发病例的多少等；②对传播途径的措施，包括对疫源地消毒、杀虫的时间、方法和效果的评价；③对预防接种效果的分析，可对比接种组与未接种组的发病率，或测定接种前后体内抗体的水平（免疫监测）。通过对防疫措施效果的分析，总结经验，可以找出薄弱环节，不断改进。

模块三　动物疫病病原学监测技术

一、实验室采样检验技术

（一）样品采集的一般原则和采集前的准备

（1）样品采集遵循的一般原则

先排除后采样　凡发现急性死亡的动物，怀疑患有炭疽时，不得解剖，应先针刺死畜鼻腔或尾根部静脉抽取血液，进行血液抹片镜检，在确定不是炭疽后，方可解剖采样。

合理选择采样方法 应根据采样的目的、内容和要求合理选择样品采集的种类、数量、部位与抽样方法。样品数量应满足流行病学调查和生物统计学的要求。诊断或被动监测时，应选择症状典型或病变明显或有患病征兆的畜禽、疑似污染物；在无法确定病因时，采样种类应尽量全面。主动监测时，应根据畜禽日龄、季节、周边疫情情况估计其流行率，确定抽样单元。在抽样单元内，应遵循随机采样原则。

采样时限 采集病死动物的病料，应于动物死亡后2h内采集。无法完成时，夏天不得超过6h，冬天不得超过24h。

无菌操作 采样过程应注意无菌操作，刀、剪、镊子、器皿、注射器、针头等采样用具应事先严格灭菌，每种样品应单独采集。

尽量减少应激和损害 活体动物采样时，应避免过度刺激或损害动物；也应避免对采样者造成危害。

生物安全防护 采样人员应加强个人防护，严格遵守生物安全操作的相关规定，严防人兽共患病感染；同时，应做好环境消毒以及动物或组织的无害化处理，避免污染环境，防止疫病传播。

(2) 样品采集前的准备

刀、剪、镊子等用具煮沸消毒30min，使用前用酒精擦拭，用时进行火焰消毒。器皿（玻制、陶制等）经103kPa高压30min，或经160℃干烤2h灭菌；或放于0.5%～1%的碳酸氢钠水中煮沸10～15min，水洗后，再用清洁纱布擦干，保存于酒精、乙醚等溶液中备用。注射器和针头放于清洁水中煮沸30min。一般要求使用“一次性”针头和注射器。采集一种病料，使用一套器械与容器，不可用其再采集其他病料或容纳其他脏器材料。采过病料的用具应先消毒后清洗。

（二）样品的采集

(1) 血液

采血部位 大的哺乳动物可选用颈静脉或尾静脉采血，也可采胫外静脉和乳房静脉血。毛皮动物小量采血可穿刺耳尖或耳壳外侧静脉，多量采血可在隐静脉采集，也可用尖刀划破趾垫至一定深度或剪断尾尖部采血。啮齿类动物可从尾尖采血，也可由眼窝内的血管丛采血；兔可从耳背静脉、颈静脉或心脏采血。禽类通常选择翅静脉采血，也可通过心脏采血。

采血方法 对动物采血部位的皮肤先剃毛（拔毛），75%的酒精消毒，待干燥后采血。采血可用针管、针头、真空管或用三棱针穿刺，将血液滴到开口的试管内。禽类等的少量血清样品的采集，可用塑料管。用针头刺破消毒过的翅静脉，将血液滴到直径3～4mm的塑料管内，将一端封口。

采血种类 进行血液学分析，细菌、病毒或原虫培养，通常用全血样品。样品中加抗凝剂。抗凝剂可用0.1%肝素、阿氏液（红细胞保存液，使用时，以1份血液加2份阿氏液），或枸橼酸钠（3.8%～4%的枸橼酸钠0.1mL，可抗1mL血液）。采血时应直接将血液滴入抗凝剂中，并立即连续摇动，充分混合。也可将血液放入装有玻璃珠的灭菌瓶内，震荡，脱纤维蛋白。需采集血浆时，在采血试管内先加上抗凝剂（每10mL血加枸橼酸钠0.04～0.05g），血液采完后，将试管颠倒几次，使血液与抗凝剂充分混合，然后静置，待细胞下沉后，上层即为血浆。

（2）畜禽活体样品

猪扁桃体样品 固定猪只，用开口器开口，可以看到突起的扁桃体，把采样枪枪头钩在扁桃体上，扣动扳机取出扁桃体置于灭菌离心管中，冷藏送检。

猪鼻腔拭子和家禽咽喉拭子样品 取无菌棉签，插入猪鼻腔2～3cm或家禽口腔至咽的后部直达喉气管，轻轻擦拭并慢慢旋转2～3圈，蘸取鼻腔分泌物或气管分泌物取出后，立即将拭子浸入保存液或半固体培养基中，密封低温保存。常用的保存液有pH 7.2～7.4的灭菌肉汤或30%甘油磷酸盐缓冲液或PBS缓冲液。如准备将待检标本接种组织培养，则保存于含0.5%乳蛋白水解物的Hank's液中，一般每支拭子需保存5mL。

牛、羊食道－咽部分泌物（O-P液） 被检动物在采样前禁食（可饮水）12h，以免反刍胃内容物严重污染O-P液。采样用的特制探杯在使用前放入装有0.2%柠檬酸或2%氢氧化钠溶液的塑料桶中浸泡5min，再用自来水冲洗。每采完一头动物，探杯都要进行反复消毒和清洗。观察被检动物的吞咽动作。将消毒过的采样探杯用与动物体温一致的清水冲洗。采样时动物站立保定，操作者左手打开动物口腔，右手握探杯，随吞咽动作将探杯送入食道上部10～15cm处，轻轻来回抽动2～3次，然后将探杯拉出。如采集的O-P液被反刍内容物严重污染，要用生理盐水或自来水冲洗口腔后重新采样。在采样现场将采集到的8～10mL O-P液，倒入盛有8～10mL细胞培养维持液或0.04mol/L PBS（pH 7.4）的灭菌容器中，充分混匀后置于装有冰袋的冷藏箱内，送往实验室或转往－60℃冰箱保存。

胃液及瘤胃内容物样品 胃液可用多孔的胃管抽取。将胃管送入胃内，其外露端接在吸引器的负压瓶上，加负压后，胃液即可自动流出。反刍动物在反刍时，当食团从食道进入口腔时，立即开口拉住舌头，另一只手深入口腔即可取出少量的瘤胃内容物。

粪便和肛拭子样品 采集粪便样品时，应选新鲜粪便至少10g，做寄生虫检查的粪便应装入容器，在24h内送达实验室。如运输时间超过24h则应进行冷冻，以防寄生虫卵孵化。运送粪便样品可用带螺帽容器或灭菌塑料袋，不得使用带皮塞的试管。采集肛拭子样品时，取无菌棉拭子插入畜禽肛门或泄殖腔中，旋转2～3圈，刮取直肠黏液或粪便，放入装有30%甘油磷酸盐缓冲液或半固体培养基中送检，粪便样品通常在4℃下保存和运输。

皮肤组织及其附属物样品 对于产生水疱病变或其他皮肤病变的疾病，应直接从病变部位采集病变皮肤的碎屑，未破裂水疱的水疱液、水疱皮等作为样品。①皮肤组织样品：无菌采取2g感染的上皮组织或水疱皮置于5mL 30%甘油磷酸盐缓冲液中送检。②毛发或绒毛样品：拔取毛发或绒毛样品，可用于检查体表的螨虫、跳蚤和真菌感染。用解剖刀片边缘刮取的表层皮屑用于检查皮肤真菌，深层皮屑（刮至轻微出血）可用于检查疥螨。对于禽类，当怀疑为马立克氏病时，可采集羽毛根进行病毒抗原检测。③水疱液样品：水疱液应取自尚未破裂的水疱。可用灭菌注射器或其他器具吸取水疱液，置于灭菌容器中送检。

生殖道分泌物和精液样品 ①生殖道冲洗样品：采集阴道或包皮冲洗液，将消毒好的特制吸管插入子宫颈口或阴道内，向内注射少量营养液或生理盐水，用吸球反复抽吸几次后吸出液体，注入培养液中。用软胶管插入公畜的包皮内，向内注射少量的营养液或生理盐水，多次揉搓，使液体充分冲洗包皮内壁，收集冲洗液注入无菌容器中。②生殖道拭子样品：采用合适的拭子采取阴道或包皮内分泌物，有时也可采集宫颈或尿道拭子。③精液样品：精液样品最好用假阴道挤压阴茎或人工刺激的方法采集。精液样品精子含量要多，不要加入防腐剂，且应避免抗菌冲洗液污染。

脑脊液样品　从颈椎穿刺时，穿刺部位为环枢孔，动物实施站立保定或横卧保定，使其头部向前下方屈曲，术部经剪毛消毒，穿刺针与皮肤面呈垂直缓缓刺入。将针体刺入蛛网膜下腔，立即拔出针芯，脑脊液自动流出或点滴状流出，盛入消毒容器内。大型动物颈部穿刺一次采集量为35～70mL；从腰椎穿刺时，穿刺部位为腰荐孔，动物实施站立保定，术部剪毛消毒后，用专用的穿刺针刺入，当刺入蛛网膜下腔时，即有脊髓液滴状流出或用消毒注射器抽取，盛入消毒容器内，腰椎穿刺一次采集量为1～30mL。

乳汁样品　乳房应先用消毒药水洗净，并把乳房附近的毛刷湿，最初所挤3～4把乳汁弃去，然后再采集10mL左右乳汁于灭菌试管中。进行血清学检验的乳汁不应冻结、加热或强烈震动。

尿液样品　在动物排尿时，用洁净的容器直接接取；也可使用塑料袋，固定在雌畜外阴部或雄畜的阴茎下接取尿液。采取尿液宜早晨进行。

鼻液（唾液）样品　可用棉花或棉纱拭子采取。采样前，最好用运输培养基浸泡拭子。拭子先与分泌物接触1min，然后置入该运输培养基，在4℃条件下立即送往实验室。应用长柄、防护式鼻咽拭子采集某些疑似病毒感染的样品。

(3) 病死（屠宰）畜禽样品及环境和饲料样品

采取病料时，应根据生前发病情况或对疾病的初步诊断印象，有选择地采取相应病变最严重的脏器或最典型的病变内容物。如分不清病的性质或种类时，可全面采取病料。

一般组织样品　应使用常规解剖器械剥离动物的皮肤，体腔应用消毒器械剥开，所需病料应按无菌操作方法从新鲜尸体中采集，剖开腹腔时，注意不要损坏肠道。①病原分离样品：所采组织样品应新鲜，应尽可能地减少污染，且应避免其接触消毒剂及抗菌、抗病毒等药物。应用无菌器械采取做病原分离用组织块，每个组织块应单独置于无菌容器内或接种于适宜的培养基上，且应注明动物和组织名称以及采样日期等。②组织病理学检查样品：处死或病死动物应立刻采样，以保证样品新鲜。应选典型、明显的病变部位，采集包括病灶及邻近正常组织的组织块，立即放入不低于10倍于组织块体积的10%中性缓冲福尔马林溶液中固定，固定时间一般为16～24h。切取的组织块大小一般厚度不超过0.5cm，长度不超过1.5cm×1.5cm，固定3～4h后进行修块，修切为厚度0.2cm、长宽1cm×1cm大小（检查狂犬病则需要较大的组织块）后，更换新的固定液继续固定。组织块切忌挤压、刮摸和用水洗。如做冷冻切片用，则应将组织块放在0～4℃容器中，送往实验室检验。福尔马林固定组织不能冷冻，固定后可以弃去固定液，应保持组织湿润，送往实验室。

肠道组织、肠内容物样品　肠道组织样品应选择病变最明显的肠道部分，弃去内容物并用灭菌生理盐水冲洗，无菌截取肠道组织，置于灭菌容器或塑料袋送检。取肠内容物时，应烧烙肠壁表面，用吸管扎穿肠壁，从肠腔内吸取内容物放入盛有灭菌的30%甘油磷酸盐缓冲液或半固体培养基中送检，或将带有粪便的肠管两端结扎，从两端结扎处外侧剪断送检。

脑组织样品 应将采集的脑组织样品浸入30%甘油磷酸盐缓冲液中或将整个头部割下，置于适宜容器内送检。①牛、羊脑组织样品：从延脑腹侧将采样勺插入枕骨大孔中5～7cm（采羊脑时插入深度约为4cm），将勺子手柄向上扳，同时往外取出延脑组织。②犬脑组织样品：取内径0.5cm的塑料吸管，沿枕骨大孔向一只眼的方向插入，边插边轻轻旋转至不能深入为止，捏紧吸管后端并拔出，将含脑组织部分的吸管用剪刀剪下。

眼部组织和分泌物样品 眼结膜表面用拭子轻轻擦拭后，置于灭菌的30%甘油磷酸盐缓冲液（病毒检测加双抗）或运输培养基中送检。

胚胎和胎儿样品 选取无腐败的胚胎、胎儿或胎儿的实质器官，装入适宜容器内立即送检，如果在24h内不能将样品送达实验室，应冷冻运送。

小家畜及家禽样品 将整个尸体包入不透水塑料薄膜、油纸或油布中，装入结实、不透水和防泄漏的容器内，送往实验室。

骨髓样品 需要完整的骨标本时，应将附着的肌肉和韧带等全部除去，表面撒上食盐，然后包入浸过5%石炭酸溶液的纱布中，装入不漏水的容器内送往实验室。

液体病料样品 采集胆汁、脓、黏液或关节液等样品时，应采用烫烙法消毒采样部位，用灭菌吸管、毛细吸管或注射器经烫烙部位插入，吸取内部液体病料，然后将病料注入灭菌的试管中，塞好棉塞送检。也可将接种环经消毒的部位插入，提取病料直接接种在培养基上。制备供显微镜检查的脓、血液及黏液抹片时，先将材料置玻片上，再用一灭菌玻棒均匀涂抹或另用一玻片推抹。用组织块做触片时，持小镊子将组织块的游离面在玻片上轻轻涂抹即可。

环境和饲料样品 环境样品通常采集垃圾、垫草或排泄的粪便或尿液。可用拭子在通风道、饲料槽和下水处采样。这种采样在有特殊设备的孵化场、人工授精中心和屠宰场尤其重要。样品也可在食槽或大容器的动物饲料中采集。水样样品可从饲槽、饮水器、水箱或天然及人工供应水源中采集。

（三）送检样品的记录和包装

(1) 采样单及标签等的填写

采样单应用钢笔或签字笔逐项填写（一式三份），样品标签和封条应用圆珠笔填写，保温容器外封条应用钢笔或签字笔填写，小塑料离心管上可用记号笔作标记。应将采样单和病史资料装在塑料包装袋中，随样品一起送到实验室。

样品信息至少应包括以下内容：畜主的姓名和畜禽场的地址；畜（农）场里饲养的动物品种及其数量；被感染动物或易感动物种类；首发病例和继发病例的日期及造成的损失；感染动物在畜禽群中的分布情况；死亡动物数、出现临床症状的动物数量及年龄；临床症状及其持续时间，包括口腔、眼睛和腿部的情况，产奶或产蛋记录，死亡情况和时间，免疫和用药情况等；饲养类型和标准，包括饲料种类；送检样品清单和说明，包括病料的种类、保存方法等；动物治疗史；要求做何种试验；送检者的姓名、地址、邮编和电话；送检日期；采样人和被采样单位签章。

(2) 包装要求

每个组织样品应仔细分别包装，在样品袋或平皿外贴上标签，标签注明样品名、样品编号、采样日期等。再将各个样品放到塑料包装袋中。拭子样品小塑料离心管应放在特定塑料盒内。包装袋外、塑料盒应贴封条，封条上应有采样人签章，并注明贴封日期，标注放置方向。

（四）样品的保存和运输

所采集的样品以最快最直接的途径送往实验室。如果样品能在采集后24h内送抵实验室，则可放在4℃左右的容器中运送。只有在24h内不能将样品送往实验室并不致影响检验结果的情况下，才可把样品冷冻，并以此状态运送。根据试验需要决定送往实验室的样品是否放在保存液中运送。图5-3为一款冷链运输用冷藏采样箱。

图5-3 冷藏采样箱

装在试管或广口瓶中的病料密封后装在冰瓶中运送，防止试管和容器倾倒，避免样品泄漏。如需寄送，则用带螺口的瓶子装样品，并用胶带或石蜡封口。将装样品并有识别标志的瓶子放到更大的具有坚实外壳的容器内，并垫上足够的缓冲材料。空运时，将其放到飞机的加压舱内。制成的涂片、触片、玻片上注名号码，并另附说明。玻片两端用细木条分隔开，层层叠加，底层和最上一片，涂面向内，用细线包扎，再用纸包好，在保证不被压碎的条件下运送。

各种样品到达实验室后，应按有关规定冷藏或冷冻保存。长期保存的样品应超低温冷冻（以－70℃或以下为宜）保存，尽量避免反复冻融。

二、细菌学监测技术

（一）显微镜检查

(1) 病料处理

将病料涂成薄而均匀的涂片，室温下自然干燥。细菌培养物涂片用火焰固定，血液和组织涂片多用甲醇固定。然后根据检查目的选择染色液和染色方法。

常用的染色方法有革兰染色法、美蓝染色法、瑞氏染色法和姬姆萨染色法。有些细菌则需采用特殊染色方法，如结核杆菌和副结核杆菌用萋-尼氏抗酸性染色法；布鲁氏菌用柯氏鉴别染色法；钩端螺旋体用镀银染色法。有时为观察细菌特殊构造，也需要特殊染色，如用荚膜染色法观察细菌的荚膜。

(2) 显微镜检查

经染色水洗后的涂片标本，用吸水纸吸干（切勿摩擦），也可在酒精灯火焰的远端烘干，滴加香柏油，用油浸镜观察细菌的形态结构和染色特性。

（二）培养性状检查

各种细菌在培养基上培养时，表现出一定的生长特征，可作为鉴别细菌种属的重要依据。

(1) 固体培养基上菌落性状的检查

细菌在固体培养基上培养，长出肉眼可见的细菌菌落。其菌落大小、形状、边缘特征、色泽、表面性状和透明度等因不同菌种而异。因此，菌落特征是鉴别细菌的重要依据。

（2）液体培养基性状观察

细菌在液体培养基中生长可使液体出现混浊、沉淀、液面形成菌膜以及液体变色、产气等现象。在普通肉汤中，大肠杆菌生长旺盛使培养基均匀混浊，培养基表面形成菌膜，管底有黏液性沉淀，并常有特殊粪臭气味；巴氏杆菌则使肉汤轻度混浊，管底有黏稠沉淀，形成菌环；绿脓杆菌生长旺盛，肉汤呈草绿色混浊，液面形成很厚的菌膜。

（三）生化试验

生化试验是利用生物化学的方法，检测细菌在人工培养繁殖过程中所产生的某种新陈代谢产物是否存在，是一种定性检测。不同的细菌，新陈代谢产物各异，表现出不同的生化性状。这些性状对细菌种属鉴别有重要价值。生化试验的项目很多，可据监测目的适当选择。常用的生化反应有糖发酵试验、靛基质试验、V-P试验、甲基红试验、硫化氢试验等。

（四）动物试验

通过动物试验可以分离并鉴定细菌。最常用的实验动物有小鼠、大鼠、豚鼠和家兔。实验动物在试验前应编号分组，以便对照。实验动物接种方法有：皮下接种法、腹腔接种法、肌肉接种法、静脉注射法。动物接种以后应立即隔离饲养，每天从静态、动态和摄食饮水诸方面进行观察，做好记录。对发病和死亡的实验动物及时剖检，观察病理变化，并采取病料接种培养基，分离病原体。

（五）药敏试验

药敏试验可以相对快速有效地检测病原菌对各种抗菌药的敏感性。临床常用的药敏试验方法主要扩散法和稀释法。其中扩散法是通过测试药物纸片在固体培养基上的抑菌圈的大小，判断细菌对该种药物是否敏感。稀释法包括试管稀释法和微量稀释法，通过测试细菌在含不同浓度药物培养基内的生长情况，判断其最低抑菌浓度（MIC）。

三、病毒学监测技术

畜禽病毒性疫病是危害最严重的一类疫病，给畜牧业带来的经济损失最大。除少数如绵羊痘等可以根据临床症状、流行病学、病变作出诊断外，大多数病毒性传染病的监测，必须在临床诊断的基础上进行实验室诊断，以确定病毒的存在或检出特异性的抗体。常用的监测方法有：包涵体的检查、病毒的分离培养、病毒的血清学试验、动物接种试验、分子生物学的方法等。

（一）病毒感染的快速诊断

病毒感染的快速诊断主要有形态学检查、病毒蛋白抗原检查和检测病毒核酸等几种方法。

形态学检查可利用电镜和免疫电镜、普通光镜进行检查。有些病毒能在易感细胞中形成包涵体。将被检材料直接涂片、组织切片或冰冻切片，经特殊染色后，用普通光学显微镜检查。这种方法对能形成包涵体的病毒性传染病具有重要的诊断意义。能够产生包涵体的畜禽常见病毒有痘病毒、狂犬病病毒、伪狂犬病病毒等。

病毒蛋白抗原检查主要有免疫荧光技术、固相放射免疫测定、酶免疫技术等，在兽医临床上典型的应用是荧光抗体染色法检测猪瘟病毒。将组织制成冰冻切片，经冷丙酮固定后，滴加猪瘟荧光抗体，37℃作用30min，洗涤，干燥，置荧光显微镜下观察，以鉴定荧光的特异性。

检测病毒核酸主要是针对不同病原微生物具有的特异性核酸序列和结构进行检测。其特点是反应的灵敏度高、特异性强、检出率高。目前利用核酸杂交技术、核酸扩增技术和基因芯片技术等已经研制出多种商品化试剂盒，如口蹄疫病毒系列RT-PCR检测试剂盒、猪瘟病毒RT-PCR检测试剂盒、猪伪狂犬病毒PCR检测试剂盒、禽流感病毒RT-PCR检测试剂盒等，用于病毒感染的快速检测。

（二）病毒的分离培养

将采集的病料接种动物、禽胚或组织细胞，进行病毒的分离培养。供接种或培养的病料应作除菌处理。除菌的方法有滤器除菌、高速离心除菌和利用抗生素处理3种。如口蹄疫的水疱皮病料进行病毒分离培养时，将送检的水疱皮置平皿内。以灭菌的磷酸盐缓冲液洗涤数次，并用灭菌滤纸吸干、称重，剪碎、研磨，制成1∶5悬液，为防止细菌污染，每毫升加青霉素1000IU，链霉素1000μg，置2～4℃冰箱内4～6h，然后用8000～10 000r/min速度离心沉淀30min，吸取上清备用。

病毒必须在活细胞内才能增殖。应根据病毒的不同，选用动物接种、鸡胚接种、细胞培养等方法进行培养。动物接种在病毒毒力测定上应用广泛。病毒的鸡胚培养法主要有4种接种途径，即尿囊腔、绒毛尿囊膜、羊膜腔和卵黄囊。不同的病毒应选择各自适宜的接种途径，并根据接种途径确定鸡胚的孵育日龄。病毒细胞培养的类型有原代细胞培养、二倍体细胞培养和传代细胞系培养，细胞培养的方法有静置培养、旋转培养、悬浮培养和微载体培养等。

（三）病毒的血清学试验

血清学试验是诊断病毒感染和鉴定病毒的重要手段。血清学试验最常用的有中和试验、血凝及血凝抑制试验、免疫扩散试验等。中和试验是病毒型特异性反应，具有高度的特异性和敏感性，常用于口蹄疫、猪水疱病、蓝舌病、鸡传染性喉气管炎、鸭瘟、鸭病毒性肝炎等疫病的检测。血凝试验和血凝抑制试验为型特异性反应，临床上常用于新城疫和禽流感等疾病的监测。免疫扩散试验操作简便，特异性与敏感性均较高，常用于马立克氏病、传染性法氏囊病等的诊断。

四、寄生虫学监测技术

（一）虫卵检查

（1）直接涂片镜检

用以检查蠕虫卵、原虫的包囊和滋养体。滴一滴生理盐水于洁净的载玻片上，用棉签棍或牙签挑取绿豆大小的粪便块，在生理盐水中涂抹均匀；涂片的厚度以透过涂片约可辨认书上的字迹为宜。一般在低倍镜下检查，如用高倍镜观察，须加盖片。但粪便中虫卵较少时，检出率不高。

（2）集卵法检查

利用不同密度的液体对粪便进行处理，使粪中的虫卵下沉或上浮而被集中起来，再进行镜检，提高检出率。其方法有水洗沉淀法和饱和盐水漂浮法。

水洗沉淀法 取5～10g被检粪便放入烧杯或其他容器，捣碎，加常水150mL搅拌，过滤，滤液静置沉淀30min，弃去上清液，保留沉渣。再加水，再沉淀，如此反复，直到上清液透明，弃去上清液，取沉渣涂片镜检。此方法适合比重较大的吸虫卵和棘头虫卵的检查。

饱和盐水漂浮法 取5～10g被检粪便捣碎，加饱和食盐水（1000mL沸水中加入食盐400g，充分搅拌溶解，待冷却，过滤备用）100mL混合过滤，滤液静置45min后，取滤液表面的液膜镜检。此法适用于线虫卵和绦虫卵的检查。

（二）虫体检查

(1) 蠕虫虫体检查法

绝大多数蠕虫的成虫较大，肉眼可见，用肉眼观察其形态特征可作诊断。幼虫检查法主要用于非消化道寄生虫和通过虫卵不易鉴定的寄生虫的检查。肺线虫的幼虫用贝尔曼氏幼虫分离法（漏斗幼虫分离法）和平皿法。平皿法特别适合检查球形畜粪，取3～5个粪球放入小平皿，加少量40℃温水，静置15min，取出粪球，低倍镜下观察液体中活动的幼虫。

另外，丝状线虫的幼虫常采取血液制成压滴标本或涂片标本，显微镜检查；血吸虫的幼虫需用毛蚴孵化法来检查；旋毛虫、住肉孢子虫则需进行肌肉压片镜检。

(2) 蜘蛛昆虫虫体检查法

通常采用煤油浸泡法，将病料置于载玻片上，滴加数滴煤油，上覆另一载玻片，用手搓动两玻片使皮屑粉碎，镜检。对于蜱等其他蜘蛛昆虫，常采用肉眼检查法。

(3) 原虫虫体检查法

原虫大多为单细胞寄生虫，肉眼不可见，须借助于显微镜检查。

血液原虫检查法 有血液涂片检查法（梨形虫的检查）、血液压滴标本检查法（伊氏锥虫的检查）、淋巴结穿刺涂片检查法（牛环形泰勒虫的检查）。

泌尿生殖器官原虫检查法 将采集的病料放于载玻片上，并防止材料干燥，高倍镜、暗视野镜检，能发现活动的虫体。也可将病料涂片后甲醇固定，姬姆萨染液染色，镜检。

球虫卵囊检查法 同蠕虫虫卵检查的方法，可直接涂片，也可用饱和盐水漂浮。若尸体剖检，家兔可取肝脏坏死病灶涂片，鸡可用盲肠黏膜涂片，染色后镜检。

弓形虫虫体检查法 活体采样，可取腹水、血液或淋巴结穿刺液涂片，姬姆萨染液染色，镜检，观察细胞内外有无滋养体、包囊。尸体剖检，可取脑、肺、淋巴结等组织作触片，染色镜检，检查其中的包囊、滋养体。也常取死亡动物的肺、肝、淋巴结或急性病例的腹水、血液作为病料，于小白鼠腹腔接种，观察其临床表现并分离虫体。

模块四　动物疫病免疫学监测技术

免疫学监测是指用免疫学的方法监测动物疫病。它是疫病诊断和检疫中常用的重要方法，包括血清学试验、变态反应和免疫抗体监测三大类。

一、血清学试验

血清学试验就是利用抗原和抗体特异性结合的免疫学反应进行诊断。可以用已知的抗原来测定被检动物血清中的特异性抗体，也可以用已知的抗体（免疫血清）来测定被检材料中的抗原。血清学试验有中和试验、凝集试验、沉淀试验、补体结合试验、免疫荧光试验、免疫酶技术、放射免疫测定、单克隆抗体等。

二、变态反应

动物患某些疫病（主要是慢性传染病）时，可对该病病原体或其产物（某种抗原物质）再次进入机体产生强烈反应。能引起变态反应的物质（病原微生物、病原微生物产物或抽提物）称为变态原，如结核菌素、鼻疽菌素等。采用一定的方法将其注入患病动物时，可引起局部或全身反应。

三、免疫抗体监测

（一）免疫抗体监测的概念

免疫抗体监测就是通过监测动物血清抗体水平，了解疫苗的免疫效果，掌握动物疫病免疫后在畜群体内的抗体消长规律，发布免疫预警信息，科学指导养殖场（户）制订动物疫病免疫程序，正确把握动物疫病免疫时间，合理有效地开展动物疫病免疫工作。

因此，免疫抗体监测具有评价疫苗质量、评估免疫质量、重大疫病预警和动物重大疫病防控成效认证的作用。

监测病种既包括国家规定强制免疫的病种如高致病性禽流感、新城疫、口蹄疫、猪瘟等疫病，也包括各地特殊要求进行抗体监测的病种。

（二）免疫抗体监测的类型

免疫抗体监测分为集中监测和日常监测。

集中监测　指春防和秋防结束后，集中采集免疫 21 天以后的家畜和家禽进行高致病性禽流感、新城疫、口蹄疫、猪瘟等国家强制性免疫的疾病的免疫抗体监测。

日常监测　指除集中监测外，每个月进行的强制性免疫的动物疫病和非强制性免疫的动物疫病的监测。

（三）免疫抗体监测的程序

(1) 采血

采血器材　防护服、无粉乳胶手套、防护口罩、灭菌剪刀、镊子、手术刀、注射器、针头、记号笔、签字笔、空白标签纸、胶布、抗凝剂、75%酒精棉球、碘酊棉球、15mL 的离心管、1.5mL EP 管、冰袋、冷藏容器、消毒药品、血清采样单和调查表等。

采血时间及方法　免疫注射后 21 天的动物方可采血。对采血部位的皮肤先剃（拔）毛，碘酊消毒，75%的酒精消毒，待干燥后采血。采血方法推行生猪站立式或仰卧式前腔静脉、牛羊站立式颈静脉、禽类翅静脉采血，采血过程严格无菌操作。

采血数量　单一病种抗体监测的每头（只）采集 2～3mL 全血，多病种抗体检测的每头（只）采集 5～10mL 全血。

全血保存　采集好的全血转入盛血试管，斜面存放，室温凝固后直接放在盛有冰块的保温箱内，送实验室。从全血采出到血清分离出的时间不超过 10h。血清样品装于小瓶时应用铝盒盛放，盒内加填塞物避免小瓶晃动，若装于小塑料离心管中，则应置于塑料盒内。

(2) 血清分离与保存

血清的分离、保存及运送 用作血清样品的血液中不加抗凝剂，血液在室温下静置2～4h（防止暴晒），待血液凝固，有血清析出时，用无菌剥离针剥离血凝块，然后置4℃冰箱过夜，待大部分血清析出后取出血清，必要时经低速离心分离出血清。在不影响检验要求原则下可因需要加入适宜的防腐剂。做病毒中和试验的血清避免使用化学防腐剂（如硼酸、硫柳汞等）。若需长时间保存，则将血清置20℃以下保存，但要尽量防止或减少反复冻融。样品容器上贴详细标签。

血清编号及采样单填写 采血时应按《动物血清采样单》的内容详细填写采样单。动物血清采样单一式三份，一份由被采样单位保存，一份由送检单位保存，一份由检测单位保存。

动物血清采样单的内容一般包括样品编号、动物种类、用途（种、蛋用）、日龄（月龄）、耳标号、免疫情况（如疫苗种类、生产厂家、产品批号、免疫剂量、免疫时间等）、动物健康状况、采集地点（乡镇、村、养殖场、屠宰场、市场、畜主等）、抽样比例、市场样品来源地、备注等。

(3) 抗体检测方法

常见动物疫病免疫抗体检测标准及方法，详见表5-1。

表5-1 常见动物疫病免疫抗体检测标准及方法

国家强制免疫的重大动物疫病	执行标准	检测方法
禽流感	GB/T 18936—2003	血凝-血凝抑制试验（HA-HI）和琼脂免疫扩散试验（AGP）
新城疫	GB 16550—2008	血凝-血凝抑制试验（HA-HI）
口蹄疫	GB/T 18935—2003 和 NY/SY 150—2000	正向间接血凝试验（IHA）和液相阻断酶联免疫吸附试验（LaP-ELISA）
猪　瘟	NY/SY 156—2000	正向间接血凝试验（IHA）

模块五　动物疫病净化技术

一、动物疫病分类管理

（一）按病原体的种类分类

按病原体的种类，可将动物疫病分为动物传染病和寄生虫病。其中动物传染病分为病毒病、细菌病、支原体病、衣原体病、螺旋体病、放线菌病、立克次氏体病和霉菌病等。动物传染病又分为病毒性传染病和细菌性传染病。由病毒引起的传染病称病毒性传染病，由其他病原体引起的动物疫病通常称为细菌性疫病。寄生虫病可分为为蠕虫病、昆虫病、吸虫病等。

（二）按防控地位分类

按防控地位可将动物疫病分为一般动物疫病和重大动物疫病。《中华人民共和国动物防疫法》第四条规定，根据动物疫病对养殖业生产和人体健康的危害程度，将动物疫病分为三类。这种分类方法的主要意义是根据动物疫病的发生特点、传播媒介、危害程度、危害范围和危害对象，在众多的动物疫病中能够分别主次，明确动物疫病防治工作的重点，便于组织实施动物疫病的扑灭和净化计划。国家农业部〔2008〕1125 号公告公布了修订后的一、二、三类动物疫病病种名录。

(1) 一类动物疫病

一类动物疫病是指对人与动物危害严重，需要采取紧急、严厉的强制预防、控制、扑灭等措施的动物疫病。《动物防疫法》规定，当发生一类动物疫病时，当地县级以上地方人民政府兽医主管部门应当立即派人到现场，划定疫点、疫区、受威胁区，调查疫源，及时报请本级人民政府对疫区实行封锁，或者由各有关行政区域的上一级人民政府共同对疫区实行封锁。必要时，上级人民政府可以责成下级人民政府对疫区实行封锁。县级以上地方人民政府应当立即组织有关部门和单位采取封锁、隔离、扑杀、销毁、消毒、无害化处理、紧急免疫接种等强制性措施，迅速扑灭疫病。在封锁期间，禁止染疫、疑似染疫和易感染的动物、动物产品流出疫区，禁止非疫区的易感染动物进入疫区，并根据扑灭动物疫病的需要对出入疫区的人员、运输工具及有关物品采取消毒和其他限制性措施。

(2) 二类动物疫病

二类动物疫病是指可能造成重大经济损失，需要采取严格控制、扑灭等措施，防止扩散的动物疫病。《动物防疫法》规定，当发生二类动物疫病时，当地县级以上地方人民政府兽医主管部门应当划定疫点、疫区、受威胁区。县级以上地方人民政府根据需要组织有关部门和单位采取隔离、扑杀、销毁、消毒、无害化处理、紧急免疫接种、限制易感染的动物和动物产品及有关物品出入等控制、扑灭措施。二类动物疫病呈暴发性流行时，按照一类动物疫病处理。

(3) 三类动物疫病

三类动物疫病是指常见多发、可能造成重大经济损失，需要控制和净化的动物疫病。《中华人民共和国动物防疫法》规定，发生三类动物疫病时，当地县级、乡级人民政府应当按照国务院兽医主管部门的规定组织防治和净化。三类动物疫病呈暴发性流行时，也要按照一类动物疫病处理。

二、动物疫病净化

动物疫病净化是指通过采取检疫、消毒、扑杀或淘汰等技术措施，使某一地区或养殖场内的某种或某些动物疫病在限定时间内逐渐被清除的过程。种用、乳用动物饲养单位和个人应当按照国家和各地制定的动物疫病监测、净化计划，实施动物疫病的监测、净化，达到国家和所在地规定的标准后方可向社会提供商品动物和动物产品。

净化的标准一般有三种：一是非免疫动物群某病血清学和病原学监测阴性，免疫动物群某病病原学监测阴性；二是某病血清学阳性率控制在一定范围内；三是某病发病率控制在一定范围内。某病净化的具体标准按照国家或各省要求执行。

实施疫病病原学及血清学的检测，及时隔离、淘汰患病动物和血清学阳性动物是疫病净化的根本措施。加强饲养管理，严格执行消毒、免疫、检疫、病害动物及产品的无害化处理等制度是净化养殖场动物疫病的重要基础。

大力开展规模化猪场的猪繁殖与呼吸障碍综合征（经典猪蓝耳病）、伪狂犬病、猪支原体肺炎和猪瘟等，奶牛的布鲁氏菌病和结核病（简称“两病”）以及种鸡场的鸡白痢、霉形体病和淋巴白血病等畜禽传染病的净化，对于养殖业的发展和保障人类健康具有重要意义。

三、动物疫病净化措施

（一）种猪场疫病净化技术

（1）疫病净化前的准备

淘汰隔离场的准备　为减少淘汰损失和防止交叉感染，必须有一个单独的、距离养猪场（站）500m以上的隔离场，以隔离阳性猪。

人员及技术准备　种猪场（站）种猪基数大，采样及检测工作量大，需要有经验丰富的采样人员和检测人员。

疫病抗原检测　通过采样检测种猪疫病抗原阳性率，预测需要隔离或淘汰的数量，计划场地及设施，评估经济效益，制订净化方案。

了解种猪免疫状况　如净化猪伪狂犬病，种猪如果没有使用疫苗或使用了 *gE* 基因缺失的疫苗，则可着手净化；如果使用全基因疫苗（如常规灭活苗），则必须换成 *gE* 基因缺失的疫苗，半年后方可着手净化。

（2）种猪疫病净化的主要措施

开展血清学检测　种猪场（站）要在2～3天内完成猪的采血并分离血清。所有的血清置于-20℃冰冻保存（3天内能测完的可放于2～8℃冷藏保存），采血过程及样品要防止污染并正规标记。对检测阳性猪进行扑杀或淘汰处理。

加强仔猪选育　实行早期断奶技术，保育期间对留种用的仔猪做一次野毒感染检测，野毒感染抗体阴性的仔猪作种用，阳性仔猪则淘汰。

加强种公猪和后备种母猪监测　为建立阴性、健康的种猪群，后备猪群混群前应严格检测，检疫合格后备猪才可进入猪场。每年定期检测，对阳性猪扑杀或淘汰。

对引种严格把关　引进的种猪必须来自非疫区猪场，要有《种畜禽生产合格证》和《检疫合格证明》，引进后隔离饲养30～45天经检疫合格后才可混群饲养。

做好疫苗免疫效果评价　种猪群分胎次、仔猪分周龄按一定比例抽样检测疫苗抗体，评价疫苗的免疫效果。若免疫合格率达不到要求时，应分析是疫苗原因还是生猪自身原因。若是疫苗质量问题可更换疫苗加强免疫一次；若是生猪自身原因，可加强免疫一次；仍不合格，淘汰免疫抗体阴性猪。

重视环境卫生消毒　建立种猪场、生猪人工授精站和周边环境的消毒制度，减少环境中的致病微生物数量。种猪场、生猪人工授精站的粪尿要及时清理和处理，猪场的死胎、流产物、弱仔猪要高温处理，及时清除猪场（站）存在的传染源。

制订寄生虫控制计划　选择高效、安全、广谱的抗寄生虫药。首次执行寄生虫控制程序的猪场，应首先对全场猪进行彻底驱虫。对怀孕母猪于产前1～4周内用一次抗寄生虫药。对公猪每年至少用药2次。对外寄生虫感染严重的猪场，每年应用药4～6次。所有仔猪在转群时用药1次。后备母猪在配种前用药1次。新进的猪只驱虫2次（每次间隔10～14天），并隔离饲养至少30天才能和其他猪并群。

(3) 种猪疫病净化的配套管理措施

在开展种猪疫病净化的同时，必须实行配套管理措施。一是建立严格的防疫体系。必须确保生猪得到有效的防疫和隔离，避免接触到传染源而发生再次感染。同时，种猪场（站）要对猪舍、栏圈定期消毒。二是实施早期断奶技术，降低或控制其他病原的早期感染，建立健康猪群。三是实施全进全出制度，生猪调入调出前后用不同的消毒药物彻底清洗消毒栏舍。四是对生猪实施部分清群。首先对能出售的生猪销售清空，其次对疫病多而复杂的生猪进行清群或分场管理，对濒临淘汰的生猪及早淘汰。对于上述清群后的猪舍进行清洗、消毒、空舍等处理。五是禁止在种猪场、生猪人工授精站内饲养其他动物，实施灭鼠措施。六是加强生猪的保健工作。净化措施会涉及频繁而且数量较多的转群，对转群前后生猪和产前产后母猪进行药物预防保健。

（二）种鸡场疫病净化技术

种鸡的疫病净化是指有些传染病如鸡白痢、霉形体病和淋巴白血病等不仅能够经种蛋传递给下一代，这些病还会严重影响鸡的生长发育和产蛋，需要进行净化以消除危害。种鸡场疫病净化工作的关键措施有以下几点：

(1) 做到合理布局，全进全出

种鸡场应建立在地势高燥、排水方便、水源充足、水质良好，距离公路、河流、村镇（居民区）、工厂、学校和其他畜禽场至少500m以外的地方。特别是与畜禽屠宰、肉类和畜禽产品加工厂、垃圾站等距离要更远一些。并做好场内合理布局，饲养时全进全出。

(2) 重视饲料质量的控制和饮水的卫生消毒

鸡的饮水应清洁、无病原菌。种鸡场应定期对本场的水质进行检测。为保持鸡饮水的清洁卫生，可在鸡舍的进水管上安装消毒系统，按比例向水中加入消毒剂。用于水的消毒药常用的有次氯酸钠等。

(3) 重视环境的治理

在重视外环境治理的同时，还应注意鸡舍内环境的控制。鸡舍的温度、湿度、光照、通风、粉尘及微生物的含量等都会影响鸡的生长发育和产蛋。特别是鸡舍的氨气超过限量，对鸡的生长发育甚至免疫都会产生不利影响，还容易诱发传染性鼻炎等呼吸道疾病。因此，应定期对鸡舍内环境进行监测，发现问题，及时采取措施解决。

(4) 重视人工授精、种蛋和孵化过程中的消毒工作

为防止鸡白痢、霉形体病、淋巴白血病、大肠杆菌病、葡萄球菌病等的传染，首先要保持产蛋箱的清洁卫生，定期消毒，减少种蛋的污染。窝外蛋、破蛋、脏蛋一律不得作为种蛋入孵。被选蛋放入种蛋消毒柜内用28mL/m^3的福尔马林熏蒸消毒30min，然后送入孵化厅（室）定期进行清洗消毒。兽医人员对种蛋和孵化过程中的每个环节定期采样检测消毒效果。采用人工授精的种鸡场要特别注意人工授精所用器具一定要严格消毒，输精时要做到一鸡一管，不能混用。

(5) 做好种鸡群的免疫工作

种鸡和商品鸡在免疫方面有相同的地方，也有不同之处。种鸡的免疫不仅要通过免疫本场的种鸡得到保护，还要使下一代雏鸡对一些主要传染病具有高而整齐的母源抗体，使雏鸡对一些主要传染病有抵抗力。这对于提高雏鸡的成活率有重要意义。

（三）奶牛的“两病”净化技术

奶牛“两病”是指奶牛布鲁氏菌病和奶牛结核病。这两种病都是人畜共患传染病，对人类健康危害较大。因此，做好奶牛“两病”净化工作意义重大。奶牛“两病”净化工作的关键措施有以下几点：

(1) 加强监测、检疫工作

搞好“两病”净化工作，是一个非常漫长的过程，需要加大力度。加强“两病”的防疫检疫工作，才能逐渐达到“两病”净化的目的。每年5～6月对奶牛普遍进行一次布鲁氏菌病和结核病检疫，发现阳性牛要立即扑杀并进行无害化处理。“两病”的监测，成年牛净化每年最好春秋两季各监测1次。外运的奶牛必须来自健康群、非疫区，并凭当地动物防疫监督机构出具的检疫合格证明，方可购入。购入后要隔离饲养30天，再经本地动物防疫监督机构检疫、监测，确认“两病”都为阴性时，方可解除隔离，混群饲养。

(2) 加强宣传，切断传播途径

加强“两病”净化工作的宣传，提高养牛户对“两病”的认识，对于搞好“两病”净化非常重要。可通过出板报、发传单、广播等多种形式，广泛宣传“两病”净化的意义。如可通过鲜奶收购点必须凭奶牛健康证明收购鲜奶等措施，调动养殖户对奶牛“两病”检疫的积极性。对饲养人员、从事“两病”净化工作的人员每年定期进行健康检查，发现患病者，应调离岗位并及时治疗。

(3) 加强对外引奶牛的监管

可通过多种方式监管，如村级防疫员监督饲养户购入奶牛情况，并及时报告当地动物防疫监督管理部门，进行实验室检测、检疫，从而预防“两病”发生。

(4) 严格实行隔离、扑杀、消毒制度

大批检疫时，无论布鲁氏菌病还是结核病，对检出的阳性畜均应立即隔离饲养，待检疫结束后，统一扑杀并无害化处理。制定饲养户消毒制度，定期进行消毒，尤其对检出阳性牛的场户，更要加强消毒工作。对病牛分泌物、污染物及污染的环境进行彻底消毒。消毒剂可选用3%～5%来苏儿、20%石灰乳等，或根据实际选用适当浓度的氢氧化钠、强力消毒灵等。这些措施对控制和净化“两病”都有一定作用。

模块六　动物疫病区域化管理

动物疫病区域化管理是指通过在一定区域或大型企业开展无规定动物疫病区（小区）建设，实现在该区域或企业对一种或几种特定动物疫病进行持续控制和扑灭的动物疫病防控举措。

一、相关术语内涵

区（区域）　是指动物卫生状况、地理或行政界限清楚的地理区域。区域范围和界限应当由兽医主管部门依据地理、法律或人工屏障划定，并通过官方渠道公布。无规定动物疫病区的范围可以是省、自治区、直辖市的部分或全部地理区域，也可以是毗邻省份连片的地理区域。

规定动物疫病　根据国家或某一区域动物疫病防控的需要，列为国家或该区域重点控制或消灭的动物疫病。

无规定动物疫病区　指在某一确定区域，在规定期限内没有发生过规定的某一种或某几种动物疫病，且在该区域及其边界，对动物和动物产品的流通实施官方有效控制，并经国家验收合格的区域。无规定动物疫病区根据是否在区域内采取免疫措施，分为免疫无规定动物疫病区和非免疫无规定动物疫病区两种。

非免疫无规定动物疫病区　在规定期限内，某一划定的区域没有发生过某种或某几种动物疫病，且未实施免疫接种，并在其边界及周围一定范围规定期限内未实施免疫接种，对动物和动物产品及其流通实施官方有效控制。

免疫无规定动物疫病区　在规定期限内，某一划定的区域没有发生过某种或某几种动物疫病，对该区域及其周围一定范围采取免疫措施，对动物和动物产品及其流通实施官方有效控制。

动物亚群　指动物群体中可通过地理、人工屏障或生物安全措施实施流行病学隔离的部分动物群体，该部分动物群体可以有效识别，且规定动物疫病状况清楚。

地理屏障　也称自然屏障，是指自然存在的足以阻断某种动物疫病传播、人和动物自然流动的地貌或地理阻隔，如山峦、河流、沙漠、海洋、沼泽地等。

人工屏障　指为防止规定动物疫病侵入，在无规定动物疫病区周边建立的动物防疫监督检查站，隔离或封锁设施等。

保护区　为了保护无规定动物疫病区的动物卫生状态，防止规定动物疫病传入和传播，基于规定动物疫病的流行病学特征，根据地理或行政区域等条件，沿无规定动物疫病区边界设立的保护区域，在区域内采取包括但不限于免疫接种、强化监测和易感动物的移动控制等措施。

感染控制区　指根据动物疫病的流行病学因素及调查结果，在可以或已确认感染的养殖屠宰加工场所及其周边划定并实施控制措施以防止感染蔓延的区域。

有限疫情　指在无规定动物疫病区的局部范围内发生的规定动物疫病，该规定动物疫病的疫情扩散风险可控或风险可忽略，可以通过采取建立感染控制区等措施控制和扑灭的规定动物疫病。

二、建立无规定动物疫病区的基本条件

(1) 具备一定的区域区划和社会经济基础

无规定动物疫病区的区域应集中连片，具有一定规模和范围，与相邻地区间具备地理屏障、人工屏障或保护区等防疫屏障，原则上至少以地级行政区域为单位。无规定动物疫

病区所在地应当具有一定畜牧业经济基础或经济贸易需求，且当地的经济发展水平、行政管理和社会管理能保障和支持无规定动物疫病区建设、管理和维护。

（2）健全的动物防疫检疫机构和队伍

无规定动物疫病区内有健全的省、市、县三级兽医主管部门，有统一、稳定的省、市、县三级动物卫生监督机构和动物疫病预防控制机构，有依法开展动物卫生监督执法和防疫技术支撑的工作队伍，有健全的动物疫病实验室体系。县级以上地方人民政府成立无规定动物疫病区建设与管理指挥协调机构和专家组织。

（3）具有完善的配套支持体系

制定完善的法规、规章、规范、标准和制度；建立稳定的财政投入保障机制，保证基础设施设备建设和日常运转维护经费以及防疫检疫人员工作经费；制订疫病扑灭、净化计划及无规定动物疫病区建设实施方案；动物及动物产品进入无规定动物疫病区有指定通道，并在进入无规定动物疫病区的主要交通道口及口岸设立动物卫生监督检查站；建立动物隔离场、隔离设施，设立警示标志；健全疫情报告制度，规范疫情确认程序，完善疫情测报预警体系；制订科学的监测计划和监测方案，有针对性地开展区域内流行病学调查与监测；完善动物及动物产品流通监管制度；强化检疫监管及无规定动物疫病区建设管理的宣传教育。

（4）建立动物防疫档案管理制度

动物防疫档案至少应当包括防疫物资管理、免疫消毒、疫病监测、产地检疫记录、屠宰检疫记录、动物疫病监测及流行病学调查、疫情报告及处置、动物卫生监督、动物隔离检疫、动物卫生监督执法、动物及动物产品无害化处理、官方兽医培训考核和村级防疫员培训考核等档案。

三、各类区域建设的条件

（1）免疫无规定动物疫病区

在规定时限内没有规定动物疫病的临床病例、感染或传播。按规定实施免疫。从无规定动物疫病区以外的地区和国家引进易感动物及动物产品，按《动物及动物产品输入及过境管理技术规范》执行。必要时，沿无规定动物疫病区边界设立保护区，与毗邻地区或国家相隔离。具备有效的、符合规定的监测系统和记录，所有相关报告和记录等材料准确、详细、齐全。对区域内其他动物疫病采取符合国家要求的防控措施。

（2）非免疫无规定动物疫病区

在规定时限内没有规定动物疫病的临床病例和感染。区域内所有动物不实施免疫。必要时，沿无规定动物疫病区边界设立保护区，与毗邻地区或国家相隔离。从非免疫无规定动物疫病区以外的地区和国家引入易感动物及动物产品，按《动物及动物产品输入及过境管理技术规范》执行。具备有效的、符合规定的监测系统和记录，所有相关报告和记录等材料准确、详细、齐全。对区域内其他动物疫病采取符合国家要求的防控措施。

（3）保护区

根据地理、人工条件及规定动物疫病流行病学特点，沿无规定动物疫病区边界设立保护区。保护区可以设在无规定动物疫病区内，也可以设在无规定动物疫病区外。原则上，区域范围至少以县级行政区域为单位。实施科学的动物疫病监测计划，包括对易感野生动物及虫媒的监测。根据需要实施免疫并实行标识制度。动物及动物产品流通应遵循有关要求。对区域内其他动物疫病采取符合国家要求的防控措施。怀疑暴发规定动物疫病时必须立即调查，并采取必要措施，一经确诊，应当立即组织扑灭。

(4) 感染控制区

在无规定动物疫病区内发生有限疫情，应当在发生有限疫情的区域内设立感染控制区，该感染控制区应当包含所有的规定动物疫病病例。原则上应当以县级行政区域划定感染控制区，最小区域不得小于受威胁区。①一旦发现疑似规定动物疫病疫情，应当立即反应并向当地兽医主管部门报告。通过流行病学调查证实该规定动物疫情为有限疫情，并已确定最先发生地，完成可能传染源的调查，确认所有病例间的流行病学关联。②明确界定感染控制区内的易感动物群，禁止动物移动，有效控制有关动物产品的流通。③实施扑杀政策，感染控制区内最后一个病例扑杀后，在规定动物疫病的两个潜伏期内没有新病例发生。④通过建立人工屏障或借助地理屏障，实施有效的动物卫生措施，防治规定动物疫病扩散到感染控制区以外的其他区域。⑤在感染控制区内开展持续监测，并强化感染控制区以外区域的被动和主动监测，没有发现任何感染证据。⑥在建成感染控制区之前，暂停无规定动物疫病区的无疫资格。一旦感染控制区建成且通过评估，恢复感染控制区外无规定动物疫病区的无疫资格。

四、部分病种无规定疫病区标准

(1) 无高致病性禽流感区标准

除应符合建立无规定动物疫病区的基本条件外，还应符合下列条件：①与毗邻高致病性禽流感感染国家或地区间设有保护区，或具有人工屏障或地理屏障，以有效防止高致病性禽流感病毒传入。②具有完善有效的疫情报告体系。③区域内各项动物卫生措施有效实施。④具有有效的监测体系，按照《规定动物疫病监测准则》进行监测。经监测证明在过去 12 个月内家禽未发现高致病性禽流感病毒感染（不管是否存在低致病性禽流感病毒感染）。

(2) 无新城疫区标准

除应符合建立无规定动物疫病区的基本条件外，还应符合下列条件：①与毗邻新城疫感染国家或地区间设有保护区，或具有人工屏障或地理屏障，以有效防止新城疫病毒传入。②具有完善有效的疫情报告体系。③区域内各项动物卫生措施有效实施。④具有有效的监测体系，按照《规定动物疫病监测准则》进行监测。经监测证明在过去 12 个月内家禽未发生过新城疫病毒强度感染。

(3) 无口蹄疫区标准

免疫无口蹄疫区 除应符合建立无规定动物疫病区的基本条件外，还应符合下列条件：①与毗邻口蹄疫感染国家或地区间设有保护区，或具有人工屏障或地理屏障，以有效防止口蹄疫病毒传入。②无口蹄疫区及保护区实施免疫接种，且免疫合格率达到 80%以上。所用疫苗符合国家规定。③具有完善有效的疫情报告体系。④区域内各项动物卫生措施有效实施。⑤具有监测体系，按照《规定动物疫病监测准则》科学开展监测。经监测证明在过去24个月内没有发生过口蹄疫，过去12个月内没有发生口蹄疫病毒传播。

非免疫无口蹄疫区 除应符合建立无规定动物疫病区的基本条件外，还应符合下列条件：①与毗邻口蹄疫感染国家或地区间设有保护区，或具有人工屏障或地理屏障，以有效防止口蹄疫病毒传入。②过去12个月内没有进行口蹄疫免疫接种，该地区在停止免疫接种后，没有引进过免疫接种动物。③具有完善有效的疫情报告体系。④区域内各项动物卫生措施有效实施。⑤具有监测体系，按照《规定动物疫病监测准则》科学开展监测。经监测证明在过去12个月内没有发生过口蹄疫，过去12个月内没有发生口蹄疫病毒传播。⑥免疫无口蹄疫区转变为非免疫无口蹄疫区时，应当在免疫接种停止后12个月，并能提供在此期间没有口蹄疫病毒感染的证据。

（4）无猪瘟区标准

除应符合建立无规定动物疫病区的基本条件外，还应符合下列条件：①与毗邻猪瘟感染国家或地区间设有保护区，或具有人工屏障或地理屏障，以有效防止猪瘟病毒传入。②具有完善有效的疫情报告体系。③区域内各项动物卫生措施有效实施。④具有有效的监测体系，按照《规定动物疫病监测准则》进行监测。经监测证明在过去12个月内饲养的猪（包括饲养的野猪）没有发现猪瘟临床病例和猪瘟病毒感染。

（5）无小反刍兽疫区标准

免疫无小反刍兽疫区 除应符合建立无规定动物疫病区的基本条件外，还应符合下列条件：①与毗邻小反刍兽疫感染国家或地区间设有保护区，或具有人工屏障或地理屏障，以有效防止小反刍兽疫病毒传入。②小反刍兽疫疫苗、免疫程序和免疫合格率符合国家规定。③具有完善有效的疫情报告体系。④区域内各项动物卫生措施有效实施。⑤具有监测体系，按照《规定动物疫病监测准则》开展监测。经监测证明在过去24个月内没有发现小反刍兽疫临床病例。

非免疫无小反刍兽疫区 除应符合建立无规定动物疫病区的基本条件外，还应符合下列条件：①与毗邻小反刍兽疫感染国家或地区间设有保护区，或具有人工屏障或地理屏障，以有效防止小反刍兽疫病毒传入。②具有完善有效的疫情报告体系。③区域内各项动物卫生措施有效实施。④具有监测体系，按照《规定动物疫病监测准则》开展监测。经监测证明在过去24个月内没有发现小反刍兽疫临床病例及小反刍兽疫病毒感染。⑤过去24个月内没有进行小反刍兽疫疫苗免疫。⑥停止免疫后，未调入免疫动物。

五、无规定动物疫病区的评估申请与验收评估

（1）无规定动物疫病区评估申请内容

申请无规定动物疫病区评估应当提交申请书和自我评估报告。申请书包括以下主要内容：无规定动物疫病区概况；兽医体系建设情况；动物疫情报告体系情况；动物疫病流行情况；控制、消灭策略和措施情况；免疫措施情况；规定动物疫病的监测情况；实验室建设情况；屏障及边界控制措施情况；应急体系建设及应急反应情况；其他需要说明的事项。

自我评估报告包括以下主要内容：评估计划和评估专家组成情况；评估程序及主要内

容，评估的组织和实施情况；评估结论。

（2）国家验收评估

由农业农村部设立的全国动物卫生风险评估专家委员会评估专家组按《无规定动物疫病区评估管理办法》的规定，对符合免疫无疫或非免疫无疫规定的无规定疫病区进行评估。农业农村部将审核合格的无规定动物疫病区列入国家无规定动物疫病区名录，并对外公布。不合格的，书面通知申请单位并说明理由。农业农村部根据需要向有关国际组织、国家和地区通报评估情况，并根据无规定动物疫病区所在地省级人民政府兽医主管部门的意见，申请国际评估认可。

任务19　动物流行病学调查与分析

【任务说明】

动物流行病学调查是研究动物疫病流行规律的重要方法，也是认识疫病并正确制定疫病防控措施的基础。本工作任务旨在通过动物流行病学调查与分析，使学生掌握动物疫病流行病学调查的一般方法并学会对疫情资料进行初步统计分析。

【工作场景】

本任务选择在畜禽养殖场中进行，所需材料为动物疫病流行病学的调查表、计算器、某饲养场的疫情资料、养殖场基本信息、动物存栏情况及饲养制度、养殖档案等。

【工作过程】

学生在专业老师的指导下，首先拟定调查提纲，主要包括拟调查单位及养殖户（场）名称和地址、单位的兽医卫生状况。然后按照调查提纲，在养殖场兽医技术人员或养殖技术人员的指导下，采取填写流行病学调查表、座谈询问、查阅条种记录（气象、动物生产、治疗等）和实地调查等方式进行。最后将获得的数据资料进行统计分析，撰写调查报告。

任务20　疫病监测样品的采集、保存和送检

【任务说明】

科学采集、保存和送检病料是顺利进行动物疫病病理学及免疫学检测的重要基础性工作。本任务旨在通过疫病监测样品的采集、保存和送检，使学生掌握疫病监测样品的采集、保存和送检的基本操作技术，提高实践动手能力和技术规范意识。

【工作场景】

本任务选择在需要疫病监测的畜禽养殖场进行，所需实训材料为高压锅、显微镜、载玻片、解剖刀、剪、镊子、注射器、针头、试管、平皿、棉签以及病料保存

液等。

【工作过程】

学生在养殖场兽医技术人员的指导下，将采集所需器械灭菌。在养殖场兽医诊疗室或动物圈舍内按规定采集病料。疫病监测样品的采集主要包括血清样品的采集和病料的采集。禽类采血量不得少于2mL，猪、牛、羊不得少于5mL。采取病料的种类，应根据不同的传染病，相应地采集其脏器或内容物。主要采集淋巴结、肺、肝、脾及肾等，采集的病料置于灭菌试管、平皿或一次性封口塑料袋中。采取的病料应及时送检，装病料的容器外面，要用浸消毒液的纱布充分擦拭，瓶口以灭菌棉塞或胶塞塞紧，并用胶布密封。容器上要贴标签，注明病料名称、采集日期和保存方法等。送检病料时，要避免高温和日光直射，以防腐败和病原体死亡。在送检病料同时，附上采样单、病历和尸体剖检记录。

任务21 奶牛结核病的检测

【任务说明】

奶牛业是我国畜牧养殖的朝阳产业，奶牛结核病的检测是净化奶牛场结核病，保障奶牛、牛奶及养殖技术人员安全的重要工作。本任务旨在通过对牛结核病的检测，使学生掌握动物结核病变态反应的检测方法。

【工作场景】

本工作任务安排在奶牛场进行，所需材料有牛型提纯结核菌素（PPD）、酒精棉、游标卡尺、1～2.5mL金属皮内注射器、皮内注射针头、煮沸消毒锅、镊子、毛剪、牛鼻钳、纱布、工作服、帽、口罩、胶鞋、记录表、线手套等。如为冻干结核菌素，还须准备稀释用注射用水或灭菌的生理盐水，带胶塞的灭菌小瓶。

【工作过程】

出生后20天的牛可用本试验进行检疫。学生在奶牛场兽医技术人员的指导下，将牛只编号，在颈侧中部上1/3处剪毛（或提前一天剃毛），直径约10cm。用卡尺测量术部中央皮皱厚度，作好记录。先以75%酒精消毒术部，然后皮内注射牛型提纯结核菌素。一般注射剂量为1万国际单位，注射后局部应出现小包。皮内注射后经72h时判定，仔细观察局部有无热痛、肿胀等炎性反应，并以卡尺测量皮皱厚度，做好详细记录。比较注射前后皮肤厚度差，皮厚差等于或大于4mm以上者，其记录符号为“+”，皮厚差在2.1～3.9mm间，其记录符号为“±”，皮厚差在2mm以下，其记录符号为“－”。对疑似反应牛应立即在另一侧以同一批牛型提纯结核菌素同一剂量进行第二回皮内注射，再经72h观察反应结果。对阴性牛和疑似反应牛，于注射后96h和120h再分别观察1次，以防个别出现较晚的迟发型变态反应。最后进行结果判定。

项目小结

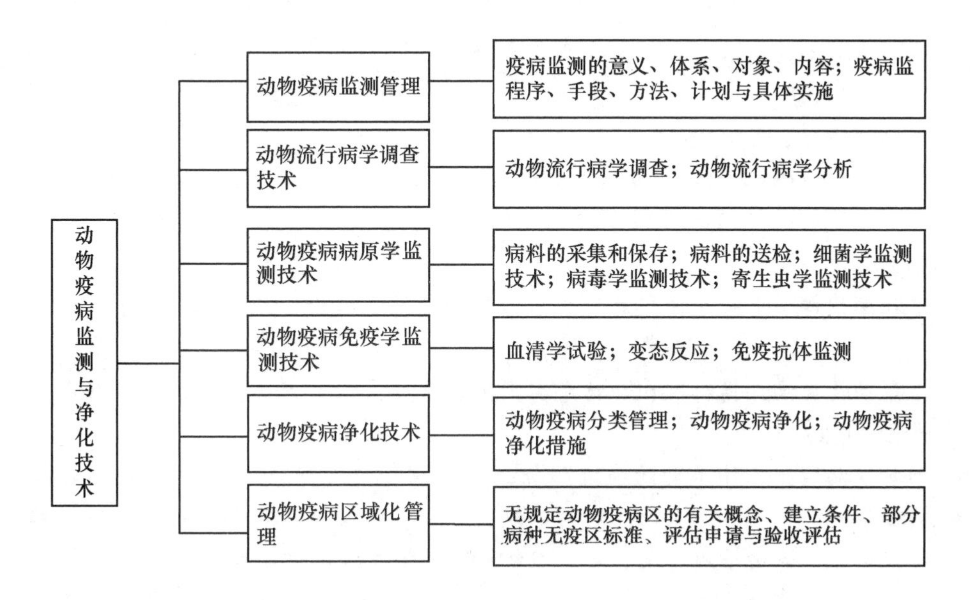

练习思考题

一、单项选择题

1. 常见多发、可能造成重大经济损失、需要控制和净化的动物疫病是________疫病。

A. 一类　　B. 一类或二类　　C. 三类　　D. 二类或三类

2. 送检口蹄疫的病料常采集________。

A. 脾、淋巴结　　B. 水疱液、水疱皮　　C. 肝、脑组织　　D. 心脏

3. 新购入畜禽________。

A. 须隔离观察 2 周　　B. 须隔离观察 1 周

C. 须隔离观察 3 天　　D. 须隔离观察 30 天

4. ________应当符合国务院兽医主管部门规定的健康标准。

A. 种用动物　　B. 乳用动物

C. 种用、乳用动物和宠物　　D. 作为商品的动物

5. 种用、乳用动物应当接受________的定期检测；检测不合格的，应当按照国务院兽医主管部门的规定予以处理。

A. 动物卫生监督部门　　B. 兽医主管部门

C. 动物疫病预防控制机构　　D. 卫生部门

6. 100 头猪中有 40 头感染猪瘟，其中 20 头死亡，则病死率为________。

A. 20%　　B. 40%　　C. 50%　　D. 60%

7. 检查消化系统寄生虫，需采集新鲜粪便样品，采集量不少于________。

A. 5～10g　　B. 10～20g　　C. 20～50g　　D. 50～100g

8. 从事高致病性病原微生物相关实验活动应当有________名以上的工作人员共同进行。

A. 2　　B. 3　　C. 5　　D. 7

9. 鸡新城疫免疫抗体监测常用的方法是________。

A. 血凝试验　　B. 血凝抑制试验

C. 血凝-血凝抑制试验　　D. 间接血凝-血凝抑制试验

10. 病理组织材料常用的固定液为甲醛溶液，其工作浓度为________。

A. 40%　　B. 10%　　C. 5%　　D. 20%

二、判断题

1. 发病率指在一定时间内新发生的某种动物疫病病例数与同期该种动物总头数之比。（　）

2. 二类动物疫病是指对人和动物危害严重，需要采取紧急、严厉的强制预防、控制、扑灭等措施的疫病。（　）

3. 动物疫病监测工作是动物疫病防控工作的重要组成部分，是疫情认定和预测预警工作的基础。（　）

4. 疫病监测体系由中央、省、县三级机构及技术支撑单位组成。（　）

5. 根据调查对象和目的的不同，动物流行病学调查一般分为个例调查、流行调查、专题调查。（　）

6. 怀疑炭疽时应对患病动物进行解剖作进一步诊断。（　）

7.《动物防疫法》所指动物的一类、二类和三类疫病的具体病种名录由国务院兽医主管部门规定并公布。（　）

8. 如疑似患狂犬病的动物应取脊髓组织进行包涵体检查。（　）

9. 采集用作病原学检测的病料时应做到无菌操作，并尽早送检。（　）

10. 粪便检查是寄生虫病监测最常用的方法。（　）

11. 新城疫抗体的免疫监测应在免疫21天后进行。（　）

12. 非免疫无规定疫病区外必须建立缓冲区，免疫无规定疫病区外必须建立监测区。（　）

13. 在奶牛结核病监测时，皮内注射剂量为10万国际单位的牛型提纯结核菌素。（　）

14. 50%的甘油缓冲液常用来作为细菌病料的保存剂。（　）

15. 从事奶牛布鲁氏菌病、结核病净化工作的人员应每年定期进行健康检查。（　）

三、综合分析题

1. 某鸡场应如何监测鸡的球虫病？

2. 某猪场发生了疑似猪瘟疫情，请你制订调查方案并设计一份流行病学调查表。

3. 猪场如何进行支原体肺炎的病原监测？

4. 某鸡场需开展新城疫抗体监测，假设你是该鸡场兽医技术人员，请你拟订一份实施方案，并对可能出现的结果进行合理分析。

5. 请你为某规模化奶牛场拟订一份结核病、布鲁氏菌病的监测与净化方案。

推荐阅读书目

陈继明. 重大动物疫病监测指南. 中国农业科学技术出版社，2008.
徐百万. 动物疫病监测技术手册. 中国农业出版社，2010.
李金福，金卫华. 动物疫病监测与控制. 云南科学技术出版社，2009.

重大动物疫情处理技术

岗位需求

疫情报告；疫点、疫区的确定、划分；动物疫病初步诊断；隔离；封锁；临时消毒；紧急免疫接种；染疫动物及废弃物的无害化处理；受威胁区动物的处理。

能力目标

熟悉疫情报告制度、报告时限、报告的形式和要求；正确实施隔离、封锁；疫点、疫区、受威胁区的消毒、免疫、扑杀及生物安全处理。

模块一　重大动物疫情应急管理

一、重大动物疫情的概念

重大动物疫情是指高致病性禽流感、口蹄疫等发病率或者死亡率高的动物疫病突然发生，迅速传播，给养殖业生产造成严重威胁、危害，以及可能对公众身体健康与生命安全造成危害的情形，包括特别重大动物疫情。

二、重大动物疫情应急预案

为了及时有效地预防、控制和扑灭突发重大动物疫情，最大限度地减轻突发重大动物疫情对畜牧业及公众健康造成的危害，保持经济持续、稳定、健康发展，保障人民身体健康、安全，依据《中华人民共和国动物防疫法》《中华人民共和国进出境动植物检疫法》和《国家突发公共事件总体应急预案》，县级以上人民政府应制定重大动物疫情应急预案。

（1）重大动物疫情应急预案的主要内容

应急指挥部的职责、组成以及成员单位的分工；重大动物疫情的监测、信息收集、报告和通报；动物疫病的确认、重大动物疫情的分级和相应的应急处理工作方案；重大动物疫情疫源的追踪和流行病学调查分析；预防、控制、扑灭重大动物疫情所需资金的来源，物资和技术的储备与调度；重大动物疫情应急处理设施和专业队伍建设。

（2）突发重大动物疫情分级

根据突发重大动物疫情的性质、危害程度、涉及范围，将突发重大动物疫情划分为特别重大（Ⅰ级）、重大（Ⅱ级）、较大（Ⅲ级）和一般（Ⅳ级）4级。

（3）应急指挥机构

农业农村部在国务院统一领导下，负责组织、协调全国突发重大动物疫情应急处理工作。县级以上地方人民政府兽医行政管理部门在本级人民政府统一领导下，负责组织、协调本行政区域内突发重大动物疫情应急处理工作。国务院和县级以上地方人民政府根据本级人民政府兽医行政管理部门的建议和实际工作需要，决定是否成立全国和地方应急指挥部。

（4）日常管理机构

农业农村部负责全国突发重大动物疫情应急处理的日常管理工作。省级人民政府兽医行政管理部门负责本行政区域内突发重大动物疫情应急的协调、管理工作。市（地）级、县级人民政府兽医行政管理部门负责本行政区域内突发重大动物疫情应急处置的日常管理工作。

模块二　动物疫情报告

根据《中华人民共和国动物防疫法》第二十六条规定："从事动物疫情监测、检验检疫、疫病研究与诊疗以及动物饲养、屠宰、经营、隔离、运输等活动的单位和个人，发现动物染疫或者疑似染疫的，应当立即向当地兽医主管部门、动物卫生监督机构或者动物疫病预防控制机构报告，并采取隔离等控制措施，防止动物疫情扩散。其他单位和个人发现动物染疫或者疑似染疫的，应当及时报告。接到动物疫情报告的单位，应当及时采取必要的控制处理措施，并按照国家规定的程序上报。”

为规范动物疫情报告、通报和公布工作，加强动物疫情管理，提升动物疫病防控工作水平，农业农村部根据《中华人民共和国动物防疫法》《重大动物疫情应急条例》等法律、法规规定，于2018年6月对我国动物疫情报告、通报和公布工作作了明确要求。在职责分工上，农业农村部主管全国动物疫情报告、通报和公布工作。县级以上地方人民政府兽医主管部门主管本行政区域内的动物疫情报告和通报工作。中国动物疫病预防控制中心及县级以上地方人民政府建立的动物疫病预防控制机构，承担动物疫情信息的收集、分析预警和报告工作。中国动物卫生与流行病学中心负责收集境外动物疫情信息，开展动物疫病预警分析工作。国家兽医参考实验室和专业实验室承担相关动物疫病确诊、分析和报告等工作。

国务院兽医主管部门应当依照我国缔结或者参加的条约、协定，及时向有关国际组织或者贸易方通报重大动物疫情的发生和处理情况。

任何单位和个人不得瞒报、谎报、迟报、漏报动物疫情，不得授意他人瞒报、谎报、迟报动物疫情，不得阻碍他人报告动物疫情。

一、疫情报告责任人

动物疫情报告责任人，主要指以下的单位和个人：

从事动物疫情监测的单位和个人 指从事动物疫情监测的各级动物疫病预防控制机构及其工作人员，接受兽医主管部门及动物疫病预防控制机构委托从事动物疫情监测的单位及其工作人员，对特定出口动物单位进行动物疫情监测的进出境动物检疫部门及其工作人员。

从事检验检疫的单位和个人 指动物卫生监督机构及其检疫人员，也包括从事进出境动物检疫的单位及其工作人员。

从事动物疫病研究的单位和个人 指从事动物疫病研究的科研单位和大专院校等。

从事动物诊疗的单位和个人 主要是指动物诊所、动物医院以及执业兽医等。

从事动物饲养的单位和个人 包括养殖场、养殖小区、农村散养户以及饲养实验动物等各种动物的饲养单位和个人。

从事动物屠宰的单位和个人 指各种动物的屠宰厂及其工作人员。

从事动物经营的单位和个人 是指在集市等场所从事动物经营的单位和个人。

从事动物隔离的单位和个人 是指开办出入境动物隔离场的经营人员。有的地方建有专门的外引动物隔离场，提供场地、设施、饲养有食宿等服务，例如奶牛隔离场。

从事动物运输的单位和个人 包括公路、水路、铁路、航空等从事动物运输的单位和个人。

责任报告人以外的其他单位和个人 发现动物染疫或者疑似染疫的，也有报告动物疫情的义务，但该义务与责任报告人的义务不同，性质上属于举报，他们不承担不报告动物疫情的法律责任。

二、疫情报告时限

动物疫情报告实行快报、月报和年报。

（1）快报

有下列情形之一，应当进行快报：①发生口蹄疫、高致病性禽流感、小反刍兽疫等重大动物疫情；②发生新发动物疫病或新传入动物疫病；③无规定动物疫病区、无规定动物疫病小区发生规定动物疫病；④二、三类动物疫病呈暴发流行；⑤动物疫病的寄主范围、致病性以及病原学特征等发生重大变化；⑥动物发生不明原因急性发病、大量死亡；⑦农业农村部规定需要快报的其他情形。

符合快报规定情形，县级动物疫病预防控制机构应当在 2h 内将情况逐级报至省级动物疫病预防控制机构，并同时报所在地人民政府兽医主管部门。省级动物疫病预防控制机构应当在接到报告后 1h 内，报本级人民政府兽医主管部门确认后报至中国动物疫病预防控制中心。中国动物疫病预防控制中心应当在接到报告后 1h 内报至农业农村部兽医局。

快报应当包括基础信息、疫情概况、疫点情况、疫区及受威胁区情况、流行病学信息、控制措施、诊断方法及结果、疫点位置及经纬度、疫情处置进展以及其他需要说明的信息等内容。

进行快报后，县级动物疫病预防控制机构应当每周进行后续报告；疫情被排除或解除封锁、撤销疫区，应当进行最终报告。后续报告和最终报告按快报程序上报。

（2）月报和年报

县级以上地方动物疫病预防控制机构应当每月对本行政区域内动物疫情进行汇总，经同级人民政府兽医主管部门审核后，在次月 5 日前通过动物疫情信息管理系统将上月汇总的动物疫情逐级上报至中国动物疫病预防控制中心。中国动物疫病预防控制中心应当在每月 15 日前将上月汇总分析结果报农业农村部兽医局。中国动物疫病预防控制中心应当于 2 月 15 日前将上年度汇总分析结果报农业农村部兽医局。

月报、年报包括动物种类、疫病名称、疫情县数、疫点数、疫区内易感动物存栏数、发病数、病死数、扑杀与无害化处理数、急宰数、紧急免疫数、治疗数等内容。

三、疫病确诊与疫情认定

疑似发生口蹄疫、高致病性禽流感和小反刍兽疫等重大动物疫情的，由县级动物疫病预防控制机构负责采集或接收病料及其相关样品，并按要求将病料样品送至省级动物疫病预防控制机构。省级动物疫病预防控制机构应当按有关防治技术规范进行诊断，无法确诊的，应当将病料样品送相关国家兽医参考实验室进行确诊；能够确诊的，应当将病料样品送相关国家兽医参考实验室作进一步病原分析和研究。

疑似发生新发动物疫病或新传入动物疫病，动物发生不明原因急性发病、大量死亡，省级动物疫病预防控制机构无法确诊的，送中国动物疫病预防控制中心进行确诊，或者由中国动物疫病预防控制中心组织相关兽医实验室进行确诊。

动物疫情由县级以上人民政府兽医主管部门认定，其中重大动物疫情由省级人民政府兽医主管部门认定。新发动物疫病、新传入动物疫病疫情以及省级人民政府兽医主管部门无法认定的动物疫情，由农业农村部认定。

四、疫情通报与公布

发生口蹄疫、高致病性禽流感、小反刍兽疫、新发动物疫病和新传入动物疫病疫情，农业农村部将及时向国务院有关部门和军队有关部门以及省级人民政府兽医主管部门通报疫情的发生和处理情况；依照我国缔结或参加的条约、协定，向世界动物卫生组织、联合国粮农组织等国际组织及有关贸易方通报动物疫情发生和处理情况。

发生人畜共患传染病疫情，县级以上人民政府兽医主管部门应当按照《动物防疫法》要求，与同级卫生主管部门及时相互通报。

农业农村部负责向社会公布全国动物疫情，省级人民政府兽医主管部门可以根据农业农村部授权公布本行政区域内的动物疫情。

五、疫情举报和核查

县级以上地方人民政府兽医主管部门应当向社会公布动物疫情举报电话，并由专门机构受理动物疫情举报。农业农村部在中国动物疫病预防控制中心设立重大动物疫情举报电话，负责受理全国重大动物疫情举报。动物疫情举报受理机构接到举报，应及时向举报人核实其基本信息和举报内容，包括举报人真实姓名、联系电话及详细地址，举报的疑似发病动物种类、发病情况和养殖场（户）基本信息等；核实举报信息后，应当及时组织有关单位进行核查和处置；核查处置完成后，有关单位应当及时按要求进行疫情报告并向举报受理部门反馈核查结果。

六、其他规定

中国动物卫生与流行病学中心应当定期将境外动物疫情的汇总分析结果报农业农村部兽医局。国家兽医参考实验室和专业实验室在监测、病原研究等活动中，发现符合快报情形的，应当及时报至中国动物疫病预防控制中心，并抄送样品来源省份的省级动物疫病预防控制机构；国家兽医参考实验室、专业实验室和有关单位应当做好国内外期刊、相关数据库中有关我国动物疫情信息的收集、分析预警，发现符合快报情形的，应当及时报至中国动物疫病预防控制中心。中国动物疫病预防控制中心接到上述报告后，应当在1h内报至农业农村部兽医局。

模块三　隔　离

一、隔离的意义

隔离是控制传染源，防止动物疫病扩散的重要措施之一。将病畜和可疑感染的病畜与健康家畜分别隔离管理，可以防止病原扩散传播，以便将疫情控制在最小范围内加以就地扑灭。发现疑似一类疫病动物时，首先采取隔离措施，不仅要将疑似患病动物进行隔离，而且也要将其同群的动物进行隔离。然后及时进行诊断，采取控制扑灭措施。隔离场所的废弃物，应进行无害化处理，同时，密切注意观察和监测，加强保护措施。

二、隔离的对象和方法

根据诊断检疫的结果，可将全部受检动物分为患病动物、可疑感染动物和假定健康动物三类，应区别对待。

(1) 患病动物

患病动物包括有典型症状或类似症状，或其他特殊检查呈阳性的动物。它们是危险性最大的传染源，应选择不易散播病原体、消毒处理方便的场所或房舍进行隔离。如患病动物数量较多，可集中隔离在原来的圈舍里。特别注意严密消毒，加强卫生和护理工作，需有专人看管，并及时进行治疗。隔离场所禁止闲杂人畜出入和接近。工作人员出入应遵守消毒制度。隔离区内的用具、饲料、粪便等，未经彻底消毒处理，不得运出，没有治疗价值的动物，由兽医根据国家有关规定进行处理。

(2) 可疑感染动物

可疑感染动物指未发现任何症状，但与患病动物及其污染的环境有过明显的接触，如同群、同圈、同槽、同牧，使用共同的水源、用具等的动物。这类动物有可能处在潜伏期，并有排菌（毒）的危险，应在消毒后另选地方将其隔离、看管，限制其活动，详加观察，出现症状的则按患病动物处理。有条件时应立即进行紧急免疫接种或预防性治疗。隔离观察时间的长短，根据该种传染病的潜伏期长短而定，经一定时间不发病者，可取消其限制。

(3) 假定健康动物

除上述两类外，疫区内其他易感动物都属于此类。应与上述两类严格隔离饲养，加强防疫消毒和相应的保护措施，立即进行紧急免疫接种，必要时可根据实际情况分散喂养或转移至偏僻牧地。

三、隔离区管理

(1) 隔离场管理

动物隔离场应有完善的隔离、消毒、检疫、值班等工作制度，管理人员无人兽共患传染病；动物隔离场由市级动物卫生监督机构统一安排使用。凡需使用动物隔离场的单位，提前30天办理预定手续；动物隔离场禁止参观，人员、车辆及物品等未经许可不得进出。严禁非工作人员进入隔离区。工作人员、饲养人员进出隔离区，应更衣、换鞋，经消毒池、消毒通道进出。动物隔离结束后，使用单位应在动物隔离场管理人员指导监督下清洗消毒使用过的隔离舍、场地、用具等。动物隔离场应当保持隔离舍及场内环境清洁卫生，做好灭鼠、防蚊、防蝇、防火、防盗等工作。动物隔离场使用前后，应彻底消毒3次，每次间隔3天，并做好消毒效果的检测；同一隔离舍内，不得同时隔离两批（含）以上的动物；隔离舍2次使用间隔时间至少15天。图6-1所示为动物隔离区。

图 6-1　动物隔离区

（2）外调入动物处理

使用单位应在动物入场前，派人到动物隔离场，在管理人员指导监督下彻底清洗、消毒隔离舍、场地及有关设备、用具等。动物入场运输所使用的车辆、饲料、垫料、排泄物及其他被污染物料等，应在动物运抵隔离场后，在动物隔离场管理人员指导监督下进行清洗、消毒和无害化处理。隔离动物应在管理人员指定分配的隔离舍饲养，未经许可不得擅自调换。发现疑似患病或死亡的动物，应及时报告当地动物卫生监督机构，将患病动物与其他动物进行隔离观察。对患病动物停留过的地方和污染的用具、物品进行消毒。

（3）驻场人员管理

使用单位应当选派畜牧兽医专业人员驻场，负责动物隔离期间的饲养管理等相关工作。驻场人员入场前应做健康检查，无人畜共患传染病。驻场人员应在管理人员指导监督下负责隔离动物的饲养管理，定期清扫、清洗、消毒，保持动物、隔离舍内外和周边环境清洁卫生，并协助采样及其他有关检疫、监测工作。驻场人员不得擅自离开动物隔离场，不得任意进出其他隔离舍，未经管理人员批准不得中途换人。

（4）物料管理

隔离动物所需饲料、牧草、垫料、药物、疫苗及器物等及驻场人员所使用的日常生活用品，不得来自其他饲养场。严禁将肉类、骨、皮、毛等动物产品带入动物隔离场内，未经动物隔离场管理人员同意不得携进（出）任何物品。隔离动物的排泄物、垫料及污水须经无害化处理后方可排出动物隔离场外。

（5）隔离检疫

根据不同疫病的潜伏期，实施一定时间的隔离。隔离期满，经检疫合格的隔离动物登记其畜禽标识，凭动物卫生监督机构签发的检疫合格证明放行。检疫不合格的动物按照国家有关规定处理。

（6）隔离记录和报告

检疫人员在动物隔离期间做好隔离观察记录，建立完整的隔离观察记录档案。隔离观察记录包括进场时间、货主姓名、动物种类及数量、畜禽标识编码、持证情况、隔离观察情况、处理、采样检测情况等。动物隔离场应定期将工作情况及统计报表上报当地和省级动物卫生监督机构。

模块四　封　锁

一、封锁的对象、原则

(1) 封锁

封锁是指在发生严重危害人、动物健康的动物疫病时，由国家将动物发病地点及其周围一定范围的地区封锁起来，禁止随意出入，以切断动物疫病的传播途径，迅速扑灭疫情的一项严厉的行政措施。由于采取封锁措施，封锁区内各项活动基本处于与外界隔离的状态，不可避免地要对当地的生产和人民群众的生活产生很大影响，故该措施必须严格控制使用，或者说必须严格依法执行。为此，《中华人民共和国动物防疫法》对封锁措施有严格的限制性规定。

(2) 封锁的对象

封锁的对象是一类动物疫病或当地新发现的传染病。这类疫病对人与动物危害严重，需要采取紧急、严厉的强制预防、控制、扑灭等措施，迅速控制疫情和集中力量就地扑灭，以防止疫病向安全区散播和健康动物误入疫区而被传染，从而保护其他地区动物的安全和人体健康。

《中华人民共和国动物防疫法》第四章规定，封锁只适用于以下情况：发生一类动物疫病时；当地新发现的动物疫病呈暴发性流行时；二类、三类动物疫病呈暴发性流行时。除上述情况外，不得随意采取封锁措施。当地县级以上地方人民政府兽医主管部门应当立即派人到现场，划定疫点、疫区、受威胁区，调查疫源，及时报请本级人民政府对疫区实行封锁。疫区范围涉及两个以上行政区域的，由有关行政区域共同的上一级人民政府对疫区实行封锁，或者由各有关行政区域的上一级人民政府共同对疫区实行封锁。必要时，上级人民政府可以责成下级人民政府对疫区实行封锁。

执行封锁时应掌握“早、快、严、小”的原则，即发现疫情时报告和执行封锁要早，行动要快，封锁措施要严格，封锁范围要小。

二、封锁区的划分

为扑灭疫病采取封锁措施而划出的一定区域，称为封锁区。封锁区的划分，应根据该病流行规律、当时流行特点、动物分布、地理环境、居民点以及交通条件等具体情况确定疫点、疫区和受威胁区。疫点、疫区、受威胁区的范围，由畜牧兽医行政管理部门根据规定和扑灭疫情的实际需要划定，其他任何单位和个人均无此权力（图 6-2）。

（一）疫点

疫点指经国家指定的检测部门检测确诊发生了一类传染病疫情的养殖场（户）、养殖小区或其他有关的屠宰加工、经营单位，如为农村散养，则应将病畜禽所在的自然村划为疫点；放牧的动物以患病动物所在的牧场及其活动场所为疫点；动物在运输过程中发生疫情，

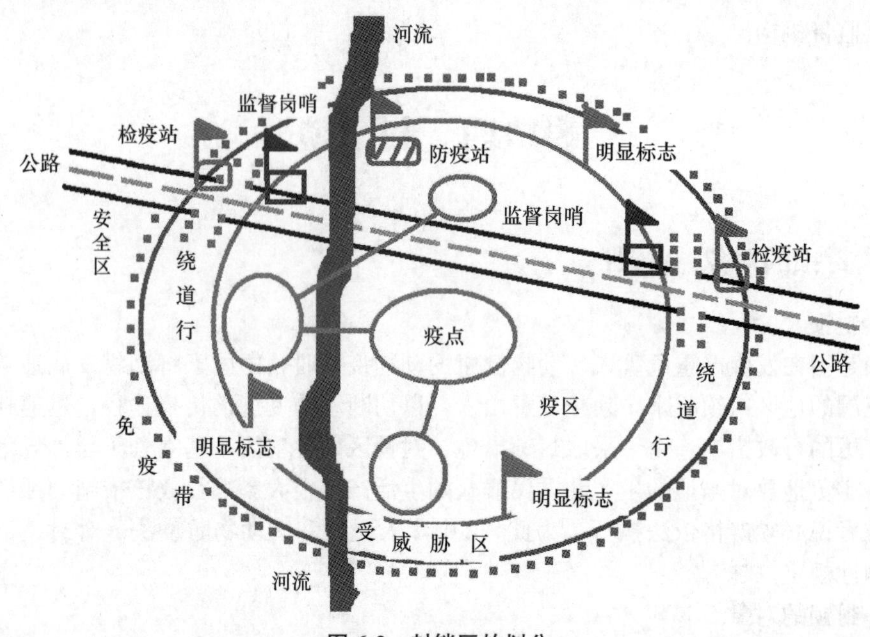

图6-2 封锁区的划分

以运载动物的车、船、飞行器等为疫点；在市场发生疫情，则以患病动物所在市场为疫点。

（二）疫区

疫区指以疫点为中心，半径3km范围内的区域。范围比疫点大，一般是指有某种传染病正在流行的地区，除病畜禽所在的畜牧场、自然村外，还包括病畜禽发病前（在该病的最长潜伏期内）后所活动过的地区。疫区划分时注意考虑当地的饲养环境和天然屏障，如河流、山脉等。

（三）受威胁区

受威胁区指疫区周围一定范围内可能会受疫病传染的地区。一般指疫区外延5km范围内的区域，如发生高致病性禽流感、猪瘟和新城疫疫情等。但不同的动物疫病病种，其划定的受威胁区范围也不相同，如口蹄疫为10km。

三、封锁实施

（一）启动封锁的程序

在发生应当封锁的疫情时，由当地兽医主管部门划定疫点、疫区、受威胁区，并及时报请同级人民政府对疫区实行封锁。县级以上人民政府接到本级兽医主管部门对疫区实行封锁的请示后，应当在24h内立即以政府的名义发布封锁令，对疫区实行封锁。发布封锁令的地方人民政府应当启动相应的应急预案，立即组织有关部门和单位采取封锁、隔离、扑杀、销毁、消毒、无害化处理、紧急免疫接种等强制性措施，迅速扑灭疫病，并通报毗邻地区。

（二）封锁区应采取的控制措施

(1) 疫点

扑杀疫点内所有的患病动物（高致病性禽流感为疫点内所有禽只、口蹄疫为疫点内所有病畜及同群易感动物、猪瘟为所有病猪和带毒猪、新城疫为所有的病禽和同群禽只），销毁所有病死动物、被扑杀动物及其产品。

对动物的排泄物、被污染饲料、垫料、污水等进行无害化处理。对被污染的物品、交通工具、用具、饲养场所、场地进行彻底消毒。

对发病期间及发病前一定时间内（高致病性禽流感为发病前 21 天，口蹄疫为发病前 14 天）售出的动物及易感动物进行追踪，并做扑杀和无害化处理。

（2）疫区

在疫区周围设置警示标志，在出入疫区的交通路口设置动物检疫消毒检查站（图 6-3），执行监督检查任务，对出入车辆和有关物品进行消毒。

对所有易感动物进行紧急强制免疫，建立完整的免疫档案，但发生高致病性禽流感时，疫区内的禽只不得进行免疫，所有家禽必须扑杀，并进行无害化处理，同时销毁相应的禽类产品；其他一类动物疫病发生后，必要时可对疫区内所有易感动物进行扑杀和无害化处理（图 6-4）。

图 6-3 疫区封锁消毒站

图 6-4 染疫动物无害化处理现场

关闭畜（禽）及其产品交易市场，禁止活畜（禽）进出疫区及产品运出疫区，但发生高致病性禽流感时，要关闭疫点及周边 13km 范围内所有家禽及其产品交易市场。

对所有与患病动物、易感动物接触过的物品、交通工具、畜禽舍及用具、场地进行彻底消毒。对排泄物、被污染饲料、垫料及污水等进行无害化处理。

对易感动物进行疫情监测，及时掌握疫情动态。

（3）受威胁区

对所有易感动物进行紧急强制免疫，免疫密度应为 100%，以建立“免疫带”，防止疫情扩散。加强疫情监测和免疫效果检测，掌握疫情动态。

四、解除封锁

《中华人民共和国动物防疫法》第三十三条规定：“疫点、疫区、受威胁区的撤销和疫区封锁的解除，按照国务院兽医主管部门规定的标准和程序评估后，由原决定机关决定并宣布。”由于动物疫病的潜伏期不尽相同，农业部于 2007 年发布了《关于印发〈高致病性禽流感防治技术规范〉等 14 个动物疫病防治技术规范的通知》，对撤销疫点、疫区、受威胁区的条件和解除疫区封锁作出了具体规定。

一般而言，疫区（点）内最后一头患病动物扑杀或痊愈后，经过该病1个以上最长潜伏期的观察、检测，未再出现患病动物时，经过终末消毒，由上级或当地动物卫生监督机构和动物疫病预防控制机构评估审验合格后，由当地兽医主管部门提出解除封锁的申请，由原发布封锁令的人民政府宣布解除封锁同时通报毗邻地区和有关部门。疫点、疫区、受威胁区的撤销，由当地兽医主管部门按照农业农村部规定的条件和程序执行。疫区解除封锁后，要继续对该区域进行疫情监测，如高致病性禽流感疫区解除封锁后6个月内未发现新病例，即可宣布该次疫情被扑灭。

模块五　动物扑杀和无害化处理

一、动物扑杀

扑杀是扑灭动物疫病的一项经常运用的强制性措施。其基本做法是将患有疫病动物，有的甚至包括患病动物的同群动物人为致死，并予以销毁，以防止疫病扩散，把损失限制在最小的范围内。决定采取扑杀措施的主体是发布封锁令的地方人民政府。

扑杀病畜和可疑病畜是迅速、彻底地消灭传染源的一种有效手段。对于一些烈性传染病或烈性人畜共患病的染疫动物要立即扑杀，并按有关规定严格处理。在一个国家或地区，新发生某种传染病时，为了迅速消灭疫情，常将最初疫点内的患病与可疑患病动物全部扑杀。在疫区解除封锁前，或某地区、某国消灭某种传染病时，为了尽快拔除疫点，也可将带该病原的或检疫呈阳性的动物进行扑杀。对某些慢性经过的传染病，如结核、布鲁氏菌病、鸡白痢等，应每年定期进行检疫。为了净化这些疾病，必须将每次检出的阳性动物扑杀。

（1）扑杀前准备

扑杀前准备是顺利完成扑杀工作的保证。当重大动物疫病呈暴发流行时，往往会因准备不周，导致扑杀过程中缺少物资或人力而耽误扑杀工作的进行。完整的扑杀准备工作应考虑扑杀文件的起草、公布，主要包括应急预案的启动，扑杀令、封锁令等。此外，还要考虑扑杀方法、扑杀地点、扑杀顺序、需要的人力和设施、器具、资金。

（2）人力要求

扑杀染疫动物应由动物防疫专业技术人员和能熟练扑杀动物的人员进行。他们一方面能够鉴别染疫动物，另一方面还熟练掌握扑杀技术。同时还要清楚扑杀会给有关人员带来的影响。此外，最好还要请当地政府领导帮助个别畜主及其家人解决因扑杀而产生的心理和精神上的问题，同时还要避免某些养殖户因拒绝扑杀，阻挠扑杀工作进行的事件发生。

（3）扑杀场地选择

选择扑杀场地遵循因地制宜原则。重点应考虑下列因素：现场可利用的设施；需要的附属设施和器具；易于接近尸体处理场地，防止运输过程中染疫动物及其产品的污物流出或病菌经空气散播，导致道路及其周围污染；人身安全；畜主可接受程度；财产损失的可能性；避免公众和媒体的注意。特别是在农村散养户发生疫情需要扑杀时，虽然范围广，但是每户平均后数量少，可以采取就近原则，由养殖户自己挖坑，专业人员鉴定、扑杀并指导无害化处理的方法。

(4) 扑杀方法选择

为了“早、快、严”扑灭动物疫情，控制动物疫病的流行和蔓延，促进养殖业发展和保护人们身体健康，采取科学合理、方便快捷、经济实用的扑杀方法，是彻底消灭传染源、切断传播途径最有效的手段。主要有以下几种方法：

钝击法　费时费力，污染性大，不宜采用。

放血法　对猪、羊比较适用，但要搞好血液处理工作，防止造成污染。

毒药灌服法　可以杀死病畜又可以杀灭病菌，但适用的药物毒性较大，要固定专人保管。

注射法　保定比较困难，要由专业的人员操作。

电击法　比较经济适用，特别是对保定困难的大动物，但该方法具有危险性，需要操作人员注意自身保护。图6-5为动物扑杀器。

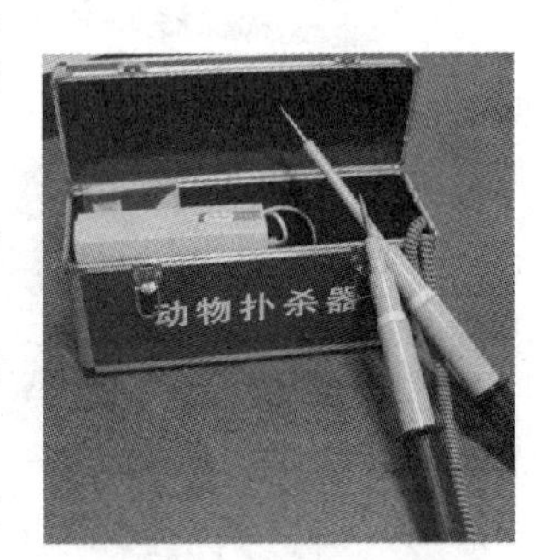

图6-5　动物扑杀器

轻武器击毙法　具有潜在危险，不适于在现场人多的情况下使用。在实际工作中，根据具体情况具体对待。

扭颈法　扑杀量较小时采用。根据禽只大小，一只手握住头部，另一只手握住体部，朝相反方向扭转拉抻。

窒息法（二氧化碳法）　二氧化碳致死疫禽是世界动物卫生组织推荐的人道扑杀方法。先将待扑杀禽装入袋中，置入密封车或其他密封容器，通入二氧化碳窒息致死；或将禽装入密封袋中，通入二氧化碳窒息致死，具有安全、无二次污染、劳动量小、成本低廉等特点，在禽流感防控工作中是非常有效的方法。

二、病死及病害动物尸体无害化处理

为彻底消灭病死及病害动物尸体所携带的病原体，防止动物疫病传播扩散，保障动物产品质量安全，凡是国家规定的染疫动物及其产品、病死或者死因不明的动物尸体，屠宰前确认的病害动物、屠宰过程中经检疫或肉品品质检验确认为不可食用的动物产品，以及其他应当进行无害化处理的动物及动物产品，均应严格按照《病死及病害动物无害化处理技术规范》的规定将病死及病害动物尸体通过一系列技术方法进行无害化处理。

所谓无害化处理，是指用物理、化学等方法处理病死及病害动物和相关动物产品，消灭其所携带的病原体，消除危害的过程。无害化处理方法主要包括焚烧法、化制法、高温法、深埋法及化学处理法5种。

图6-6　穿着防护服的工作人员

(一) 病害动物尸体和产品运送

工作人员要求　尸体及产品运送前，工作人员应穿戴工作服、口罩、风镜、胶鞋及手套（图6-6）。

车辆要求　使用特制的运尸车，装前卸后要严格消毒。

动物尸体要求 装车前应将尸体各天然孔用蘸有消毒液的湿纱布、棉花严密填塞，小动物和禽类可用塑料袋盛装，以免流出粪便、分泌物、血液等污染周围环境。

消毒要求 运送过尸体的用具、车辆应严加消毒，工作人员用过的手套、衣物及胶鞋等亦应进行消毒。

（二）焚烧法

焚烧法是指在焚烧容器（图 6-7、图 6-8）内，使病死及病害动物和相关动物产品在富氧或无氧条件下进行氧化反应或热解反应的方法。适用对象为国家规定的染疫动物及其产品、病死或者死因不明的动物尸体，屠宰前确认的病害动物、屠宰过程中经检疫或肉品品质检验确认为不可食用的动物产品，以及其他应当进行无害化处理的动物及动物产品。

图 6-7 大型动物尸体焚烧炉

图 6-8 小型动物尸体焚烧炉

（1）直接焚烧法

技术工艺 ①可视情况对病死及病害动物和相关动物产品进行破碎等预处理。②将病死及病害动物和相关动物产品或破碎产物投至焚烧炉本体燃烧室，经充分氧化、热解，产生的高温烟气进入二次燃烧室继续燃烧，产生的炉渣经出渣机排出。③燃烧室温度应≥850℃。燃烧所产生的烟气从最后的助燃空气喷射口或燃烧器出口到换热面或烟道冷风引射口之间的停留时间应≥2s。焚烧炉出口烟气中氧含量应为 6%～10%（干气）。④二次燃烧室出口烟气经余热利用系统、烟气净化系统处理，达到要求后排放。⑤焚烧炉渣与除尘设备收集的焚烧飞灰应分别收集、贮存和运输。焚烧炉渣按一般固体废物处理或做资源化利用；焚烧飞灰和其他尾气净化装置收集的固体废物需按有关要求做危险废物鉴定，如属于危险废物，则按有关要求处理。

操作注意事项 严格控制焚烧进料频率和重量，使病死及病害动物和相关动物产品能够充分与空气接触，保证完全燃烧。燃烧室内应保持负压状态，避免焚烧过程中发生烟气泄露。二次燃烧室顶部设紧急排放烟囱，应急时开启。烟气净化系统包括急冷塔、引风机等设施。

（2）炭化焚烧法

技术工艺 ①病死及病害动物和相关动物产品投至热解炭化室，在无氧情况下经充分热解，产生的热解烟气进入二次燃烧室继续燃烧，产生的固体炭化物残渣经热解炭化室排出。②热解温度应≥600℃，二次燃烧室温度≥850℃，焚烧后烟气在 850℃以上停留时间

≥2s。③烟气经过热解炭化室热能回收后，降至600℃左右，经烟气净化系统处理，达到GB 16297—2017要求后排放。

操作注意事项　应检查热解炭化系统的炉门密封性，以保证热解炭化室的隔氧状态。应定期检查和清理热解气输出管道，以免发生阻塞。热解炭化室顶部需设置与大气相连的防爆口，热解炭化室内压力过大时可自动开启泄压。应根据处理物种类、体积等严格控制热解的温度、升温速度及物料在热解炭化室里的停留时间。

（三）化制法

化制法是指在密闭的高压容器内（图6-9），通过向容器夹层或容器内通入高温饱和蒸汽，在干热、压力或蒸汽、压力的作用下，处理病死及病害动物和相关动物产品的方法。本法除不得用于患有炭疽等芽孢杆菌类疫病以及牛海绵状脑病、痒病的染疫动物及产品、组织的处理外，其他适用对象同焚烧法。

(1) 干化法

技术工艺　①可视情况对病死及病害动物和相关动物产品进行破碎等预处理。②病死及病害动物和相关动物产品或破碎产物输送入高温高压灭菌容器。③处理物中心温度≥140℃，压力≥0.5MPa（绝对压力），时间≥4h（具体处理时间随处理物种类和体积大小而设定）。④加热烘干产生的热蒸汽经废气处理系统后排出。⑤加热烘干产生的动物尸体残渣传输至压榨系统处理。

图6-9　动物尸体湿化机

操作注意事项　搅拌系统的工作时间应以烘干剩余物基本不含水分为宜，根据处理物量的多少，适当延长或缩短搅拌时间。应使用合理的污水处理系统，有效去除有机物、氨氮，达到排放要求。应使用合理的废气处理系统，有效吸收处理过程中动物尸体腐败产生的恶臭气体，达到要求后排放。高温高压灭菌容器操作人员应符合相关专业要求，持证上岗。处理结束后，需对墙面、地面及其相关工具进行彻底清洗消毒。

(2) 湿化法

技术工艺　①可视情况对病死及病害动物和相关动物产品进行破碎预处理。②将病死及病害动物和相关动物产品或破碎产物送入高温高压容器，总质量不得超过容器总承受力的4/5。③处理物中心温度≥135℃，压力≥0.3MPa（绝对压力），处理时间≥30min（具体处理时间随处理物种类和体积大小而设定）。④高温高压结束后，对处理产物进行初次固液分离。⑤固体物经破碎处理后，送入烘干系统；液体部分送入油水分离系统处理。

操作注意事项　高温高压容器操作人员应符合相关专业要求，持证上岗。处理结束后，需对墙面、地面及其相关工具进行彻底清洗消毒。冷凝排放水应冷却后排放，产生的废水应经污水处理系统处理，达到规定要求。处理车间废气应通过安装自动喷淋消毒系统、排风系统和高效微粒空气过滤器（HEPA过滤器）等进行处理，达到规定要求后排放。

（四）高温法

高温法是指常压状态下，在封闭系统内利用高温处理病死及病害动物和相关动物产品的方法。适用对象同化制法。

技术工艺　①可视情况对病死及病害动物和相关动物产品进行破碎等预处理。处理物或破碎产物体积（长×宽×高）≤125cm³（5cm×5cm×5cm）。②向容器内输入油脂，容器夹层经导热油或其他介质加热。③将病死及病害动物和相关动物产品或破碎产物输送入容器内，与油脂混合。常压状态下，维持容器内部温度≥180℃，持续时间≥2.5h（具体处理时间随处理动物种类和体积大小而设定）。④加热产生的热蒸汽经废气处理系统后排出。⑤加热产生的动物尸体残渣传输至压榨系统处理。

操作注意事项同干化法。

（五）深埋法

深埋法是指按照相关规定，将病死及病害动物和相关动物产品投入深埋坑中并覆盖、消毒以处理病死及病害动物和相关动物产品的方法。适用于发生动物疫情或自然灾害等突发事件时病死及病害动物的应急处理，以及边远和交通不便地区零星病死畜禽的处理。不得用于患有炭疽等芽孢杆菌类疫病，以及牛海绵状脑病、痒病的染疫动物及产品、组织的处理。

选址要求　应选择地势高燥，处于下风向的地点。应远离学校、公共场所、居民住宅区、村庄、动物饲养和屠宰场所、饮用水源地、河流等地区。

技术工艺　深埋坑体容积以实际处理动物尸体及相关动物产品数量确定（图6-10）。深埋坑底应高出地下水位1.5m以上，要防渗、防漏。坑底洒一层厚度为2～5cm的生石灰或漂白粉等消毒药。将动物尸体及相关动物产品投入坑内，最上层距离地表1.5m以上。生石灰或漂白粉等消毒药消毒。覆盖距地表20～30cm，厚度不少于1m的覆土。

图6-10　掩　埋

操作注意事项　深埋覆土不要太实，以免腐败产气造成气泡冒出和液体渗漏。深埋后，在深埋处设置警示标志。深埋后第一周内应每日巡查1次，第二周起应每周巡查1次，连续巡查3个月，深埋坑塌陷处应及时加盖覆土。深埋后立即用氯制剂、漂白粉或生石灰等消毒药对深埋场所进行1次彻底消毒。第一周内应每日消毒1次，第二周起应每周消毒1次，连续消毒3周以上。

（六）化学处理法

（1）硫酸分解法

硫酸分解法是指在密闭的容器内，将病死及病害动物和相关动物产品用硫酸在一定条件下进行分解的方法。适用对象同化制法。

技术工艺 ①可视情况对病死及病害动物和相关动物产品进行破碎等预处理。②将病死及病害动物和相关动物产品或破碎产物投至耐酸的水解罐中，按1000kg处理物加入水150～300kg，然后加入98%的浓硫酸300～400kg（具体加入水和浓硫酸量随处理物的含水量而设定）。③密闭水解罐，加热使水解罐内升至100～108℃，维持压力≥0.15MPa，反应时间≥4h，至罐体内的病死及病害动物和相关动物产品完全分解为液态。

操作注意事项 处理中使用的强酸应按国家危险化学品安全管理、易制毒化学品管理有关规定执行，操作人员应做好个人防护。水解过程中要先将水加入到耐酸的水解罐中，然后加入浓硫酸。控制处理物总体积不得超过容器容量的70%。酸解反应的容器及储存酸解液的容器均要求耐强酸。

（2）化学消毒法

化学消毒法适用于被病原微生物污染或可疑被污染的动物皮毛消毒。

盐酸食盐溶液消毒法 先用2.5%盐酸溶液和15%食盐水溶液等量混合，将皮张浸泡在此溶液中，并使溶液温度保持在30℃左右，浸泡40h，$1m^2$的皮张用10L消毒液（或按100mL 25%食盐水溶液中加入盐酸1mL配制消毒液，在室温15℃条件下浸泡48h，皮张与消毒液之比为1∶4）。浸泡后捞出沥干，放入2%（或1%）氢氧化钠溶液中，以中和皮张上的酸，再用水冲洗后晾干。

过氧乙酸消毒法 将皮毛放入新鲜配制的2%过氧乙酸溶液中浸泡30min。然后将皮毛捞出，用水冲洗后晾干。

碱盐液浸泡消毒法 先将皮毛浸入5%碱盐液（饱和盐水内加5%氢氧化钠）中，室温（18～25℃）浸泡24h，并随时加以搅拌。然后取出皮毛挂起，待碱盐液流净，放入5%盐酸液内浸泡，使皮上的酸碱中和。最后将皮毛捞出，用水冲洗后晾干。

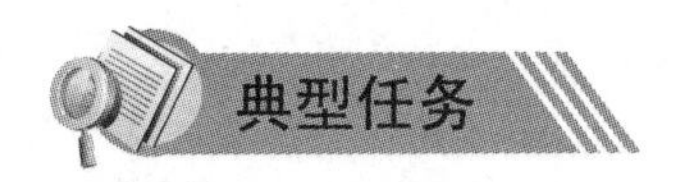

任务22 撰写书面疫情报告

【任务说明】

开展疫情报告是动物疫情防控的重要环节，也是相关从业人员及单位的法定责任。本任务旨在通过撰写书面疫情报告，使学生掌握动物疫情报告的写法以及疫情报告的内容、方式，增强职业责任感和法律意识。

【工作场景】

本任务可选择在养殖场、养殖户或养殖小区进行。所需材料包括养殖场（小区、户）的基本信息、养殖资料、既往疫情防控资料等。

【工作过程】

学生在养殖场（小区、户）兽医技术人员的指导下，查看养殖场（小区、户）的基本信息、养殖资料、既往疫情防控资料等，询问既往疫情发生的时间、地点，染疫、疑似染疫动物种类和数量，同群动物数量，免疫情况，死亡数量，临床症状，病理变化，诊断情况，流行病学和疫源追踪情况，采取的控制措施等信息。然后在老师的指导下，按照疫情报告的书面格式，以自己为报告人，养殖场（小区、户）为假定疫情单位撰写一份疫情报告。

任务23　病害动物尸体的运送和掩埋

【任务说明】

掩埋是销毁病害动物尸体及病害动物产品的重要措施。病害动物尸体及病害动物产品的运送有较强的技术要求。本任务旨在通过病害动物尸体的运送和掩埋，掌握生物安全处理的基本操作技术，增强兽医卫生安全和个人安全防护意识。

【工作场景】

本任务可选择在养殖场、养殖户、养殖小区进行。所需材料包括病死动物、挖掘工具、密封袋、特制运尸车或普通铁皮推车附带厚塑料布、生石灰、4%的氢氧化钠溶液、燃油，工作人员的口罩、风镜、防护服等。

【工作过程】

学生在养殖场（小区、户）技术人员或饲养员的指导帮助下，选定合适的掩埋地点，根据拟埋动物尸体或产品数量挖一大小适宜的掩埋坑，将动物尸体或产品装入特制运尸车，或用厚塑料布包裹严实装入普通铁皮推车，运至掩埋地点，掩埋坑底铺 2cm 厚生石灰，将动物尸体或产品投入掩埋坑，浇上燃油焚烧处理，掩埋后将掩埋土夯实。对掩埋后的地表环境使用4%的氢氧化钠溶液喷洒消毒。

任务24　病害动物尸体的焚毁和化制

【任务说明】

利用焚化炉焚毁病害动物尸体不仅可以彻底消灭传染源，保证公共卫生安全和食品安全，而且避免燃油焚烧产生的黑烟、异味和大颗粒粉尘污染。干化、湿化机是目前屠宰（养殖）生产处理可利用病害动物尸体及产品的重要工具。本任务旨在通过组织学生参与病害动物尸体的焚毁和化制，使学生掌握生物安全处理中焚化炉、化制机等现代化防疫工具的基本操作技术，提高动物防疫能力和现代科技意识。

【工作场景】

本任务应在备有焚化炉、干化或湿化机的小型屠宰（养殖）点、中小型屠宰（养殖）场和大型屠宰（养殖）企业进行。

【工作过程】

学生在焚化炉操作技术人员的指导下，将动物尸体从进料口投入焚化炉一次燃烧室，由点火温控燃烧机点火燃烧。燃烧后将产生的灰烬取出、筛分、转移填埋。在湿化机操作技术人员的指导下，将动物尸体从进料口投入湿化炉，关闭进料口，往湿化炉中通入蒸汽作为热源，化制结束后，从出料口将湿化后的固体残渣清出利用，回收油脂装入油桶备用，排放废水。

项目小结

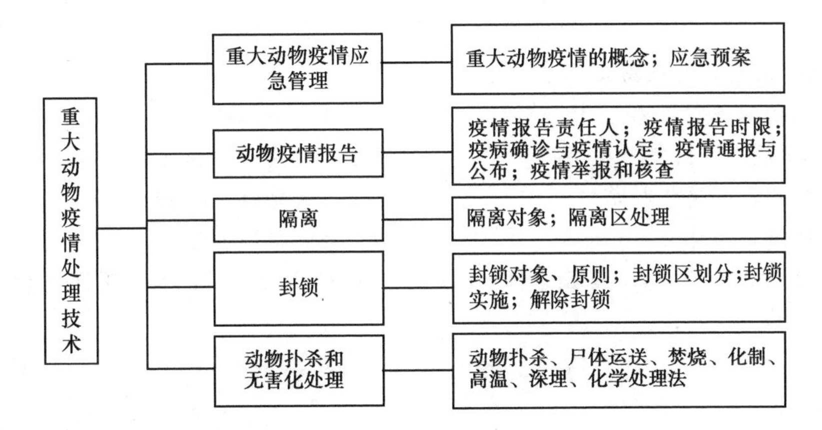

练习思考题

一、单项选择题

1. 重大动物疫情由________认定。

A. 国务院兽医主管部门指定的实验室

B. 县级政府兽医主管部门

C. 市级政府兽医主管部门

D. 省级政府兽医主管部门认定，特殊规定除外

2. 重大动物疫情由________发布。

A. 县级兽医主管部门　　B. 市级兽医主管部门

C. 省级兽医主管部门　　D. 国务院兽医主管部门

3. 在动物疫病的预防与控制中，________所指的范围最大。

A. 疫点　　B. 疫区　　C. 受威胁地区　　D. 隔离区

4. 疫点、疫区、受威胁区和封锁令由________划定公布。

A. 市畜牧兽医行政部门　　B. 县级以上地方人民政府

C. 省级畜牧兽医行政部门　　D. 农业农村部

5. 疫点、疫区、受威胁区的撤销和疫区封锁的解除，按照国务院兽医主管部门规定的标准和程序评估后，由________决定并宣布。

A. 国务院兽医主管部门　　B. 原决定机关

C. 同级兽医主管部门　　D. 同级动物卫生监督机构

6. 对在动物疫病预防和控制、扑灭过程中强制扑杀的动物、销毁的动物产品和相关

物品，县级以上人民政府应当给予________。

A. 部分赔偿

B. 照价赔偿

C. 加倍赔偿

D. 按照国务院财政部门会同有关部门制定的标准进行补偿

7. 疫区内最后一头口蹄疫患畜死后或痊愈，经一定时间期限，再无新病例出现即可解除封锁。这个时间期限一般为________。

A. 1周　　B. 2周　　C. 1个月　　D. 3个月

8. 须做扑杀销毁的病禽是感染________的禽。

A. 高致病性禽流感　　B. 鸭瘟　　C. 小鹅瘟　　D. 禽霍乱

9. 在口蹄疫疫区内要严格实行________、消毒、免疫的综合防治措施。

A. 封锁、隔离、扑杀　　B. 封锁、隔离、治疗

C. 封锁、隔离　　D. 封锁、治疗、扑杀

10. 高致病性禽流感、猪瘟和新城疫应划定的受威胁区为从疫区边缘向外延伸________的区域。

A. 3km　　B. 3～5km　　C. 5km　　D. 10km

二、判断题

1. 国家对动物疫病实行预防为主的方针。（　）

2. 重大动物疫情应急工作应当坚持加强领导，密切配合，依靠科学，依法防治，群防群控，果断处置的方针。（　）

3. 各级人民政府可以根据重大动物疫情防控需要对本行政区域内的所有易感动物实行强制免疫。（　）

4. 重大动物疫情分为4级，即特别重大、重大、较大、一般。（　）

5. 任何单位和个人不得违反规定发布重大动物疫情信息。（　）

6. 发生重大动物疫情时，应当立即启动应急预案。（　）

7. 疫区解除封锁后，当地动物防疫监督机构不需要继续对疫点和疫区进行监测。（　）

8. 疫点、疫区、受威胁区由县级以上畜牧兽医管理部门根据疫病发生的地点、种类、危害程度划分。（　）

9. 各级人民政府应当建立健全重大动物疫情应急工作问责制度。（　）

10. 任何单位或者个人发现动物疫病或者疑似动物疫病发生时，应当立即向动物防疫监督机构报告。（　）

11. 动物防疫监督机构接到疫情报告后，应当立即派员到现场进行检查、诊断；确定发生疫病时，应当迅速采取控制、扑灭措施，并及时逐级上报。（　）

12. 根据突发重大动物疫情的性质、危害程度、涉及范围，将突发重大动物疫情划分为重大、较大和一般3级。（　）

13. 隔离是切断传播途径，防止动物疫病扩散的重要措施之一。（　）

14. 执行封锁时应掌握“早、快、严、小”的原则。（　）

15. 封锁令由省级人民政府接到兽医主管部门的请示后发出。 （ ）
16. 扑杀病畜和可疑病畜是迅速、彻底地消灭传染源的一种有效手段。 （ ）
17. 当发生一类动物疫病或当地新发现传染病时，必须采取封锁措施。 （ ）
18. 一般来说，疫区内最后一头患病动物扑杀或痊愈后，即可解除封锁。 （ ）
19. 受威胁区是指疫区周围一定范围内可能会受疫病传染的地区。 （ ）

三、综合分析题

1. 某养鸡场发生疑似高致病性禽流感疫情，你认为应当如何开展疫情防控和扑灭？
2. 如果你是某动物隔离场负责人，你将如何开展管理工作？
3. 假如让你培训即将参加某地区口蹄疫疫情扑灭工作的人员，你认为应当培训哪些内容？
4. 某鸡场发生新城疫疫情，你认为在扑杀鸡群方面应如何做？
5. 如果发生高致病性禽流感疫情，你认为应当对疫区群众做哪些工作？

推荐阅读书目

重大动物疫情应急条例相关法规汇编. 中国法制出版社，2005.
张穹，贾幼陵. 重大动物疫情应急条例释义. 中国农业出版社，2006.
重大动物疫情应急条例学习读本. 中国法制出版社，2005.

动物检疫技术

岗位需求

动物检疫的范围、分类和对象；动物检疫的程序和方式、方法；动物检疫处理措施；动物检疫场所类型及检疫内容；检疫器械的使用；动物临诊检疫和实验室检疫。

能力目标

熟悉动物检疫的范围、动物检疫的对象和内容，了解国内动物检疫和国境检疫的内容；掌握动物检疫的程序，能正确使用检疫器械，能正确运用各类检疫方法和方式进行动物及动物产品检疫；能按规定进行检疫后处理。

动物检疫的目的是防止动物传染病、寄生虫病及其他有害生物的传入、传出，控制和扑灭动物疫病，保护养殖业的发展和人体健康。掌握动物检疫基本技术，了解有关技术标准、技术规范对动物检疫工作的开展十分必要。

模块一　动物检疫的范围、分类和对象

一、动物检疫的范围

动物检疫的范围是指动物检疫的责任界限。根据我国动物防疫法及动物检疫管理办法的有关规定，凡在国内生产流通或进出境的贸易性、非贸易性的动物、动物产品及其运载工具，均属于动物检疫的范围。动物检疫的范围可按照动物检疫的实物类别分为国内动物检疫的范围和进出境动物检疫的范围。

(1) 国内动物检疫的范围

《中华人民共和国动物防疫法》规定国内动物检疫的范围包括动物和动物产品。

动物是指家畜、家禽（主要指牛、马、绵羊、山羊、猪、兔、骆驼、狗、猫、鸡、鸭、鹅、火鸡等哺乳类动物和禽类）和人工饲养、合法捕获的其他动物。

动物产品是指动物的肉、生皮、原毛、绒、脏器、脂、血液、精液、卵、胚胎、骨、蹄、头、角、筋以及可能传播动物疫病的奶、蛋等。

(2) 进出境动物检疫的范围

《中华人民共和国进出境动植物检疫法》和《中华人民共和国进出境动植物检疫法实施条例》规定：进出境动物检疫的范围包括进境、出境、过境的动物、动物产品和其他检疫物；装载动物、动物产品和其他检疫物的装载容器、包装物、铺垫材料；来自动物疫区的运输工具；有关法律、行政法规、国际条约规定或者贸易合同约定应当实施进出境动物检疫的其他货物、物品。

动物是指饲养、野生的活动物，如畜、禽、兽、蛇、龟、鱼、虾、蟹、贝、蚕、蜂等。

动物产品是指来源于动物未经加工或者虽经加工但仍有可能传播疫病的产品，如生皮张、毛类、肉类、脏器、油脂、动物水产品、奶制品、蛋类、血液、精液、胚胎、骨、蹄、角等。

其他检疫物是指动物疫苗、血清、诊断液、动物性废弃物等。

二、动物检疫的分类

按照动物及其产品在交易流通中的动态及运转形式，动物检疫在总体上分为国内动物检疫（简称内检）和国境动物检疫（简称外检）两大类。

（一）国内动物检疫（内检）

对国内动物、动物产品，在其饲养、生产、屠宰、加工、储藏、运输等各个环节所进行的检疫，称为国内动物检疫。其目的是防止动物疫病的传播和蔓延，以保护我国各地养殖业的正常发展和人民健康。

内检由国家农业农村部主管，县级以上畜牧兽医行政管理部门主管本行政区域内的动物检疫工作。县级以上地方人民政府设立的动物卫生监督机构负责本行政区域内动物、动物产品的检疫及其监督管理工作。

动物卫生监督机构指派官方兽医按照《中华人民共和国动物防疫法》和《动物检疫管理办法》的规定对动物、动物产品实施检疫，出具检疫证明，加施检疫标志。动物卫生监督机构可以根据检疫工作需要，指定兽医专业人员协助官方兽医实施动物检疫。

内检有产地检疫和屠宰检疫两种。销售、运输（包括赶运）和屠宰的动物离开生产、饲养地前实施的检疫为产地检疫；对各种运输工具如火车、汽车、船只、飞机等所运送动物、动物产品所进行的检疫为运输检疫监督；在宰前、宰后及屠宰过程中，对动物及其产品进行的检疫为屠宰检疫，包括宰前检疫和宰后检验两个环节；对动物及其产品在市场交易过程中所进行的检疫与监督为市场检疫监督，其主要任务是监督检查，即对市场交易的畜禽及其产品进行验证、查物、抽检、重检、补检、补免等。

（二）国境动物检疫（外检）

在口岸对出入国境的动物、动物产品、可疑染疫的运输工具等进行的检疫和检疫处理，称为国境检疫，又称进出境检疫或口岸检疫（简称外检）。外检的目的是防止动物疫病传入、传出我国国境，保护我国畜牧业生产和人体健康，促进对外经济贸易的发展。外检有进境检疫、出境检疫、过境检疫、携带或邮寄检疫及运输工具检疫等。

三、动物检疫的对象

动物检疫对象是指动物检疫中政府规定的动物疫病（传染病和寄生虫病）。动物疫病的种类很多，动物检疫并不是把所有的疫病都作为检疫对象，而是由农业农村部根据国内外动物疫情、疫病的传播特性、保护畜牧业生产及人体健康等需要而确定的。在选择动物检疫对象时，主要考虑4个方面的因素：一是人畜共患疫病，如炭疽、布鲁氏菌病等；二是危害性大而目前预防控制有困难的动物疫病，如高致病性禽流感、非洲猪瘟等；三是急性、烈性动物疫病，如猪瘟、鸡新城疫等；四是尚未在我国发生的国外传染病，如痒病、牛海绵状脑病、非洲马瘟等。

在不同情况下，动物检疫对象是不完全相同的。在我国，全国动物检疫对象由国务院农业部门规定和公布，但各级农牧部门可以从本地区实际需要出发，在国家规定的检疫对象的基础上适当删减，作为本地区检疫对象。进出境检疫对象由国家质量监督检验检疫总局规定和公布，贸易双方国家签订的有关协定或贸易合同也可以规定某些动物疫病为检疫对象。

（一）我国动物的检疫对象

全国动物检疫对象由农业农村部制定、调整并公布，但各级农牧部门可以从本地区实际需要出发，在国家规定的检疫对象的基础上适当删减，作为本地区检疫对象。农业部于2008年12月发布修订后的《一、二、三类动物疫病病种名录》共收录动物疫病157种（见附录一）。

（二）不同用途动物的检疫对象

（1）屠宰用动物检疫对象

生猪　口蹄疫、猪瘟、高致病性猪蓝耳病、炭疽、猪丹毒、猪肺疫、猪副伤寒、猪Ⅱ

型链球菌病、猪支原体肺炎、副猪嗜血杆菌病、丝虫病、猪囊尾蚴病、旋毛虫病。

牛 口蹄疫、牛传染性胸膜肺炎、牛海绵状脑病、布鲁氏菌病、牛结核病、炭疽、牛传染性鼻气管炎、日本血吸虫病。

羊 口蹄疫、痒病、小反刍兽疫、绵羊痘和山羊痘、炭疽、布鲁氏菌病、肝片吸虫病、棘球蚴病。

家禽（鸡、鸭、鹅、鹌鹑、鸽子等禽类） 高致病性禽流感、新城疫、禽白血病、鸭瘟、禽痘、小鹅瘟、马立克氏病、鸡球虫病、禽结核病。

(2) 产地检疫用检疫对象

生猪 口蹄疫、猪瘟、高致病性猪蓝耳病、炭疽、猪丹毒、猪肺疫。

牛 口蹄疫、布鲁氏菌病、牛结核病、炭疽、牛传染性胸膜肺炎。

羊 口蹄疫、布鲁氏菌病、绵羊痘和山羊痘、小反刍兽疫、炭疽。

马属动物 马传染性贫血病、马流行性感冒、马鼻疽、马鼻腔肺炎。

鹿 口蹄疫、布鲁氏菌病、结核病。

骆驼 口蹄疫、布鲁氏菌病、结核病。

家禽 高致病性禽流感、新城疫、鸡传染性喉气管炎、鸡传染性支气管炎、鸡传染性法氏囊病、马立克氏病、禽痘、鸭瘟、小鹅瘟、鸡白痢、鸡球虫病。

(3) 种用、乳用动物的检疫对象

种猪 口蹄疫、猪瘟、高致病性猪蓝耳病、猪圆环病毒病、布鲁氏菌病、猪细小病毒病、伪狂犬病、猪支原体肺炎、猪传染性萎缩性鼻炎、炭疽、猪丹毒、猪肺疫。

种牛 口蹄疫、布鲁氏菌病、牛结核病、副结核病、牛传染性鼻气管炎、牛病毒性腹泻/黏膜病、炭疽、牛传染性胸膜肺炎、牛白血病、乳房炎。

种马 马传染性贫血病、马流行性感冒、马鼻疽、马鼻腔肺炎。

种羊 口蹄疫、布鲁氏菌病、蓝舌病、山羊关节炎脑炎、绵羊痘和山羊痘、小反刍兽疫、炭疽。

种鸡 高致病性禽流感、新城疫、禽白血病、禽网状内皮组织增殖症、鸡病毒性关节炎、禽脑脊髓炎、鸡传染性喉气管炎、鸡传染性支气管炎、鸡传染性法氏囊病、马立克氏病、禽痘、鸡白痢、鸡球虫病。

种鸭 高致病性禽流感、鸭瘟。

种鹅 高致病性禽流感、小鹅瘟。

（三）进境动物检疫对象

为防止动物传染病、寄生虫病传入，保护我国畜牧业生产和公共卫生安全，根据《中华人民共和国进出境动植物检疫法》和《中华人民共和国动物防疫法》规定，农业部和国家质量监督检验检疫总局组织制定了《中华人民共和国进境动物检疫疫病名录》并于2013年11月公告执行。该名录由制定部门在风险评估的基础上实施动态调整。

(1) 一类传染病、寄生虫病（15种）

口蹄疫、猪水疱病、猪瘟、非洲猪瘟、尼帕病、非洲马瘟、牛传染性胸膜肺炎、牛海绵状脑病、牛结节性皮肤病、痒病、蓝舌病、小反刍兽疫、绵羊痘和山羊痘、高致病性禽流感、新城疫。

(2) 二类传染病、寄生虫病（147种）

共患病（28种） 狂犬病、布鲁氏菌病、炭疽、伪狂犬病、产气荚膜梭菌感染、副结核病、弓形虫病、棘球蚴病、钩端螺旋体病、施马伦贝格病、梨形虫病、日本脑炎、旋毛虫病、土拉杆菌病、水疱性口炎、西尼罗热、裂谷热、结核病、新大陆螺旋蝇蛆病（嗜人锥蝇）、旧大陆螺旋蝇蛆病（倍赞氏金蝇）、Q热、克里米亚刚果出血热、伊氏锥虫感染（包括苏拉病）、利什曼原虫病、巴氏杆菌病、鹿流行性出血病、心水病、类鼻疽。

牛病（8种） 牛传染性鼻气管炎/传染性脓疱性阴户阴道炎、牛恶性卡他热、牛白血病、牛无浆体病、牛生殖道弯曲杆菌病、牛病毒性腹泻/黏膜病、赤羽病、牛皮蝇蛆病。

马病（10种） 马传染性贫血、马流行性淋巴管炎、马鼻疽、马病毒性动脉炎、委内瑞拉马脑脊髓炎、马脑脊髓炎（东部和西部）、马传染性子宫炎、亨德拉病、马腺疫、溃疡性淋巴管炎。

猪病（13种） 猪繁殖与呼吸道综合征、猪细小病毒感染、猪丹毒、猪链球菌病、猪萎缩性鼻炎、猪支原体肺炎、猪圆环病毒感染、副猪嗜血杆菌、猪流行性感冒、猪传染性胃肠炎、猪铁士古病毒性脑脊髓炎、猪密螺旋体痢疾、猪传染性胸膜肺炎。

禽病（20种） 鸭病毒性肠炎（鸭瘟）、鸡传染性喉气管炎、鸡传染性支气管炎、传染性法氏囊病、马立克氏病、鸡产蛋下降综合征、禽白血病、禽痘、鸭病毒性肝炎、鹅细小病毒感染（小鹅瘟）、鸡白痢、禽伤寒、禽支原体病（鸡败血支原体、滑液囊支原体）、低致病性禽流感、禽网状内皮组织增殖症、禽衣原体病（鹦鹉热）、鸡病毒性关节炎、禽螺旋体病、住白细胞原虫病（急性白冠病）、禽副伤寒。

羊病（4种） 山羊关节炎/脑炎、梅迪一维斯纳病、边界病、羊传染性脓疱皮炎。

水生动物病（44种） 鲤春病毒血症、流行性造血器官坏死病、传染性造血器官坏死病、病毒性出血性败血症、流行性溃疡综合征、鲑鱼三代虫感染、真鲷虹彩病毒病、锦鲤疱疹病毒病、鲑传染性贫血、病毒性神经坏死病、斑点叉尾鮰病毒病、鲍疱疹样病毒感染、牡蛎包拉米虫感染、杀蛎包拉米虫感染、折光马尔太虫感染、奥尔森派琴虫感染、海水派琴虫感染、加州立克次体感染、白斑综合征、传染性皮下和造血器官坏死病、传染性肌肉坏死病、桃拉综合征、罗氏沼虾白尾病、黄头病、螯虾瘟、箭毒蛙壶菌感染、蛙病毒感染、异尖线虫病、坏死性肝胰腺炎、传染性脾肾坏死病、刺激隐核虫病、淡水鱼细菌性败血症、对虾杆状病毒病、鮰类肠败血症、迟缓爱德华氏菌病、小瓜虫病、黏孢子虫病、指环虫病、鱼链球菌病、河蟹颤抖病、斑节对虾杆状病毒病、鲍脓疱病、鳖腮腺炎病、蛙脑膜炎败血金黄杆菌病。

蜂病（6种） 蜜蜂盾螨病、美洲蜂幼虫腐臭病、欧洲蜂幼虫腐臭病、蜜蜂瓦螨病、蜂房小甲虫病（蜂窝甲虫）、蜜蜂亮热厉螨病。

其他动物病（14种） 鹿慢性消耗性疾病、兔黏液瘤病、兔出血症、猴痘、猴疱疹病毒Ⅰ型（B病毒）感染症、猴病毒性免疫缺陷综合征、埃博拉出血热、马尔堡出血热、犬瘟热、犬传染性肝炎、犬细小病毒感染、水貂阿留申病、水貂病毒性肠炎、猫泛白细胞减少症（猫传染性肠炎）。

(3) 其他传染病、寄生虫病（44种）

共患病（9种） 大肠杆菌病、李斯特菌病、放线菌病、肝片吸虫病、丝虫病、附红细胞体病、葡萄球菌病、血吸虫病、疥癣。

牛病（5 种）　牛流行热、毛滴虫病、中山病、茨城病、嗜皮菌病。

马病（4 种）　马流行性感冒、马鼻腔肺炎、马媾疫、马副伤寒（马流产沙门氏菌）。

猪病（3 种）　猪副伤寒、猪流行性腹泻、猪囊尾蚴病。

禽病（6 种）　禽传染性脑脊髓炎、传染性鼻炎、禽肾炎、鸡球虫病、火鸡鼻气管炎、鸭疫里默氏杆菌感染（鸭浆膜炎）。

绵羊和山羊病（7 种）　羊肺腺瘤病、干酪性淋巴结炎、绵羊地方性流产（绵羊衣原体病）、传染性无乳症、山羊传染性胸膜肺炎、羊沙门氏菌病（流产沙门氏菌）、内罗毕羊病。

蜂病（2 种）　蜜蜂孢子虫病、蜜蜂白垩病。

其他动物病（8 种）　兔球虫病、骆驼痘、家蚕微粒子病、蚕白僵病、淋巴细胞性脉络丛脑膜炎、鼠痘、鼠仙台病毒感染症、小鼠肝炎。

模块二　动物检疫的程序和方式、方法

一、动物检疫的程序

（一）检疫申报

目前，国家实行动物检疫申报制度。畜（货）主在出售、屠宰、运输、合法捕获野生动物等，以及出售或者运输动物产品之前，应当按照国务院官方兽医主管部门的规定向当地动物卫生监管机构申报检疫。

实行报检制度有利于检疫机关预知动物、动物产品移动的时间、流向、种类和数量等情况，以便提前准备，合理布置和安排检疫具体事宜，及时完成检疫任务；有利于提高人们对动物检疫的意识；有利于提高动物、动物产品质量，促进商品流通和确保动物检疫工作的科学实施，质量到位。

(1) 报检类型及时限

出售、运输动物产品和供屠宰、继续饲养的动物，应当提前 3 天申报检疫。

出售、运输乳用动物、种用动物及其精液、卵、胚胎、种蛋以及参加展览、演出和比赛的动物，应当提前 15 天申报检疫。

向无规定动物疫病区输入相关易感动物、易感动物产品的，货主除按规定向输出地动物卫生监督机构申报检疫外，还应当在起运 3 天前向输入地省级动物卫生监督机构申报检疫。

合法捕获野生动物的，应当在捕获后 3 天内向捕获地县级动物卫生监督机构申报检疫。

屠宰动物的，应当提前 6h 向所在地动物卫生监督机构申报检疫；急宰动物的，可以随时申报。

(2) 报检内容

报检内容含动物种类、数量、起运地点、到达地点和约定检疫时间等。

在申报检疫的同时，还应当提交检疫申报单；跨省、自治区、直辖市调运乳用动物、种用动物及其精液、胚胎、种蛋的，还应当同时提交输入地省、自治区、直辖市动物卫生监督机构批准的《跨省引进乳用种用动物检疫审批表》。

(3) 报检形式

申报检疫采取申报点填报、传真、电话等方式申报。采用电话申报的，需在现场补填检疫申报单。

(4) 报检结果

动物卫生监督机构受理检疫申报后，必须填写检疫受理单，按约定时间指派具体工作人员，携带相关检疫用品到现场或指定地点实施检疫；不予受理的，应当说明理由。

（二）现场检疫和实验室检测

动物卫生监管机构接到检疫申报后，应当及时指派官方兽医对动物、动物产品等实施现场检疫。这是内检、外检中常用的检疫方式。现场检疫的内容包括查证验物和“三观一查”。

经现场检验，对发现或出现疑似的动物疫病需进一步进行实验室检测。一般认为，现场检疫和实验室检测是同一程序的两个组成部分，二者相辅相成。

（三）检疫结果

经检疫合格的，出具检疫证明、加施检疫标志并准予放行；检疫不合格的，按照我国动物防疫法及动物检疫管理办法的有关规定对检疫物实施处理。

二、动物检疫的方式、方法

动物疫病有数百种，每种疫病由于病原不同而各有其本身的特点。要正确检疫动物疫病，必须掌握检查动物疫病的方式和方法。动物检疫的方式主要有现场检疫和隔离检疫。常用的检疫方法有流行病学调查法、病理学检查法、病原学检查法、免疫学检查法和临诊检疫法。在动物检疫工作中必须应用各方面的有关理论和操作技术，根据动物检疫的特点，应用一种或几种检查方法对动物疫病作出迅速、准确的检疫。

（一）现场检疫

“现场”包括动物养殖场、集中地、屠宰场、动物产品加工基地等。现场检疫是在动物集中现场进行的检疫，其内容包括查证验物和“三观一查”。

(1) 查证验物

查证是指查看有无检疫证明。检疫证明是否由法定检疫机构出具，是否在有效期内，查看贸易单据、合同以及其他相应的证明，有无检疫证明、是否合法有效。验物是指核对被检动物、动物产品的种类、品种、数量及产地是否与证单相符。

(2)“三观一查”

“三观”是指临床检查中对动物群体的静态、动态和饮食状态的观察，“一查”是指个体检查。通过“三观”从群体中发现可疑病畜禽，再对可疑病畜禽进行详细的个体检查，进而得出临床检疫结果。

在某些特殊情况下，现场检疫还包括其他内容，如流行病学调查，病理剖检、采样送检等。

（二）隔离检疫

(1) 定点检疫

定点检疫是指将动物按规定的地点进行隔离检疫，主要用于进出境动物、种畜禽调用前后及有可疑检疫对象发生时或建立健康动物群时的检疫。如调用种畜禽一般在启用前15～30天在原种畜禽场或隔离场进行检疫。到场后可根据需要隔离30～45天。在国境检疫中，隔离检疫是指依据检疫协议或有关标准，将拟出入境的动物置于与其他动物无直接或间接接触的隔离状态，在特定时间内进行必要的临床观察。

检疫内容主要是对隔离动物进行经常性的临诊检查（群体检疫和个体检疫）。

(2) 实验检疫

实验检疫是指在动物隔离检疫期间，对发现异常情况的动物（如发病动物、病死动物和可疑感染动物等）及时采集病料进行实验室检查。进出境检疫还须按照贸易合同要求或两国政府签订的条款进行规定项目的实验室检查。

模块三 动物检疫处理

动物检疫处理是指根据检疫结果依法对被检动物及动物产品做出处理的措施。作为动物检疫工作的重要内容之一，动物检疫处理必须严格执行相关规定和要求，保证检疫后处理的法定性和一致性。只有合理地进行动物检疫处理，才能防止疫病的扩散，保障防疫效果和人的健康，真正起到检疫的作用。

一、动物检疫处理原则

动物检疫结果有合格和不合格两种情况。因此，动物检疫处理的原则有两条：一是对合格动物、动物产品发证放行；二是对不合格的动物、动物产品贯彻“预防为主”和就地处理的原则，不能就地处理的（如运输中发现）可以就近处理。

二、国内检疫后的处理

(1) 合格动物、动物产品的处理方法

合格动物 省境内进行交易的动物，出具《动物检疫合格证明（动物B）》；跨省境的动物，出具《动物检疫合格证明（动物A）》。

合格动物产品 省境内进行交易的动物产品，出具《动物检疫合格证明（产品B）》；跨省境的动物产品，出具《动物检疫合格证明（产品A）》；剥皮肉类（如马肉、牛肉、骡肉、驴肉、羊肉、猪肉等），在其胴体或分割体上加盖方形针码检疫印章，带皮肉累加盖滚筒式印章。白条鸡、鸭、鹅和剥皮兔等，在后腿上部加盖圆形针码检疫印章。经检疫确定为无检疫对象的动物、动物产品属于合格的动物、动物产品，由动物卫生监督机构出具证明，动物产品同时加盖验讫标志。

(2) 不合格动物、动物产品的处理方法

经检疫确定患有检疫对象的动物、疑似动物及染疫动物产品为不合格的动物、动物产品，应做好防疫消毒及病害动物和病害动物产品的生物安全处理。各类动物疫病的检疫后处理，严格按照《中华人民共和国动物防疫法》中动物疫病的控制和扑灭有关规定执行。

若发现动物、动物产品未按规定进行免疫、检疫，无检疫证明或检疫证明过期失效的，证、物不符，应进行补免、补检或重检。

补免 对未按规定预防接种或已接种但超过免疫有效期的动物进行的预防接种。

补检 对未经检疫进入流通领域的动物及其产品进行的检疫。

重检 动物及其产品的检疫证明过期或虽在有效期内，但发现有异常情况时所做的重新检疫。

三、进境检疫后的处理

在国境检疫中，检验检疫机构单方面采取的强制性措施，即对违章入境或经检疫不合格的进出境动物、动物产品和其他检疫物采取的除害、扑杀、销毁、退回、截留、封存、不准入境、不准出境、不准过境等措施。

(1) 合格动物、动物产品的处理

输入动物、动物产品和其他检疫物，经检疫合格的，由口岸动植物检疫机关在报关单上加盖印章或者签发《检疫放行通知单》；需要调离进境口岸海关监管区检疫的，由进境口岸动植物检疫机关签发《检疫调离通知单》。

(2) 不合格动物、动物产品的处理

不合格的动物 根据疫病的种类，由口岸动植物检疫机关签发《检疫处理通知书》，通知货主或其代理人做出处理。如系一类疾病，连同同群动物全部退回或全群扑杀，销毁尸体。二类疾病时，退回或扑杀患病动物，同群其他动物在隔离场或其他隔离地点隔离观察。

不合格的动物产品和其他检疫物 由口岸动植物检疫机关签发《检疫处理通知单》，通知货主或其代理人做除害、退回或销毁处理。经除害处理合格的，准予入境。

(3) 禁止进境的物品

禁止进境的物品包括动物病原体（包括菌种、毒种等）、害虫（对动物及其产品有害的活虫）及其他有害生物（如危险性病虫的中间宿主、媒介等），动物疫情流行国家和地区的有关动物、动物产品和其他检疫物，动物尸体等。

模块四 检疫器械使用技术

一、产地检疫器械种类及使用技术

（一）产地检疫用工具

动物产地检疫人员常携带检疫工作箱（图7-1）开展动物检疫工作。检疫工作箱中的器械有听诊器、体温计、叩诊锤、保定钢绳、刀剪镊钩棒、采血粪尿工具、动物解剖器械等。听诊器用于动物呼吸系统及消化系统的检查；体温计常用于动物临床测温检查；叩诊锤常用于动物的心血管系统、消化系统和呼吸系统的检查；保定钢绳用于猪前腔静脉采血等；游标卡尺用于动物的结核病检疫。

（二）产地检疫工具的使用方法

(1) 听诊器

首先在耳管戴上之前，将听诊器的耳管向外拉；金属耳管应向前倾斜，将耳管戴入外耳道，使耳管与耳道紧密闭合；听诊时，听诊头要贴于检查部位并尽可能地避免与被毛摩擦而产生干扰，同时要防止听诊器胶管与手臂、衣服等发生摩擦而产生杂音（图 7-2）。

图 7-1 动物检疫工作箱

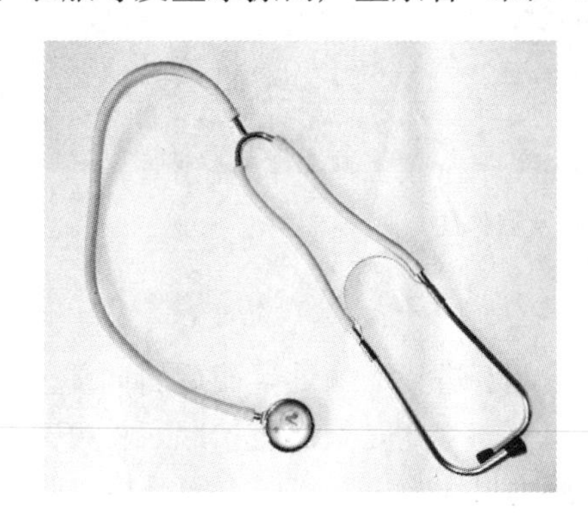

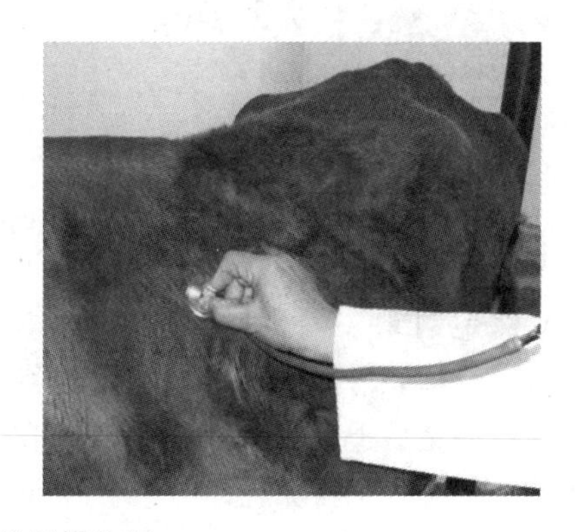

图 7-2 听诊器实物及操作图

(2) 体温计

动物临床测温通常以动物的直肠温为标准，禽类常测翼下的温度。一般用特制的玻璃棒状水银柱式体温计进行检温。测温前将体温计充分甩至 35.0℃以下，后用消毒棉轻拭并涂以润滑剂（如润滑油或水）；根据动物种类选择检测部位，检测期间将体温计放置检测部位一定时间如 3min 或 5min；取出后读取水银柱上端的度数即可；事后，甩动体温计使水银柱降下并用消毒棉轻拭，以备再用（图 7-3）。

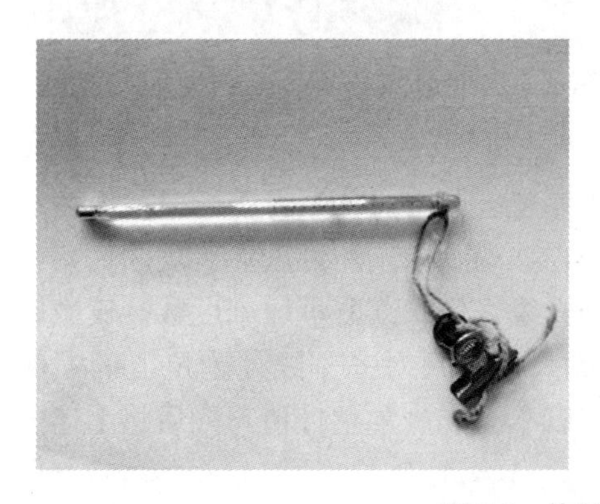

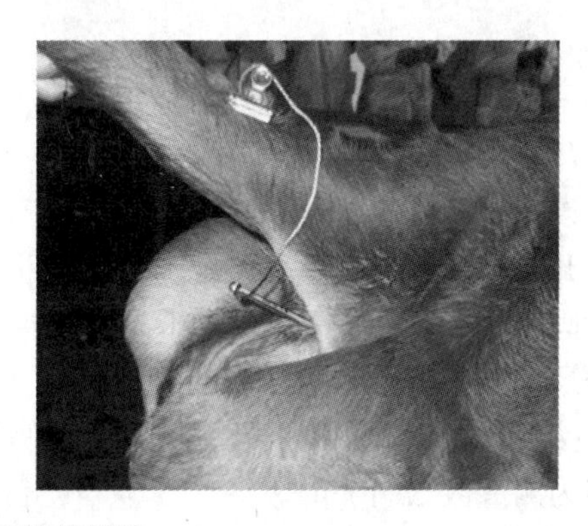

图 7-3 体温计实物及使用图

（3）叩诊锤

在动物叩诊检疫时，通常将叩诊锤连同叩诊板一并使用。使用时，左手将叩诊板紧贴被检部位，右手持叩诊锤利用腕力连续叩击叩诊板。通过检查叩诊音的范围、强度、音质变化及被检动物的敏感反应等进行疫病诊断（图 7-4）。

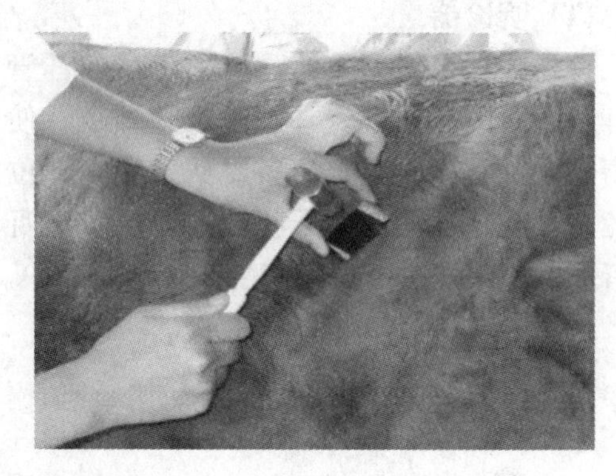

图 7-4　叩诊锤实物及操作图

（4）保定钢绳

对猪进行前腔静脉采血前，助手先将钢绳的圈部套进猪上颚处，而后斜向前上方用力牵拉手柄，在猪后退用力时，绳套滑动收缩并紧扣上颚。此时猪前肢抬起，检疫人员可顺势在猪前腔静脉处消毒采血。在牵拉手柄时不可用力过大，以防口腔上颚受损（图 7-5）。

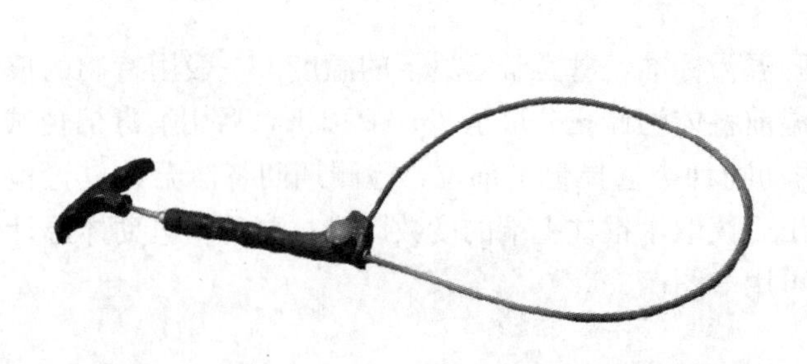
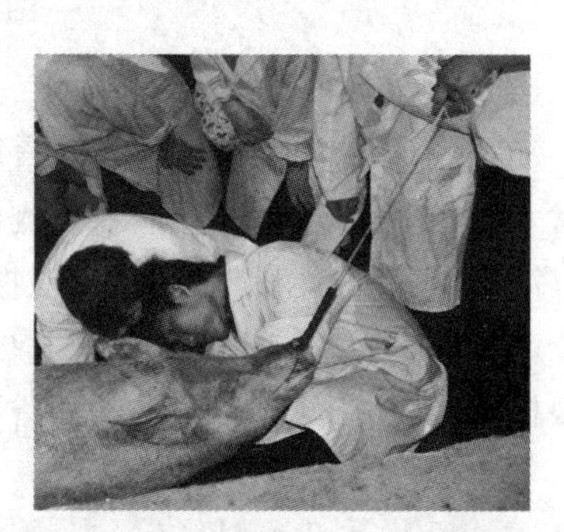

图 7-5　保定钢绳及使用图

（5）游标卡尺

该工具适用于皮内注射结核菌素法测量皮皱厚度。使用前，先将游标卡尺上的紧固螺钉松开，打开外量爪并垂直放进术部皮肤褶皱处，移动游标让外量爪夹紧皮肤为好，后拧紧紧固螺钉，以垂直方式取出卡尺。将卡尺拿到光线好处并读取量取刻度数。读数时，先在主尺上读出副尺零线以左的刻度值，再读出副尺与主尺对齐刻线处副尺上的左侧整数值，接着计算出对齐刻线处副尺上的左侧格数乘以 0.02mm 的估计值，最后将上述三值相加即为测量数（图 7-6）。

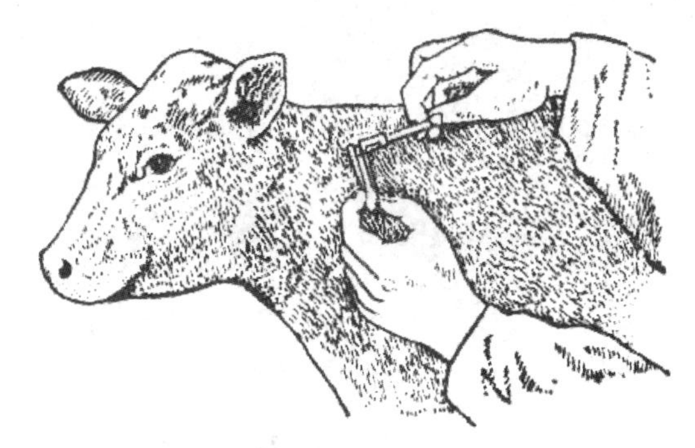

图 7-6　游标卡尺实物及使用示意图

二、屠宰检疫工具种类及使用方法

（一）工具种类

一般检疫用工具有检疫刀、检疫钩和锉棒（图 7-7）等。检疫刀用于切割检疫肌肉、内脏、淋巴结用；检疫钩用于钩住胴体、肉类和内脏一定部位便于切割。锉棒为磨刀专用。动物检疫人员上岗时，要随身携带两套检疫工具。

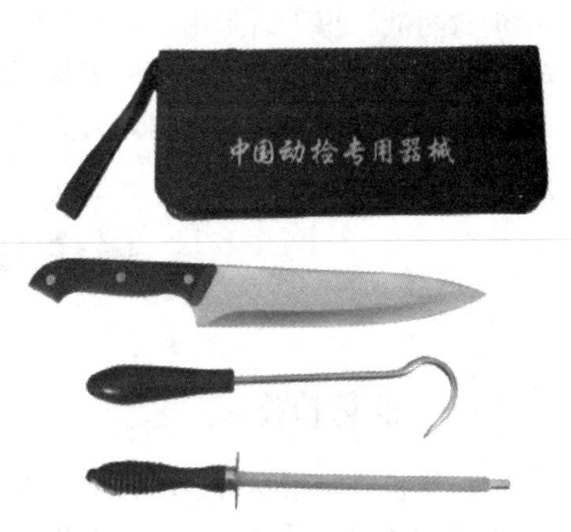

图 7-7　屠宰检疫用刀、锉、钩

（二）使用方法

(1) 检疫刀

检疫时对切开的部位和限度有一定要求，运刀时要用刀刃平稳滑动切开组织，不能用拉锯式的动作，以免造成切面模糊，影响观察。为保持检疫刀的平衡用力，拿刀时应把大拇指压在刀背上。使用时要注意安全，避免伤及自己及周围人员。万一碰伤手指等，要立即消毒包扎。

(2) 锉棒

使用时，左手持棒，右手持刀，刀刃向内（图 7-8）。将刀刃以划弧的方式由外向里与锉棒发生摩擦。磨刀时，即可先磨刀刃一侧，待较为锐利时再磨另一侧；也可两侧交替磨刀直至锐利。

(3) 检疫钩

检疫钩用于钩住胴体、肉类和内脏一定部位便于切割。为保持被检部位平衡，便于检疫工序的进行，通常是以左手持检疫钩并钩住胴体、肉类和内脏的一定部位（图 7-9）。如对倒挂的猪进行颌下淋巴结检疫时，可让助手用右手握猪右前蹄，左手用钩钩住放血刀口右壁中间部分；检验者左手持钩，钩住放血刀口左壁中间部分并向左拉开切口，再用检疫刀进行后续检疫。

图7-8　检疫刀、锉用法

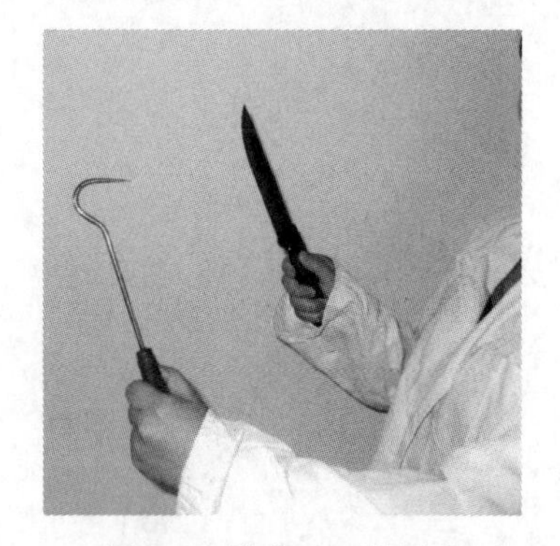

图7-9　检疫刀、钩用法

（三）卫生消毒

接触过患病动物的胴体和内脏的检疫工具，应立即放入消毒药液中浸泡消毒30～40min，换用另一套工具进行下一头肉尸的检疫。经过消毒的检疫工具，消毒后用清水冲去消毒药液，擦干后备用。检疫后的工具要消毒、洗净、擦干，以免生锈。检疫工具只供检疫用，不能另作他用。检疫工具不可用水煮沸、火焰、蒸汽、高温干燥消毒，以免造成刀、钩柄松动、脱落和影响刀刃的锋利。

模块五　临诊检疫技术

一、群体检疫

群体检疫是指对待检动物群体进行的现场检疫。通过检查，从大群动物中挑拣出有病态的动物，隔离后进一步诊断处理。一方面及时发现患病动物，防止疫病在群体中蔓延；另一方面，根据整群动物的表现，评价动物群健康状况。

（一）群体检疫的组织

(1) 群体划分

群体检疫以群为单位。根据检疫场所的不同，将同场、同圈（舍）动物划为一群；或将同一产地来源的动物划为一群；或把同车、同船、同机运输的动物划为一群。在畜群过大时，要适当分群，以利于检查。

(2) 检疫顺序

群体检疫时应按照先大群，后小群；先幼年动物群，后成年动物群；先种用动物群，后其他用途的动物群；先健康动物群，后染病动物群的顺序进行。

(3) 检疫时间

群体检疫的时间，应依据动物的饲养管理方式、动物种类和检疫要求灵活安排。对于放牧的动物群，多在放牧中跟群检疫或收牧后进行；舍饲动物常在饲喂过程中进行。反刍动物在饲后安静状态下看其反刍；奶牛、奶羊则常在挤乳过程中观察乳汁性状。在产地和口岸隔离检疫时，则需按规定在一定时间内完成必检项目。

（二）群体检疫的方法和内容

群体检疫的方法以视诊为主，即用肉眼对动物进行整体状态（体格大小、发育程度、营养状况、精神状态、姿势与体态、行为与运动）的观察。群体检疫的方法内容，一般是先静态检查，再动态检查，后饮食状态检查。

(1) 静态观察

在动物安静的情况下，观察其精神状态、外貌、营养、立卧姿势、呼吸、反刍状态、羽、冠、髯等，注意有无咳嗽、气喘、呻吟、嗜睡、流涎、孤立一隅等反常现象，从中发现可疑病态动物。

(2) 动态观察

静态检查后，先看动物自然活动，后看驱赶活动。观察其起立姿势、行动姿态、精神状态和排泄姿势。注意有无行动困难、肢体麻痹、步态蹒跚跛行、屈背弓腰、离群掉队及运动后咳嗽或呼吸异常现象，并注意排泄物的性质、颜色、混合物、气味等。

(3) 食态观察

检查饮食、咀嚼、吞咽时的反应状态。注意有无不食不饮，少食少饮、异常采食以及吞咽困难、呕吐、流涎、退槽、异常鸣叫等现象。

以上各步检查中，有异常表现或症状的动物须标上记号，单独隔离，进一步做个体检疫。

二、个体检疫

个体检疫是指对群体检疫中检出的异常个体或抽样检查（5%～20%）的个体进行系统的个体临诊检查。其目的在于初步鉴定动物是否患病、是否为检疫对象。一般群体检疫无异常的也要抽检5%～20%作个体检疫，若个体检疫发现患病动物，应再抽检10%，必要时可全群复检。个体检疫的方法内容，一般有视诊、触诊、听诊和检测体温等。

（一）视诊

利用肉眼观察动物，要求检疫员有敏锐的观察能力和系统的检查经验。

(1) 精神状态检查

健康动物两眼有神，反应敏捷，动作灵活，行为正常；若有过度兴奋的动物，表现惊恐不安，狂躁不驯，甚至攻击人畜，多见于侵害中枢神经系统的疫病（如狂犬病、李氏杆菌病等）。精神抑制的动物，轻则沉郁，呆立不动，反应迟钝；重则昏睡，只对强烈刺激才产生反应；严重时昏迷，倒地躺卧，意识丧失，对强烈刺激也无反应。见于各种热性病或侵害神经系统的疾病等。

(2) 营养状况检查

营养良好的动物肌肉丰满，皮下脂肪丰富，轮廓丰圆，骨骼棱角不显露，被毛顺滑有光泽，皮肤富有弹性；营养不良的动物，则表现为消瘦，骨骼棱角显露，被毛粗乱无光泽，皮肤缺乏弹性。多见于慢性消耗性疫病（如结核病、肝片吸虫病等）。

(3) 姿势与步态检查

健康动物姿势自然，动作灵活协调，步态稳健。病理状态下，有的动物异常站立，如破伤风患畜形似“木马状”，神经型马立克氏病病鸡两足呈“劈叉”状；有的动物强迫性躺卧，不能站立，如猪传染性脑脊髓炎；有的动物站立不稳，如鸡新城疫病鸡头颈扭转，站立不稳甚至伏地旋转；跛行则由神经系统受损或四肢病痛所致。

(4) 被毛和皮肤检查

健康动物的被毛整齐柔软而有光泽，皮肤颜色正常，无肿胀、溃烂、出血等。患病动物的被毛和皮肤常发生不同的变化而提示某些疫病。若动物被毛粗乱无光泽，脆而易断、脱毛等，可见于慢性消耗性疫病（如结核病）、螨病等；又如猪瘟病猪的四肢、腹部及全身各部皮肤有指压不褪色的小点状出血，而猪丹毒病猪则呈现指压褪色的菱形或多角形红斑。

正常鸡的冠、髯红润。若发白则为贫血的表现，呈蓝紫色则为缺氧的表现（如鸡新城疫病鸡冠髯黑紫）。

(5) 呼吸和反刍检查

主要检查呼吸运动（呼吸频率、节律、强度和呼吸方式），看有无呼吸困难，同时检查反刍情况等。

(6) 可视黏膜检查

主要检查眼结膜、口腔黏膜和鼻黏膜，同时检查天然孔及分泌物等。正常情况下，马的黏膜呈淡红色；牛的黏膜颜色较马的稍淡，呈淡粉红色（水牛的较深）；猪、羊黏膜颜色较马的稍深，呈粉红色；犬的黏膜为淡红色。黏膜的病理变化可反映全身的病变情况。黏膜苍白见于各型贫血和慢性消耗性疫病，如马传染性贫血；黏膜潮红，表示毛细血管充血，除局部炎症外，多为全身性血液循环障碍的表现；弥漫性潮红见于各种热性病和广泛性炎症；树枝状充血见于心机能不全的疫病等；黏膜发绀见于呼吸系统和循环系统障碍；黄染是血液中胆红素含量增高所致，见于肝病、胆道阻塞及溶血性疾病；黏膜出血，见于有出血性素质的疫病，如马传染性贫血、梨形虫病等。

另外，口腔黏膜有水疱或烂斑，可提示口蹄疫或猪水疱病；鼻盘干燥或干裂，要注意有无热性疫病；马鼻黏膜的冰花样斑痕则是马鼻疽的特征病变。

(7) 排泄动作及排泄物检查

注意排泄动作有无排泄困难及粪便颜色、硬度、气味、性状等有无异常。如里急后重是直肠炎的特征；粪尿的颜色性状也能提示某些疫病，如仔猪白痢排白色糊状稀粪，仔猪红痢排红色黏性稀便。

（二）触诊

触诊耳朵、角根，初步确定体温变化情况。触摸皮肤弹性，健康动物皮肤柔软，富有弹性。弹性降低，见于营养不良或脱水性疾病。检查胸廓、腹部敏感性。触诊体表淋巴结检查其大小、形状、硬度、活动性、敏感性等，必要时可穿刺检查。如马腺疫马下颌淋巴结肿胀、化脓、有波动感，牛梨形虫病则呈现肩前淋巴结急性肿胀的特征。禽类要检查嗉囊，看其内容性状及有无积食、气体、液体，如鸡患新城疫时，倒提鸡腿可从口腔流出大量酸性气味的液体食糜。

（三）听诊

听叫声、咳嗽声。如牛呻吟见于疼痛或病重期，鸡新城疫时发出“咯咯”声；肺部炎症表现为湿咳。借助听诊器听心、肺、胃肠音有无异常等。

（四）体温测定

测体温时应考虑动物的年龄、性别、品种、营养、外界气候、使役、妊娠等情况，这些都可能引起一定程度的体温波动，但波动范围一般为0.5℃，最多不会超过1℃。体温测定的方法是采用直肠测温，禽可测翅下温度。

体温升高的程度分为微热、中热、高热和极高热。微热是指体温升高0.5～1℃，见于轻症疫病及局部炎症，如胃肠卡他、口炎等。中热是指体温升高1～2℃，见于亚急性或慢性传染病、布鲁氏菌病、胃肠炎、支气管炎等。高热是指体温升高2～3℃，见于急性传染病或广泛性炎症，如猪瘟、猪肺疫、马腺疫、胸膜炎、大叶性肺炎等。极高热是指体温升高3℃以上，见于严重的急性传染病，如传染性胸膜肺炎、炭疽、猪丹毒、脓毒败血症和日射病等。体温升高者，需重复测温，以排除应激因素（如运动、暴晒、拥挤引起的体温升高）。体温过低则见于大失血、严重脑病、中毒病或热病濒死期。

在此情况下，应结合脉搏和呼吸数的测定，综合分析。各种动物的正常体温、脉搏、呼吸数见表7-1。

表7-1 各种动物的体温、脉搏和呼吸数一览表

动物种类	体温（℃）	呼吸数（次/min）	脉搏（次/min）
猪	38.0～39.5	18～30	60～80
马	37.5～38.5	8～16	26～42
奶牛	37.5～39.5	10～30	60～80
黄牛	37.5～39.5	10～30	40～80
水牛	36.5～38.5	10～50	30～50
牦牛	37.6～38.5	10～24	33～55
绵羊	38.5～40.5	12～30	70～80
山羊	38.5～40.5	12～30	70～80
骆驼	36.0～38.5	6～15	32～52
狗	37.5～39.0	10～30	70～150
猫	38.5～39.5	10～30	110～130
兔	38.0～39.5	50～60	120～140
鸡	40.5～42.0	15～30	140
鸭	41.0～43.0	16～30	120～200
鹅	40.0～41.0	12～20	120～200

（五）叩诊

必要时叩诊心、肺、胃、肠、肝区的音响、位置和界限以及胸腹部敏感程度。

三、各种动物临诊检疫

（一）禽的临诊检疫

(1) 群体检疫

静态观察 禽群在舍内或在运输途中休息时于笼内进行静态观察。主要观察站卧姿态、呼吸、羽毛、冠、髯、天然孔等。健康禽卧时头叠于翅内，站时一肢高收，羽毛丰满光滑，冠髯色红，两眼圆睁，头高举，常侧视，反应敏锐、机警。病禽精神萎靡，缩颈垂翅，闭目似睡，反应迟钝或无反应，呼吸急迫或呼吸困难或间歇张口，冠髯发绀或苍白，羽毛蓬松，嗉囊虚软膨大，泄殖腔周围羽毛污秽，有时翅肢麻痹，或呈劈叉姿势，或呈其他异常姿态。

动态观察 可在家禽散放时观察。健康禽行动敏捷，步态稳健。病禽行动迟缓，跛行，摇晃，或麻痹，常落于群后。

饮食观察 可在喂食时观察。若已喂过食，可触摸鸡嗉囊或鹅、鸭的食道膨大部。健康禽啄食连续，嗉囊饱满，食欲旺盛。病禽啄食异常，嗉囊空虚、充满气体或液体，鸣叫失声，挣扎无力。

(2) 个体检疫

禽只的个体检疫以鸡新城疫、高致病性禽流感、鸡传染性法氏囊病、鸡白痢、鸡伤寒、禽痘、鸡传染性喉气管炎、禽白血病、鸡马立克氏病、鸭瘟、禽霍乱等为主要检疫对象。

（二）猪的临诊检疫

(1) 群体检疫

静态检查 猪群可在车船内或圈舍内休息时进行静态观察。若车船狭窄，猪群拥挤不易观察时，可于卸下休息时进行观察。检疫员应悄悄地接近猪群，站立在全览的位置，观察猪只在安静状态中的各种表现。健康猪睡卧常取侧卧，四肢伸展、头侧着地，爬卧时后腿屈于腹下。站立平稳，不断走动和拱食，呼吸均匀、深长，被毛整齐有光泽，反应敏捷，见人接近时警惕凝视。病猪垂头萎顿，蜷卧呻吟，离群独立，全身颤抖，呼吸困难或喘息，被毛粗乱无光，饥窝凹陷，鼻盘干燥，颈部肿胀，眼有分泌物，尾部和肛门有粪污。

动态观察 常在车船装卸、驱赶、放出或饲喂过程中观察。健康猪起立敏捷，行动灵活，步态平稳，两眼前视，摇头摆尾或尾巴上卷，随群前进，偶发洪亮叫声，粪软尿清，排便姿势正常。病猪精神沉郁或兴奋，不愿起立，立而不稳，行动迟缓，步态踉跄，弓背夹尾，饥窝下陷，跛行掉队，咳嗽、气喘、叫声嘶哑，粪便干燥或泻痢，尿黄而短。

饮食观察 在猪群按时喂食饮水时或有意给少量水、饲料饲喂时观察。健康猪饿时叫唤，争先恐后奔向食槽抢食吃，嘴伸入槽底，大口吞食并发出声音，耳髯震动，尾巴自由甩动，时间不长即腹满而去。病猪懒于上槽，食而无力，只吃几口就退槽；有的猪表现闻而不吃，形成“游槽”，甚至躺在稀食槽中形成“睡槽”现象，有的猪饮稀或稀中吃稠，甚至停食，食后腹部仍下陷。

(2) 个体检疫

根据我国各地区猪的疫病发生情况，一般以猪瘟、高致病性猪蓝耳病、猪肺疫、猪丹毒、猪副伤寒、猪水疱病、猪口蹄疫、猪支原体肺炎、猪流行性感冒、猪密螺旋体痢疾、猪囊尾蚴病、猪旋毛虫病、猪繁殖与呼吸综合征（经典猪蓝耳病）等为重点检疫对象。

（三）牛的临诊检疫

(1) 群体检疫

静态观察　牛群在车、船、牛栏、牧场上休息时可以进行静态观察。主要观察站立和睡卧姿态、皮肤和被毛状况以及肛门有无污秽。健康牛睡卧时常呈膝卧姿势，四肢弯曲。站立时平稳，神态安定。鼻镜湿润，眼无分泌物，嘴角周围干净，被毛整洁光亮，皮肤柔软平坦，肛门紧凑，周围干净，反刍正常有力，呼吸平稳，无异常声音，粪不干不稀呈层叠状，尿清，正常嗳气。病牛睡卧时四肢伸开，横卧，久卧或疝痛，眼流泪，有黏性分泌物，鼻镜干燥、龟裂，嘴角周围湿秽流涎，被毛粗乱，皮肤局部可有肿胀，反刍迟缓或停止，呼吸增数、困难、呻吟，咳嗽，粪便或稀或干，或混有血液、黏液，血尿，肛门周围和臀部沾有粪便，不嗳气。

动态观察　牛群在车船装卸、赶运、放牛或有意驱赶时进行动态观察。主要观察牛的精神外貌、姿态步样。健康牛眼亮有神，步态平稳，腰背灵活，四肢有力，在行进牛群中不掉队。病牛精神沉郁或兴奋，两眼无神，曲背弓腰，四肢无力，走路摇晃，跛行掉队。

饮食观察　牛群在采食、饮水时观察。健康牛争抢饲料，咀嚼有力，采食时间长。敢在大群中抢水喝，运动后饮水不咳嗽。病牛厌食或不食，采食缓慢，咀嚼无力，采食时间短，不愿到大群中饮水，运动后饮水咳嗽。

(2) 个体检疫

牛的检疫主要以口蹄疫、炭疽、牛传染性胸膜肺炎、布鲁氏菌病、结核病、副结核病、蓝舌病、地方性白血病、牛传染性鼻气管炎、牛病毒性腹泻/黏膜病、锥虫病、泰勒虫病为检疫对象。牛的个体检疫除精神外貌、姿态步样、被毛皮肤等与群体检疫基本相同外，还须检查可视黏膜、分泌物、体温和脉搏的变化。

牛的体温检查是牛检疫的重要项目，常需全部逐头检测，并注意脉搏检查。牛的体温升高，常发生于牛的急性传染病。当牛群发现传染病时，更应逐头测温，并根据传染病的性质，对同群牛隔离观察一定时期。

（四）羊的临诊检疫

(1) 群体检疫

静态观察　羊群可在车、船、舍内或放牧休息时进行静态观察。观察的主要内容是姿态。健康羊常于饱食后合群卧地休息、反刍、呼吸平稳，无异常声音，被毛整洁，口及肛门周围干净，人接近时立即起立走开。病羊常独卧一隅，不见反刍，鼻镜干燥，呼吸促迫，咳嗽、喷嚏、磨牙、流泪，口及肛门周围污秽，精神萎靡不振，颤抖，人接近时不起不走。同时应注意有无被毛脱落、痘疹、痂皮等情况。

动态观察　羊群在装卸、赶运及其他运动过程中进行动态观察，主要检查步态。健康羊精神活泼，走路平稳，合群不掉队。病羊食欲不振或停食，放牧吃草时落在后面，吃吃停停，或不食呆立，不喝水更不暴饮，食后肷部仍下凹。

饮食观察　在羊群按时喂食饮水时或有意给少量水、饲料饲喂时观察。健康羊饲喂、饮水时互相争食，食后肷部臌起，放牧时动作轻快，边走边吃草，有水时迅速抢水喝。病羊食欲不振或停食，放牧吃草时落在后面，吃吃停停，或不食呆立，不喝水更不暴饮，食后肷部仍下凹。

（2）个体检疫

羊的检疫主要以口蹄疫、炭疽、布鲁氏菌病、蓝舌病、山羊关节炎脑炎、绵羊梅迪-维斯纳病、羊痘、羊疥癣为检疫对象。羊的个体检疫除姿态步样外，要对可视黏膜、体表淋巴结、分泌物和排泄物性状、皮肤和被毛、体温等进行检查。羊群中发现羊痘和疥癣，同群羊应逐只进行个体检查。

（五）马的临诊检疫

（1）群体检疫

静态观察 马群常在圈舍或系马场进行静态观察。主要观察其姿势、体表、天然孔和粪便。健康马昂头站立，机警敏捷，稍有声响，两耳竖起，两眼凝视，多站少卧，若卧地则屈肢，平静似睡，被毛整洁光亮，皮肤无肿胀，鼻眼干净，外阴无异常，粪便呈球形、中等湿度。病马睡卧不安，闭眼横卧，起卧困难，站立不稳，低头耷耳，两眼无神，姿态僵硬，精神萎靡，对外界反应迟钝或无反应，被毛粗乱无光，皮屑积聚，皮肤有局部肿胀，眼鼻流出黏性或脓性分泌物，外阴污秽，粪便干硬或拉稀，混合恶臭脓血，呼吸气喘、嗳气。

动态观察 在马群活动或放牧中观察。健康马行动活泼，步伐轻快有力，昂首蹶尾，挤向群前。运动后呼吸变化不大或很快恢复正常。病马行动迟缓，四肢无力，步伐沉重，有时踉跄，常落在马群后面，运动后呼吸变化大。

饮食观察 采食饮水时观察。健康马放牧时争向草场，舍饲给草料时两眼注意力集中在饲养员身上，有时发出“咴咴”叫声，食欲旺盛，咀嚼音秀响，饮水有吮力。病马对草料不理睬，对饲养员无反应，或吃几口即停食，或绝食，咀嚼、咽下困难，不喜饮水。

（2）个体检疫

马的检疫常以炭疽、鼻疽、马传染性贫血、马鼻腔肺炎、马流行性淋巴管炎等为主要检疫对象。个体检疫主要内容是步态步样、可视黏膜、分泌物性状、被毛、淋巴结、排泄物、呼吸和体温检测。

（六）犬的临诊检疫

（1）健康犬

活泼好动，反应灵敏，情绪稳定，喜欢亲近人，机灵而警觉性高，稍有声响，常会吠叫。安静时呈典型的犬坐姿势或伏卧。运动姿势协调，能快速奔跑，经训练有很强的跳跃能力。吃食时“狼吞虎咽”，很少咀嚼。眼明亮，无任何分泌物。鼻镜湿润，较凉，无鼻液。口腔清洁湿润，舌色鲜红，被毛蓬松顺滑，富有光泽。

（2）病犬

精神沉郁，眼睛无神，不听使唤，嗜睡呆卧，对外部反应迟钝甚至无反应。有的病犬则表现兴奋不安，无目的走动，奔跑转圈，甚至攻击人畜。站立不稳或异常站立姿势。食欲减退或废绝，饮水增加，呕吐或有腹泻。鼻端干燥，呼吸困难。被毛粗硬杂乱，或见有斑秃、痂皮、溃烂。体温多异常。

（七）家兔的临诊检疫

(1) 健康家兔

精神饱满，反应灵敏，喜欢咬斗。白天大部分时间静伏，闭目休息，呼吸动作轻微。稍有惊吓，立即抬头，两耳直立，两眼圆瞪。全身被毛浓密、匀整光洁。食欲正常，咀嚼迅速，夜间采食频繁。有啮齿行为。

(2) 病家兔

精神沉郁，反应迟钝，低头垂耳，耳部颜色苍白或发绀。常伏卧不起或表现行动迟缓，有的出现跛足或异常姿势。食欲不振或厌食，白天常能在舍内发现软粪。被毛粗乱蓬松，缺乏光泽，或有异常脱毛。眼结膜颜色异常。粪球干硬细小或稀薄如水。多有体温异常。

模块六 病理学检查技术

病理学检查技术包括尸体剖检技术和病理组织学检查技术，应在临诊检疫的基础上进行，是临诊检疫的继续和补充。主要用于临床上无典型症状或症状不明显，而只有通过剖检或病理组织学检查才能发现的疫病检疫。

一、尸体剖检技术

(1) 尸体登记

①了解动物病史、引进情况、发病畜种、发病时间、死亡时间、数量、年龄、范围等。②防治措施执行情况，使用过何种疫苗和驱虫保健药物，免疫注射的时间、方法、次数等以及临床表现和治疗效果。③使用药物的名称、用量、用法、疗程、治疗动物的数量、有效数、痊愈数、死亡数。④饲养管理情况：包括饲料成分、饮水、饲喂方法、清洁卫生、环境消毒等。⑤体表检查：剖检前对尸体体表进行仔细检查。如姿势、卧位、尸僵、腹部臌气情况以及可视黏膜、被毛、皮肤、腋下、膘情等，可作出初步死亡分析。如怀疑炭疽，严禁剖检。

(2) 剖检时间

动物死亡后要尽快剖检，越早越好，尸体久放，容易腐败，失去诊断价值。所以，夏季一般不超过 2h，春秋季一般不超过 5h，冬季一般不超过 8h。剖检应在白天光线充足时进行，白炽灯等普通灯光下不能准确地辨认色泽，如黄疸、脂变、浊肿等往往被掩盖。

(3) 地点选择

怀疑死于传染病的动物要就地剖检，严禁运往外地。如在野外剖检，应选择较偏僻、高燥的地方，远离居民区、畜舍、公路、水源，以免污染水源或人来车往等导致疫病散播。

(4) 剖检术式

动物尸体的剖检，从卧位、剥皮到体内各器官的检查，按一定的术式和程序进行。牛采取左侧卧位；马采取右侧卧位；猪、羊等中小动物和家禽取背卧位。

(5) 剖检程序

动物尸体剖检可按下列程序进行：病死动物登记→营养状况和可视黏膜检验→剥皮和皮下组织、体表淋巴结检查→剖开体腔检查体液的多少、性质以及有无异物、内脏方位、各相连的组织情况、病变检查→摘取内脏检验→肌肉、关节、骨骼和骨髓检查→开颅取脑检查→综合诊断→提出建议。

(6) 剖检数量

同群畜禽发病数量较多时，要尽量多剖检一些，家禽一般不少于发病只数的5%，家畜不少于发病头数的2%，以便从中摸索出规律，找出典型的有代表性的病变。

(7) 尸体处理

剖检前要先挖好坑，坑要挖得大些、深些，一般填入尸体后深度仍不低于1.5m。剖检在坑边进行，检查完的内脏器官随手丢弃坑内，剖检后将尸体和尸垫一起投入坑内，在尸体上撒上生石灰或其他消毒药，铲净污染的表层土壤，投入坑内，埋好后，对埋葬地区表面进行消毒。对人畜危害严重的烈性传染病如炭疽，一经剖检，其尸体应焚烧后再深埋。尽量减少对环境、用具的污染。搬运尸体前，须用浸有消毒液的脱脂棉或破布堵塞尸体天然孔，以防液体流出污染环境。对搬运尸体用过的车辆、用具及死畜生前接触过的环境进行全面、彻底的消毒。

(8) 安全防护

剖检者要戴好乳胶手套，尽量避免或减少与尸体脏器直接接触。切割脏器下刀准确，操作慎重。如不慎割破皮肤手指，应立即停止工作，用清水冲洗，挤出污血，涂上碘酊，包敷纱布、胶布后再继续工作。剖检结束要先用肥皂水彻底洗手，再用3%来苏儿或0.1%新洁尔灭等消毒。

(9) 剖检记录与诊断报告

动物病尸剖检记录是整个剖检工作不可缺少的重要组成部分，是诊断的重要依据之一。剖检记录应包括3个部分：①概述。动物的主人（送检人）姓名、送检单位与地址、动物种类、性别、年龄、特征、临床摘要和诊断、死亡时间、送检时间、剖检人姓名、剖检地点、剖检时间和在现场主要参加人姓名都需要完整登记和签名。②剖检所见病变。用规范的语言记录尸体外表和内脏器官眼观病变，包括病变的大小、形态、颜色、质度、病变部位、范围、数量、气味等，必要时可配合画图、照相和录像等。③疾病诊断。根据剖检的结果结合病史、临床症状等进行综合分析和推理判断，找出病变内在关系，得出患病动物诊断病名和死亡原因，提出处理意见或建议。

二、病理组织学检查技术

将病变组织制成厚约数微米的切片，经不同方法染色后用显微镜观察其细微病变，可千百倍地提高肉眼观察的分辨能力，加深对疾病和病变的认识，是最常用的观察、研究疾病的手段之一。同时，由于各种疾病的病变本身具有一定的组织形态特征，故常可借助组织学观察来诊断疾病，如疑为狂犬病时应取大脑海马角组织进行包涵体检查。

(1) 病理组织学检查材料的选取

有病变的器官或组织，要选择病变显著部分或可疑病灶。取样要全面而具有代表性，能显示病变的发展过程。在同一块组织中应包括病灶和正常组织，且应包括器官的重要结构部分。各种疾病病变部位不同，选取病理材料时也不完全一样。遇病因不明的病例时，应多选取组织，以免遗漏病变。

选取病理材料时，切勿挤压或损伤组织。切取组织块所用的刀剪要锋利，切取组织块时必须迅速而准确。组织块在固定前最好不要用水冲，非冲不可时只可以用生理盐水轻轻冲洗。为了防止组织块在固定时发生弯曲、扭转，对易变形的组织如胃、肠、胆囊等，切取后将其浆膜面向下平放在稍硬厚的纸片上，然后徐徐浸入固定液中。对于较大的组织片，可用两片细铜丝网放在其内外两面系好，再行固定。

选取的组织材料，厚度不超过 0.5cm，才容易迅速固定，其面积应为 1～2cm^2（检查狂犬病则需要较大的组织块），以便尽可能全面地观察病变。

（2）病理组织材料的固定

病理组织材料应及时固定，以免发生变化影响诊断。为了使组织切片的结构清楚，切取的组织块要立即投入固定液中，固定的组织越新鲜越好。固定液的种类较多，不同的固定液又各有其特点，可按要求进行选择。最常用的固定液是 10%福尔马林溶液，其他固定液如纯酒精或 Zenker 氏液等也要准备齐全备用。固定时间不宜过长或过短，如以福尔马林溶液固定，只需 24～48h 即可。固定液的量要相当于组织块总体积的 10 倍左右。

（3）病理切片制作

组织切片制作方法有石蜡组织切片和冷冻组织切片两种。

石蜡切片　将检疫材料在 10%的福尔马林溶液中固定 48h，经 70%、80%、95%系列酒精脱水，二甲苯透明，石蜡浸蜡、包埋，切片及附贴，二甲苯脱蜡、脱二甲苯，然后作苏木精-伊红染色（细胞核染成蓝色，细胞质染成红色），中性树胶封片后镜检。

冰冻切片　选取新鲜的病变组织块，用 10%福尔马林固定 24～48h，水洗、冰冻切片，然后经贴片、染色、脱水、透明、封片或染色后直接镜检。

（4）病理组织切片的观察

肉眼观察　以手持所要观察的切片，先用肉眼观察以下内容：①是什么组织或器官：大部分切片以肉眼即可判定是什么组织或器官，如心肌、肝、脾、肾、肺、脑等。②切片的质度、颜色等是否一致，如有明显不一致的地方，如果不是正常的结构上的不同，便很可能是病灶所在之处了。在用显微镜观察时尤其要注意此处。

低倍镜观察　用肉眼观察后，辨别出切片的上下面（有极薄的盖玻片那面向上），再放入显微镜下，用低倍镜观察：①观察方法，实质器官一般由外（被膜侧）向内，空腔器官由内向外逐层观察。观察每层时也应从一端开始一个视野挨一个视野地连续观察，以免遗漏小的病变。这种观察可以快一点粗略地观察一遍，若是一致性改变，然后再任选较清晰处进行详细观察；若是局灶性病变，全面观察后，便可回到病灶处详细观察。②观察内容主要包括：一是何组织、器官以印证肉眼判定的是否对，以便总结提高。二是根据组织学和病理学知识判定该组织是否正常，部分正常、部分异常还是全部异常。三是如有病变再进一步观察、描述它是什么改变，属于哪种病变。

高倍镜观察　在利用低倍镜全面观察之后，为了进一步清楚地观察某些病变的更微细的结构才能换用高倍镜观察。如果直接用高倍镜观察既容易因调不好焦距而损坏镜头或切片，又容易漏掉病变而误诊，所以一般是在低倍镜下找到你需要用高倍镜的地方之后，把该处移到低倍镜的视野中央，再换用高倍镜观察你所要观察的内容。

（5）病理诊断

结合病理剖检的病理变化，通过上述肉眼、低倍镜、高倍镜观察，做出正确的病理诊断。

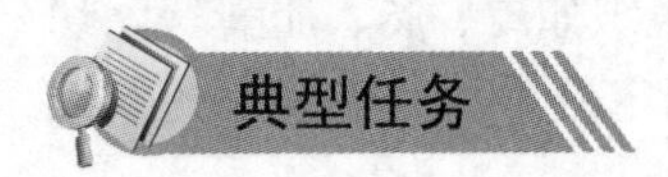

任务25　猪的临诊检疫

【任务说明】

临诊检疫可将待检的动物分出病健，并对患病动物作出是否是某种检疫对象的结论或印象。本任务旨在通过猪的临诊检疫，使学生掌握动物临诊检疫基本技术、群体和个体临诊检疫的方法。

【工作场景】

本任务宜选择一规模化猪场进行。所需材料包括保定用具，听诊器、体温计等检疫器材。

【工作过程】

学生向饲养员调查猪发病情况和经过，了解饲养管理情况；选择光线较好的场所观察猪群在安静休息时、运动活跃时和采食饮水时的状态变化。然后选择独立一隅或躺卧不起、精神沉郁、被毛粗乱或皮肤颜色异常的猪，观察其外貌、精神、姿态步样后，用手触及耳温，皮肤的温湿度、弹性及硬度，检查浅表淋巴结的大小、形态等，通过听诊器检查猪心音、喉、气管和肺泡呼吸音等，仔细辨别猪异味等。根据检查结果，得出初步检查结论。

任务26　鸡尸体剖检及病理组织触片制作

【任务说明】

通过尸体剖检，观察器官特征性病变并制作病理组织抹片，可以及早做出诊断，以便对染疫动物及群体及时采取有效措施。本任务旨在通过鸡尸体剖检并制作病理组织触片，使学生学会动物尸体剖检程序和病理组织抹片的制作技术。

【工作场景】

本任务宜选择一规模化鸡场兽医室内进行。所需材料包括活鸡、手术刀、手术剪、防护服、培养皿、酒精灯、消毒棉球、载玻片等。

【工作过程】

在向鸡场兽医技术人员或饲养管理人员了解鸡发病经过及病禽状况、死亡数等后，选择新鲜病死鸡或濒死鸡，在兽医室内将活鸡放血致死。先对鸡进行外部检查，在剖检前用消毒液将尸体表面及羽毛浸湿，仰卧保定后用力掰开两腿，拔掉颈、胸、腹中部羽毛；采用无菌技术，切开并检查皮肤、胸部肌肉及龙骨等多处。打开胸腹腔，检查各脏器病变；剪开并检查口腔、颈部、头部等器官；剪取小块肝组织，待用吸水纸吸干切面后，将肝组织切面轻触载玻片，干燥后实施检查。

任务27　家鸽肝组织涂片、染色、镜检

【任务说明】

通过动物病料涂片、染色、镜检，可以观察到细菌性病原体的形态、大小、排列规律以及有无特殊结构、染色反应等特性，这对于细菌性疫病的病原诊断具有重要意义。本任务旨在通过家鸽肝组织病料涂片、染色和镜检，使学生掌握用显微镜观察法进行细菌性疫病的病原检查技术。

【工作场景】

本任务安排在校内动物防疫与检疫实训室进行。所需材料有光学显微镜、家鸽、猪丹毒杆菌菌种、手术剪、手术刀、金属镊、接种环、培养皿、酒精灯、酒精棉球、革兰染色液、载玻片等。

【工作过程】

指导教师事先将猪丹毒杆菌菌种接种于健康家鸽若干只，待死亡后，学生每2人一组，以无菌方式采集家鸽肝脏，置于培养皿中。无菌操作取肝脏组织一小块，用无菌刀片或无菌剪子切一新鲜切面，在玻片上做数个压印或涂抹成适当大小的一薄层，经自然干燥、火焰或化学固定后，用草酸铵结晶紫染液染色1～2min，水洗，革兰碘液染色1～2min，水洗，95%酒精脱色0.5～1min，水洗，石炭酸复红染色液或沙黄染色液染色0.5～2min，水洗，干燥后使用油镜进行检查。猪丹毒杆菌为染成蓝紫色的革兰阳性菌。

任务28　鸡新城疫病毒的分离培养

【任务说明】

在对病毒性疫病的病原检查或研究时，需先通过病毒的分离培养以获得较多数量的病毒，再进行其他试验。本任务旨在通过对鸡新城疫病毒的分离培养，使学掌握病毒的鸡胚接种技术及病毒培养、收获方法。

【工作场景】

本任务安排在校内动物防疫与检疫实训室进行。所需材料包括待检病鸡、9～11日龄鸡胚、恒温箱、照蛋器、注射器（1～5mL）、消毒剂、蜡、锥子等。

【工作过程】

无菌操作，采取病鸡脾、脑或肺脏，研磨后加入10～20倍灭菌生理盐水制成悬液，并按每毫升悬液加入青霉素、链霉素各1000IU，在4℃冰箱中放置2～4h后离心沉淀，取上清液0.1～0.2mL，接种于9～11日龄鸡胚的尿囊腔内，接种后每日观察2次，取24～48h内死亡的鸡胚置4℃冰箱中过夜，次日取出鸡胚观察病变，尿囊液应清朗，胚体无腐败，头、翅和趾出血明显，收集其尿囊液备用。

项目小结

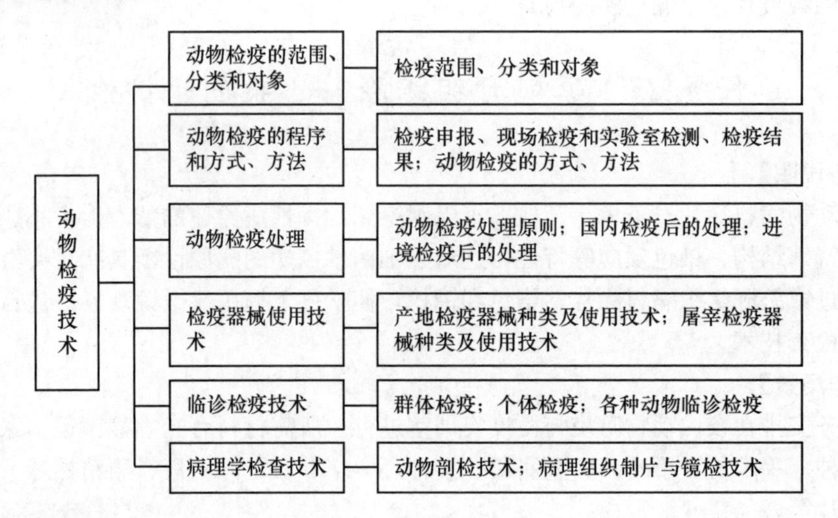

练习思考题

一、单项选择题

1. 下列检疫类别中，不属于检疫实物类别的是________。
   A. 家畜　B. 家禽　C. 国际邮包检疫　D. 观赏动物
2. 下列选项中，________为全国动物检疫对象中一类疫病。
   A. 李氏杆菌病　B. 牛瘟　C. 弓形虫病　D. 狂犬病
3. 发现人畜共患病时，除按规定处理外，还应通知________。
   A. 卫生部门　B. 工商部门　C. 税务部门　D. 财政部门
4. 全国动物检疫对象由________规定和公布。
   A. 国务院　B. 商务部
   C. 国家质量监督检验检疫总局　D. 农业农村部
5. 下列检疫方法中，________不属于临诊检疫。
   A. 兽医临诊检查法　B. 畜禽流行病学调查法
   C. 家畜病理剖检法　D. 家畜寄生虫病原学检查法
6. 出售、运输动物产品的需提前________天向当地动物卫生监管机构申报检疫。
   A. 3　B. 5　C. 10　D. 15
7. 对未经检疫进入流通领域的动物及其产品进行的检疫称为________。
   A. 补免　B. 补检　C. 重检　D. 补注
8. 省境内进行交易的动物，应出具的检疫合格证明类型是________。
   A.《动物检疫合格证明（动物A）》　B.《动物检疫合格证明（动物B）》
   C.《动物检疫合格证明（产品A）》　D.《动物检疫合格证明（产品B）》

9. 在下列检疫场所中，________符合隔离检疫条件。

A. 养殖场　　B. 屠宰场

C. 动物产品加工基地　　D. 血清学检测室

10. 在对被检动物测温前应将体温计充分甩至________以下。

A. 35.0℃　　B. 36.0℃　　C. 37.0℃　　D. 38.0℃

11. 动物群体检疫的方法中，主要以________为主。

A. 视诊　　B. 听诊　　C. 触诊　　D. 嗅诊

12. 为符合个体检疫需要，应对群体动物进行________抽检。

A. 1%～4%　　B. 5%～20%　　C. 21%～25%　　D. 26%～30%

13. 夏季在动物死后不超过________进行尸体剖检。

A. 2h　　B. 6h　　C. 10h　　D. 24h

14. 在对组织实施固定过程中，常用的福尔马林溶液浓度为________。

A. 5%　　B. 10%　　C. 15%　　D. 20%

15. 奶牛结核病检疫时，常用________进行检测。

A. 试管凝集反应试验　　B. 环状沉淀反应试验

C. 补体结合试验　　D. 变态反应试验

二、判断题

1. 动物检疫主要指对活动物法定疫病的检疫及处理。（　）

2. 动物检疫对象是指动物检疫中所有的动物疫病（包括传染病、寄生虫病）。（　）

3. 动物检疫的处理是对患病动物的处理。（　）

4. 对于准备进入我国境内的动物，只有经检疫未发现国家规定应检疫的疫病，方准进入我国境内。（　）

5. 对动物进行的临诊检疫往往能得到确定的检疫结果。（　）

6. 在实施临诊检疫时，通常以动物流行病学调查法和动物临诊检查法为主。（　）

7. 经群体检疫无检疫对象的动物，不必做个体检疫。（　）

8. 羊群在装卸、赶运及其他运动过程中进行动态观察，主要检查静态。（　）

9. 在查证验物中，验物是指核对被检动物、动物产品的种类、品种、数量及产地是否与证单相符。（　）

10. 叩诊锤可以直接叩击被检部位。（　）

11. 动物群体检疫主要有动态、静态和食态检查。（　）

12. 直接凝集反应主要用于布鲁氏菌病、鸡白痢、鸡支原体病、猪传染性萎缩性鼻炎等疫病的检疫。（　）

13. 尸体剖检一般先检查腹腔和腹腔器官，再检查胸腔和胸腔器官。（　）

14. 细菌性疫病的病料可涂片染色镜检，涂片时应根据病料的不同采取不同的方法。（　）

15. 鸡白痢通常以全血平板凝集反应试验来检疫。（　）

三、分析综合题

1. 根据所学临诊检疫知识，请你简述某鹿场梅花鹿群的临诊检疫内容和方法。

2. 假设你是某野生动物园兽医技术人员，遇到园区动物死亡时应如何处理？

3. 江苏某养猪场需出售一批商品猪至海南省，请你帮他写一份简明办事程序。

4. 某装运患螨病羊只的车辆在高速路被查获，你认为应如何处理？

5. 某苗猪交易市场一车辆上发现疑似患口蹄疫病猪一头，应如何处理？

推荐阅读书目

李春和，倪泽成，刘辛. 动物检疫理论与实务. 宁夏人民出版社，2008.

王国平. 动植物检疫法规教程. 科学出版社，2006.

张苏华. 动物产地检疫员手册. 上海科学技术出版社，2007.

毕丁仁，钱爱东. 动物防疫与检疫. 2版. 中国农业出版社，2016.

动物生产与流通环节检疫

岗位需求

动物及动物产品产地检疫；跨省调运乳用、种用动物产地检疫；水产苗种产地检疫；动物卫生监督证章标志的使用；动物宰前、宰后检疫；动物检疫监督；国境检疫。

能力目标

动物及动物产品产地检疫的程序、方法、要求及处理；动物宰前检疫、宰后检疫的程序、方法及处理；运输检疫监督、市场检疫监督的程序、内容及处理；国境检疫的程序、方法及处理。

动物及动物产品在生产、运输、调运及交易等流通过程中，由于集中时相互间接触机会多，易互相传播疫病，离散时又容易扩散疫病；同时由于环境的改变，动物机体会产生应激性反应，可能促使某些潜在的疫病发生。有关调查表明，70%的动物疫病发生都与动物的移动相关，我国发生的动物重大疫情案例中，有近50%为异地引进动物及其产品带入。动物活体及动物产品的跨区域流动是促使疫情传播的最大因素。因此，做好生产与流通环节的动物检疫工作，可以防止患有检疫对象的动物及动物产品进入流通环节，阻止疫病远距离传播，从而保护畜牧业生产健康发展，保证消费者安全，促进经济贸易。

模块一　产地检疫

一、产地检疫的意义、分类和要求

产地检疫是指出售、运输（包括赶运）和屠宰的动物及动物产品在离开生产、饲养地前实施的检疫，即到饲养场、饲养户或指定的地点检疫。产地检疫的目的是及时发现染疫动物、染疫动物产品及病死动物，将其控制在原产地，并在原产地安全处理，防止进入流通环节，保障动物及动物产品安全，保护人体健康，维护公共卫生安全。

（1）产地检疫的意义

动物产地检疫是预防、控制和扑灭动物疫病的治本措施，是整个动物检疫工作的基础。动物产地检疫的实施是落实预防为主的方针，防止患病动物、动物产品进入流通环节的关键，通过产地检疫，在动物进入流通环节之前，能及时发现病原，并及时采取措施，消灭传染源，切断传播途径，从而有效地防止病原扩散传播；加强动物产地检疫，防止疫病进入交易市场，可以减轻流通领域检疫时间紧、工作量大的压力，降低误检漏检率，提高检疫的正确性，同时减轻对外贸易、运输和市场检疫监督的压力。通过查验免疫档案和动物免疫标识，可以充分调动畜主依法防疫的积极性，促进基层动物免疫接种工作，提高动物生产、加工、经营人员的防疫检疫意识，实现防检结合，以检促防。

（2）产地检疫的分类

出售、运输前检疫　动物、动物产品及乳用、种用动物精液、卵、胚胎、种蛋出售或运输前在饲养场、加工单位内进行的就地检疫。

饲养、经营和运输前检疫　主要是指合法捕获野生动物的检疫。

（3）产地检疫的要求

检疫人员应到场入户或到指定地点实施现场检疫。结合当地动物疫情、疫病监测情况和临诊检查，合格者方可出具检疫合格证明，不得坐等出证。

当地动物卫生监督机构应按检疫要求，定期对本地区动物特别是种用、乳用动物进行疫病检查。凡新引进的动物到场后，根据检疫需要，在隔离场观察15～30天，经确认无疫病后方可投入生产。

当发生动物疫情时，应及早确诊并上报，及时采取有效措施，不得隐瞒或随意处置。对不合格的动物及动物产品，应按规定作出处理。

二、动物产地检疫

（一）动物产地检疫的实施程序

(1) 申报受理

动物卫生监督机构在接到检疫申报后，根据当地相关动物疫情情况，决定是否予以受理。受理的，应当及时派出官方兽医到现场或到指定地点实施检疫；不予受理的，应说明理由。

(2) 查验资料及畜禽标识

查验饲养场（养殖小区）、散养户《动物防疫条件合格证》、养殖档案或防疫档案，了解生产、免疫、监测、诊疗、消毒、无害化处理等情况，确认饲养场（养殖小区）6个月内未发生相关动物疫病，确认动物已按国家规定进行强制免疫，并在有效保护期内。查验动物畜禽标识加施情况，确认所佩戴畜禽标识与相关档案记录相符。

(3) 临床健康检查

动物产地检疫以临床健康检查为主，主要通过动物静态、动态和饮食状态是否正常，判断其健康与否，并对个别疑似患病动物进行详细的个体检查。

(4) 实验室检测

对怀疑患有规定疫病及临床检查发现其他异常情况的，应按相应疫病防治技术规范进行实验室检测。检测报告须由省级动物卫生监督机构指定的具有资质的实验室承担并出具。

(5) 产地检疫的出证条件

检疫结果是动物产地检疫的出证条件。凡出售或者运输的动物符合下列条件的，其检疫结果判定为合格。否则，其结果判定为不合格。判定条件如下：①来自非封锁区或未发生相关动物疫情的饲养场（养殖小区）、养殖户。②按照国家规定进行强制免疫，并在有效保护期内。③养殖档案相关记录和畜禽标识符合规定。④临床检查健康。⑤规定需进行实验室疫病检测的，检测结果合格。⑥省内调运的种用、乳用动物须符合相应动物健康标准；省内调运种用、乳用反刍动物精液、胚胎的，其供体动物须符合相应动物健康标准。

（二）动物产地检疫的处理

(1) 检疫合格动物的处理

出售或者运输的动物、动物产品经所在地县级动物卫生监督机构的官方兽医检疫合格，并取得《动物检疫合格证明》后，方可离开产地。

省境内进行交易的动物，出具《动物检疫合格证明（动物B）》；跨省境的动物，出具《动物检疫合格证明（动物A）》。

动物检疫合格证明的有效期，应根据动物种类、用途、运输距离等情况确定，省内为当日有效，跨省境的最长不得超过5天。

(2) 检疫不合格动物的处理

由动物卫生监督机构出具《检疫处理通知单》，并监督货主按照农业农村部规定的技术规范处理。

三、动物产品的检疫

（一）繁育用产品检疫

出售、运输的种用动物精液、卵、胚胎、种蛋，经检疫合格，由动物卫生监督机构根据动物产品流向情况，出具《动物检疫合格证明（产品A）》或《动物检疫合格证明（产品B）》。合格应符合如下条件：①来自非封锁区，或者未发生相关动物疫情的种用动物饲养场；②供体动物按照国家规定进行了强制免疫，并在有效保护期内；③供体动物符合动物健康标准；④农业农村部规定需要进行实验室疫病检测的，检测结果符合要求；⑤供体动物的养殖档案相关记录和畜禽标识符合农业农村部规定。经检疫不合格的动物、动物产品，由动物卫生监督机构出具《检疫处理通知单》，并监督货主按照农业农村部规定的技术规范处理。

（二）其他动物产品的检疫

经检疫来自非封锁区，或者未发生相关动物疫情的饲养场（户）；按有关规定消毒合格；农业部农村规定需要进行实验室疫病检测的，检测结果符合要求的其他动物产品，由动物卫生监督机构根据动物产品流向情况，出具《动物检疫合格证明（产品A）》或《动物检疫合格证明（产品B）》。

经检疫不合格的动物、动物产品，由动物卫生监督机构出具《检疫处理通知单》，并监督货主按照农业农村部规定的技术规范处理。

动物产品检疫证明的有效期，应根据产品种类、用途、运输距离等情况确定，省内为当日有效，跨省境的最长不得超过7天。

四、跨省调运乳用、种用动物产地检疫

加强乳用、种用动物的检疫管理是动物疫病防控不可缺少的环节。乳用、种用动物在繁殖后代的过程中，对传播疫病特别是可垂直传播疫病的影响很大。一旦乳用、种用动物患病或成为病原携带者，会成为长期的传染源，通过其乳汁、精液、胚胎、种蛋垂直传播给后代，造成疫病的传播和扩散。因此必须高度重视乳用、种用动物产地检疫工作，防止动物疫病远距离跨地区传播，减少途病、途亡。

引种审批手续　跨省、自治区、直辖市引进乳用动物、种用动物及其精液、胚胎、种蛋的，货主应当填写《跨省引进乳用种用动物检疫审批表》，向输入地省、自治区、直辖市动物卫生监督机构申请办理审批手续。

查验资料及畜禽标识　查验饲养场的《种畜禽生产经营许可证》和《动物防疫条件合格证》。查验受检动物的养殖档案、畜禽标识及相关信息。调运精液和胚胎的，还应查验其采集、存贮、销售等记录，确认对应供体及其健康状况。

临床健康检查　内容、方法同动物产地检疫。

实验室检测　对怀疑患有规定疫病及临床检查发现其他异常情况的，应按相应疫病防治技术规范进行实验室检测，如奶牛结核病、布鲁氏菌病的检查，雏白痢的检疫等。

出证条件　符合动物产地检疫的要求；临床健康检查合格；实验室检测结果合格；精

液和胚胎采集、销售、移植记录完整，其供体动物符合本规程规定的标准；调运种蛋的，还应查验其采集、消毒等记录，确认对应供体及其健康状况。

检疫处理 对跨省调运乳用、种用动物实施产地检疫时，如发现无有效的《种畜禽生产经营许可证》和《动物防疫条件合格证》或无有效的实验室检测报告的，检疫程序终止。其他处理同动物产地检疫。

种畜禽到达目的地的检疫 跨省、自治区、直辖市引进的乳用、种用动物到达输入地后，应当在所在地动物卫生监督机构的监督下，在隔离场或饲养场（养殖小区）内的隔离舍进行隔离观察，大中型动物隔离期为45天，小型动物隔离期为30天。经隔离观察合格的方可混群饲养；不合格的，按照有关规定进行处理。隔离观察合格后需继续在省内运输的，货主应当申请更换动物检疫合格证明。动物卫生监督机构办理更换动物检疫合格证明不得收费。跨省引进乳用种用动物应当在《跨省引进乳用种用动物检疫审批表》有效期内运输。逾期引进的，货主应当重新办理审批手续。

五、水产苗种产地检疫

出售或者运输水生动物的亲本、稚体、幼体、受精卵、发眼卵及其他遗传育种材料等。

水产苗种的检疫 货主应当提前20天向所在地县级动物卫生监督机构申报检疫；水产苗种到达目的地后，货主或承运人应当在24h内按照有关规定报告，并接受当地动物卫生监督机构的监督检查。经检疫合格，并取得动物检疫合格证明后，方可离开产地。检疫不合格的，动物卫生监督机构应当监督货主按照农业农村部规定的技术规范处理。

水产苗种经检疫符合下列条件的，由卫生监督机构出具动物检疫合格证明：①该苗种合格；②农业农村部规定需要经水生动物疫病诊断实验室检验的，检验结果符合要求；③跨省、自治区、直辖市引进生产场近期未发生相关水生动物疫情；④临床健康检查。

养殖、出售或者运输合法捕获的野生水产苗种的检疫 货主应当在捕获野生水产苗种后2天内向所在地县级动物卫生监督机构申报检疫。实施检疫前，货主应当将其隔离在与其他养殖场所有物理隔离设施，具有独立的进排水和废水无害化处理设施以及专用渔具并农业农村部规定的其他防疫条件的临时检疫场地。经检疫合格，并取得动物检疫合格证明后，方可投放养殖场所、出售或者运输。

六、动物卫生证章标志的种类及使用

（一）动物卫生证章标志的种类

动物卫生证章标志是动物卫生监督工作的法律凭证，为了使动物检疫工作顺利开展实施，根据《中华人民共和国动物防疫法》《动物检疫管理办法》等的规定，农业部于2010年11月发布了《关于印发动物检疫合格证明等样式及填写应用规范的通知》，共有6个动物卫生证章标志。其中《检疫申报单》适用于动物、动物产品的产地检疫和屠宰检疫申报，《动物检疫合格证明（动物A）》适用于跨省境出售或运输动物，《动物检疫合格证明（动物B）》适用于省内出售或运输动物，《动物检疫合格证明（产品A）》适用于跨省境出售或运输动物产品，《动物检疫合格证明（产品B）》适用于跨内境出售或运输动物产品，《检疫处理通知单》适用于产地检疫、屠宰检疫发现不合格动物和动物产品的处理。

（二）填写和使用基本要求

动物卫生监督证章标志的出具机构及人员必须是依法享有出证职权者，并经签字盖章方为有效。严格按适用范围出具动物卫生证章标志，混用无效。动物卫生监督证章标志涂改无效。动物卫生监督证章标志所列项目要逐一填写，内容简明准确，字迹清晰。不得将动物卫生监督证章标志填写不规范的责任转嫁给合法持证人。动物卫生监督证章标志用蓝色或黑色钢笔、签字笔填写，或计算机填写后打印。

（三）《检疫申报单》《动物检疫合格证明》填写规范

货主 货主为个人的，填写个人姓名；货主为单位的，填写单位名称。

联系电话 填写移动电话；无移动电话的，填写固定电话。

动物和动物产品种类 写明动物和动物产品的名称，如“猪”“牛”“羊”等，“猪皮”“羊毛”等。

数量及单位 数量及单位应以汉字填写，数量和单位连写，不留空格。如叁头、肆只、陆匹、壹佰羽、贰佰张、伍仟千克。

来源 填写生产经营单位或生产地乡镇名称。

启运地点 饲养场（养殖小区）、交易市场的动物填写生产地的省、市、县名和饲养场（养殖小区）、交易市场名称；散养动物填写生产地的省、市、县、乡、村名。

启运时间 动物和动物产品离开经营单位或生产地的时间。

到达地点 运载动物填写到达地的省、市、县名，以及饲养场（养殖小区）、屠宰场、交易市场或乡镇、村名。产品目的地填写产品到达地的省、市、县名。动物或产品不出省的不填省名。

用途 视情况填写，如饲养、屠宰、种用、乳用、役用、宠用、试验、参展、演出、比赛等。

承运人 填写动物承运者的名称或姓名；公路运输的，填写车辆行驶证上法定车主名称或名字。联系电话：填写承运人的移动电话或固定电话。

运载方式 根据不同的运载方式，在公路、铁路、水路、航空 4 个选项前的“□”内选划“√”。

运载工具牌号 填写车辆牌照号及船舶、飞机的编号。

运载工具消毒情况 写明消毒药名称。

到达时效 视运抵到达地点所需时间填写，动物最长不得超过 5 天，产品最长不得超过 7 天，用汉字填写。

牲畜耳标号 由货主在申报检疫时提供，官方兽医实施现场检疫时进行核查。牲畜耳标号只需填写顺序号的后 3 位，可另附纸填写，并注明本检疫证明编号，同时加盖动物卫生监督所检疫专用章。

生产单位名称地址 填写产品生产单位全称及生产场所详细地址。

检疫标志号 对于“带皮猪肉产品”，填写检疫滚筒印章号码；其他动物产品按农业农村部有关规定执行。

动物卫生监督检查站签章 由途经的每个动物卫生监督检查站签章，并签署日期。

签发日期 用简写汉字填写，如二〇一二年四月十六日。

备注 有需要说明的其他情况可在此栏填写。如将动物产品检疫合格证作为分销换证用，应在此注明原检疫证明号码及必要的基本信息。

（四）《检疫处理通知单》项目填写规范

编号为年号加6位数字顺序号，以县为单位自行编制。检疫处理通知单应载明货主的姓名或单位，动物和动物产品种类、名称、数量，数量应大写。引用国家有关法律法规应当具体到条、款、项。写明无害化处理方法。

模块二 屠宰检疫

一、宰前检疫

对待宰动物活体进行的检疫称为宰前检疫。宰前检疫是屠宰检疫的重要组成部分。通过宰前检疫，及时查出患病动物，做到早发现，早处理，防止疫病扩散。尤其对临诊症状明显而宰后却难以发现的疫病如狂犬病、破伤风、李氏杆菌病、猪传染性乙型脑炎、口蹄疫、羊痘和中毒病等有重要意义。宰前检疫可弥补宰后检疫的不足，减轻宰后检疫的压力，对保障肉品安全有重要的把关作用。实行宰前检疫还能及时发现和剔出患病动物和伤残动物，有利于做到病、健分宰，减轻肉品污染，提高肉品卫生质量，减少经济损失。通过查证验物，发现和纠正违反动物防疫法律法规的行为，促进动物免疫接种和动物产地检疫工作的实施。

（一）宰前检疫的程序和内容

(1) 入场（厂、点）监督查验

查证验物 动物到达屠宰场而没有卸载之前，向畜（货）主或押运员了解动物的来源和产地疫情，收缴并审验《动物检疫合格证明》以及佩戴有农业农村部规定的畜禽标识，检疫证明是否有伪造、涂改和转让等，并仔细察看动物，核对有关证明所记载的拟进场屠宰动物的种类、数量、畜禽标识。询问货主在运输过程中是否有动物发病、死亡等异常情况。发现动物疫情时，要根据标识，通知产地动物卫生监督机构调查疫情，及时追查疫源，采取对策。

临床健康检查 经上述查验认可的动物，准予卸载，并对动物进行临床健康状况检查（家禽按每车随机抽取60～100只进行个体检查），抽检“瘦肉精”等违禁药物饲喂情况，填写该批次动物现场检疫记录表。一般在卸载台到圈舍之间设置狭长的走廊，检疫人员在走廊旁的适当位置视检行进中动物的精神外貌和行走姿态，对发现有异常的动物，分别涂上一定的标记。在走廊近圈舍的一端由专人把守，按所作的标记将可疑病畜禽移入隔离栏，并进行详细的个体临诊检查，必要时进行实验室检查。

结果处理 《动物检疫合格证明》有效、证物相符、畜禽标识符合要求、临床检查健康，方可入场，并回收《动物检疫合格证明》。场（厂、点）方须按产地分类将生猪送入待宰圈，不同货主、不同批次的生猪不得混群。不符合条件的，按国家有关规定处理。监督货主在卸载后对运输工具及相关物品等进行消毒。对入场前和待宰期间检查出的患病动物和疑似患病动物，根据定性情况及时逐级报告单位，同时填写《检疫处理通知单》给屠宰场业主，并监督其按照我国病死及病害动物无害化处理技术规范有关规定处理。通知产地动物卫生监督机构对患病动物进行追踪溯源。

(2) 检疫申报

场（厂、点）方应在屠宰前6h申报检疫，填写检疫申报单。

(3) 宰前检查

在屠宰前2h内，对待宰动物实施部分临床健康检查。

（二）宰前检疫后的处理

准宰　待宰动物有检疫合格证且有动物检疫证，并佩戴有农业农村部规定的畜禽标识；证物相符；临诊检查健康的，可进入屠宰场（厂、点）准予屠宰。

补检或重检　无检疫合格证明，则实施补检；检疫合格证明过期失效或证物不相符的，则实施重检。持伪造、涂改和转让无效的检疫合格证明的，除实施补检外，还须按动物防疫法等国家有关法律法规规定处理。

禁宰　发现有口蹄疫、猪瘟、高致病性猪蓝耳病、炭疽、牛传染性胸膜肺炎、牛海绵状脑病、痒病、小反刍兽疫、绵羊痘和山羊痘、高致病性禽流感、新城疫等疫病症状的，限制移动，并按照《中华人民共和国动物防疫法》《重大动物疫情应急条例》及我国动物疫情报告、病死及病害动物无害化处理技术规范有关规定处理。

缓宰　发现有猪丹毒、猪肺疫、猪Ⅱ型链球菌病、猪支原体肺炎、副猪嗜血杆菌病、猪副伤寒、布鲁氏菌病、牛结核病、牛传染性鼻气管炎、鸭瘟、小鹅瘟、禽白血病、禽痘、马立克氏病、禽结核病等疫病症状的，按国家有关规定处理，同群隔离观察，确认无异常的，准予屠宰；隔离期间出现异常的，按我国病死及病害动物无害化处理技术规范有关规定处理。

隔离检测　怀疑患有《畜禽检疫规程》规定疫病及临床检查发现其他异常情况的，按相应疫病防治技术规范进行实验室检测，并出具检测报告。实验室检测须由省级动物卫生监督机构指定的具有资质的实验室承担。发现患有《畜禽检疫规程》规定以外疫病的，隔离观察，确认无异常的，准予屠宰；隔离期间出现异常的，按我国病死及病害动物无害化处理技术规范有关规定处理。

急宰　确认为无碍于肉食安全且濒临死亡的动物，视情况进行急宰（是指为了防止传染或免于自然死亡而强制进行紧急宰杀）。

消毒　监督场（厂、点）方对处理患病动物的待宰圈、急宰间以及隔离圈等进行消毒。

二、宰后检疫

宰后检疫是指动物在放血解体的情况下，直接检查肉尸、内脏，根据其病理变化和异常现象进行综合判断，得出检疫结论。宰后检疫属于宰后检验的重要内容。

（一）动物宰后检疫的意义

因动物宰后肉尸、内脏充分暴露，能直观、快捷、准确地发现肉尸和内脏的病理变化，对临诊症状不明显或处于潜伏期、在宰前难发现的疫病如猪慢性咽炭疽、猪旋毛虫、猪囊尾蚴等较容易检出，弥补了宰前检疫的不足，从而防止疫病的传播和人畜共患病的发生。

宰后检疫还可以及时发现非传染性畜禽胴体和内脏的某些病变，如黄疸肉及黄脂肉、脓毒症、尿毒症、腐败、肿瘤、变质、水肿、局部化脓，异色、异味等有碍肉品卫生的情况，以便及时剔除，保证肉品卫生安全。

（二）宰后检疫的基本方法和要求

（1）宰后检疫的基本方法

宰后检疫主要是通过感官检验对胴体和脏器的病变进行综合判断和处理，必要时辅以细菌学、血清学、病理组织学等实验室检验。感官检验方法主要有视检、剖检、触检和嗅检，以视检和剖检为主。

视检 通过视觉器官直接观察胴体皮肤、肌肉、脂肪、胸腹膜、骨骼、关节、天然孔及各种脏器浅表暴露部位的色泽、形状、大小、组织状态等，判断有无病理变化或异常，为进一步剖检提供方向。如牛、羊的上下颌骨膨大时，注意检查放线菌病；若猪咽喉和颈部肿胀的，应注意检查咽炭疽和猪肺疫；若见皮肤、黏膜、脂肪发黄，则表明有黄疸的可能。

剖检 用检疫刀切开肉尸或脏器的深部组织或隐蔽部分，观察其有无病理变化，这对淋巴结、肌肉、脂肪、脏器的检查非常必要，尤其是对淋巴结的剖检更为重要。当病原体侵入动物机体后，首先进入管壁薄、通透性大的淋巴管，进而随淋巴液流向附近淋巴结内，在此被其吞噬、阻留或消灭。由于阻留病原体的刺激，淋巴结会呈现相应的病理变化如肿大、充血、出血、化脓、坏死等，病因不同，淋巴结的病理形态变化也不同，且往往在淋巴结中形成特殊的病变。如猪瘟病猪全身淋巴结肿大、切面周边出血呈红白相间的大理石样外观；炭疽病变淋巴结急剧肿大、变硬，切面呈砖红色，淋巴结周围组织常有胶样浸润。

触检 即通过触摸受检组织和器官，感觉其弹性、硬度以及深部有无隐蔽或潜在性的变化。触检可减少剖检的盲目性，提高剖检效率，必要时将触检可疑的部位剖开视检，这对发现深部组织或器官内的硬块很有实际意义。例如猪肺疫时红色肝变的肺除色泽似肝外，用手触摸其坚实性亦似肝；奶牛乳房结核时可摸到乳房内的硬肿块等，均具有一定的诊断价值。

嗅检 用鼻嗅闻被检胴体及组织器官有无异常气味，借以判定肉品质量和食用价值，为实验室检验提供指导，确定实验室的必检项目。生前动物患有尿毒症，宰后肉中有尿臊味；生前用药时间较长，宰后肉品有残留的药味；病猪、死猪冷宰后肉有一定的尸腐味等，都可通过嗅检查出。当感官检验不能判定疾病性质时，须进行实验室检验。

（2）宰后检疫的要求

为了迅速准确地做好在高速运转的屠宰加工流水线上的检验工作，必须遵守一定的程序和方法，掌握操作规程和法定动物疫病的典型病理变化，做到检疫刀数到位、检疫术式到位、综合判定到位、生物安全处理到位。

操作要求　为了保证肉品的卫生质量和商品外观，剖检只能在一定部位切开，且切口大小、深浅适度，不允许随意乱划和拉锯式切割。如肌肉应顺肌纤维方向切开，一般不得横断，以免形成大的裂口导致细菌的感染；淋巴结应沿长轴切开。在屠宰量大时，胴体、内脏或离体的头、蹄等要进行统一编号，对照检查，以免调乱，难以查对。

工具管理　上岗时应随身携带两套检疫工具，以便替换；遇到污染时，立刻更换另一套。被污染的检疫工具要彻底消毒后方可使用。

安全防护　内脏器官暴露后一般应先视检外形，不要急于剖检。当切开组织或脏器的病变部位时，要估计可能造成对外界的污染，采取一切措施，防止病原扩散。检出疑似重大疫病时，要立即上报疫情、封锁现场、按规定处理。

（三）猪宰后检疫程序和操作要点

猪宰后检疫程序包括头部检疫、皮肤检疫、内脏检疫、胴体检疫、寄生虫检验等 5 个环节。

(1) 皮肤检疫

带皮猪在烫毛后开膛之前详细视检皮肤变化，特别是皮肤较薄的地方，必要时触检。检查皮肤完整性和颜色，注意有无充血、出血、淤血、疹块、水疱、溃疡等病变。如猪患败血型猪丹毒时，腰背部大面积弥漫性充血；猪瘟病猪在耳、腹下部、四肢内侧等处皮肤针尖状、点状出血。

(2) 头部检疫

以检查咽炭疽和囊尾蚴为主，同时观察头、鼻、眼、唇、龈、咽喉、扁桃体等有无病变。

咽炭疽、结核、猪瘟和猪肺疫的检疫　主要剖检两侧下颌淋巴结及其周围组织。猪放血致死后，烫毛剥皮之前，检验者左手持钩，钩住切口左壁的中间部分，向左牵拉切口使其扩张。右手持刀将切口向深部纵切一刀，深达喉头软骨。再以喉头为中心，朝向下颌骨的内侧，左右各作一弧形切口，便可在下颌骨内沿、颌下腺下方，找出呈卵圆形或扁椭圆形的左右颌下淋巴结，并进行剖检（图 8-1），观察有无病理变化及其周围组织有无胶样浸润。

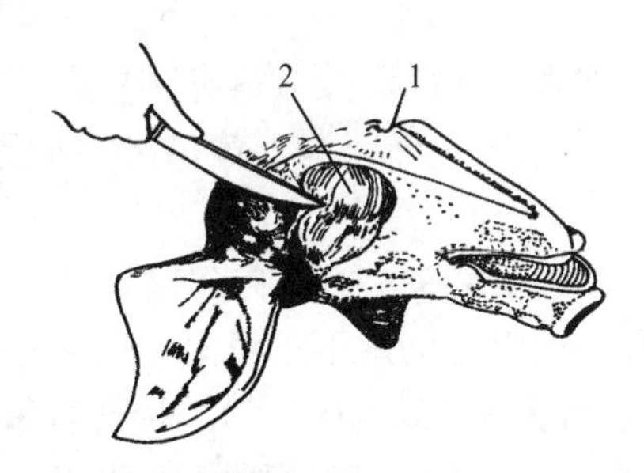

图 8-1　猪的咬肌检疫术式图（离体猪头）

1. 检疫钩住的部位；2. 被切开的咬肌

图 8-2　猪颌下淋巴结剖检术式图

1. 咽喉头隆起；2. 下颌骨切迹；3. 颌下腺；4. 颌下淋巴结

囊尾蚴检疫　主要检两侧咬肌。猪浸烫刮毛或剥皮后，平行紧贴下颌骨角切开左右咬肌 2/3 以上（图 8-2），观察咬肌有无灰白色米粒大半透明的囊尾蚴包囊和其他病变。

头部其他检查　还应观察耳、鼻、眼、唇、龈、咽喉、扁桃体等，以判断有无猪瘟、口蹄疫、传染性萎缩性鼻炎等可疑变化。

(3) 内脏检疫

内脏检疫有离体和非离体两种情况。非离体检验，按脏器在畜体内的自然位置，由后向前顺序检查；离体检验，按脏器摘出的顺序摘出后放在检验台上进行检查。若某内脏外表异常，则将其分割出来后重点检查。

取出内脏前，要先观察胸腔、腹腔有无积液、粘连、纤维素性渗出物。

胃、肠、脾检查（白下水检查） 先视检脾脏，观察其形态、大小、颜色，重点看脾脏边缘有无楔状的出血性梗死区，触检其弹性、硬度，必要时剖开观察脾髓。然后剖检肠系膜淋巴结，对肠系膜淋巴结做长度不少于 20cm 的弧形切口，检查有无肠炭疽、猪瘟、猪丹毒、弓形虫病等疫病。最后视检胃肠浆膜、肠系膜，看其有无充血、出血、结节、溃疡及寄生虫等（图 8-3）。

肺、心、肝检查（红下水检查） 视检肺脏外表、色泽、大小，触检弹性，必要时剖开支气管淋巴结，检查肺呛水、结核、肺丝虫、猪肺疫及各种肺炎病变；视检心包和心外膜，剖开左室，视检心肌、心内膜及血液凝固状态，注意二尖瓣有无菜花样赘生物，检查猪丹毒、猪囊尾蚴及恶性口蹄疫时的“虎斑心”；视检肝脏外表、色泽、大小，触检被膜和实质的弹性，剖检肝门淋巴结、肝实质和胆囊，检查有无寄生虫、肝脓肿、肝硬变以及肝脂肪变性、淤血等（图 8-4）。

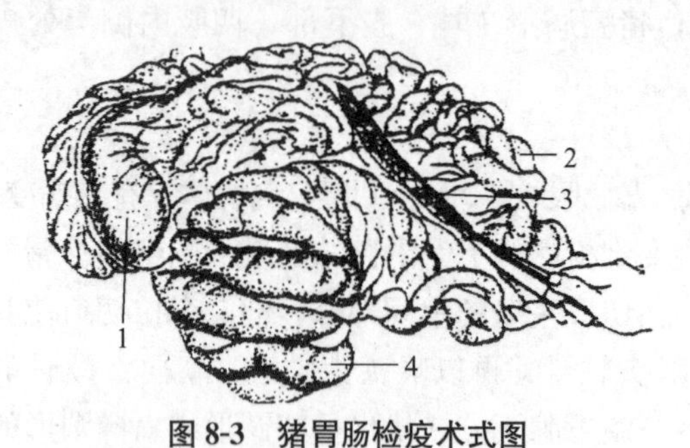

图 8-3 猪胃肠检疫术式图

1. 胃；2. 小肠；3. 肠系膜淋巴结；4. 大肠

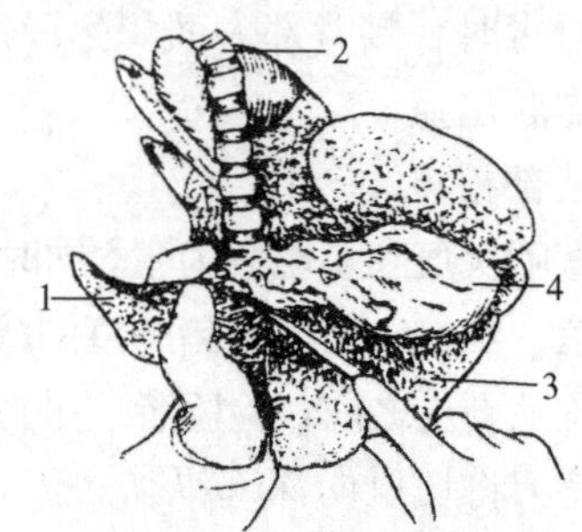

图 8-4 猪心、肝、肺检疫术式图

1. 右肺尖叶；2. 气管；3. 右肺膈叶；4. 心

(4) 肉尸检疫

外表检疫 观察皮肤、皮下组织、肌肉、脂肪、胸膜、腹膜、关节等有无异常，判断放血程度，推断被检动物的生前健康状况。视检脂肪和肌肉色泽，检出黄疸肉、黄膘肉、红膘肉、羸瘦肉、消瘦肉以及白肌肉等。

淋巴结检疫 主要剖检腹股沟浅淋巴结，位于最后一个乳头上方（肉尸倒挂时），3～6cm 的皮下脂肪内。剖检时，检验者用钩钩住最后乳头稍上方的皮下组织向外侧牵拉，右手持刀从脂肪组织层正中切开，即可发现被切开的腹股沟浅淋巴结（图 8-5）。腹股沟深淋巴结位于髂深动脉起始部的后方，与髂内、髂外淋巴结相邻。必要时剖检腹股沟深淋巴结、髂下淋巴结及髂内淋巴结。通过观察淋巴结的病理变化，判定动物疫病的性质。剖检腹股沟深淋巴结时，首先沿腰椎虚设一垂线 AB，再自倒数第 1、2 腰椎结合处斜向上方虚引一直线 CD，使 CD 线与 AB 线呈 15°相交（图 8-6）。然后沿 CD 线切开脂肪层，见到髂外动脉，沿此动脉可找到腹股沟深淋巴结。

腰肌的检疫 沿荐椎与腰椎结合部两侧肌纤维方向切开 10cm 左右切口，检查有无猪囊尾蚴。

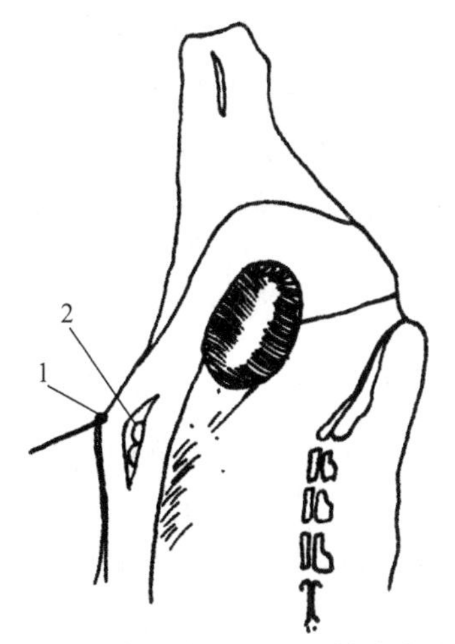

图 8-5　猪腹股沟浅淋巴结检疫术式图

1. 检疫钩钩住的部位；2. 剖检切口与切口中的淋巴结

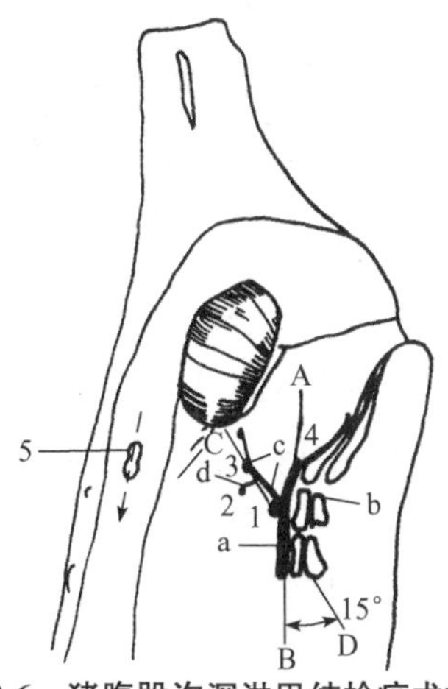

图 8-6　猪腹股沟深淋巴结检疫术式图

（AB 线为沿腰椎虚设直线，CD 线为斜向上方虚引直线）

1. 髂内淋巴结；2. 髂内淋巴结；3. 腹股沟深淋巴结；4. 腹下淋巴结；5. 腹股沟浅淋巴结；a. 腹主动脉；b. 髂内动脉；c. 髂外动脉；d. 旋髂深动脉

肾脏的检疫　猪肾位于前 3 个腰椎横突的下方。检查时，应先剥离肾包膜，用钩钩住肾盂部，再用检疫刀沿肾中间纵向轻轻划一刀，然后以刀背将肾包膜向外挑开，观察肾的色泽、形状、大小，注意有无出血、化脓等病变。必要时切开肾脏，检查皮质、髓质、肾盂等。肾脏对猪瘟、猪丹毒、猪副伤寒、钩端螺旋体病等疫病的检出有重要价值。

(5) 旋毛虫的检疫

旋毛虫检查　取左右膈脚各 30g 左右，与胴体编号一致，撕去肌膜，感官检查后镜检。如发现旋毛虫虫体或包囊（图 8-7、图 8-8），应根据编号进一步检查同一头猪的胴体、头部及心脏。

图 8-7　旋毛虫

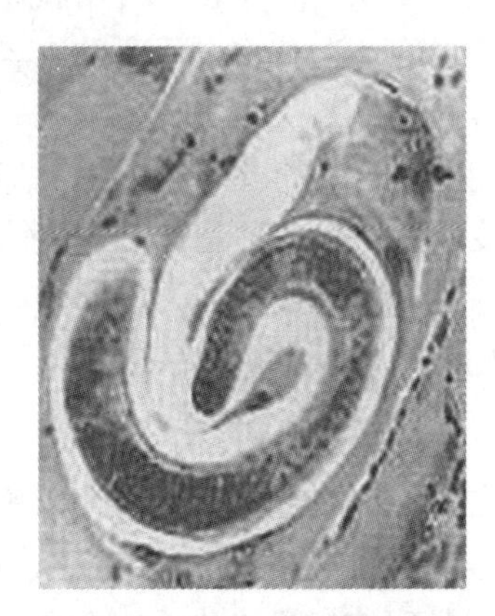

图 8-8　旋毛虫包囊肌肉切片

(6) 复检

复检是指对肉尸的再次检查。主要强调对“三腺”的摘除情况进行检查和畜禽标识的回收。“三腺”指甲状腺、肾上腺和病变淋巴结。甲状腺、肾上腺是内分泌器官，淋巴结是免疫器官，所以“三腺”中含有内分泌激素和病原微生物，人们一旦误食，会引起食物中毒。

（四）动物宰后检疫结果处理

合格肉尸 符合下列条件的判定为检疫合格：①无规定的传染病和寄生虫病；②符合农业农村部规定的相关屠宰检疫规程要求；③需要进行实验室疫病检测的，检测结果符合要求经检疫合格的。检疫合格的由动物卫生监督机构在肉尸上加盖通用的长方形滚动肉检验讫印章，内脏等动物产品包装上加封检疫合格标志，然后出具动物产品检疫合格证明。

不合格肉尸 检出病害的，根据疫病的性质，肉尸、内脏病害程度以及肉尸整体状态，填写《无害化处理通知单》给屠宰场业主，并监督其按照我国病死及病害动物无害化处理技术规范有关规定处理。

三、动物宰后检疫结果登记

对每天所检出的疫病种类进行统计分析，登记项目包括官方兽医应监督指导屠宰场（厂、点）方做好待宰、急宰、生物安全处理等环节各项记录；官方兽医应做好入场监督查验、检疫申报、宰前检查、同步检疫等环节记录。

检疫记录应保存12个月以上，这不仅具有很大的科研价值，而且对当地动物疫病的流行病学研究和采取防制对策有十分重要的意义。

四、动物检疫标志使用技术

（一）检疫滚筒印章

用在带皮肉上的标志。沿用农业部1997年规定的滚筒验讫章规格样式。

主要内容 滚筒验讫印章的内容主要有省份、检疫编号、“肉检验讫”字样、检疫时间四部分内容。

使用方法 滚筒验讫章（图8-9）共有两种类型，一种是常规滚筒验讫印章，主要适用于带皮胴体；另一种是针刺式滚筒验讫印章，适用于剥皮胴体。使用前，先将滚筒验讫印章的验讫时间调整到当天日期，再蘸取食用蓝，最后沿胴体脊柱两侧由后上肢背侧至前上肢背侧处均匀滚印，以字迹清晰可辨为合格。

（二）检疫粘贴标志的种类及规格

用在动物产品包装箱上的大标签（图8-10） 外圆规格为长64mm、高44mm漏白边的椭圆形，内圆规格为长60mm、高40mm的椭圆形，外周边缘蓝色线宽2mm，白边2mm，标签字体黑色，边缘靛蓝色。上沿文字为“动物产品检疫合格”，字体为黑体，字号为19号，“检疫合格”字中有微缩的“JYHG”大写字母，中间插入动物卫生监督标志图案；其下沿为喷码各省简写字开头后加10位数字的流水号码，字体为黑体四号；喷码

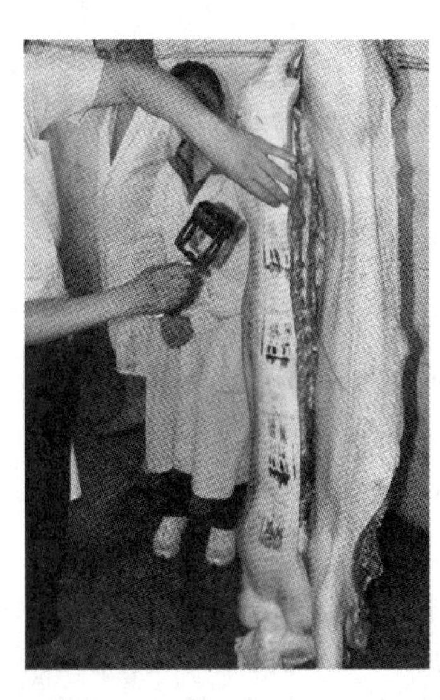

图 8-9　滚筒验讫章实物及印迹

下沿印制各省动物卫生监督所监制，字体为黑体，字号为 9 号，背景为把“××省动物卫生监督所”放入多层团花中制作的防伪版纹。

用在动物产品包装袋上的小标签（图 8-11）　外圆规格为长 43mm、高 27mm 漏白边的椭圆形，内圆规格为长 41mm、高 25mm 的椭圆形，外周边缘蓝色线宽 1mm，白边 1mm，标签字体黑色，边缘靛蓝色。上沿文字为“动物产品检疫合格”，字体为黑体，字号为 12 号，“检疫合格”字中有微缩的“JYHG”大写字母，中间插入动物卫生监督标志图案；下沿为喷码各省简写字开头后加 6 位行政区域代码，字体为黑体小五号；喷码下沿印制各省动物卫生监督所监制，字体为黑体，字号为 8 号，背景为把“××省动物卫生监督所”放入多层团花中制作的防伪版纹。

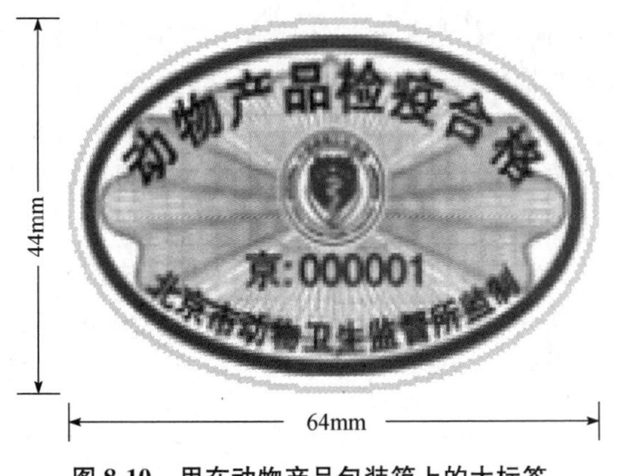

图 8-10　用在动物产品包装箱上的大标签

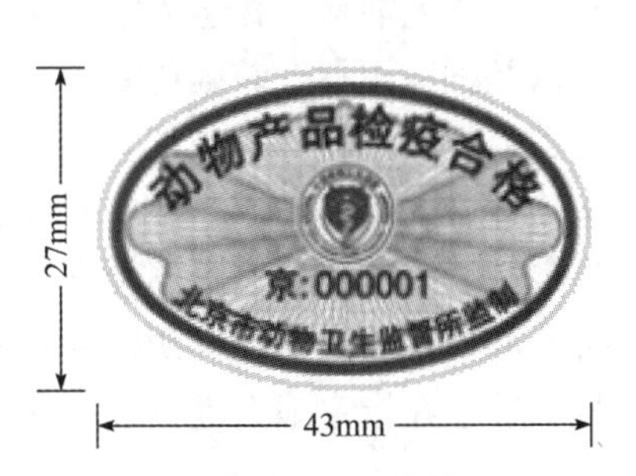

图 8-11　用在动物产品包装袋上的小标签

模块三　检疫监督

一、运输检疫监督

为了保护各省、自治区、直辖市免受动物疫病的侵入，防止动物疫病远距离跨地区传播和减少途病途亡，对动物、动物产品在公路、水路、铁路、航空等运输环节进行的监督检查，称为运输检疫监督。

（一）运输检疫监督的意义

运输过程中，由于动物集中，相互接触，感染疫病的机会增多。同时由于生活环境突然改变，运输时又受到许多不良因素的刺激如挤压、驱赶等，抗病能力下降，极易暴发疫病。另外，随着交通运输业的发展，虽然缩短了在途时间，减少途中损耗，但动物疫病的传播速度也加快了。因此，搞好运输动物防疫监督，及时查出不合格的动物、动物产品，对防止动物疫病远距离传播，可以起到重要的把关作用，并能促进产地检疫工作的开展，也为市场检疫监督奠定了良好的基础。

（二）运输检疫监督的要求

动物、动物产品的产地检疫　需要出省境运输动物、动物产品的单位或个人，应向当地动物卫生监督机构提出申请检疫（报检），说明运输目的地和运输动物、动物产品的种类、数量、用途等情况。动物卫生监督机构要根据国内疫情或目的地疫情，由当地县级以上动物卫生监督机构进行检疫，合格者出具检疫合格证明。

凭检疫合格证明运输　经公路、铁路、航空等运输途径运输动物、动物产品时，托运人必须提供合法有效的动物检疫合格证明，承运人必须凭检疫合格证明方可承运，没有《动物检疫合格证明》的，承运人不得承运。

动物卫生监督机构对动物、动物产品的运输，依法进行监督检查。对中转出境的动物、动物产品，承运人凭始发地动物卫生监督机构出具的检疫合格证明承运。

运载工具的消毒　托运人或者承运人应当在装载前和卸载后，对动物、动物产品的运载工具以及饲养用具、装载用具等，按照农业农村部规定的技术规范进行消毒，并对清除的垫料、粪便、污物等进行无害化处理。

运输途中的管理　运输途中对动物进行冲洗、放牧、喂料，应当在当地动物卫生监督机构指定的场所进行。途中不准宰杀、销售、抛弃染疫动物和病死动物以及死因不明的动物。染疫和病死以及死因不明的动物及产品、粪便、垫料、污物等必须在当地动物卫生监督机构监督下在指定地点进行无害化处理。

（三）运输检疫监督的程序

查证验物　要求托运人或承运人出示《动物检疫合格证明》；仔细查验检疫证明是否合法有效，印章的加盖和证明的填写是否规范，证物是否相符等。查验猪、牛、羊是否佩戴有农业农村部规定的畜禽标识；动物产品查验验讫印章或检疫标志。

动物或产品检查　按有关要求进行动物的临床健康检查，动物产品进行感官检查。必要时，对疑似染疫的动物、动物产品应采样送实验室进行实验室检查。

（四）运输检疫监督的处理

对持有合法有效检疫证明，动物佩戴有农业农村部规定的畜禽标识或动物产品附有检疫标志；证物相符；动物或动物产品无异常的；予以放行。

经检疫合格的动物、动物产品应当在规定时间内到达目的地。经检疫合格的动物在运输途中发生疫情，应按有关规定报告并处置。

发现动物、动物产品异常的，隔离（封存）留验；检查发现免疫标识、检疫标志、检疫证明等不全或不符合要求的，要依法补检或重检；对涂改，伪造、转让检疫合格证明的，依照动物防疫法等有关规定予以处理处罚。

二、市场检疫监督

市场检疫监督是指对进入市场交易的动物、动物产品所进行的监督检查。其目的是及时发现并防止检疫不合格或依法应当检疫而未经检疫的动物、动物产品进入市场流通，保护人体健康，促进贸易，防止疫病扩散。

（一）市场检疫监督的意义

市场是动物、动物产品的集散地，集中时接触机会多，容易相互传播疫病，散离时又容易扩散疫病。市场又是一个多渠道经营的场所，货源复杂。搞好市场检疫监督，能有效地防止未经检疫检验的动物、动物产品和染疫动物、病害肉尸的上市交易，形成良好的交易环境，使市场管理更加规范化、法制化。同时，进一步促进产地检疫、屠宰检疫工作的开展和运输检疫监督工作的实施，使产地检疫、屠宰检疫、运输检疫监督和市场检疫监督环环相扣，保证消费者的肉食品卫生安全，促进畜牧业经济发展和市场经济贸易。

（二）市场检疫监督的程序和要求

验证查物　进入市场的动物及其产品，畜（货）主必须持有相关《动物产地检疫合格证明》，检疫人员应仔细查验检疫证件是否合法有效。然后检查动物、动物产品的种类、数量（重量）与检疫证明是否一致，核实证物是否相符。查验活动物是否佩戴有合格的免疫标识；检查肉尸、内脏上有无检验讫印章或检疫标志以及检验刀痕，加盖的印章是否规范有效，核实交易的动物、动物产品是否经过检疫合格。

实施检疫　对动物、动物产品物实施检疫，以感官检查为主，力求快速准确。活动物结合疫情调查、查验免疫标识、观察动物全身状态如体格、营养、精神、姿势和测体温，确定动物是否健康；鲜肉产品以视检为主结合剖检，重点检查病死动物肉，尤其注意一类检疫对象的查出，检查肉的新鲜度，必要时进行实验室检验。其他动物产品多数带有包装，注意观察外包装是否完整、有无霉变等现象。

交易市场管理要求　动物、动物产品应在指定的地点进行交易，同时建立消毒制度以及病死动物生物安全处理制度，防止疫情传入传出。在交易前、交易后要对交易场所进行清扫、消毒；保持清洁卫生。粪便、垫草、污物采取堆积发酵等方法处理，病死动物按国家有关规定进行生物安全处理。

工作人员岗位要求 市场检疫监督人员要坚守岗位，不漏检，秉公执法，依法处理。建立市场检疫监督报告制度，定期向当地动物卫生监督机构报告检疫情况。

（三）市场检疫监督后的处理

有下列动情形的动物及动物产品禁止进入市场：①来自封锁疫区内与所发生动物疫病有关的和疫区内易感染的；②病死或死因不明的；③依法应当检疫而未经检疫或者检疫不合格的；④腐败变质、霉变或污秽不洁、混有异物和其他感官性状不良等不符合国务院兽医主管部门有关动物防疫规定的动物、动物产品。

对持有合法有效检疫证明和消毒证明；动物佩戴有农业农村部规定的畜禽标识或动物产品附有检疫标志；证物相符；符合检疫要求的动物或动物产品，准许交易。

发现动物、动物产品异常的，隔离（封存）留验；检查发现免疫标识、检疫标志、检疫证明和消毒证明等不全或不符合要求的，要依法补检或重检；对涂改，伪造、转让检疫合格证明的，依照动物防疫法等有关规定予以处理处罚。

模块四 进出境检疫

出入境检验检疫机构对进出口商品实施检验检疫的工作程序，主要有4个环节，即报检、抽样、检验检疫、签证放行。

一、进境活动物及遗传物质的检疫

（1）检疫审批

输入动物、动物遗传物质应在贸易合同或协议签订之前，货主或其代理人向国家检验检疫机关提出申请，办理检疫审批手续。国家检验检疫机构根据对申请材料的审核及输出国家的动物疫情、我国的有关检疫规定等情况，发给相关的《中华人民共和国动物进境检疫许可证》。

（2）报检

货主或其代理人应在大、中动物进境前30天，其他动物15天，向入境口岸和指运地检验检疫机构报检。报检时须出具有效的《中华人民共和国进境动物检疫许可证》等文件，并如实填写报检单。

无有效的进境动物检疫许可证，不得接受报检。如动物已抵达口岸，视情况作退回或销毁处理，并根据《中华人民共和国进出境动植物检疫法》的有关规定进行处罚。

（3）现场检验检疫

输入动物、动物遗传物质抵达入境口岸时，动物检疫人员须登机（登轮、登车）进行现场检疫。

核查输出国官方检疫部门出具的有效动物检疫证书（正本），并查验证书所附有关检测结果报告是否与相关检疫条款一致，动物数量、品种是否与《中华人民共和国进境动物检疫许可证》相符。

查阅运行日志、货运单、贸易合同、发票、装箱单等，了解动物的启运时间、口岸、途经国家和地区，并与《中华人民共和国进境动物检疫许可证》的有关要求进行核对。

登机（轮、车）清点动物数量、品种，并逐头进行临诊检查。

对入境运输工具停泊的场地、所有装卸工具、中转运输工具进行消毒处理，上下运输工具或者接近动物的人员接受检验检疫机构实施的防疫消毒。

经现场检疫合格后的，签发《入境货物通关单》，同意卸离运输工具。派专人随车押运动物到指定的隔离检疫场。现场检疫发现动物发生死亡或有一般可疑传染病临诊症状时，应做好现场检疫记录，隔离有传染病临诊症状的动物，对铺垫材料、剩余饲料、排泄物等作除害处理，对死亡动物进行剖检。根据需要采样送实验室进行诊断。

现场检疫时，发现进境动物有一类疫病临诊症状的，必须立即封锁现场，采取紧急防疫措施，通知货主或其代理人停止卸运，并以最快的速度报告国家质检总局和地方人民政府。

动物到港前或到港时，产地国家或地区突发动物疫情的，根据国家质检总局颁布的相关公告、禁令执行。

（4）隔离检疫

进境动物必须在入境口岸指定的地点进行隔离检疫。隔离检疫期为大、中动物 45 天，小动物 30 天；如需延长的，须报国家质检总局批准。

所有装载动物的器具、铺垫材料、废弃物均须经消毒或无害化处理后，方可进出隔离场。

动物在隔离期间，应进行详细的临诊检查，做好记录，并按相关要求进行实验室检疫。

（5）检疫后处理

隔离期满，且实验室检验工作完成后，对动物作最后一次临诊检查，合格者由隔离场所在地检验检疫机构出具《入境货物检验检疫证明》，准予入境。

对检疫不合格的动物，出具《检验检疫处理通知书》，货主或其代理人应在检疫机关监督和指导下，按要求采取销毁措施或作其他无害化处理。发现重大疫情的及时上报国家质检总局。

二、进境动物产品的检疫

凡进入我国国境的未经加工或虽经加工但仍可能传播疫病的动物产品（如生皮张、毛类、肉类、脏器、油脂、动物水产品、奶制品、蛋类、血液、骨、蹄、角等）均应接受检疫，经检疫合格后方准进境。

（1）注册登记与检疫审批

生产、加工、存放进境动物产品的进口企业，须经所在地直属检验检疫机构对其企业的生产、加工、存放能力、防疫措施等进行考核，考核合格后，方可申请办理注册登记。然后根据有关程序和要求，办理《检疫许可证》的申请手续。

（2）报检

进口单位或其代理人必须向入境口岸局提供《入境货物报检单》《检疫许可证》、输出国或地区官方检验检疫机构出具的检疫证书、贸易合同、产地证书、信用证、发票等申请报检，所提供的材料必须完整、真实、一致、有效。无输出国家或者地区官方检验检疫机构出具的有效检疫证书，或者未依法办理检疫审批手续的，口岸检验检疫机构可以作退回或者销毁处理；发现有变造、伪造单证的，应予以没收，并按有关规定处理。

(3) 入境口岸现场查验

查询该批货物的启运时间、港口，途经国家或地区，查看运行日志。核对集装箱号与封识及所附单证是否一致；核对单证与货物的名称、数（重）量、产地、包装、唛头标志是否相符；查验有无腐败变质，容器、包装是否完好。

查验后符合要求的，允许卸离运输工具。发现散包、容器破裂的，由货主或者代理人负责整理完好，方可卸离运输工具。货物卸离运输工具后，须实施防疫消毒的应及时对运输工具的相关部位及装载货物的容器、包装外表、铺垫材料、污染场地等进行消毒处理。

现场查验合格的，出具《入境货物通关单》，调离到指运地检验检疫机构进行检验检疫并监督储存、加工、使用，同时根据有关规定采取样品，送实验室检验检疫。现场查验不合格的，出具《检验检疫处理通知书》，作除害、退回或者销毁处理；经除害处理合格的，准予进境；凡属于禁止进口的、货证不符的一律作销毁或退回处理。

(4) 指运地口岸检查

按《检疫许可证》和《入境货物通关单》等单证的内容，核对进境动物产品的名称、数量、重量、产地等，并按规定采样送实验室检验检疫；及时对运输工具的有关部位及装载货物的容器、包装外表、铺垫材料、污染场地等进行消毒处理。

(5) 检疫后的处理

实验室检验检疫合格的，由检验检疫机构签发《入境货物检验检疫证明》；不合格的，出具《检验检疫处理通知书》，相关货物作除害、退回或者销毁处理。

三、出境动物和动物产品检疫

（一）出境活动物检疫

出境活动物检疫是指对输出到境外的种用、肉用或演艺用等饲养或野生的活动物出境前的检疫。

(1) 注册登记

出境动物饲养场或其代理人应向饲养场所在地直属检验检疫机构提出注册登记申请，提交《申请表》。申请注册的饲养场必须符合国家质检总局发布的出境动物注册饲养场条件和动物卫生基本要求。

(2) 检疫监督

对注册饲养场实行监督管理制度，定期或不定期检查注册饲养场的动物卫生防疫制度的落实情况、动物卫生状况、饲料及药物的使用等，并填入出境动物注册饲养场管理手册。

对注册饲养场实施疫情监测，建立疫情报告制度。发现重大疫情时，须立即采取紧急预防措施，并于12天内向国家质检总局报告。

对注册饲养场按《出境食用动物残留监控计划》开展药物残留监测。注册饲养场不得饲喂或存放国家和输入国家或者地区禁止使用的药物和动物促生长剂。对允许使用的药物和动物促生长剂，要遵守国家有关药物使用规定，特别是停药期的规定，并须将使用药物和动物促生长剂的名称、种类、使用时间、剂量、给药方式等填入管理手册。

注册饲养场免疫程序必须报检验检疫机构备案，严格按规定的程序进行免疫，严禁使用国家禁止使用的疫苗。

注册饲养场须保持良好的环境卫生，切实做好日常防疫消毒工作，定期消毒饲养场地和饲养用具，定期灭鼠、灭蚊蝇。进出注册饲养场的人员和车辆必须严格消毒。

（3）报检

货主或其代理人应提前向启运地检验检疫机构报检：要求对来自注册饲养场的，须出示注册登记证、发票；对不要求来自注册饲养场的，须出示县级以上农牧部门签发的动物检疫合格证明；输入国家或地区以及贸易合同有特殊检疫要求的，应提供书面材料。经审核符合报检规定的，接受报检。否则，不予受理。

（4）隔离检疫

有隔离检疫要求的，按规定隔离期进行群体临诊健康检查，必要时，进行个体临诊检查。采样送实验室进行规定项目的实验室检验。检验检疫合格的，出具《动物卫生证书》《出境货物通关单》或《出境货物换证凭单》；不合格的，不准出境。

（5）监装和运输监管

根据需要，对出境动物实行装运前检疫和监装制度。确认出境动物来自检验检疫机构注册饲养场并经隔离检疫合格的，临诊检查无任何传染病、寄生虫病症状和伤残；运输工具及装载器具经消毒处理，符合动物卫生要求；核定出境动物数量，必要时检查或加施检验检疫标识或封识。

出境大、中动物长途运输的押运必须由检验检疫机构培训考核合格的押运员负责。押运员须做好运输途中的饲养管理和防疫消毒工作，不得串车，不准沿途抛弃、出售或随意卸下病、残、死动物及其饲料、粪便、垫料等，要做好押运记录。运输途中发现重大疫情时应立即向启运地动物卫生监督机构和所在地动物卫生监督机构报告，同时采取必要的防疫措施。

出境动物抵达出境口岸时，押运员须向出境口岸检验检疫机构提交押运记录，途中所带物品和用具须在检验检疫机构监督下进行有效消毒处理。

（6）离境查验

离境口岸检验检疫机构须查验货主或其代理人提供的《动物卫生证书》和《出境货物换证凭单》或《出境货物通关单》，并实施临诊检查；核定出境动物数量，核对货证是否相符；查验检疫标识或封识等。查验合格的，准予出境；不合格的，不准出境。

（二）出口动物产品检疫

出口动物产品检疫是指对输出到国外、未经加工或虽经加工但仍有可能传播疫病的动物产品实施的检疫。生产、加工、存放动物产品的出口企业，应向所在地检验检疫机构申请办理注册登记。

（1）报检

货主或其代理人应在报关或装运前 7 天向产地检验检疫机关报检。对有特殊要求、检验检疫周期较长的，可视情况适当提前。所提供的报检单内容应完整、准确、真实，单证齐全、一致、有效。发现有变造、伪造单证的，应没收，并按有关规定处理；单证不全、无效的，不受理报检，待补齐有关单证后重新报检。

(2) 现场核查

核查货物与报检资料是否相符，数量、重量、规格、批号、内外包装、标记、唛头与所提供资料是否一致；生产、加工、存放过程是否符合相关要求；厂检单、原料产地的县级以上农牧部门出具的动物产品检疫证明是否齐全；产品储藏情况是否符合规定，必要时对其生产、加工过程进行现场检查核实。

(3) 抽样检查

根据标准或合同指定的要求抽样检查。抽样应具有代表性、典型性、随机性，抽样数量应符合相应的标准。对抽取的样品，检查其外观、色泽、弹性、组织状态、黏度、气味及其他相关项目的检验检疫。根据适用的标准和要求进行品质、理化、微生物、寄生虫等实验室检验检疫。

(4) 出证

根据现场检验检疫、感官检验检疫和实验室检验检疫结果，进行综合判定。填写《出境货物检验检疫原始记录》，判定为合格的，拟制《出境货物通关单》或《出境货物换证凭单》《兽医卫生证书》等相关证书。判定为不合格的，不准出境。对经过消毒、除害以及再加工、处理后合格的，准予出境；对无法进行消毒、除害处理或者再加工仍不合格的，不准出境，并出具《不合格通知单》。

(5) 离境口岸查验

凭《出境货物换证凭单》换发《出境货物通关单》，分批出口的，须在《出境货物换证凭单》上核销。按照出境货物口岸查验的相关规定查验。如果包装不符合要求，须更换包装；货证不符的，不准放行。

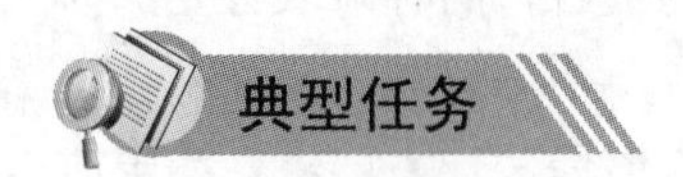

任务29　生猪产地检疫

【任务说明】

实施动物产地检疫可以及时发现染疫动物及病死动物，将其控制在原产地并就地安全处理，防止进入流通环节，保障动物及动物产品安全。本任务旨在通过对生猪进行产地检疫，使学生熟悉动物产地检疫程序，掌握动物产地检疫要领及检疫合格证明的出具。

【工作场景】

本任务安排在规模化商品猪场进行。所需材料包括国家法定的动物产地检疫证明、检疫处理通知单、体温计、听诊器、酒精棉球、消毒器械等。

【工作过程】

查验该养猪场《动物防疫条件合格证》及养殖档案，了解生产、免疫、监测、诊疗、消毒、无害化处理等情况，确认该猪场6个月内未发生相关疫病，确认猪群已按国家规定进行强制免疫，并在有效保护期内。查验猪群标识加施情况，确认所佩戴标识与养殖档案记录相符。实施临床健康检查为主，通过动物静态、动态和饮食状态判断猪群健康与否，并对个别疑似患病猪只需进行详细的检查。对怀疑患有规定疫病及临床检查发现其他异常情况的，按相应疫病防治技术规范进行实验室检测。检疫合格时，模拟出具《动物检疫合格证明》。如检疫不合格，则模拟出具《检疫处理通知单》。

任务30　猪宰后检疫

【任务说明】

动物宰后检疫是宰前检疫的继续和补充，可使整个屠宰检疫工作完善，避免患病动物漏检。本任务旨在通过猪的宰后检疫，使学生熟悉猪各种淋巴结的解剖位置，初步掌握猪宰后检疫技术。

【工作场景】

本任务宜在生猪定点屠宰场或校内动物防疫与检疫实训室进行。所需材料包括屠猪肉体、检疫刀、检疫钩、锉棒等。

【工作过程】

将屠猪肉体悬挂于吊架上，分别进行头蹄部检疫、内脏检疫和胴体检疫。视检头蹄体表完整性、颜色，观察吻突、齿龈和蹄部，剖检两侧下颌淋巴结和咬肌；取出内脏前，观察胸腔、腹腔有无积液，检查脾脏、肠系膜淋巴结；取出内脏后，检查心脏、肺脏、肝脏、脾脏、胃肠、支气管淋巴结、肝门淋巴结等；检查胴体皮肤、皮下组织、脂肪、肌肉、淋巴结、骨骼以及胸腔、腹腔浆膜有无淤血、出血、疹块、黄染、脓肿和其他异常等；剖检腹部底壁皮下、后肢内侧、腹股沟皮下环附近的两侧腹股沟浅淋巴结。

任务31　市场检疫监督

【任务说明】

通过市场检疫监督，能有效防止未经检验检疫的动物、动物产品和患病动物、病害肉尸上市交易，净化市场，形成良好的交易环境。本任务旨在通过市场检疫监督参观实习，使学生熟悉市场检疫监督的程序和要求。

【工作场景】

本任务宜选择一防检设施较好的肉类批发市场或农贸市场，联系动物卫生监督机构。所需材料检疫刀、检疫钩、酒精棉球等。

【工作过程】

根据市场上经营项目情况，查验经营者所持有的《动物检疫合格证明》，核实动物种类、数量及动物是否健康。活畜禽检疫时，视检外貌、测体温并进行疫情调查；鲜肉类检疫时，需先检查是否为病、死畜禽肉，检查“三腺”摘除情况，防止人的食物中毒。根据检疫结果，按有关规定实施检疫处理。

项目小结

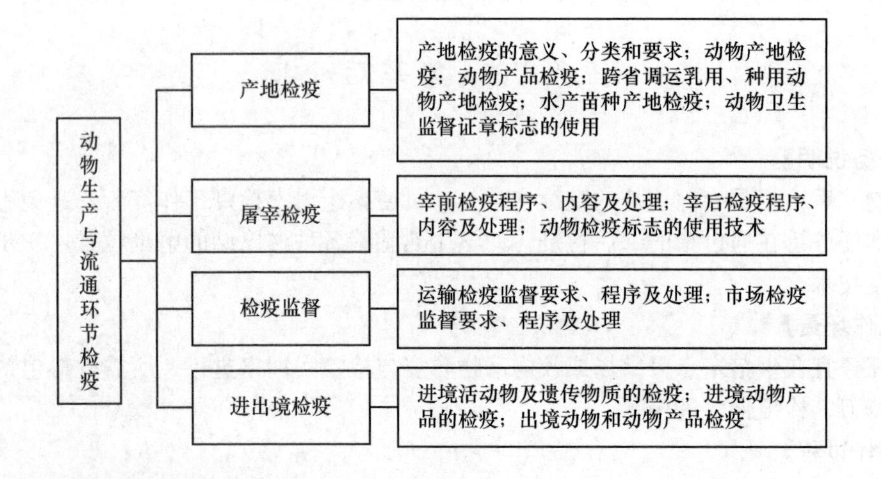

练习思考题

一、单项选择题

1. 跨省境动物产地检疫合格证的有效期，最长不超过________。

A. 1天　　B. 2天　　C. 3天　　D. 5天

2. 对跨省调运乳用、种用动物实施产地检疫时，如发现无有效的________和《动物防疫条件合格证》的，检疫程序终止。

A.《种畜禽生产经营许可证》　　B.《动物健康证明》
C.《检疫处理通知单》　　D.《动物现场检疫记录表》

3. 对动物（动物产品）需生物安全处理的，应根据《中华人民共和国动物防疫法》和________的规定。

A.《病死及病害动物无害化处理技术规范》
B.《四部规程》
C.《畜禽病害肉尸及其产品无害化处理规程》
D.《生猪产地检疫规程》

4. 跨省引进乳用、种用动物应当在________有效期内运输；逾期引进的，货主应当重新办理审批手续。

A.《动物检疫合格证明（动物B）》
B.《动物现场检疫记录表》
C.《跨省引进乳用种用动物检疫审批表》
D.《检疫申报单》

5. 宰前检疫属于内检中的________。

A. 屠宰检疫　B. 产地检疫　C. 市场检疫　D. 运输检疫

6. 在屠宰前________小时内，对待宰动物实施部分临床健康检查，合格后准予屠宰。

A. 2　B. 3　C. 4　D. 5

7. 猪颌下淋巴结检疫的疫病有________。

A. 炭疽病　B. 狂犬病　C. 痘病　D. 钩端螺旋体

8. 猪囊尾蚴病检疫部位主要有________。

A. 股头肌　B. 腹横肌　C. 咬肌　D. 腹直肌

9. 猪旋毛虫病检疫部位主要有________。

A. 股头肌　B. 腹横肌　C. 膈肌　D. 腹直肌

10. “三腺”摘除是指摘除甲状腺、________和病变淋巴结。

A. 腮腺　B. 胰腺　C. 唾液腺　D. 肾上腺

二、判断题

1. 产地检疫时必须同时具备规定的四个条件才能出具产地检疫证。（　）

2. 宰后检疫是屠宰检疫的组成部分之一。（　）

3. 只有书面检疫合格证明才能表明该批动物属合格动物。（　）

4. 集贸市场肉品检验时，对已盖有“兽医验讫”印章的肉体无须再行检查。（　）

5. 凡病死畜禽，不论是何原因，一律不准上市销售。（　）

6. 患炭疽病的家畜不得屠宰，应采用不放血的方法扑杀后作工业用或销毁。（　）

7. 进出境动物检疫可以防止染疫动物进出我国国境，因而可能会导致我国动物进出口贸易量的减少。（　）

8. 各地畜禽防检机构在核验动物检疫证明的同时还应检验运输车辆的消毒证明。（　）

9. 对在我国国境进行短暂停留但不以我国作为运输目的地的国外动物可以不进行检疫。（　）

10. 外检时除对进出境动物及动物产品进行检疫外，还应对运输工具进行检疫。（　）

11. 农贸市场中的所有动物产品均必须由当地动物卫生监督机构进行监督检疫。（　）

12. 运输途中发现的病死畜禽不得沿途随意抛弃。（　）

13. 出境检疫由县以上动物防检机构进行。（　）

14. 享受海关免检待遇的旅客，携带的动物、动物产品无须申报检疫。（　）

15. 旅客进出境时携带的火腿肠、肉类罐头等食品不需要检疫。（　）

三、综合分析题

1. 给活体动物出具《动物检疫合格证明》时是否要收回免疫证明？为什么？

2. 胴体上已加盖有明显的验讫标志，是否还必须持有《动物检疫合格证明》？

3. 猪宰后应检的淋巴结有哪些？为什么要剖检淋巴结？

4. 进境动物、动物产品检疫的主要程序有哪些？

5. 畜禽养殖者在市场交易时，如何依法配合市场检疫监督？

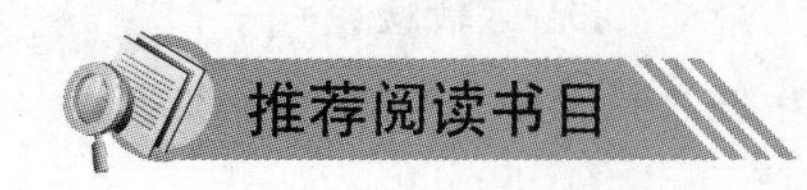

推荐阅读书目

李春和，倪泽成，刘辛. 动物检疫理论与实务. 宁夏人民出版社，2008.
张苏华. 动物产地检疫员手册. 上海科学技术出版社，2007.
徐金记. 进出境动物检疫技术手册. 中国标准出版社，2011.
毕丁仁，钱爱东. 动物防疫与检疫. 2 版. 中国农业出版社，2016.

主要动物疫病检疫

岗位需求

动物主要共患病检疫及处理；猪主要疫病检疫及处理；禽主要疫病检疫及处理；牛羊主要疫病检疫及处理。

能力目标

掌握常见动物疫病的临诊检疫要点；能熟练应用常用的实验室检疫方法和技能进行疫病检疫；会根据具体情况对检疫后的患病动物、同群动物和污染环境进行规范处理。

近年来，以高致病性禽流感、高致病性猪蓝耳病为代表的重大动物疫病时有发生，严重影响了畜牧业的健康发展和人畜公共卫生安全。当前严峻的国际国内重大动物疫病防控形势，需要动物卫生监督部门认真做好动物检疫及动物产品检验工作。动物检疫检验工作的主要任务是进行产地检疫、屠宰检疫及动物产品检验时，对检疫对象进行检疫检验和检疫后处理。从事检疫工作的官方兽医应掌握常见疫病的检疫特征、常用的实验室检疫方法和技能，具备对动物检疫中常见动物疫病的检疫、检疫后处理的能力。

模块一　共患病检疫

一、口蹄疫

口蹄疫是由口蹄疫病毒引起的偶蹄动物的一种急性、热性和高度接触性传染病，以发热、口腔黏膜及蹄部和乳房皮肤发生水疱和溃烂为特征。主要引起偶蹄动物发病，偶见于人和其他动物。本病传播迅速，流行广，幼畜多因心肌炎死亡，成年动物多呈良性经过。

(1) 临诊检疫

流行特点及症状　病畜体温升高，食欲减退，闭口流涎。病畜常表现运步困难、跛行，严重的蹄部溃烂、蹄壳脱落。犊牛发病时往往看不到特征性水疱，主要表现为出血性胃肠炎和心肌炎。牛、羊、猪等高易感动物，感染发病率几乎为100%。一般来说，成年动物患口蹄疫的死亡率在1%～5%，犊牛、羔羊和仔猪的死亡率达20%以上。在舌面、唇、齿龈、硬腭和软腭、鼻、蹄、乳房、乳头、阴门和阴囊等部位有特征性水疱和烂斑。水疱呈圆形凸起，内含清亮液体，初透明后呈淡黄色，水疱破溃后往往形成浅表性的红色溃疡、甚至化脓。

病理变化　除口腔和蹄部病变外，还可见到食道和瘤胃黏膜有水疱和烂斑；幼畜心肌切面有灰白色或淡黄色的斑点或条纹，似老虎身上的斑纹，称为“虎斑心”。

鉴别诊断　检疫时，应注意本病与传染性口炎、猪水疱病的区别。传染性口炎的特征是在牛口腔、舌面发生的水疱较小，且易愈合，马属动物易感染；猪水疱病的症状和口蹄疫的症状极为相似，但猪水疱病不感染牛、羊，主要发生于生猪集中的屠宰场待宰间和中转仓库。

(2) 实验室检疫

实验室检疫时，可采集水疱皮、水疱液、牛羊食道-咽部分泌物或血清等做病料进行检测。在无法采集水疱皮和水疱液时，还可采集淋巴结、脊髓、肌肉等组织样品。所采病料均应迅速冷藏或冷冻。

病原学检测　采集水疱皮、水疱液常规处理接种BHK-21（幼仓鼠肾传代细胞)、IBRS-2细胞或猪甲状腺细胞进行病毒培养，对康复牛可用食道探杯取其食道-咽部刮取物，接种BHK细胞或犊牛甲状腺细胞分离口蹄疫病毒，以电子显微镜、间接抗体夹心酶联免疫吸附试验（OIE标准方法)、反转录-聚合酶链反应（RT-PCR）（国家确认的方法）、反向间接血凝试验（RIHA）等鉴定病毒或其抗原。

血清学检测 取水疱皮混悬浸出液作抗原，用标准阳性血清做补体结合试验或微量补体结合试验，同时可以进行定型诊断或分型鉴定。还可用液相阻断-酶联免疫吸附试验，非结构蛋白ELISA检测、正向间接血凝试验（IHA）和病毒感染相关（VIA）抗原琼脂凝胶免疫扩散试验（VIA-AGID）等检测抗体。

(3) 检疫后处理

一旦发生疫情，应立即上报，迅速确诊，划定疫点、疫区（疫点边缘向外延伸3km内的区域）和受威胁区（由疫区边缘向外延伸10km的区域），实施严格的隔离封锁措施。

对疫点内所有病畜及同群易感畜应使用无出血方法扑杀，并对病死畜、被扑杀畜及其产品予以销毁；对排泄物、被污染饲料、垫料、污水等进行生物安全处理；对被污染或可疑污染的物品、交通工具、用具、畜舍、场地进行严格消毒；对发病前14天售出的家畜及其产品进行追踪，并做扑杀和生物安全处理。

对疫区内所有易感畜进行紧急强制免疫，建立完整的免疫档案；关闭家畜产品交易市场，禁止活畜进出疫区及产品运出疫区；对交通工具、畜舍及用具、场地进行彻底消毒；必要时，可对疫区内所有易感动物进行扑杀和生物安全处理。

在受威胁区内，对最后一次免疫超过1个月的所有易感畜，进行一次紧急强化免疫。

疫点内最后一头病畜死亡或扑杀后连续观察至少14天，没有新发病例；疫区、受威胁区紧急免疫接种完成；疫点经终末消毒；疫情监测阴性。动物防疫监督机构按照上述条件审验合格后，由原发布封锁令的人民政府发布解除封锁令。

生猪经宰前检疫和宰后检疫发现口蹄疫，应立即责令停止屠宰，采取紧急防疫措施，控制生猪及其产品和人员流动，同时报请畜牧兽医行政管理部门依法处理。病猪、同群猪用密闭运输工具运到动物防疫监督机构指定的地点扑杀、销毁。病猪胴体、内脏及其他副产品、同批产品及副产品作销毁处理。对全厂（场）实施全面严格的消毒。

二、痘病

痘病是由痘病毒引起的家畜、家禽和人类的一种急性、热性、接触性传染病。其特征是在皮肤、某些部位的黏膜和内脏器官形成痘疹或增生性和肿瘤样病变。其典型病症常见于绵羊和山羊、鸡和猪。

(1) 临诊检疫

羊痘流行特点及症状 以绵羊痘较常见，自然情况下，一年四季均可发生，多发于冬春季节。其特征是皮肤和黏膜上发生特异的痘疹，可见到典型的斑疹、丘疹、水疱、脓疱和结痂等病理过程，在动物痘病中死亡率较高。本病主要经呼吸道感染，也可通过损伤的皮肤或黏膜感染。以细毛羊最为易感，羔羊比成年羊易感，病死率亦高，易引起孕羊流产。

病羊体温升高达41～42℃，结膜潮红，有浆液、黏液或脓性分泌物从鼻孔流出。呼吸和脉搏增速，经1～4天发痘。痘疹多发生于皮肤无毛或少毛部分，如眼周围、唇、鼻、乳房、外生殖器、四肢和尾内侧。

羊痘病理变化 在前胃或第四胃黏膜上，往往有结节、糜烂或溃疡。咽和支气管黏膜亦常有痘疹。在肺部可见有干酪样结节和卡他性肺炎区。肠道黏膜少有痘疹变化。此外，常见细菌性败血症变化，如肝脂肪变性、心肌变性、淋巴结急性肿胀等。病羊常死于继发感染。

禽痘类型及检疫要点 一年四季均可发生，以春秋两季和蚊子活跃的季节最易流行。依侵犯部位不同，分为皮肤型、黏膜型、混合型、败血型。

皮肤型：以头部皮肤多发，常见于冠、肉髯、喙角、眼皮和耳球上，有时见于腿、爪、泄殖腔和翅内侧形成一种特殊的痘疹为特征。起初出现细薄的灰色麸皮状覆盖物，迅速长出灰白色小结节，有时结节数目很多，互相连接融合，产生大块的厚痂，以后痂皮逐渐脱落，形成疤痕。

黏膜型：多发于雏鸡，病死率较高，雏鸡可达50％。以口腔和咽喉黏膜发生纤维素坏死性炎症为特征。在口腔、食道或气管黏膜见到溃疡或形成一层灰黄色干酪样的假膜，似白喉样黄白色病灶，所以又叫白喉型。

混合型：即皮肤黏膜均被侵害，兼有上述两型症状，病情严重者死亡率高。

败血型：少见，若发生则以严重的全身症状开始，继而发生肠炎死亡。

只有当病畜禽症状明显时才可作出初步诊断，若引起继发感染，临诊检疫较困难。必须进行实验室诊断，才能进一步确诊。

（2）实验室检疫

可采用病毒分离鉴定、包涵体检查、红细胞凝集抑制试验、琼脂扩散试验、中和试验等方法进行检疫。

根据临床检疫特点并结合任何一项实验室检测方法均可作出确检。

（3）检疫后处理

绵羊痘和山羊痘为我国一类动物疫病对象，检疫中一经发现，立即上报，即应按照一类疫病的处理原则，立即采取严厉的扑灭措施，迅速控制疫情。在动物防疫监督机构的监督下，对疫点内的病羊及其同群羊彻底扑杀。对疫区实行封锁，全面彻底消毒；对受威胁区易感动物展开紧急免疫接种。对病死羊只全部销毁，禁止流入市场，并对厩舍、用具、场地等作全面而彻底的消毒；对假定健康和受威胁区羊群全面接种羊痘弱毒苗。

禽痘为二类疫病，一经检出要进行销毁，对所用的场地、设备等用碱性消毒液进行消毒。

三、炭疽

炭疽是由炭疽芽孢杆菌引起的一种急性、热性、败血性人畜共患传染病。以突然高热，可视黏膜发绀，脾脏呈急性肿大，皮下及浆膜下结缔组织有浆液性出血性浸润，血液凝固不良，呈焦油样为临诊特征。人感染该病可发生败血症而死亡。

（1）临诊检疫

流行特点及症状 家畜中以牛、羊、马最易感，常呈急性败血症经过。多见于酷夏和洪水泛滥后，常呈散发性或地方性流行。最急性型病例突然高热，骤然死亡，从鼻、口等天然孔流出血性泡沫，阴道、肛门流出不凝固的血液。急性型病例体温升高，食欲减退或废绝，精神极度沉郁。可视黏膜发绀、有出血点，天然孔出血、血液凝固不全，最后窒息死亡。亚急性型病例病程稍长，以颈下、胸前、肩胛、腹下、乳房和外阴处皮下发生界限清楚的局灶性炎性水肿，初硬固有热痛，后变冷继而溃烂，不断流出黄色液体，长期不愈形成炭疽痈。猪多为慢性经过。临诊症状不明显，仅表现沉郁、厌食、呕吐、下痢等症状，多在屠宰后才发现有咽炭疽、肠炭疽。

病理变化　急性败血型炭疽一般不会进入正常屠宰过程，所以在屠宰动物中，多见慢性局限性炭疽（如咽炭疽、肠炭疽）。以猪咽炭疽最多见，其次是肠炭疽。咽炭疽多见一侧或双侧颌下淋巴结肿大、出血，刀切时感到硬而脆，切面呈砖红色，有时可见大小不等的灰白或灰黄色或污黑色坏死灶。淋巴结周围组织呈不同程度出血性胶样浸润。扁桃体充血、出血、水肿或坏死，有的表面覆盖黄灰色假膜和针尖大的黑色、灰黄色坏死点。猪肠炭疽主要发生于小肠，多以肿大、出血和坏死的淋巴小结为中心，形成局灶性、出血性、坏死性病变，肠壁上出现坏死溃疡的炭疽痈肿；肠系膜淋巴结肿大呈出血性胶样浸润。脾软而肿大，肾充血、出血。

(2) 实验室检疫

涂片染色镜检　应在防止病原扩散的条件下采集病料。生前可采集耳静脉血、水肿液或血便，死后可立即采集耳尖血和四肢末端血涂片。宰后检疫时，取淋巴结涂片。用碱性美蓝染色，显微镜检查可见粗大菌体呈竹节状排列，染成深蓝色，菌体周围的荚膜染成粉红色。用3%沙黄染色液染色3～5min，菌体染成红色，菌体周围的荚膜染成黄色。经雷比格尔（Rabiger）氏荚膜染色，可见粗大菌体呈竹节状排列，染成深紫色，菌体周围的荚膜染成淡紫色。如观察到以上形态特征的杆菌，可初步确定为炭疽杆菌。

分离培养检查　用普通营养琼脂平板培养形成扁平、灰白色、毛玻璃样、粗糙、表面干燥、边缘不整齐、直径3～5mm的火焰状大菌落。用低倍显微镜观察菌落边缘，呈卷发状。培养物有黏性，用铂金耳钓取，可拉成长丝，称为“拉丝状”现象。

环状沉淀试验　将病料浸出液与炭疽沉淀素在沉淀反应管中重叠，两液接触面出现清晰、致密如线的白色沉淀环者为阳性。

(3) 检疫后处理

宰前检疫发现疑似炭疽尸体严禁剖检。确诊是炭疽病畜时，应立即划定疫点、疫区、受威胁区。封锁隔离，加强消毒并紧急预防接种。本病呈零星散发时，应对患病动物作无血扑杀处理，对同群动物立即进行强制免疫接种，并隔离观察20天。本病呈暴发流行时（1个县10天内发现5头以上的患病动物），应立即封锁隔离，对疫点的患病动物和同群动物全部进行无血扑杀处理，其他易感动物紧急免疫接种。对疫区和受威胁区内的所有易感动物进行紧急免疫接种。对所有病死动物、被扑杀动物的尸体应深埋或焚毁。对其排泄物和可能被污染的垫料、饲料等物品进行无害化处理。

宰后确认为炭疽的病畜，立即停止生产，整个胴体、内脏、皮毛及血液（包括被污染的血）等销毁处理，被污染的场地、用具用5%～10%氢氧化钠或20%漂白粉溶液消毒。病猪胴体、内脏及其他副产品、同批产品及副产品作销毁处理，投入焚化炉或用其他方式烧毁炭化。

最后一头患病动物死亡或患病动物和同群动物扑杀处理后20天内不再出现新的病例，进行终末消毒后，经审验合格，可解除封锁。

四、弓形虫病

弓形体病是由龚地弓形虫寄生于多种动物和人有核细胞内引起的原虫病。本病多呈隐性感染或带虫者。显性感染的主要特征是发热，引起神经、呼吸及消化系统的症状，还可引起孕畜和孕妇流产、胎儿畸形、死胎。人可因接触感染有弓形虫的猫和生食患本病动物的肉类而感染。

(1) 临诊检疫

流行特点及症状 弓形虫的中间宿主广泛，有200多种动物和人，终末宿主是猫科动物。家畜中以猪的感染率较高，多发生于断乳前后的仔猪，死亡率可达30%～40%，成年猪急性发病较少，多呈隐性感染。病初体温40℃以上，呈稽留热型。精神沉郁，食欲减退，甚至废绝，便秘，有时下痢。呼吸困难，咳嗽和呕吐。体表淋巴结尤其是腹股沟淋巴结肿大，身体下部及耳部有淤血紫斑；发病数日后出现神经症状，后肢麻痹；怀孕母畜可发生流产和死胎。

病理变化 特征性病变在肺、淋巴结和肝。可见全身淋巴结肿大，肠系膜淋巴结尤为显著，硬结而脆，切面呈髓样多汁，有坏死灶；肺高度充血水肿，间质扩张，色灰白；肝肿大、质脆，表面有点状出血和坏死灶；肾皮质苍白，表面有大小不一的出血点和灰白色坏死灶；脾脏肿大，棕红色；心包、胸腹腔有积水；体表出现紫斑。

(2) 实验室检疫

病原检查 取患畜血液、腹水或肝、肺、淋巴结等病料，直接涂片或触片，姬姆萨或瑞氏染色后镜检，可看到滋养体呈半月形或香蕉形，一端稍尖，另一端钝圆，胞浆呈淡蓝色，有颗粒，核仁位于钝圆端，呈紫红色，即可确诊。

动物试验 以死亡动物肝、淋巴结悬浮液或急性病例腹水或血液，腹腔接种于小白鼠，1周后取其腹水涂片，发现大量假包囊或速殖子即可确诊。

血清学检验 方法主要有间接血凝试验、ELISA、补体结合试验、免疫酶染色试验、荧光抗体试验等。血清学检验方法适用于大批量样品的普查，现多采用间接血凝试验和ELISA。

(3) 检疫后处理

患有猪弓形体病的肉尸及内脏作销毁处理。同群猪按规定隔离检疫，确认无病的，可正常屠宰；出现临床症状的，按病猪处理。对生猪待宰圈、急宰间、隔离圈、屠宰间等场所进行严格消毒。

五、棘球蚴病

棘球蚴病也称包虫病，是由棘球属绦虫的幼虫——棘球蚴寄生于猪、牛、羊等哺乳动物和人脏器内引起的一类人畜共患寄生虫病。其特征是棘球蚴压迫寄生部位的组织器官造成其严重变形和功能障碍，囊泡破裂时可导致再感染或过敏性疾患。主要表现为营养障碍、消瘦、发育不良、衰竭、呼吸困难和过敏反应。

(1) 临诊检疫

流行特点 家畜中受害较重的是牛、羊、猪，特别是绵羊最为严重，每年早春可见大批死亡，以牧区发生较多。人的感染是误食有棘球蚴的生肉或未煮熟肉而发生。

临诊症状 具体症状取决于棘球蚴的大小、数量和寄生部位。寄生于肝脏时，右腹膨大，营养失调，极度衰弱，臌气，偶见黄疸。寄生于肺脏时，呼吸困难，咳嗽，气喘，肺泡音微弱。全身症状表现为营养障碍、消瘦、发育不良、衰弱。猪感染棘球蚴后，症状一般不明显，生前诊断较困难，一般在屠宰后发现。

病理变化 可见肝、肺、脾和脑等脏器组织中有棘球蚴包囊，常为球形，数量、大小不等。包囊壁不透明，用手触摸稍坚硬而有波动感，囊壁厚而韧，切开包囊有黄白色液体流出，液体内有许多砂粒状白色颗粒。有棘球蚴寄生的脏器局部凹陷，甚至萎缩。

(2) 实验室检疫

宰后检疫或剖检时在肝脏、肺脏等处发现棘球蚴包囊即可确检。也可采用变态反应试验进行生前检查，取新鲜棘球蚴囊液，无菌过滤后，在动物颈部皮内注射，5～10min内观察皮肤有无出现明显红肿反应。另外，间接血凝试验（IHA）和ELISA对动物和人有较高检出率。必要的时候也可进行X线透视和超声波检查。

(3) 检疫后处理

该病为二类动物疫病。严重感染者，整个胴体和内脏作工业用或销毁；病变轻微者，剔除病变部分做工业用或销毁，其余部分高温处理后出场。

模块二 猪病检疫

一、猪瘟

猪瘟是由猪瘟病毒引起的一种高度接触性传染病。其特征为传播快、病死率高、高热稽留、全身广泛出血，实质器官出血、坏死和梗死等。

(1) 临诊检疫

流行特点 本病在自然条件下只感染猪，不同年龄、性别、品种的猪和野猪都易感，一年四季均可发生。当暴发流行时，流行初期多为急性型，发病率、死亡率都高；以后出现亚急性型，至流行后期少数为慢性型。病程稍长的猪常有继发感染。

临诊症状 其临床表现与猪只日龄、感染病毒量、毒力、途径、免疫状态、应激、患其他疾病、环境、管理等因素有关。进行群体检疫时，如发现猪群中被检猪只体温在40.5℃以上，倦怠、食欲不振、精神萎顿，可视黏膜充血、出血或有不正常分泌物、发绀、便秘与腹泻交替等，或其他疑似猪瘟的症状，作可疑猪瘟对待，全群隔离饲养，作进一步诊断。此外，仔猪有衰弱、震颤或发育不良等现象时，可怀疑母猪携带猪瘟病毒，应进行实验室确诊。

病理变化 全身出血性变化，多呈小片或点状；淋巴结外观充血肿胀，切面周边出血，呈红白相间的“大理石样”；肾皮质色泽变淡，有点状出血；脾脏不肿大，边缘发现楔状梗死区；喉头、膀胱有小点出血；回盲瓣、回肠、结肠形成“纽扣状肿”（慢性猪瘟）；公猪包皮积尿。上述病变可作为综合诊断定性的依据之一。

(2) 实验室检疫

病毒分离鉴定　采集病猪的扁桃体、脾、肾、淋巴结等病料常规处理后接种 PK15 细胞进行分离培养鉴定。也可采用直接免疫荧光抗体试验、兔体交互免疫试验、免疫酶染色试验、猪瘟病毒反转录-聚合酶链式反应（RT-PCR）等进行猪瘟病毒和抗原的诊断，以发现带毒猪和自然感染猪。

血清学检测　猪瘟单抗 ELISA、猪瘟荧光抗体病毒中和试验主要用于猪瘟抗体的检测和免疫效果评估，其中，单抗 ELISA 主要用于猪瘟抗体的鉴别诊断，可区别诊断猪瘟自然感染猪、免疫猪、强或弱毒抗体阳性猪及猪瘟抗体阴性猪。

猪瘟检疫结论判定　若发病不分年龄、季节，临床症状明显，解剖检查病变典型，上述实验室检查方法中任一试验获阳性结果；或临床症状和发病情况不详，群体解剖检查病变典型，上述实验室检查方法中任一试验获阳性结果；发病情况、临床症状、病理变化不详、不明显或不典型，但上述实验室试验方法中的任何一项获阳性结果。这些情况均可判定为猪瘟病毒感染。

(3) 检疫后处理

发现本病，应迅速上报疫情。一旦确诊，立即划定疫点、疫区和受威胁区，实施封锁、隔离措施。扑杀疫点内所有的病猪和带毒猪，并将所有病死猪、被扑杀猪及其产品作销毁处理；对疫区内易感猪只实施紧急强制免疫；停止疫区内猪及其产品的交易活动，禁止易感猪只及其产品运出；对受威胁区易感猪只（未免或免疫未达到免疫保护水平）实施紧急强制免疫；对猪只实行疫情监测和免疫效果监测。对排泄物、被污染或可能污染饲料和垫料、污水等均需进行无害化处理；对被污染的物品、交通工具、用具、禽舍、场地进行严格消毒。

宰前发现猪瘟病猪时，病猪和同群猪均用不放血方法全部扑杀并销毁，场地严格消毒。宰后检疫发现时，立即停止生产，彻底清洗、严格消毒生产场地，其胴体和内脏及其副产品作销毁处理。

二、高致病性猪蓝耳病

高致病性猪蓝耳病简称 HP-PRRS，是由猪繁殖与呼吸综合征（PRRS，经典蓝耳病）病毒变异株引起的猪的急性高致死性疫病。以发热、母猪繁殖障碍、仔猪呼吸道症状、高感染率、高死亡率为特征。

(1) 临诊检疫

流行特点　本病呈区域性流行，一年四季均可发生，高热、高湿季节发病明显增加。不同日龄、不同品种的猪均可发病。发病急、传染性强、发病率高、治疗效果差、死亡率高，病程 7～15 天。

临诊症状　猪群突然发病，体温明显升高，可达 41℃以上；眼结膜炎、眼睑水肿；咳嗽、气喘等呼吸道症状；部分猪后躯无力、不能站立或共济失调等神经症状；仔猪发病率可达 100%、死亡率可达 50%以上，母猪流产率可达 30%以上，育肥猪也可发病死亡。

病理变化　肉眼可见肺水肿、出血、淤血，以心叶、尖叶为主的灶性暗红色实变；脾脏边缘或表面出现梗死灶，显微镜下见出血性梗死；肾脏呈土黄色，表面可见针尖至小米粒大的出血斑点；皮下、扁桃体、心脏、膀胱、肝脏和肠道均可见出血点和出血斑；部分病例可见胃肠道出血、溃疡、坏死。显微镜下见肾间质性炎，心脏、肝脏和膀胱出血性、渗出性炎等病变。

(2) 实验室检疫

病毒分离与鉴定 采集病猪的肺、死胎的肠和腹水、胎儿血清、母猪血液等病料经常规处理后，再经 0.2μm 滤膜，取滤液接种 Marc145 细胞，可使 Marc145 细胞产生明显的细胞病变（CPE）。

RT-PCR 法 选择代表性病症的病死猪，无菌采集肺、脾、淋巴结和扁桃体等组织；常规监测临床健康待检猪可采集血清或淋巴结，0℃以下冷藏并在 4h 内送至实验室检测，或在－20℃的环境中保存备用。用高致病性猪蓝耳病病毒反转录-聚合酶链式反应（RT-PCR）检测样品中的高致病性猪蓝耳病病毒。

符合临床指标和病理指标可判定为疑似高致病性猪蓝耳病。疑似疫情，经病毒分离鉴定阳性或 RT-PCR 检测阳性，可确诊为高致病性猪蓝耳病。

(3) 检疫后处理

检疫中发现高致病性猪蓝耳病时，应尽快上报疫情。一旦确认疫情，立即划定疫点、疫区、受威胁区。应扑杀疫点内所有病猪和同群猪；对病死猪、排泄物、被污染饲料、垫料、污水等进行无害化处理。对疫点、疫区内被污染的物品、交通工具、用具、猪舍、场地等进行彻底消毒。对疫区和受威胁区内所有生猪用高致病性猪蓝耳病灭活疫苗进行紧急强化免疫，并加强疫情监测。

三、猪Ⅱ型链球菌病

猪Ⅱ型链球菌病是由链球菌Ⅱ型引起的以脑膜炎及败血症为特征的一种细菌性人畜共患传染病。猪链球菌Ⅱ型是链球菌属的成员，不仅对猪致病性很强，而且可以感染特定的人群，并致发病和死亡。

(1) 临诊检疫

流行特点 该病一年四季均可发生，其流行无明显的季节性，以 5～11 月发病较多。呈地方性流行，新疫区可呈暴发流行，发病率和死亡率较高。老疫区多呈散发流行，发病率和死亡率较低。不同年龄、性别和品种的猪都有易感性。猪链球菌Ⅱ型主要通过消化道、呼吸道、受损的皮肤及黏膜感染。人感染猪链球菌Ⅱ型主要有两种方式：一是通过破损的皮肤和黏膜；二是经口传播，人吃了未煮熟的病猪肉或内脏而感染。

猪的临诊症状 可分为败血型和脑膜炎型两种。

败血型：最急性病例往往不表现任何症状而突然死亡。急性病例中主要表现为发热、精神萎靡、厌食，随后表现为呼吸困难、跛行、神经症状、失明、听觉丧失、流产、心内膜炎、阴道炎等症状。慢性型主要表现为多发性关节炎，一肢或多肢关节肿胀、疼痛，高度跛行，甚至不能站立。

脑膜炎型：病猪体温升高，废食，便秘，有浆液性（或黏液性）鼻液，继而出现神经症状，盲目走动，步态不稳，做转圈运动，空嚼、磨牙，甚至后躯麻痹，四肢呈游泳状运动。该病型多发生于哺乳仔猪或断乳小猪。

人的临诊症状　人感染链球菌Ⅱ型后，因细菌侵入部位的不同而有不同的临床表现。败血症型：表现为发病急、高热、肢体远端部位出现淤点、淤斑，早期多伴有胃肠道症状，病情发展快，很快转入多器官衰竭，预后较差，病死率高。脑膜炎型：表现为头痛、高热，脑膜炎是大多数病例的主要临床表现。该型临床表现较轻，预后较好，病死率低。

病理变化　败血型病例表现为全身各个脏器充血或出血。脑膜炎病例最典型的病变为中性粒细胞的弥漫性浸润，其他组织的病理学特征包括脑脊膜和脉络丛的纤维蛋白渗出、水肿和细胞浸润。关节炎病例表现关节肿大，关节囊内有黄色胶样液体，重者可见关节软骨坏死，关节周围有多发性化脓灶。

(2) 实验室检疫

涂片染色镜检　采取病变组织触片或血液涂片，可见革兰阳性球形或卵圆形细菌，无芽孢，有的可形成荚膜，常呈单个、双链的细菌，偶见短链排列。

细菌分离培养　病料接种在血液琼脂平板上，37℃培养24h，形成无色露珠状细小菌落，菌落周围有溶血现象。镜检可见长短不一链状排列的细菌。

菌型鉴定　猪链球菌Ⅱ型平板和试管凝集试验、PCR方法进行菌型鉴定。PCR法是一种快速而特异的检测猪链球菌Ⅱ型的方法。可用于检测猪链球菌的基于PCR的方法有：猪链球菌Ⅱ型PCR定型检测技术、猪链球菌Ⅱ型三重PCR检测方法、猪链球菌Ⅱ型多重PCR检测方法、猪链球菌Ⅱ型荧光PCR检测方法、猪链球菌Ⅱ型毒力因子荧光PCR检测方法、猪链球菌Ⅱ型溶血素基因PCR检测方法。

(3) 检疫后处理

发现疑似猪链球菌病疫情时，当地动物防疫监督机构要及时派人到现场进行流行病学调查、临诊症状检查，迅速确诊，并立即采取隔离、限制移动等防控措施。

当确诊发生猪链球菌病呈流行态势时，应迅速上报疫情，划定疫点、疫区（疫点半径1km范围内）、受威胁区（疫区外顺延3km区域）。病死家畜立即进行无害化处理。对病例家庭及其畜圈、禽舍等区域和病例发病前接触的病、死猪所在家庭及其畜圈等疫点进行消毒处理。疫区实施封锁，病猪及同群猪进行扑杀销毁，其排泄物、可能被污染饲料、污水等进行无害化处理。对被污染的物品、交通工具、用具、畜舍进行严格彻底消毒。对假定健康动物立即进行强制免疫接种或用药物预防，并隔离观察14天。

猪宰前检疫发现有链球菌病时，处理方法同弓形虫病。

采取多种形式开展宣传教育，向群众宣传病死家畜的危害性，告知群众不要宰杀、加工、销售、食用病死家畜。一旦发现病死家畜，要及时向当地畜牧兽医部门报告。

四、旋毛虫病

旋毛虫病是由旋毛虫的成虫（寄生于小肠）和幼虫（寄生于肌肉）寄生于人和多种动物所引起的人畜共患寄生虫病。临诊特征为发热，肌肉强烈痉挛性急性肌炎。人感染旋毛虫多因食用未煮熟的含旋毛虫包囊的动物肉及肉制品。

(1) 临诊检疫

流行特点及症状　多种动物和人均可感染本病，家畜中猪、犬感染率高。对人危害大，呈地方性流行。动物感染后均有一定耐受性，往往无明显症状。感染严重的猪和犬，出现肌肉痉挛、麻痹、运动障碍、发热，吞咽、咀嚼困难等症状。有的呈急性卡他性肠炎，严重者出血性腹泻。人常见眼睑和四肢水肿。

病理变化 猪旋毛虫多在宰后检出，可见被侵害的肌肉发生变性、肌纤维肿胀或萎缩、横纹肌横纹消失、肌肉间结缔组织增生、关节囊肿。在肌纤维内有针尖大小，白色小点，即疑为旋毛虫幼虫形成的包囊。若包囊未钙化，呈露滴状、半透明，较肌肉的色泽淡。出血性腹泻病猪肠黏膜增厚水肿，有黏液性炎症和出血斑。

（2）实验室检疫

病原学检查 猪肉取左右膈肌角（犬肉取腓肠肌）进行检查，方法包括直接采集肌肉进行目检、压片镜检和集样消化。压迫镜检时，在肌纤维内发现0.25～0.5mm，呈梭形或椭圆形，其长轴顺肌纤维平行，如针尖大小，呈白色者即为旋毛虫幼虫形成的包囊。在包囊内有蜷缩成螺旋状的虫体，即为旋毛虫幼虫。

血清学检查 方法包括ELISA、皮内反应、补体结合反应、对流免疫电泳、胶乳凝集试验、间接荧光抗体、皂土絮凝试验、间接血凝试验、环蚴沉淀试验等。在宰后检查中，仍多利用目检法结合显微镜检查法检查，大批量的检疫还可以用集样消化法进行；若进行宰前检疫或旋毛虫感染情况的调查时，目前常用ELISA，对猪旋毛虫病的检疫，也可直接使用猪旋毛虫病ELISA诊断试剂盒，灵敏、快速、特异性强。

（3）检疫后处理

旋毛虫病为我国二类动物疫病，检疫中一经发现，即应按照二类疫病的处理原则进行处理，发现有旋毛虫包囊和钙化虫体者，头、胴体和心脏作工业用，干法化制或销毁。

五、猪囊尾蚴病

猪囊尾蚴病又称为猪囊虫病，是由猪带绦虫的幼虫——囊尾蚴寄生于肌肉组织、脑、眼等所引起的人畜共患寄生虫病。

（1）临诊检疫

临诊症状 轻者无特殊症状，重症时病猪可见眼结膜发红或有小疙瘩，舌根部见有半透明的小水疱囊。当虫体寄生于脑、眼、声带等部位时，常出现神经症状、失明和叫声嘶哑等。有的病猪肩胛肌水肿增宽，臀部隆起，外观呈哑铃状或狮子状，病猪不愿走动。

病理变化 该病生前诊断较困难，宰后检疫时见肩胛肌、咬肌、颈部肌肉、舌肌等部位肌肉部有米粒大至黄豆大灰白色半透明囊泡，囊壁有一圆形小米粒大的头节，外观似白色的石榴粒样，或见白色泡液混浊的钙化包囊。严重感染时，全身肌肉、内脏、脑和脂肪内均能发现。

（2）实验室检疫

用于囊虫病的免疫学检查方法有皮内变态反应、间接血凝试验、间接荧光抗体、对流免疫电泳、ELISA以及斑点试验等，都可获得相当好的检测效果。目前最为常用的ELISA，检出率高、需抗原量少，有较好的敏感性，特异性强，且操作相对简便，易在基层推广应用和用于对此病早期诊断。

(3) 检疫后处理

猪囊尾蚴病为我国二类动物疫病，检疫中一经发现，即应按照二类疫病的处理原则进行处理。在规定检疫部分（咬肌）切面视检，发现囊尾蚴和钙化虫体者，全尸作工业用或销毁。

模块三　禽病检疫

一、高致病性禽流感

高致病性禽流感是由A型流感病毒引起的以禽类为主的一种急性、高度致死性、烈性传染病。临诊表现为较严重的全身性、出血性、败血性症状和病理变化，死亡率较高。近年有多起人感染A型流感病毒发病甚至死亡的病例报道。世界动物卫生组织（OIE）将其列为必须报告的动物传染病。

(1) 临诊检疫

流行特点　多种禽类易感，但以鸡和火鸡最易感，多种野鸟也可感染发病。病禽（野鸟）和带毒禽（野鸟）为主要传染源。感染禽（野鸟）及其分泌物和排泄物、被病毒污染的任何物品都易传播本病，主要经呼吸道、消化道感染，也可通过气源性媒介传播。

临诊症状　体温急剧升高，精神沉郁，很快呈昏睡状，采食量下降，甚至废绝；急性发病死亡或不明原因死亡；脚鳞出血；鸡冠出血或发绀、头部和面部水肿；鸭、鹅等水禽可见神经和腹泻症状，有时可见角膜炎症，甚至失明；产蛋突然下降。

病理变化　可见消化道、呼吸道黏膜广泛充血、出血；腺胃黏液增多，可见腺胃乳头出血，腺胃和肌胃交界处黏膜可见带状出血；心冠及腹部脂肪出血；输卵管的中部可见乳白色分泌物或凝块；卵泡充血、出血、萎缩、破裂，有的可见“卵黄性腹膜炎”；脑部出现坏死灶、血管周围淋巴细胞管套、神经胶质灶、血管增生等病变；胰腺和心肌组织局灶性坏死。

本病须与鸡新城疫、传染性喉气管炎、产蛋下降综合征相鉴别。

(2) 实验室检疫

病毒的分离与鉴定　无菌采取病死鸡的脑、气管、肺、肝、脾，活禽可采其喉头和泄殖腔拭子，用含抗生素的PBS制成悬液，室温下静置1～2h后，移入小离心管中，在不超过25℃的室温下，以1000r/min离心10min，取上清液接种于9～11天鸡胚尿囊腔，37℃孵化孵育4～5天。收取18h后的死亡鸡胚尿囊液供病毒鉴定用。OIE对高致病性禽流感病毒的分类标准为：取HA滴度＞1/16的无菌感染流感病毒的鸡胚尿囊液用等渗生理盐水1∶10稀释，以0.2mL/羽的剂量翅静脉接种8只4～8周龄SPF鸡，在接种10天内，能导致6只或6只以上鸡死亡，判定该毒株为高致病性禽流感病毒株。

血清学诊断　目前用于禽流感检测的方法有血凝抑制（HI）试验、琼脂凝胶免疫扩散（AGID）试验、RT-PCR；通用荧光反转录-聚合酶链反应（荧光RT-PCR）；神经氨酸酶抑制（NIT）试验；对血凝素基因裂解位点的氨基酸序列测序等。HI试验是目前世界卫生组织（WHO）进行全球流感监测所普遍采用的试验方法。可用于流感病毒分离株HA亚型的鉴定，也可用来检测禽血清中是否有与抗原亚型一致的感染或免疫抗体。琼脂凝胶免疫扩散一般在鉴定所分离的病毒是否是A型禽流感病毒时和禽流感监测时使用（水禽不适用）。NI试验可用于分离株NA亚型的鉴定，也可用于血清中NI抗体的定性测定。利用RT-PCR的通用引物可以检测是否有A型流感病毒的存在，亚型特异性引物则可进行禽流感的分型诊断和禽流感病毒的亚型鉴定。

(3) 检疫后处理

一旦发现禽类发病急、传播迅速、死亡率高等异常情况，应立即向相关部门报告，进行检测，确诊后迅速划定疫点、疫区、受威胁区。

对疫区（由疫点边缘向外延伸3km的区域）实行封锁；扑杀疫点内所有禽只，并销毁所有病死禽、被扑杀禽及禽类产品；扑杀疫区内所有家禽，连同病死禽及禽类产品一并销毁；对疫点、疫区的禽类排泄物、被污染饲料、垫料、污水等进行无害化处理；对被污染的物品、所有与禽类接触过的物品、交通工具、用具、禽舍、场地进行彻底消毒。禁止禽类进出疫区及禽类产品运出疫区。

对受威胁区（疫区边缘向外延伸5km的区域）所有易感禽类进行紧急强制免疫，建立完整的免疫档案；对所有禽类实行疫情监测，掌握疫情动态。关闭疫点及周边13km内所有家禽及其产品交易市场。经过21天以上、疫区内未发现新的病例，经有关部门验收合格由政府发布解除封锁令。

二、新城疫

新城疫是由禽副黏病毒I型引起的高度接触性禽类烈性传染病。OIE将其列为必须报告的动物疫病，我国将其列为一类动物疫病。其特征是呼吸困难、下痢和神经症状，主要病理变化为黏膜和浆膜出血，腺胃黏膜和乳头出血以及盲肠扁桃体出血、溃疡等具有诊断意义。

(1) 临诊检疫

流行特点 各种日龄的禽类均可感染，主要侵害鸡、火鸡，其他禽类和野禽也可感染，也可感染人。一年四季均可发病，多见于春秋两季。非免疫易感禽群感染时，发病率、死亡率可高达90%以上。免疫效果不好的禽群感染时症状不典型，发病率、死亡率较低。主要经消化道和呼吸道传播。

临床症状 症状严重程度主要取决于感染毒株的毒力、免疫状态、感染途径、品种、日龄、其他病原混合感染情况及环境因素等。根据病毒感染禽所表现临床症状的不同，可将新城疫病毒分为5种致病型：嗜内脏速发型（以消化道出血性病变为主要特征，死亡率高）、嗜神经速发型（以呼吸道和神经症状为主要特征，死亡率高）、中发型（以呼吸道和神经症状为主要特征，死亡率低）、缓发型（以轻度或亚临床性呼吸道感染为主要特征）、无症状嗜肠型（以亚临床性肠道感染为主要特征）。

典型症状为发病急、死亡率高；体温升高、极度精神沉郁、呼吸困难、食欲下降；粪便稀薄，呈黄绿色或黄白色；发病后期可出现各种神经症状，多表现为扭颈、翅膀麻痹等。在免疫禽群中表现为产蛋下降。

病理变化　本病的特征性病变为败血性变化。全身黏膜和浆膜出血，以呼吸道和消化道最为严重。腺胃黏膜水肿，乳头和乳头间有出血点；盲肠扁桃体肿大、出血、坏死；十二指肠和直肠黏膜出血，有的可见纤维素性坏死病变；脑膜充血和出血；鼻道、喉、气管黏膜充血，偶有出血，肺可见淤血和水肿；心冠脂肪、心外膜有针尖状出血点。

(2) 实验室检疫

病毒分离鉴定　采集发病禽气管拭子和泄殖腔拭子（或粪便）；对死亡禽，以脑为主，也可采集脾、肺、气囊等组织作病料。病料的处理及鸡胚接种方法同禽流感，收取24h后的死胚及96h仍存活鸡胚的尿囊液，检测尿囊液的HA活性。阳性反应说明可能有新城疫病毒，再用已知抗新城疫血清做血凝抑制（HI）试验，进行确诊。

血清学诊断　采集急性期（10天内）及康复期双份血清，进行HI试验，证明抗体滴度增高即可确诊。此外，目前用于新城疫检测的方法还有琼脂扩散试验、中和试验、ELISA、免疫荧光抗体技术等。

(3) 检疫后处理

新城疫为我国一类动物疫病，检疫中一经发现，即应按照一类疫病的处理原则进行处理。当确诊疫情后，应立即划定疫点、疫区、受威胁区。扑杀疫点内所有的病禽和同群禽只，并对所有病死禽、被扑杀禽及其禽类产品全部销毁。对疫区和受威胁区（未免禽只或免疫未达到免疫保护水平的禽只）易感禽只实施紧急强制免疫，确保达到免疫保护水平。对疫区进行封锁，关闭活禽及禽类产品交易市场，禁止易感活禽进出和易感禽类产品运出。对疫点、疫区内禽类排泄物、被污染或可能污染饲料、垫料、污水等进行无害化处理，对被污染的物品、交通工具、用具、禽舍、场地进行严格彻底消毒。对禽类实行疫情监测和免疫效果监测。经过21天以上的监测，未出现新发病例，经审验合格后，解除封锁。

三、鸭瘟

鸭瘟是由鸭瘟疱疹病毒引起的鸭的一种急性、热性、败血性和接触性传染病。以高热，下痢，流泪和部分病鸭头颈肿大，血管损伤导致组织、体腔出血，消化道和泄殖腔黏膜有小出血点并有灰黄色假膜覆盖或溃疡，肝有不规则大小不等的出血点和坏死灶为特征。

(1) 临诊检疫

流行特点及症状　本病主要侵害产蛋鸭，1月龄以下雏鸭很少发病。本病一年四季均可发生。传播迅速，发病率和病死率高。病鸭体温高达43℃以上，精神萎顿，食欲减少或废绝，流泪，眼睑水肿甚至粘连，两脚麻痹无力，两翅下垂，强行驱赶时以翅扑地前行。部分病鸭表现为头颈部肿胀，俗称为“大头瘟”或“肿头瘟”；排出绿色或灰白色稀粪，泄殖腔黏膜水肿，严重者黏膜外翻，上覆有绿色假膜，剥离后留下溃疡灶，公鸭有时可见阴茎脱垂。

病理变化　可见败血性病变，全身皮肤、黏膜和浆膜出血，皮下组织弥漫性水肿，实质器官严重变性。消化道黏膜出血和坏死，尤以咽喉部、食道、盲肠、直肠和泄殖腔的假膜为典型特征。头颈部水肿的病鸭，切开头颈皮肤流出淡黄色透明液体，咽喉部、食道黏膜覆有淡黄色或黄绿色假膜。肠黏膜充血、出血，在空肠、回肠等部位有环状出血；肝不肿大，表面有大小不等的灰黄色或灰白色的坏死点，少数坏死点中间有小出血点；产蛋母鸭卵泡充血、出血、变形，有时卵泡破裂，形成卵黄性腹膜炎。

(2) 实验室检疫

无菌采集病鸭的肝、脾或肾，经过处理后，接种于10～14天鸭胚，鸭胚多在4～6天死亡，胚体表现出血、水肿，绒毛尿囊膜上有灰白色坏死灶，收取尿囊液进行鉴定。也可接种于鸡胚或鸭胚的成纤维细胞，进行病毒分离和鉴定。常用的鉴定方法有ELISA、中和试验、直接或间接免疫荧光试验、空斑抑制试验。

(3) 检疫后处理

鸭瘟为我国二类动物疫病，检疫中一经发现，即应按照二类疫病的处理原则进行处理。扑杀并无害化处理病鸭和同群鸭。鸡舍、场地、用具严格消毒，粪便堆积发酵处理，搞好清洁卫生。受威胁区的鸭实施紧急接种疫苗。

四、小鹅瘟

小鹅瘟是由鹅细小病毒引起雏鹅的一种急性败血性传染病，以发生渗出性肠炎、下痢为主要特征。本病主要侵害4～20日龄雏鹅，多呈最急性和急性型病程并迅速致死。3周龄以上的雏鹅仅部分发病，并呈亚急性病程。本病一旦发生流行常引起大批雏鹅死亡，造成重大经济损失。

(1) 临诊检疫

流行特点及症状 最急性型多发生于1周龄内的雏鹅，突然发病死亡，发病率可达100%，死亡率高达95%以上。急性型多发生于1～2周龄的雏鹅，表现精神萎顿，食欲减退或废绝；严重下痢，排灰白色或青绿色稀便；呼吸困难，鼻流浆性分泌物；死前出现抽搐等症状。亚急性型多发生于15日龄以上，以精神萎顿、拉稀和消瘦为主要症状。

病理变化 最急性型除肠道有急性卡他性炎症外，无其他明显病变。急性型和亚急性型可见空肠、回肠黏膜坏死脱落，与凝固的纤维素性渗出物形成栓子或包裹在肠内容物表面形成假膜，堵塞肠腔。肝肿胀，紫红或暗红色，少数有坏死灶。

(2) 实验室检疫

采集病鹅或患病死亡鹅的肝、胰、脾、肾和脑等脏器病料，经常规处理后，接种于12～14日龄鹅胚，37℃培养，观察9天，取接种72h后死亡的鹅胚，收取尿囊液进行与已知抗小鹅瘟病毒标准血清，或抗小鹅瘟病毒单克隆抗体，在无小鹅瘟抗体的鹅胚中作中和试验；也可用已知抗小鹅瘟病毒标准血清在易感雏鹅作保护试验，或用琼脂扩散试验和ELISA等方法鉴定。

(3) 检疫后处理

小鹅瘟为我国二类动物疫病，检疫中一经发现，即应按照二类疫病的处理原则进行处理。发病鹅场需要严格消毒；发病和受威胁雏鹅群在隔离基础上，注射高免血清0.3～1.0mL，起到治疗和预防作用；对病死鹅要作深埋或销毁处理；对同群未感染的雏鹅和假定健康鹅应用小鹅瘟抗血清紧急接种治疗。

五、鸡球虫病

鸡球虫病是由艾美耳属的多种球虫寄生于鸡肠道中引起的寄生虫病。以雏鸡多发出血性肠炎，排血便，发病率和死亡率均高为主要特征。

（1）临诊检疫

流行特点　一般3～6周龄雏鸡多暴发球虫病，10日龄以内的雏鸡很少发病。柔嫩艾美耳球虫、堆型艾美耳球虫和巨型艾美耳球虫的感染常发生于21～50日龄的鸡，毒害艾美耳球虫常见于8～18周龄的鸡。

临诊症状　病初食欲不振，随着盲肠损伤的加重，出现下痢，血便，甚至排出鲜血。病鸡战栗，拥挤成堆，翅下垂，体温下降，食欲废绝，最终脱水导致自体中毒死亡。严重感染时，死亡率高达80%。产蛋鸡产蛋量下降，肉鸡生长缓慢。

病理变化　病变主要在盲肠和小肠中段。严重感染病例，盲肠高度肿大，肠腔中充满血凝块和脱落的黏膜碎片，随后逐渐变硬，形成红色或红白相间的肠芯。小肠中部高度肿胀或气胀，肠壁充血、出血和坏死，或见灰白色粟粒状结节，黏膜肿胀增厚，肠内容物中含有多量的血液、血凝块和坏死脱落的上皮组织。轻度感染时病变较轻，无明显出血，黏膜肿胀，从浆膜面可见脑回样结构。

（2）实验室检疫

取被检动物或动物群的新鲜粪便作为检样，可用直接涂片法、漂浮法或锦纶筛兜淘洗法（取滤液沉淀或漂浮），检查粪便中有无鸡球虫卵囊，有时还需进行卵囊计数。若剖检时发现肠管有坏死灶和明显的淡白色斑点或斑块等，可疑为球虫病，然后取肠壁刮取物涂片进行检查，查到裂殖体、裂殖子或卵囊，均可确诊为球虫感染。但鸡的带虫现象极为普遍，因此，是不是由球虫引起的发病和死亡，应根据临诊症状、流行病学资料、病理剖检情况和病原检查结果进行综合判断。

（3）检疫后处理

发现病鸡，立即隔离治疗，对同群雏鸡及早进行药物治疗；彻底清除垃圾、粪便，更换垫料，改善饲养管理条件；对病死鸡及时焚烧或深埋。

模块四　反刍动物病检疫

一、牛海绵状脑病

牛海绵状脑病（BSE）俗称“疯牛病”，是由朊病毒引起的一种神经性、进行性、致死性疾病。以潜伏期长，行为反常、运动失调、轻瘫、体重减轻、脑灰质海绵状水肿和神经元空泡形成为特征。

（1）临诊检疫

流行特点　本病易感动物有牛、羊、猪、羚羊、狒猴、鹿、猫、犬、水貂、小鼠和鸡等。多发于3～5岁的奶牛，其中以成年奶牛发病率最高。该病原可引起人的一种病死率极高的中枢神经退化病——新型克-雅病。动物主要是由于摄入混有痒病病羊或疯牛病病牛尸体加工成的骨肉粉而经消化道感染。

临诊症状　潜伏期长达2～8年。多数病例表现出中枢神经系统的临诊症状。常见病牛烦躁不安，行为反常，对声音和触摸敏感。病牛常由于恐惧、狂躁而具有攻击性；共济失调，步态不稳，常乱踢乱蹬以致摔倒，磨牙，低头伸颈呈痴呆状，故称疯牛病。少数病牛可见头部和肩部肌肉颤抖和抽搐。后期出现强直性痉挛，体重及泌乳量迅速下降。耳对称性活动困难，常一只伸向前，另一只伸向后或保持正常。病牛食欲正常，粪便坚硬，体温偏高，呼吸频率增加，最后常因极度消瘦死亡。

病理变化 尸体剖检无明显肉眼可见病变。

(2) 实验室检疫

脑组织病理学检查 定性诊断常以大脑组织病理学检查为主。采集病变多发部位，如丘脑、中脑、脑桥、延髓等组织，经10%福尔马林固定后送检。经切片染色镜检可见病牛典型的病理变化为脑干灰质对称的特定神经元核周体或神经纤维网（胞浆）中出现海绵状空泡变性；神经元数目减少，空泡变性常伴随星状细胞肥大；血管周围有单核细胞浸润。

检测病原蛋白 目前BSE检测主要采用特异性强、灵敏度高的PrP免疫印迹和免疫组织化学方法进行检查。

(3) 检疫后处理

本病为OIE规定必须通报的动物疫病，我国尚未发现疯牛病临床病例。一旦发现可疑病牛，应立即隔离、消毒和报告上级有关部门确诊。对已确诊的病牛和可疑牛，甚至对整个牛群和与之相关联的牛全部扑杀，焚毁尸体并彻底消毒。

二、小反刍兽疫

小反刍兽疫是由小反刍兽疫病毒引起小反刍动物的一种急性接触性传染病。以高热稽留、口炎、腹泻、眼鼻分泌物增多、肺炎为特征。

(1) 临诊检疫

流行特点 山羊及绵羊为主要易感动物，且症状典型，发病率和死亡率都很高。牛、猪等可感染，但多为亚临床经过。本病主要通过直接和间接接触传染或呼吸道飞沫传播，饮水也可导致感染。

临诊症状 感染动物临诊症状与牛瘟病牛相似。急性型体温可上升至41℃，并持续3～5天。感染动物烦躁不安，流黏液脓性鼻漏，呼出恶臭气体。口腔黏膜和齿龈充血、溃疡、坏死导致多涎。严重病例可见坏死病灶波及齿垫、腭、颊部及其乳头、舌头等处。后期出现带血水样腹泻，脱水，消瘦，随之体温下降。有时出现咳嗽、呼吸异常。

病理变化 尸体剖检病变与牛瘟病牛相似。病变从口腔直到瘤-网胃口常呈现出血性、坏死性炎症病变，形成浅表糜烂、溃疡。严重者肠黏膜糜烂，尤其在盲肠、结肠结合处出现特征性条纹状出血或斑马样条纹。淋巴结肿大，脾有坏死灶。有的在鼻甲、喉、气管等处有出血斑。还可见支气管肺炎的典型病变。

(2) 实验室检疫

必须在生物安全3级以上实验室进行检测。

病原学检测 病料可采用羊口鼻棉拭子、淋巴结或血沉棕黄层；无菌处理病料，获取病毒后做单层细胞培养，观察病毒致细胞病变作用。若发现细胞变圆、聚集，最终形成合胞体，合胞体细胞核以环状排列，呈“钟表面”样外观，即可确检。病毒检测可用RT-PCR结合核酸序列测定。

血清学检测　检测病毒方法有中和试验、琼脂免疫扩散试验（AGID）、免疫荧光抗体试验（IFAT）和对流免疫电泳（CIEP）、ELISA、单抗竞争 ELISA 和间接 ELISA 等。其中琼脂免疫扩散试验（AGID）和 ELISA 可以大规模、快速的检测病毒。通常采集发病初期和康复期双份血清进行检测，当抗体滴度升高 4 倍以上时具有示病意义。

(3) 检疫后处理

本病为 OIE 规定必须通报的动物疫病，我国列为一类动物传染病。一旦发现疫情，应立即上报，并彻底消毒，严格封锁，防止扩散。迅速划定疫点、疫区和受威胁区，并按相关法规和管理办法对其进行处理。检出阳性或发病动物，对全群动物作扑杀、销毁处理。

三、牛传染性胸膜肺炎

牛传染性胸膜肺炎是由丝状支原体丝状亚种引起牛的一种高度接触性传染病，以渗出性纤维素性肺炎和浆液纤维素性胸膜肺炎为特征。

(1) 临诊检疫

流行特点　主要感染牛，病牛及带菌牛是主要传染源。本病由健康牛与病牛直接接触传染，主要通过呼吸道、消化道传播。新发病牛群常呈急性暴发，后转为地方性流行，老疫区多呈散发性流行。

临诊症状　病畜高热稽留，体温高达 40～42℃，因呼吸困难久立不卧，呈腹式呼吸和痛性短咳，肋部有触痛感。鼻腔流出浆液性或脓性分泌物。肺部叩诊有水平浊音，听诊肺部有湿性啰音，有胸膜炎发生时，可听到摩擦音。重症可见腹下、胸前、肉垂水肿。便秘和腹泻交替发生。可视黏膜发绀，终因窒息死亡，急性病例整个病程 15～30 天。慢性病例多数症状不明显，偶发干性咳嗽，听诊胸部可能有不大的浊音区。

病理变化　可见肺和胸腔呈特征性病变。胸腔积液，呈无色或淡黄色，内含絮状纤维素物。肺脏炎症，初期以小叶性支气管肺炎为特征，病灶充血、水肿，呈鲜红色或紫红色。中期，呈纤维素性肺炎和浆液性纤维素性胸膜肺炎，肺实质有红、黄、灰等不同时期的肝样病变区，被肿大呈白色的肺间质分隔，形成大理石样外观。末期肺部病灶被结缔组织包围，有的因坏死、液化而形成脓腔、空洞；有的被增生的结缔组织取代，形成瘢痕，有的钙化或形成肉样变。

(2) 实验室检疫

病原检查　无菌采集病畜肺组织、胸腔渗出液及病变淋巴结接种于 10％马血清马丁琼脂培养基，37℃培养 2～7 天，选择透明略带灰色的，中央有乳头状突起的圆形菌落进行姬姆萨染色或瑞氏染色，镜检见多形菌体，即可确检。此法对急性期病例的检出率可达 100％。也可用代谢与生长抑制试验和 PCR 检测。

血清学检查　玻片凝集试验、琼脂扩散试验均可检出自然感染牛；荧光抗体试验可检出鼻腔分泌物中的丝状支原体；补体结合试验适合群体检测，该方法有 1％～2％的非特异反应，特别是注射疫苗后 2～3 个月内呈阳性或疑似反应，应引起注意。另外，我国研制成功了特异性高的微量凝集反应检验方法，它不但降低了非特异性反应率，而且操作简便，容易判定，应用效果良好。

(3) 检疫后处理

本病为OIE规定的必须通报的动物疫病，我国列为一类动物疫病。发现病畜或可疑病畜，应上报疫情，尽快确诊，划定疫点、疫区、受威胁区。对疫区实行封锁，采取紧急、强制性的控制和扑灭措施。扑杀患病牛；对同群牛隔离观察，进行预防性治疗。疫区和受威胁地区牛群可进行牛传染性胸膜肺炎弱毒菌苗的免疫接种。彻底消毒栏舍，场地和饲养工具、用具；严格无害化处理污水、污物、粪尿等。

四、牛结核病

牛结核病由分枝杆菌属牛分枝杆菌引起的一种人畜共患的慢性传染病。以在多种组织器官中形成结核结节性肉芽肿和干酪样、钙化的坏死病灶为特征。人尤其是儿童主要是通过饮用生牛奶或消毒不合格的牛乳感染。

(1) 临诊检疫

流行特点 本病奶牛最易感，其次为水牛、黄牛、牦牛，人也可感染。结核病病牛是本病的主要传染源。牛型结核分枝杆菌随鼻汁、痰液、粪便和乳汁等排出体外，健康牛可通过被污染的空气、饲料、饮水等经呼吸道、消化道等感染。

临诊症状 临床通常呈慢性经过，以肺结核、乳房结核和肠结核最常见。病牛呈现全身进行性消瘦和贫血，初干咳，渐变为湿咳。呼吸迫促，特别是早上牵出运动时尤为明显，有时流淡黄色脓性鼻液。体温一般正常或下午稍有升高。肺结核时，以长期顽固性干咳为特征，且以清晨最明显。患畜容易疲劳，逐渐消瘦，病情严重者可见呼吸困难。乳房结核的患牛，乳房淋巴结肿大，皮肤出血，无热无痛硬结，表面凹凸不平。泌乳量下降，乳汁变稀，严重时乳腺萎缩，泌乳停止。患肠结核者，多发生于空肠和回肠，呈消化不良，消瘦，持续下痢与便秘交替出现，粪便常带血或脓汁。淋巴结核者常见下颌、咽、颈、腹股沟、股前等淋巴结形成无热无痛性肿块。

病理变化 可见在肺脏、乳房和胃肠黏膜等处形成特异性白色或黄白色结节。结节大小不一，切面干酪样坏死或钙化，有时坏死组织溶解和软化，排出后形成空洞。胸膜和肺膜可发生密集的结核结节，形如珍珠状，通称为“珍珠肿（串）”或“珍珠病”；剖开乳房可见大小不等的病灶，内含豆腐渣状的干酪样物质。

(2) 实验室检疫

病原检查 采集病牛的病变器官（如肝、肺、脾等）的病灶、痰、尿、粪便、乳及其他分泌物样品，作抹片或集菌处理后抹片，用抗酸染色法染色镜检，结核杆菌呈红色，其他菌及背景为蓝色，即可确诊。也可进行病原分离培养、动物接种和DNA寡聚核苷酸探针或PCR（测定培养分离物或可疑动物组织样品中的牛分枝杆菌DNA）等试验来检测病原。

变态反应诊断 用牛型结核分枝杆菌PPD（提纯蛋白衍生物）皮内变态反应试验（即牛型提纯结核菌素皮内变态反应试验），用提纯结核菌素（PPD）0.2mL（每毫升含PPD 25 000IU），注射于牛颈侧中部皮内，72h后观察反应，局部弥漫性水肿，皮厚相差4mm以上者，可判为阳性。此法为测定牛结核病的标准方法，也是国际贸易指定的诊断方法。

(3) 检疫后处理

引进动物应隔离检疫，阴性者方可入群。奶牛场用结核菌素作变态反应检测，每年对牛群检疫2次。发现疑似疫情，畜主应限制动物移动；对疑似患病动物应立即隔离。确诊后，当地人民政府组织有关部门按下列要求处理：对患病动物全部扑杀；对受威胁的畜群（病畜的同群畜）实施隔离；无害化处理病死和扑杀的病畜；对病畜和阳性畜污染的场所、用具、物品进行严格消毒。为了防止人畜互相传染，工作人员应注意防护，并定期体检。

被确诊为结核病牛的牛群（场）为牛结核病污染群（场），应全部实施牛结核病净化。

五、布鲁氏菌病

布鲁氏菌病是由布鲁氏菌属细菌引起的人畜共患传染病。其临诊特征是母畜流产、不孕、胎衣不下、乳腺炎，公畜睾丸炎、副性腺炎和关节炎等。人可通过接触病畜或带菌动物及其产品、食用未经彻底消毒的病畜肉、乳及其制品而感染。

(1) 临诊检疫

母牛（羊）流行特点及症状　最显著的症状是流产，牛多发生于妊娠的第5～7个月，羊多在妊娠的第4个月左右。产出死胎或弱胎儿，流产胎儿的皮下、浆膜、黏膜下出血，胎衣水肿，有纤维素性渗出物。胎衣不下，子宫炎，长期不孕。公牛（羊）常见睾丸炎，附睾炎。此外还可见关节炎、腱鞘炎，乳房炎等。

猪流行特点及症状　猪多为隐性感染，最明显症状也是流产、死胎，多发生于妊娠的第3个月。极少数流产后胎衣不下，引起子宫炎和不育。公猪出现一侧或两侧睾丸炎、附睾萎缩，性欲减退甚至消失，失去配种能力。有些病例还有关节炎，常表现膝关节和腕关节肿大，疼痛、跛行。

(2) 实验室检疫

病料涂片镜检　取流产胎儿的胃内容物、羊水、胎盘的坏死部分或母畜流产2～3天内的阴道分泌物、乳汁和尿等病料进行抹片，用改良柯氏鉴别染色法染色，布鲁氏杆菌呈红色，其他细菌呈绿色；经姬姆萨染色呈紫色；革兰染色呈阴性。镜检，均可见到球杆状或短杆状小杆菌。

血清学检测　检测血清中的抗体是检测该病的主要手段。平板凝集试验和试管凝集试验是畜群检疫和诊断布鲁氏菌病常用的方法，主要用于早期诊断，但对潜伏期病畜及慢性经过的病畜还不能全部检出，变态反应试验和补体结合试验可用于检测较长时间的感染。目前，常以虎红平板凝集试验、玻板凝聚试验、乳汁环状试验进行现场或牧区大群检疫，以试管凝集试验和补体结合试验进行实验室确诊。ELISA、虎红平板凝集试验、补体结合试验是国际贸易中检测该病的指定试验。

(3) 检疫后处理

一旦确诊，对患病动物全部扑杀。对受威胁的畜群（病畜的同群畜）实施隔离。患病动物及其流产胎儿、胎衣、排泄物、乳、乳制品等作销毁处理。对患病动物污染的场所、用具、物品进行严格消毒，并开展流行病学调查和疫源追踪；对同群动物进行检测。

宰后检出的布鲁氏菌病病畜及其胴体、内脏和副产品一律销毁。对病畜和阳性畜污染的场所、用具、物品进行严格消毒。

六、日本血吸虫病

日本血吸虫病是日本分体吸虫寄生于牛、马、猪、羊、犬、猫等几十种哺乳动物和人的门静脉系统的小血管内引起的寄生虫病，又称为“血吸虫病”。家畜主要发生于牛，其次是猪、羊主要特征为急性或慢性肠炎、肝硬化，贫血、消瘦。

(1) 临诊检疫

流行特点 犊牛和犬的症状较重，羊和猪较轻，黄牛比水牛明显。幼龄比成年表现严重，成年水牛多为带虫者。本病的流行有明显的地区性，在我国主要分布在淮河以南有钉螺分布的地区。终末宿主主要经皮肤感染，也可通过口腔黏膜感染，还可经胎盘感染胎儿。

临床症状 犊牛多呈急性经过，主要表现为食欲不振，精神沉郁，体温升至40～41℃，可视黏膜苍白，水肿，运动无力，消瘦，因衰竭死亡。慢性病例表现消化不良，发育迟缓甚至完全停滞，食欲不振，下痢，粪便含有黏液和血液。母牛不孕、流产。

病理变化 可见尸体消瘦、贫血、腹水增多。主要变化为虫卵沉积于血管、肝、心、肾、脾、胰、胃等器官组织形成虫卵结节，即虫卵肉芽肿。主要病变在肝脏和肠壁，肝脏表面凹凸不平，表面和切面上有小米粒大到高粱米大灰白色的虫卵结节，初期肝脏肿大，后期肝萎缩、硬化。严重感染时肠壁肥厚，表面粗糙不平，各段均有虫卵结节，尤以直肠为重。肠系膜淋巴结肿大，脾肿大，肠系膜和门静脉血管壁增厚，血管内有多量雌雄合抱的虫体。

(2) 实验室检疫

虫卵检查法 用直接涂片法（适用于急性期）或反复水洗沉淀法镜检粪渣中的虫卵，或刮取直肠黏膜溃疡部位压片镜检虫卵。

毛蚴孵化法 取新鲜粪便100g左右，反复洗涤沉淀或尼龙筛兜内清洗后，将粪渣放在22～26℃的条件下孵化数小时，用放大镜观察水中有无游动的毛蚴。在显微镜下观察，毛蚴前端有一突起，呈两侧对称，前宽后狭的三角形，周身有纤毛。发现血吸虫毛蚴即判定为阳性。毛蚴孵化法是病原检查诸法中检出率较高的方法，且操作简便、省时、敏感性高、结果判定容易。

免疫学方法 免疫学诊断法包括间接血球凝集试验、环卵沉淀试验和ELISA等。

目前，毛蚴孵化法和间接血凝试验可作为该病首选检疫技术。两法均可用于动物血吸虫病检疫、诊断和流行病学调查，后者还可用于血吸虫病基本消灭和已消灭地区的监测。

(3) 检疫后处理

日本血吸虫病为我国的二类动物疫病。一经发现，应按二类疫病的处理原则进行处理。患病动物脏器应化制处理。对病畜隔离，驱虫治疗，粪便生物热发酵处理。疫病区进行灭钉螺，搞好饮水卫生，严禁家畜与疫水接触。严格管理人畜粪便，不使新鲜粪便落入有水的地方，畜粪进行堆积发酵，不使用新鲜粪便作肥料。

任务32　奶牛场布鲁氏菌虎红平板凝集试验筛选

【任务说明】

凝集试验是血清学试验的重要方法之一，也是实验室检疫的一项基本操作。本任务通过布鲁氏菌虎红平板凝集试验，使学生掌握布鲁氏菌病的临诊检疫特征，学会虎红平板凝集试验的操作方法。

【工作场景】

本任务安排在奶牛场和动物防疫与检疫实训室完成。所需试验材料为被检血清（也可在奶牛场采样制备）、布鲁氏菌虎红平板凝集抗原、布鲁氏菌标准阳性血清、布鲁氏菌标准阴性血清、生理盐水、灭菌吸管（0.2mL）、玻璃板、酒精灯、火柴或牙签等。

【工作过程】

学生在奶牛场兽医技术人员的指导下，了解奶牛的种类、性别、年龄、发病数量、饲养管理情况和牛群的免疫接种情况等；然后仔细观察患病牛，认真检查病死牛和流产胎儿，看是否具有布鲁氏菌病的临床症状和剖检变化。无菌采集静脉血7～10mL制备待检血清。取洁净的玻璃板，用玻璃铅笔画成4个$4cm^2$的小格，吸取被检血清和布鲁氏菌虎红平板凝集抗原各0.03mL，加到玻璃板一个方格内，用牙签或火柴杆混匀，在室温（20℃）4min内观察结果。同时设立标准阳性血清、标准阴性血清、生理盐水对照。在对照标准阳性血清出现凝集颗粒、标准阴性血清和生理盐水对照不出现凝集的前提下，被检血清出现大的凝集片或小的颗粒状物，液体透明判阳性；液体均匀混浊，无任何凝集物，呈均匀粉红色者判阴性。

任务33　猪旋毛虫病的检疫

【任务说明】

旋毛虫病作为人畜共患寄生虫病，是我国猪宰后检疫的必检项目。本任务通过猪旋毛虫病的检疫，使学生掌握动物旋毛虫病检疫的目检法和肌肉压片检查法。

【工作场景】

本任务选择在生猪屠宰场进行。所需材料包括弓形剪刀、镊子、旋毛虫夹压玻片（或厚玻片）、显微镜、10%的盐酸溶液、甘油等。

【工作过程】

学生在生猪屠宰场检疫人员的指导下，取新鲜胴体两侧的横膈膜肌脚各一块，撕去膈肌的肌膜，将膈肌肉缠在左手食指第二指节上，右手拇指拨动肌纤维，仔细视检肉样的表面有无针尖大小，半透明、乳白色或灰白色隆起的小点。凡发现上述小点可怀疑为虫体。然后用剪刀顺肌纤维方向，自2块检样上的不同部位，分别剪取麦粒大小的肉样各12粒，共24粒，特别注意剪取呈露滴状或呈乳白色、脂肪样外观的小病灶，依次使肉粒均匀地贴附于旋毛虫夹压玻片上（或用厚玻片，每片12粒）；再将另一夹压片重叠在放有肉粒的夹压片上，并旋动螺丝，使肉粒压成薄片。将制好的压片放在低倍显微镜下，逐个检查24个肉粒压片。观察在肌纤维之间、圆形或椭圆形囊中是否有直杆状或蜷曲状态的虫体。若已钙化，可向肉片稍加10%的盐酸溶液，待1～2min再观察。若已机化，可滴加数滴甘油再观察。

任务34　猪繁殖和呼吸综合征间接ELISA试验

【任务说明】

ELISA试验广泛应用于猪瘟、猪传染性胃肠炎、猪繁殖和呼吸综合征、鸡新城疫等传染病的诊断，是当前应用最广、发展最快的一项新技术。本任务旨在通过猪繁殖和呼吸综合征ELISA试验，使学生掌握ELISA试验基本操作方法，具备应用酶联免疫吸附试验检测动物传染病的能力。

【工作场景】

本任务安排在种猪场兽医室或校内动物防疫与检疫实训室进行。所需材料包括酶标检测仪、96孔酶标反应板、微量加样器、猪繁殖和呼吸综合征抗原、用于培养猪繁殖和呼吸综合征病毒的正常细胞液、猪繁殖和呼吸综合征阳性和阴性血清、兔抗猪IgG酶标抗体、酶联免疫吸附试验试剂等。

【工作过程】

学生在种猪场兽医技术人员或教师的指导下，按下列步骤操作：

包被　将96孔酶标反应板1、3、5、7、9、11孔依次加入100μL猪繁殖和呼吸综合征抗原液，将2、4、6、8、10、12孔依次加入100μL正常细胞液，置于湿盒中，4℃过夜。

洗涤　甩去孔中液体，用洗液洗3次，每次5min。

加待检血清　将待检血清用待检血清稀释液进行1∶2稀释，向抗原包被孔和邻近正常细胞包被孔各加入100μL，同时设阴性血清对照孔（A_1，A_2）和阳性血清对照孔（B_1，B_2），置于湿盒内，37℃孵育1h。

洗涤　重复上述“洗涤”步骤。

加酶标抗体　将兔抗猪IgG酶标抗体稀释至工作浓度，每孔加100μL，37℃孵育1h。

洗涤　重复上述“洗涤”步骤。

加底物　每孔加入100μL底物溶液，室温下作用3～10min。

终止反应　当阳性血清孔出现黄色反应时，每孔加50μL蒸馏水终止反应。

测光密度值　立即用酶标检测仪测定490nm波长的光密度值。

结果判定　标准阳性对照孔OD值≥0.015，试验结果有效。计算待检样品抗原包被孔OD值与正常细胞包被孔OD值的比值（S/P），$S/P<0.4$判为阴性，$S/P\geq0.4$判为阳性。

任务35　猪瘟免疫荧光抗体检测

【任务说明】

利用免疫荧光抗体技术不仅可以直接检出或鉴定细菌，而且可以直接检出患畜病变组织中的病毒。这已成为病毒感染快速诊断的重要手段。本任务旨在通过猪瘟免疫荧光抗体检测，使学生掌握免疫荧光抗体技术基本操作方法，具备应用免疫荧光抗体技术检测动物传染病的能力。

【工作场景】

本任务安排在种猪场兽医室或校内动物防疫与检疫实训室进行。所需材料包括荧光显微镜、冰冻切片机、滤纸、载玻片、盖玻片、猪瘟荧光抗体（由指定单位购买，按说明书稀释使用）、pH7.2的0.01mol/L PBS液、缓冲甘油、猪瘟高免血清（从厂家购买）、猪瘟病猪扁桃体或肾脏等。

【工作过程】

学生在种猪场兽医技术人员或教师的指导下，按下列步骤操作：①取新鲜的扁桃体与肾脏组织块，将样品组织块修切出1cm×1cm的面，用冰冻切片机制成5～7μm厚的冰冻组织切片，粘于厚度为0.8～1.0mm的清洁的载玻片上，空气中自然干燥，立刻在室温下放入纯丙酮内固定15min，取出用PBS液轻轻漂洗3～4次，自然干燥或用电扇吹干。如无切片机，也可做组织触片。将小块组织用滤纸将创面血液吸干，然后用玻片轻压创面，使之沾上1～2层细胞，自然干燥或用电扇吹干。②用PBS液将猪瘟荧光抗体稀释至工作浓度。③滴加荧光抗体于固定的组织切片上，以覆盖为度，放入湿盒中，37℃孵育30min。④将切片或触片取出，用PBS液进行3×3min浸洗（浸洗3次，换液3次，每次3min），然后置室温中，待半干时以缓冲甘油封片，立即置荧光显微镜下观察。⑤设立猪瘟抗血清作抑制染色试验，以鉴定荧光的特异性。将组织切片固定后，滴加猪瘟高免血清，37℃孵育30min。3×3min浸洗后，以猪瘟荧光抗体染色，以下操作同前。结果应为阴性。⑥将染色后的组织切片置激发光为蓝紫光或紫外光的荧光显微镜下观察，判定结果。阳性反应：扁桃体隐窝上皮或肾曲小管上皮细胞的胞浆内呈明亮的翠绿色荧光，细胞形态清晰。阴性反应：无荧光或荧光微弱，细胞形态不清晰。

任务36　小鹅瘟琼脂免疫扩散试验

【任务说明】

琼脂免疫扩散试验是检测小鹅瘟抗体和抗原的一种快速、简便、特异的检验方法。此方法还常用于鸡马立克氏病、禽流感、痘病等疫病的检疫和诊断。本任务旨在使学生掌握琼脂免疫扩散试验的操作方法，具备应用该方法检测动物疫病的能力。

【工作场景】

本任务安排在动物防疫与检疫实训室内完成。所需材料包括标准阳性血清、抗小鹅瘟病毒单克隆抗体、标准阴性血清、标准琼扩抗原、被检血清（无菌采集血液，分离血清，按0.01%量加入硫柳汞防腐，冻结保存待检）、被检抗原、琼脂板（取1.0g优质琼脂或琼脂粉加100mL pH7.8的8%氯化钠溶液，加热使其完全溶解后，加入1mL 1%的硫柳汞溶液，混匀制成3mm厚的平板）、打孔器、吸管等。

【工作过程】

学生在教师指导下按下列步骤操作：

打孔 将制备好的琼脂板按模板用打孔器打孔，并挑出孔中的琼脂。中心1孔，周围6孔，孔径3mm，孔距4mm，用熔化琼脂补孔底。

加样 中央孔加入标准琼扩抗原，1、4孔加入标准阳性血清，其他孔分别加入被检血清，或1孔加入标准阳性血清，其他孔分别加入倍增稀释被检血清。各孔均以加满不溢出为度。将加样后的琼脂板放入填有湿纱布的盒内，置20～25℃室温或37℃温箱，24h初判，72h终判。

结果判定 当标准阳性血清孔与抗原孔之间形成清晰沉淀线时，被检血清孔与抗原孔之间也出现沉淀线，且与标准阳性血清沉淀线末端相吻合，即被检血清判为阳性。若被检血清孔与抗原孔之间无沉淀线出现时，即被检血清判为阴性。当被检血清最高稀释度孔与抗原孔之间形成清晰沉淀线时，即判为被检血清琼扩效价。

检测抗原时，中央孔加标准阳性琼扩血清，1、4孔加入标准琼扩抗原，其他孔加被检抗原。

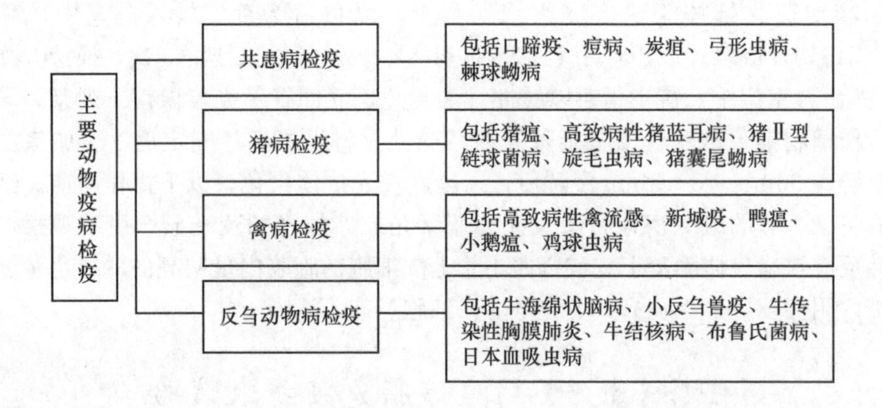

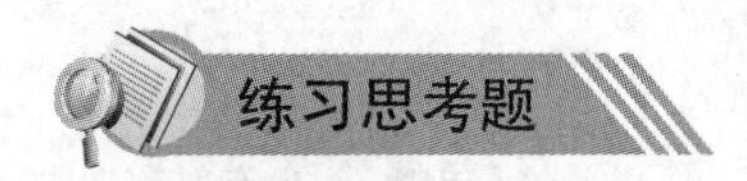

一、单项选择题

1. 口蹄疫的特征性病变是口、蹄等部出现________。

A. 坏死　　B. 水疱　　C. 出血　　D. 化脓

2. 出现天然孔出血、血凝不良、尸僵不全等症状的动物疫病，最有可能是________。

A. 炭疽　　B. 口蹄疫　　C. 猪瘟　　D. 狂犬病

3. 用改良柯氏鉴别染色法镜检，布鲁氏菌呈________。

A. 蓝色 B. 紫色 C. 绿色 D. 红色

4. 结核病的特征是多种组织器官中形成________。

A. 化脓灶 B. 肉芽肿 C. 结核结节 D. 坏死点

5. 当怀疑家畜是因炭疽死亡时，一般________。

A. 可以剖检 B. 不能剖检 C. 立即剖检 D. 可剖检或不剖检

6. 下列疫病中，________的特征是发热、奇痒和脑脊髓炎。

A. 狂犬病 B. 伪狂犬病 C. 牛海绵状脑病 D. 流行性乙型脑炎

7. 猪旋毛虫检验的采样部位是________。

A. 咬肌 B. 心肌 C. 膈肌脚 D. 腿肌

8. 猪囊尾蚴检验的部位是________。

A. 心肌 B. 腿肌 C. 咬肌 D. 舌

9. 布鲁氏菌病在临床上典型症状为________。

A. 流产 B. 腹泻 C. 消瘦 D. 黄疸

10. 除________外，下列方法均为血吸虫病的常见检查方法。

A. 细菌学检查 B. 虫卵检查法 C. 毛蚴孵化法 D. 免疫学检查

二、判断题

1. 口蹄疫的确诊可用补体结合试验进行。（ ）
2. 炭疽杆菌为革兰阳性无荚膜的大杆菌。（ ）
3. 布鲁氏菌病往往呈暴发性流行。（ ）
4. 羊结核病的检疫可用羊型结核菌素试验作变态反应来进行。（ ）
5. 发现疑似炭疽病畜尸体，应立即解剖取病料送检。（ ）
6. 禽流感是由流感病毒引起的家禽的一种急性、高度致死性传染病。（ ）
7. 高致病性猪蓝耳病、布鲁氏菌病、弓形虫病均容易引起母畜流产。（ ）
8. 结核菌素皮下变态反应是诊断结核病最常用的特异性的诊断方法。（ ）
9. 鸭瘟的临床特征是高热稽留，排绿色稀粪，两脚麻痹、流泪和部分鸭头颈肿大。（ ）
10. 新城疫病毒能吸附于鸡、火鸡及某些哺乳动物的红细胞表面并引起红细胞凝集。（ ）
11. 口蹄疫是偶蹄兽的传染病，不会感染马属动物。（ ）
12. 鸡球虫病的典型症状是排出带血粪便。（ ）
13. 旋毛虫的终末宿主和中间宿主是同一宿主。（ ）
14. 痘病主要发生在绵羊和鸡，牛、猪等家畜不会感染。（ ）
15. 血吸虫病的危害较大，一年四季均可发生，无明显的季节性。（ ）
16. 结核病是一种肺部疫病，不会引起动物发热。（ ）
17. 患炭疽病的家畜不得屠宰，应采用不放血的方法扑杀后作工业用或销毁。（ ）
18. 凡患有口蹄疫的家畜应扑杀后销毁。（ ）
19. 发现猪囊虫病的肉尸和内脏须高温处理后出场。（ ）

20. 弓形虫病是人畜共患寄生虫病。 （ ）

三、综合分析题

1. 在产地检疫时，发现有疑似鸡新城疫病例，作为动物检疫员，你应如何处理？

2. 牛结核病的临诊检疫要点是什么？如何用变态反应法（皮内注射法）检测牛结核病？结果如何判定？

3. 请描述鸡A型流感、鸡新城疫在神经症状上有何不同？如何对鸡A型流感和鸡新城疫加以鉴别检疫？

4. 猪宰后检疫时，如何检疫旋毛虫病和猪囊尾蚴病？检疫后如何处理？

5. 官方兽医在实施动物检疫时应如何做好安全防护？

推荐阅读书目

本书编委会. 最新动物检验检疫与防疫监督检查及行政执法实务全书. 中国农业科学技术出版社，2006.

李春和，倪泽成，刘辛. 动物检疫理论与实务. 宁夏人民出版社，2008.

王国平. 动植物检疫法规教程. 科学出版社，2006.

张苏华. 动物产地检疫员手册. 上海科学技术出版社，2007.

综合实训

实训一　编制动物防疫计划

【实训目标】 通过对所属区域养殖场动物防疫现状的实地考察和调查，为该区域制订一份动物防疫计划。

【内容及方法】

(1) 动物防疫计划的内容和范围

畜禽疫病区域性防疫计划的内容包括一般的传染病与寄生虫病的预防、某些慢性传染病与寄生虫病的检疫及控制、遗留疫情的扑灭等工作。编写计划时可以分成：基本情况，预防接种，诊断性检疫，兽医监督和兽医卫生措施，生物制品、抗生素和驱虫药贮备、耗损及补充计划，普通药械补充计划，经费预算等部分。

① 简述所属地区与流行病学有关的自然概况和社会、经济因素；畜牧业的经营管理，家畜家禽数目及饲养条件；兽医的工作条件，包括人员、设备、基层组织和以往的工作基础等；本地区及其周围地带目前和最近两三年的疫情，对来年疫情的估计等。

② 制订预防接种计划表，见表实-1。

表实-1　预防接种计划

接种疫苗名称	畜　别	应接种头数	计划接种的头数				
			第一季度	第二季度	第三季度	第四季度	合　计

③ 制订诊断性检疫计划。

④ 兽医监督和兽医卫生措施计划：包括除了预防接种和检疫以外的、以消灭现有传染病及预防出现新疫点为目的一系列措施的实施计划，诸如修缮和改良畜舍的计划，改善饲养管理计划、推行家畜卡片制度的计划，建立合乎兽医卫生要求的水源及清理放牧地（填平污水坑、清除兽骨及改良土壤等）的计划，建设隔离室、产房、药浴池、贮粪池、尸体坑、家畜墓地及畜产品加工厂的计划。

⑤ 制订生物制品使用计划，见表实-2。

表实-2　生物制品使用计划

药剂名称	计量单位	全年使用量					库存情况		需补充量				
		一季度	二季度	三季度	四季度	合计	数量	失效期	一季度	二季度	三季度	四季度	合计

⑥ 制订普通药械使用计划，见表实-3。

表实-3　防疫药械计划

药械名称	用　途	单　位	现有数	需要量	规　格	产　地	需要时间

⑦ 经费预算，可按开支项目分季列表来表示。

(2) 区域性动物防疫计划的编制方法

编制区域性动物疫病防疫计划时，首先需要了解所属区域的全部情况。计划的基本情况部分，是整个计划提出的依据，预防接种计划表、诊断性检疫计划表、兽医监督和兽医卫生措施计划的具体内容，都是以基本情况所提供的资料为根据的；同时，这三部分内容又决定了生物制品和抗生素计划表、普通药械计划表及经费预算。因此，编好基本情况部分实际是给整个计划的编制订好了基础。

为了编好基本情况部分，需要熟悉本地区的地理、地形、植被、动物数日、气候条件及气象学资料，了解各农牧场、畜禽养殖场等经营畜牧业的方向，尤其是要研究与明确目前和以往畜禽传染病在本地区的流行情况，为此需要搜集和阅读本地区以往的有关畜禽传染病的统计报表资料、疫病流行地图、细菌化验空的资料及尸体剖检报告等；当对上述资料发生疑问时应亲自到现场作详细调查，加以补充和审查。应深入地分析本地区有哪些有利于或不利于某些传染病发生和传播的自然因素及社会经济因素，充分考虑到避免或利用这些因素的可能性。为了正确地拟订计划，应掌握本地区各种畜禽现有的以及一两年内可能达到的数量。

在拟定防疫措施的计划时，应充分考虑到现有兽医人员的力量及其技术水平，不要把经过努力仍不可能办到的事情勉强订入计划中；另一方面则应估计到在开展防疫工作过程中培养基层技术力量的可能性，或某些工作方面利用畜牧工作者和群众力量的可能性。如果当地的技术力量及设备条件等，不允许将所有应当采取的防疫措施相提并论时．应当把最重要而又有把握按计划实施的措施列为重点，较次要而又可以结合重点工作进行的措施项目，应考虑配合重点工作来实施。

在各种防疫工作的时间安排上，必须充分考虑到季节性的生产活动，务使措施的实施和生产实际密切配合，避免互相冲突。当然，同样也应当考虑传染病的季节性。在计划使用的药械时，同样应坚持经济有效原则，尽量避免使用贵重而不易获得的药械。计划初稿拟定后，首先应在本单位讨论，修订通过后，行征求有关单位和农牧场的意见，最后报请上级审核批准。

【实训报告】 根据实训情况，编制一份动物防疫计划。

实训二　不同消毒对象的消毒

【实训目标】 通过本次实训，使学生掌握消毒剂的配制方法和动物场的常用消毒方法。

【实训材料】 喷雾器（各种类型）、铁铲、锄头、火焰喷灯、天平或台秤、盆、桶、清扫及洗刷用具、高筒胶鞋、工作服、橡胶手套、肥皂、漂白粉、氢氧化钠（苛性钠）、甲醛（福尔马林）、氧化钙（生石灰）、高锰酸钾、氯化铵、克辽林（臭药水）、燃料、盐酸、食盐。

【内容及方法】

(1) 配制消毒药品

按需要配制来苏儿溶液、生石灰乳、漂白粉乳剂、漂白粉澄清液、福尔马林溶液、氢氧化钠溶液。所需药品应准确称量。配制浓度应符合消毒要求，不得随意加大或减少。

(2) 动物舍消毒

分两个步骤进行，第一步先进行机械清扫，第二步是化学消毒液消毒。

首先对畜舍地面、饲槽等进行彻底清扫。清扫前用清水或消毒液喷洒。然后扫除粪便，垫草及残余的饲料等污物（扫除的污物按粪便消毒法处理）。水泥地面的畜舍，在扫除污物后，再用清水冲洗。

第二步用化学消毒剂进行喷洒消毒或蒸气消毒。预防消毒常用的消毒液为11%～20%石灰乳、10%漂白粉乳剂、2%～4%粗制氢氧化钠、5%来苏儿或福尔马林。喷洒消毒液的用量一般按每平方米1L计算。消毒时，先由离门远处开始，对墙壁、地面、天棚、饲槽等按一定顺序均匀地喷洒，然后打开门窗通风至干燥，并用清水洗饲槽及饮水槽。

福尔马林蒸气消毒所用的药品有福尔马林和高锰酸钾，按畜舍空间计算用量，每立方米空间用福尔马林25mL、高锰酸钾25g、水12.5mL。消毒前将家畜（禽）赶出畜舍，畜舍内需消毒的用具和物品摆开，密闭门窗，先将高锰酸钾倒于陶罐内，最后加入福尔马林与水。消毒12～24h后，将门窗打开，充分通风换气。

(3) 地面土壤消毒

如为水泥地，可用消毒液仔细刷洗。如为泥土地，首先用含2.5%有效氯的漂白粉溶液喷洒地面，然后将表层土壤掘起30cm左右，撒上干漂白粉并与土混合，将此表层土用不漏土的车运出掩埋。也可在翻地的同时撒上干漂白粉（用量为1m^2面积用0.5kg），然后以水湿润、压平。

(4) 粪便消毒

掩埋法　将污染的粪便与漂白粉或新鲜的生石灰混合，然后深埋于地下2m左右。

发酵池法　根据养殖场每天运出的粪便数量，在养殖场外200～250m处选择合适的地点，挖筑两个或两个以上大小适宜的发酵池。使用时先在池底倒一层干粪，然后将每天清除出的粪便、垫草等倒入池内，直到快满时，在粪便表面铺一层干粪或杂草，上面盖一层泥土封好。如条件许可，可用木板盖上。粪便经用上述方法处理后，经过1～3个月即可掏出作肥料用。

堆粪法　在距养殖场100～300m以外的地方设一堆粪场。先在地面挖一浅沟，深约20cm，宽1.5～2m，长度随粪便多少而定，先将非传染性的粪便或秸秆等堆至25cm厚，其上堆放欲消毒的粪便、垫草等，高1～1.5m，然后在粪堆外面再铺上10cm厚的非传染性的粪便或谷草，并覆盖10cm厚的土。如粪便较稀，应加些杂草，太干可倒入稀粪或加水，使其不稀、不干。

(5) 污水消毒

兽医院、牧场、产仔舍、隔离室、病厩以及农村屠宰家畜的地方，经常有病原体污染的污水排出，如果这种污水不经处理就随便外流，很容易散播疫病。常用的处理方法是化学处理法，即加入化学药品（如漂白粉或生石灰）进行消毒，消毒药的用量视污水量而定

（一般1L污水用2～5g漂白粉），消毒后再外流。

(6) 肉类加工厂、屠宰场的消毒

肉类加工厂、屠宰场、库房一般尽量少用化学药品消毒。常用的消毒方法如下：

流动蒸汽或热水喷射消毒 利用蒸汽设备，安装安全管道，分送各车间供各项设备进行消毒。也可用82℃的热水喷射消毒。采用这些措施消毒，必须严格注意安全操作，以防发生烫伤事故。通常加工场地、设备和工具等均可用此法消毒。

化学药品消毒 油污严重的地方，先用热碱水冲扫洗净，而后用化学药液消毒。常用的消毒药有漂白粉、新洁尔灭、臭药水、过氧乙酸等。

高温热水浸泡消毒 屠宰或剔骨等用的刀、锉和钩子等，必须经常消毒。所有车间内设有刀具热水消毒槽，水温维持在80℃。

煮沸消毒 污染的工作衣、帽等可通过煮沸消毒，必要时可加0.5%氢氧化钠。

盐酸食盐溶液消毒 以1%盐酸加8%食盐配成消毒液，把皮张浸泡48h，或2%甲醛溶液浸泡数分钟，再置碱水池内中和，然后用清水洗净。

【注意事项】 生石灰遇水产生高温，应在搪瓷桶、盆或铁锅中配制为宜。对有腐蚀性的消毒药品，如氢氧化钠在配制时，应戴橡皮手套操作，严禁用手直接接触，以免灼伤。对配制好的有腐蚀性的消毒液，应选择塑料或搪瓷桶、盆中储存备用。严禁储存于金属容器中，避免损坏容器。

大多数消毒液不易久存，应现用现配。

【实训报告】 根据实训情况，写一份不同消毒对象消毒的实训报告。

实训三　免疫计划的制订

【实训目标】 熟悉免疫计划和免疫程序的内容；掌握制订免疫计划和免疫程序的方法。

【实训材料】 某地、某动物养殖场或养殖专业户的疫情资料；某动物养殖场或养殖专业户的养殖资料，包括畜禽的种类、数量和用途（种用、肉用、蛋用、药用、观赏用等）、饲养方式（散养、圈养、自繁自养、全进全出等）、防疫措施及饲养管理条件；猪、牛、羊、禽、犬等各类动物常用生物制品的资料（产品使用说明书）；某养殖场免疫计划或免疫程序实例。

【内容及方法】

(1) 养殖场所在地疫情调查与分析

组织学生面向当地兽医站、大型养殖场、养殖专业户、畜禽屠宰场、兽医诊疗所、基层兽医、检疫人员，通过书面问卷调查、现场走访、电话访问、网上咨询或查阅诊疗记录、疾病报告登记、实验室诊断记录、检疫记录或其他现成记录和统计资料，了解当地及周边地区常见多发的动物疫病以及即将威胁到本地的疫病的种类和危害程度。选择本场需要免疫预防的主要动物疫病，查找资料，熟悉需要免疫预防疫病的流行特点和流行规律，如侵害动物种类、日龄、性别、流行季节、流行周期等。

(2) 熟悉养殖场的动物群体及其环境条件的背景资料

包括所养畜禽的种类、品种（品系和家系）、数量和用途（种用、肉用、蛋用、药用、观赏用等）、饲养方式（散养、放牧、圈养、自繁自养、全进全出等）、防疫措施（消毒、免疫、检测、分区饲养等）及饲养管理（饲料、饮水、畜舍等）条件；环境条件如地形、地貌、水文、地质、气候、土壤、植被和野生动物等资料。

(3) 熟悉各种常用疫苗的特点

熟悉猪、马、牛、羊、犬、鸡、鸭、兔等畜禽常用疫苗的特点。包括疫苗的生产厂家、规格、品系、来源、用法、用量、免疫时机、免疫次数、防病种类、适用动物和使用注意事项等。

(4) 熟悉免疫计划的组成要素及基本结构

免疫计划一般由制定目的、动物种类、防疫对象、拟用疫苗、免疫程序、参与人员、组织实施、工作保障等要素组成。其中免疫程序的要素包括疫苗名称、接种对象、日（月、年）龄、接种部位、接种途径、接种剂次、接种剂量、备注说明等。本内容由实验指导教师举例向学生介绍。

(5) 制订养殖场免疫计划

学生可在猪场、牛场、羊场、鸡场、犬场、兔场中任选一个，结合上述调查的本场疫情，养殖动物的日龄、性别、用途，疫苗的特点，在指导老师的帮助下，练习制订养殖场免疫计划，注意具备免疫计划的组成要素及基本结构。

【实训报告】 指导老师设置虚拟养殖场景，提供虚拟疫情资料、养殖资料，由学生查阅有关资料，制订一份养殖场免疫计划。

实训四　动物预防接种

【实训目标】 熟悉畜禽常用生物制品的保存、运送和用前检查方法；掌握生物制品的使用方法；熟悉免疫接种的组织与接种注意事项。

【实训材料】

器材　5%碘酊、70%酒精、新洁尔灭或来苏儿等消毒剂；金属注射器（5mL、10mL、20mL 等规格）、玻璃注射器（1mL、2mL、5mL 等规格）、兽用连续注射器、针头（兽用 12～14 号、人用 6～9 号）、煮沸消毒锅、镊子、剪刀、剪毛剪、体温计、气雾免疫发生器、乳头滴管、桶、脸盆、毛巾、肥皂、纱布、脱脂棉、带盖搪瓷盘、出诊箱、工作服和帽、胶靴、免疫登记册或免疫卡片、疫苗稀释用瓶、动物保定用具。

生物制品　猪、牛、羊、禽、犬、兔等动物常用弱毒疫苗及灭活疫苗，相应的稀释液；免疫血清、卵黄抗体。

待免动物　猪、牛、羊、禽、犬、兔等动物。

【内容及方法】 本实训可在禽场、猪场、牛场、羊场、兔场、犬场进行，应视条件选择动物和免疫方法进行操作。

(1) 预防接种前的准备

基本要求 根据动物免疫接种计划，确定接种日期及生物制品种类，准备足够的生物制品、器材、药品、免疫登记表（卡片）。安排并组织培训动物接种和保定人员，进行免疫接种知识教育，包括接种规范操作，接种后的饲养管理及观察，动物保定的注意事项等。

疫苗检查 仔细对所使用的生物制品进行用前检查，有下列情况之一者一律不得使用：没有瓶签或瓶签模糊不清；没有经过合格检查；过期失效；生物制品的质量与说明书不符，如出现变色、潮解、板结、发霉、沉淀、有异物、有异味等；瓶盖不紧，瓶体破裂；未按规定方法保存。

动物观察 对预定预防接种的动物进行全面了解和临诊观察，必要时进行体温检查。凡体质过于瘦弱的动物，妊娠后期的动物，未断奶的幼畜，体温升高者或疑似患病动物均不应该接种疫苗，可注射免疫血清，禽可注射高免卵黄抗体。对这类未接种的动物应过后及时补种。

(2) 疫苗的稀释

生产厂家对各种生物制剂是否需要稀释，以及使用的稀释液、稀释倍数和稀释方法都有明确规定，必须严格地按照使用说明书操作。稀释疫苗用的器械必须是无菌的，以防疫苗受到污染。

注射用疫苗的稀释 用75%酒精棉球擦拭消毒疫苗和稀释液的瓶盖，然后用带有针头的灭菌注射器吸取少量稀释液注入疫苗瓶中，充分振荡溶解后，吸取注入盛放疫苗液的空瓶中，反复冲洗疫苗瓶2～3次，使疫苗充分转入疫苗液瓶中，补足所需稀释液，摇匀备用。

饮水用疫苗的稀释 稀释前先用酒精棉球消毒疫苗的瓶盖，然后用灭菌注射器吸取少量的稀释液注入疫苗瓶中，充分振荡溶解后，抽取溶解的疫苗放入干净的容器中，再用稀释液把疫苗瓶冲洗几次，使全部疫苗转入容器中。然后按一定剂量补足所需稀释液。

(3) 选择免疫接种途径

根据不同生物制剂的使用要求选用相应的接种途径。

皮下注射 牛、马等大动物采用颈侧部位；猪在耳根后；羊在股内侧、肘后及耳根处；家禽在颈部或大腿内侧；兔在耳后或股内侧。根据药液浓度及畜禽大小，一般用16～20号针头。注射时，左手拇指与食指捏取皮肤成皱褶，右手持注射针管，在皱褶底部稍倾斜快速刺入皮肤与肌肉间，缓缓推药。注射完毕，将针拔出，立即以药棉揉擦，使药液散开。

皮内注射 接种部位马在颈侧；牛、羊除在颈侧外还可在尾根皮肤皱襞及肩胛中央；猪在耳根后；鸡在肉髯部。注射部位剪毛消毒，左手拇指与食指捏取皮肤成皱褶，右手持注射器使针头几乎与皮肤面平行刺入真皮内，缓慢注入疫苗，如感到药液注入困难，同时有一小泡，证明注射正确，然后用酒精棉球消毒针孔及其周围。

肌内注射 牛、马、猪、羊一律采用颈部肌肉或臀部肌肉注射；禽多在胸部肌肉注射。一般用14～20号针头。注射时，左手固定注射部位，右手持注射器，针头垂直刺入肌肉内，然后左手固定注射器，右手将针芯回抽一下，如无回血，将疫苗慢慢注入。若发现有回血，应变更位置。如动物不安或皮厚不易刺入，可将注射针头取下，右手拇指、食指和中指紧持针尾，对准注射部位迅速刺入肌肉，然后针尾与注射器连接可靠后，注入疫苗。

皮肤刺种 家禽在翅膀内侧无血管处，消毒皮肤后，用刺种针或钢笔尖蘸取疫苗刺入翼膜。

经口免疫 先按动物头数和每头动物平均饮水量或摄食量，准确计算需用的疫苗剂量。免疫前停止供水或供食一段时间。在清洁器皿中用纯净水稀释混匀疫苗，免疫时多设一些供料、供水点，避免动物争抢。

滴鼻、点眼法 用细滴管吸取疫苗（0.03～0.04mL）滴于鼻孔或眼内 1～2 滴（小鸡 1 滴，大鸡 2 滴）。滴鼻（眼）时，使鸡头平放，一侧鼻孔在上，一侧鼻孔在下，用手指堵住在下的一侧鼻孔，将疫苗滴入在上的鼻孔后，要稍停片刻，待疫苗吸入后再松开。

气雾免疫法 室内气雾免疫时，计算好疫苗用量以后，将动物赶入室内，关闭门窗。操作者将喷头由门窗缝伸入室内，使喷头保持与动物头部同高，向室内四面均匀喷射。喷射完毕后，让动物在舍内停留 20～30min。野外气雾免疫时，如每群动物的数量较少，可多群合并，将动物赶入四周有围墙或栅栏的圈内。操作人员手持喷头，站在动物群中，喷头与动物头部同高，朝动物头部喷射。操作人员应站在上风，并要随时走动。喷射完毕，让动物在圈内停留数分钟即可放出。气雾免疫操作人员要注意防护，戴上大而厚的口罩。

(4) 预防接种注意事项

操作人员要求 工作人员应加强个人防护，需穿工作服、胶靴，戴工作帽，必要时戴口罩。工作前后应洗手消毒，工作中要认真细致、规范操作，抓取或保定动物不粗暴，不在工作时间吸烟或吃东西。

防止动物感染 接种时应严格执行消毒剂无菌操作。注射器、针头、镊子应高压或煮沸消毒。注射时最好每注射一头动物更换一个针头。在针头不足时可每吸液一次更换一个针头，但每注射一头后，应用酒精棉球将针头拭净消毒后再用。注射部位皮肤用 5%的碘酊消毒，皮内注射及皮肤刺种用 70%酒精消毒，被毛较长的应剪毛后再消毒。

避免污染疫苗 疫苗应按说明书的要求进行稀释。吸取疫苗时，先除去封口上的火漆或石蜡，用酒精棉球消毒瓶塞。瓶塞上固定一个消毒的针头专供吸取药液，吸液后不拔出，用酒精棉球包好，以便再次吸取。给动物注射用过的针头不能吸液，以免污染疫苗。已经打开瓶塞或稀释过的疫苗，必须当天用完，未用完的处理后弃去。

防止环境污染 针筒排气溢出的药液，应吸集于酒精棉球上，并将其收集于专用的瓶内。用过的酒精棉球、碘酊棉球和未用完的药液都放入专用瓶内，集中销毁。接种工作完成后，所有用具清洗消毒处理。

接种反应处理 动物接种后，应注意观察 7～10 天，加强护理，如有不良反应，可根据情况及时处理，不良反应要记载到免疫登记册或免疫卡上。

【实训报告】 自选疫苗和动物，练习疫苗稀释及免疫接种技术；根据实训情况，写一份免疫接种的实训报告。

实训五 动物驱虫

【实训目标】 使学生熟悉大群动物驱虫的准备和组织工作；掌握驱虫技术、驱虫中的注意事项和驱虫效果的评定方法。

【实训材料】 常用驱虫药；各种给药用具、称重用具、粪便检查用具等；现场的病畜或病禽；驱虫用各种记录表格。

【内容及方法】

（1）驱虫前检查

检查并记录实验动物的感染情况，包括临诊症状，检测体内寄生虫（卵）数。根据动物种类和寄生虫种类不同，选择并确定驱虫药的种类及用量。

（2）药物配制

多数驱虫药不溶于水，一般需配成混悬液，或加入淀粉、面粉或细玉米面调成糊状后给药。

（3）给药方法

家禽多为群体给药（饮水或喂饲），如用喂饲法给药时，先按群体体重计算好总药量，将总量驱虫药混于少量半湿料中，然后均匀地与日粮混合，拌于饲槽中饲喂。

【注意事项】 驱虫时将动物的来源、健康状况、年龄、性别等逐头编号登记。为使驱虫药用量准确，要预先称重或用体重估测法计算体重。注意选择适当驱虫药，确定剂量、剂型、给药方法和疗程，记载药品的制造单位、批号等。

在进行大群驱虫之前，应选出有代表性的少部分动物做试验，观察药物效果及安全性。

驱虫应在有隔离条件的场所进行。注意给药后的变化（特别是驱虫后 3～5h），发现中毒立即急救。投药后 5 天内，要使动物留圈，直到被驱除的虫体排完为止，将粪便集中用生物热发酵处理。

【驱虫效果评定】 动物驱虫效果既可以通过对比驱虫前后的发病率与死亡率、营养状况、临诊表现、生产能力等进行效果评定，也可通过计算虫卵减少率与转阴率、驱虫率等评定驱虫效果。

虫卵减少率 为动物服药后粪便内某种虫卵数与服药前的虫卵数相比所下降的百分率。其公式为：

$$\text{虫卵减少率}=\frac{\text{投药前 1g 粪便内含某种蠕虫虫卵数}-\text{投药后虫卵数}}{\text{投药前 1g 粪便内含某种蠕虫虫卵数}}\times 100\%$$

虫卵转阴率 为投药后动物的某种蠕虫感染率较之投药前感染率下降的百分率。公式如下：

$$\text{虫卵转阴率}=\frac{\text{投药前某种蠕虫感染率}-\text{投药后该蠕虫感染率}}{\text{投药前某种蠕虫感染率}}\times 100\%$$

为了比较准确地评定驱虫效果，驱虫前后粪便检查所用器具、粪样数量以及操作方法要完全一致，同时驱虫后粪便检查时间不宜过早（一般为 10～15 天），以避免出现人为的误差。通常应在驱虫前后各检 3 次。

粗计驱虫率（驱净率）　是投药后驱净某种蠕虫的头数与驱虫前感染头数相比的百分率。公式如下：

$$粗计驱虫率=\frac{投药前动物感染头数-投药后动物感染头数}{投药前动物感染头数}\times 100\%$$

精计驱虫率（驱虫率）　是试验动物投药后驱除某种蠕虫平均数与对照动物体内平均虫数相比的百分率。公式如下：

$$精计驱虫率=\frac{对照对物体内平均虫数-试验动物体内平均虫数}{对照动物体内平均虫数}\times 100\%$$

为准确评定药效，在投药前应进行粪便检查，根据粪便检查结果（感染强度大小）搭配分组，使对照组与试验组的感染强度相接近。

【实训报告】　写一份畜（禽）驱虫总结报告。

实训六　动物疫病流行病学调查与分析

【实训目标】　掌握动物传染病流行病学调查的一般方法和资料的初步统计。

【实训材料】　动物传染病流行病学的调查表（见表实-4）、计算器、某饲养场的疫情资料等。

【内容及方法】　本实训可安排在岗前实训中进行。

（1）拟定调查提纲

单位概况　包括单位及养殖户（场）名称和地址；地理情况、地形特点、气象资料（季节、天气、雨量等）、耕地数量及性质、草原数量、土壤和植物特性、野生动物的种类及分布、单位职工情况；动物数目品种和用途、被调查的动物群概况（头数、品种、性别、年龄组成、补充来源等）。

单位兽医卫生状况　包括动物的饲养（共同的或是单个的）、护理和使役；畜舍及邻近地区状况；饲料的品质、来源地、保藏、调配和饲喂方法；水源的状况和饮水处（水井、水池、河流等）的情况；放牧场地的情况和性质；中间宿主和传播媒介存在和分布情况；畜舍内有无啮齿动物；厩肥的清理及其保存，厩肥储存所的位置和状况；预防消毒和一般预防措施的执行情况；尸体的处理和毁灭的方法；尸体、废物利用场的位置、设备和卫生状况及兽医监督情况等；有无检疫室、隔离室、屠宰场、产房等及其兽医卫生状况，洗涤水的排泄情况。

一般流行病学资料　包括农牧场补充动物的条件、预防检疫规则的执行情况；何时由该场运出家畜和原料以及运往何处；该农牧场以往的疫情、动物何时患过疫病，有多少动物感染，发病、死亡，在所调查疫病发生之前，何时登记最后一个疫病的病例；邻近地区的疫情，动物发病死亡情况：营养状况，发病数，临床表现，死亡数，病死动物的剖检情况，发病和死亡时间，已采取的措施及其效果。

表实-4　动物流行病学调查表

被调查场（户）负责人签字：　　　　　　　　　调查单位及联系电话：

<table>
<tr><td colspan="3">名称：</td><td colspan="2">调查日期：</td></tr>
<tr><td colspan="3">联系人：</td><td colspan="2">联系电话：</td></tr>
<tr><td colspan="4">详细地址：</td><td>主要饲养动物种类：</td></tr>
<tr><td>基本状况</td><td colspan="4">1. 地理特点：□山地　□丘陵　□平原　□盆地
2. 近期气候是否异常：□否　□是：简单描述：________
3. 与主要交通干线距离：____；与居民区距离：____；最近畜禽群距离：____
4. 场区面积：____；圈舍栋数：____；每栋面积：____
5. 周边有无河流、湖泊：□无　□有：方向、距离________
6. 周围是否有野生动物（野猪、野禽等）出没：□否　□是　种类____
7. 品种构成：□种畜禽　□仔畜禽　□商品畜禽　□混合
8. 饲养方式：□全进全出　□连续饲养
9. 混养情况：□否　□是　混群前是否隔离：□是　□否
□禽与猪　其他：________
10. 有无防鼠设施：□无　□有；
11. 有无防蚊虫设施：□无　□有；有无防飞禽设施：□无　□有
12. 防疫设施：□进场要洗澡更衣　□紫外线消毒　□进生产区要换胶靴
□场舍门口有消毒池及消毒液　□供料道与出粪道分开
□坚持程序性舍内舍外消毒　□病死尸体无害化处理
□养殖场建筑相对独立
13. 有无污水、污物处理设施：□无　□有
14. 主要销售途径：□商贩上门收购　□农贸市场销售　□公司收购　□其他：
15. 饲养人员居住情况：□驻场　□不驻场
16. 饲料来源：□饲料厂商供应　□自己生产或配制
17. 是否有专职兽医：□否　□是
18. 当月平均温度：____　风力：____级　风向：____</td></tr>
<tr><td>存栏情况</td><td>仔畜禽：</td><td colspan="2">育肥畜禽：</td><td>种用畜禽：</td></tr>
<tr><td>出栏情况</td><td>仔畜禽：</td><td colspan="2">育肥畜禽：</td><td>种用畜禽：</td></tr>
<tr><td>种畜禽来源</td><td colspan="4">□本地（以市县为单位）□外县（市）：________
□外省：____　□前三者兼而有之：</td></tr>
<tr><td>主要销售去向</td><td colspan="4">□本地定点屠宰场、□其他养殖户、□交易市场
□外县或外市　□外省　□供港或出口</td></tr>
<tr><td colspan="3">年内发病数：</td><td colspan="2">年内死亡数</td></tr>
</table>

填表人：　　　　　　　　　　调查组成员：

备注：1. 本表针对定点大户场、种畜禽场的动物流行病学调查，每年进行一次。

2. 选点注意养殖量具有规模性、养殖长期性和稳定性，地理条件和气候条件在本行政区域具有代表性。

（2）调查方法

按照调查提纲，采取询问，查阅各种记录（气象、动物生产、治疗等）和实地考察等方式进行。

（3）调查材料的整理与分析

对于所获得的资料，应进行数据统计（如发病率、死亡率、病死率等）和情况分析，提出规律性资料（如生产能力，发病季节，降雨量及水源的关系，与中间宿主和传播者的关系，与人、犬、猫等的关系等）。

【实训报告】 根据调查情况，写一份动物流行病学调查报告。

实训七　鸡新城疫抗体监测

【实训目标】 使学生掌握鸡新城疫抗体监测的操作方法，为今后从事鸡场疫病预防工作奠定基础。

【实训材料】 微量振荡器、离心机、微量加样器（配带滴头）、96 孔 V 型反应板、1mL 和 5mL 注射器、针头、试管、吸管、pH7.2 0.01mol/L 磷酸盐缓冲溶液（PBS）、1%鸡红细胞悬液、阿氏液、灭菌生理盐水、青霉素、链霉素、鸡新城疫病毒悬液、鸡新城疫阳性血清、被检鸡血清等。

【内容及方法】

（一）试验准备

阿氏液配制　葡萄糖 2.05g、枸橼酸钠 0.8g、枸橼酸 0.055g、氯化钠 0.42g，蒸馏水加至 100mL，微热溶解后，过滤，用 10%枸橼酸调至 pH6.1，分装，在 69kPa 下高压灭菌 15min，4℃保存备用。

1%鸡红细胞悬液制备　采集至少 3 只 SPF 公鸡或无新城疫抗体的健康公鸡的血液与等体积阿氏液混合，用 pH7.2 0.01mol/L PBS 洗涤 3 次，每次以 1000r/min 离心 10min，洗涤后配成体积分数为 1%鸡红细胞悬液，4℃保存备用。

pH7.2 0.01mol/L PBS 制备　①配制 25×PB：称重 2.74g 磷酸氢二钠和 0.79g 磷酸二氢钠加蒸馏水至 100mL；②配制 1×PBS：量取 40mL 25×PB，加入 8.5g 氯化钠，加蒸馏水至 1000mL；③用氢氧化钠或盐酸调 pH7.2；④灭菌或过滤；⑤pH7.2 0.01mol/L PBS 一经使用，于 4℃保存不超过 3 周。

被检血清制备　从新城疫免疫过鸡的翅静脉采血装入 2mL 的离心管中，凝固后离心，析出的液体为被检血清。也可用消毒过的干燥注射器采血，装于小试管内，使凝固成一斜面。放于室温中，待血清析出后，倒出保存于 4℃。

（二）操作方法

最常用的方法是采血清作微量血凝抑制（HI）试验。

(1) 微量血凝（HA）试验

在进行 HI 试验之前必须先进行 HA 试验，测定病毒抗原的血凝价，以确定 HI 试验 4 个血凝单位所用病毒抗原的稀释倍数。①用微量加样器向反应板上每个孔中分别加 PBS 缓冲液 25μL，共滴 4 排，换滴头。②吸取 25μL 病毒液，加于第一孔中，用该加样器挤压 5～6 次使病毒混合均匀，然后向第 2 孔移入 25μL，挤压 5～6 次后再向第 3 孔移入 25μL，依次倍比稀释到第 11 孔，使第 11 孔中液体混合后从中吸出 25μL 弃去，换滴头。第 12 孔不加病毒抗原，只作对照。③每孔再加 PBS 缓冲液 25μL。④每孔均加 1%鸡红细胞悬液（将鸡红细胞悬液充分摇匀后加入）25μL。⑤加样完毕，将反应板置于微型振荡器上振荡 1min，或手持血凝板摇动混匀，并放室温（20～30℃）下作用 40min，观察并判定结果，试验操作术式见表实-5。

表实-5　鸡新城疫血凝试验操作术式

μL

孔　号	1	2	3	4	5	6	7	8	9	10	11		12
抗原稀释倍数	2^1	2^2	2^3	2^4	2^5	2^6	2^7	2^8	2^9	2^{10}	2^{11}		对照
PBS缓冲液	25	25	25	25	25	25	25	25	25	25	25		25
抗原	25	25	25	25	25	25	25	25	25	25	25		—
PBS缓冲液	25	25	25	25	25	25	25	25	25	25	25		25
1%鸡红细胞	25	25	25	25	25	25	25	25	25	25	25		25
振荡1min或20～30℃下作用40min判定												弃去25	
示　例	#	#	#	#	#	#	#	#	#	++	—		—

结果判定时，应将反应板倾斜，观察红细胞有无泪珠样流淌。完全凝集时不流淌。“#”表示红细胞完全凝集，“++”为不完全凝集，“—”为不凝集。

新城疫病毒液能凝集鸡的红细胞，但随着病毒液被稀释，其凝集红细胞的作用逐渐变弱。稀释到一定倍数时，就不能使红细胞出现完全的凝集，从而出现可疑或不凝集结果。能使全部红细胞发生凝集（#）的反应孔中病毒液的最大稀释倍数为该病毒的血凝滴度或称血凝价。表实-5例抗原血凝价为1∶512。

(2) 微量血凝抑制（HI）试验

①4个血凝单位的病毒抗原配制及验证。血凝价除以4，如表实-5 512÷4＝128，即1mL（抗原）+127mL（PBS）即成。配制好后和每天应用前都必须对4个血凝单位的病毒抗原进行测试验证。②采用同样的血凝板，每排孔可检查1份血清样品。检查另一份血清时，必须更换吸取血清的滴头。③用微量加样器向1～11号孔中分别加入25μL PBS缓冲液，第12号孔加50μL PBS缓冲液。④用另一微量加样器取一份待检血清25μL置于第1孔中，挤压6～7次混匀。然后依次倍比稀释至第10孔，并将其弃去25μL。第11孔为病毒血凝对照，第12孔为PBS对照，不加待检血清。⑤用微量加样器吸取稀释好的4个血凝单位的病毒抗原，分别向1～11孔中各加25μL。然后，将反应板置20～30℃下作用至少30min。⑥取出血凝板，用微量加样器向每孔中各加入1%红细胞悬液25μL，轻轻混匀1min，静置40min。应在第11孔完全凝集，第12孔红细胞呈纽扣状沉于孔底时观察。⑦结果判定。以完全抑制4个血凝单位的病毒抗原的最高血清稀释倍数为血凝抑制价（HI效价）。如表实-6的血凝抑制价为1∶128，试验操作术式见表实-6。

表实-6　鸡新城疫血凝抑制试验操作术式

μL

孔　号	1	2	3	4	5	6	7	8	9	10	11	12
血清稀释倍数	2^1	2^2	2^3	2^4	2^5	2^6	2^7	2^8	2^9	2^{10}	抗原对照	PBS对照
PBS缓冲液	25	25	25	25	25	25	25	25	25	25	25	50
血清	25	25	25	25	25	25	25	25	25	25	—	—
4单位抗原	25	25	25	25	25	25	25	25	25	25	25	—
20～30℃作用至少30min											弃去25	
1%鸡红细胞	25	25	25	25	25	25	25	25	25	25	25	25
轻轻混匀1min，静置40min判定												
示　例	—	—	—	—	—	—	—	++	#	#	#	—

（三）应用

雏鸡最适首次免疫时间的确定主要根据其血清母源抗体的水平。雏鸡在3日龄时母源抗体滴度最高，以后逐渐下降，其半衰期约为4.5天，一般认为，当母源抗体滴度下降至3lg2（1∶8）以下进行首次免疫可获得理想免疫效果。

监测免疫效果：鸡群免疫后10～14天，抽样采血测定HI效价，若HI抗体滴度增加2个以上，如免疫前1∶8，免疫后1∶32，则合格；若免疫后抗体滴度很低仅有1∶4～1∶8，则应进行重新免疫。监测时要随机抽样采血，血样数根据鸡群的大小而定。1000只以下的鸡群，取10～15只鸡的血样；1000～5000只时，取25～30只鸡的血样；5000～10 000只的鸡群，取40～50只鸡的血样。

【实训报告】 根据实训情况，写一份鸡新城疫血凝与血凝抑制试验的实训报告。

实训八　牛结核病的检测

【实训目标】 掌握牛结核病变态反应的检测方法。

【实训材料】 牛型提纯结核菌素（PPD）、酒精棉、卡尺、1～2.5mL金属皮内注射器、皮内注射针头、煮沸消毒锅、镊子、毛剪、牛鼻钳、纱布、工作服、帽、口罩、胶鞋、记录表、线手套等。如为冻干结核菌素，还需准备稀释用注射用水或灭菌的生理盐水，带胶塞的灭菌小瓶。

【内容及方法】 用结核分枝杆菌PPD进行皮内变态反应试验对活畜结核病是很有用的。出生后20天的牛可用本试验进行检疫。

（1）注射部位与术前处理

将牛只编号，在颈侧中部上1/3处剪毛（或提前一天剃毛），3个月以内的犊牛，也可在肩胛部进行，直径约10cm。用卡尺测量术部中央皮皱厚度，做好记录。注意术部应无明显的病变。如术部有变化时，应另选部位或在对侧进行。

（2）注射剂量

不论牛只大小，一律皮内注射1万IU。即将牛型提纯结核菌素稀释成每毫升含10万IU，皮内注射0.1mL。如用2.5mL注射器，应再加等量注射用水皮内注射0.2mL。冻干提纯结核菌素稀释后应当天用完。

（3）注射方法

先以70%酒精消毒术部，然后皮内注入定量的牛型提纯结核菌素，注射后局部应出现小疱，如对注射有疑问时，应另选15cm以外的部位或对侧重作。

（4）观察反应

皮内注射后经72h时判定，仔细观察局部有无热痛、肿胀等炎性反应，并以卡尺测量皮皱厚度，作好详细记录。对疑似反应牛应即在另一侧以同一批菌素同一剂量进行第二回皮内注射，再经72h后观察反应结果。

对阴性和疑似反应牛，于注射后96h、120h再分别观察一次，以防个别牛出现较迟的迟发型变态反应。

(5) 结果判定

分为阳性反应、疑似反应、阴性反应3种情况。

阳性反应：局部有明显的炎性反应。皮厚差等于或大于4mm以上者，其记录符号为（+）。对进出口牛的检疫，凡皮厚差大2mm者，均判为阳性。

疑似反应：局部炎性反应不明显，皮厚差在2.1～3.9mm，其记录符号为（±）。

阴性反应：无炎性反应。皮厚差在2mm以下，其记录符号为（－）。

凡判定为疑似反应的牛只，于第一次检疫60天后进行复检，其结果仍为可疑反应时，经60天后再复检，如仍为疑似反应，应判为阳性。

【实训报告】 根据实训情况，写一份奶牛场结核病检疫的实训报告。

实训九　病害动物尸体无害化处理

【实训目标】 掌握病害动物尸体运送和生物无害化的方法。

【实训材料】 病死动物若干头、运尸车、消毒液、纱布、喷雾器、大铁锅、工作服、工作帽、胶鞋、手套、口罩、风镜、消毒液及消毒器。

【内容及方法】

(1) 动物尸体的运送

参加运送尸体的人员，均应穿戴工作服、工作帽、胶鞋、手套、口罩、风镜。运尸车应不漏水，最好是车内壁钉有铁皮的特制运尸车。尸体装车前，车厢底部铺一层石灰，并应先用蘸有消毒液的湿纱布，堵塞尸体的天然孔，防止流出分泌物和排泄物。尸体装车时，把尸体躺过的地面表土铲起，连同尸体一起运走，并用消毒液喷洒地面。装运过尸体的车辆、用具都应严加消毒，参运人员被污染的衣物等，也应进行消毒。

(2) 高温煮熟处理法

将肉尸分割成重2kg，厚度8cm的肉块，放在大铁锅内（有条件的可用蒸汽锅），煮沸2～2.5h，煮到猪的深层肌肉切开为灰白色，牛的深层肌肉为灰色，肉汁无血色时即可。适用对象为猪肺疫、结核病、弓形虫病等。

(3) 化制处理法

土灶炼制　先在锅内放入1/3清水煮沸，再加入需化制的脂肪和肥膘小块，边搅拌边将浮油撇出，最后剩下渣子，用压榨机压出油渣内油脂。这种方法不适用患有烈性传染病的患病动物肉尸。

湿炼法　用湿压机或高压锅炼制患病动物肉尸和废弃物。用这种方法可以处理烈性传染病动物肉尸。

干炼法　将肉尸切割成小块，放入卧式带搅拌器的夹层真空锅内，蒸汽通过夹层，使锅内压力增高，升至一定温度，以破坏炼制物结构，使脂肪液化从肉中析出，同时也杀灭病原。适用于炭疽、口蹄疫、猪瘟、布鲁氏菌病等病畜禽肉尸的处理。

(4) 尸体掩埋法

选择远离住宅、道路、放牧地、池塘、河流等地下水位低、土质干燥的地方，挖一长

2m、宽 1.5m、深 2～2.5m 的坑，先向坑内撒布一层新鲜石灰，尸体投入后，再撒一层石灰，然后用土掩埋夯实。

（5）尸体焚烧法

将患病动物尸体、内脏、病变部分投入焚化炉中烧毁炭化，也可在地面挖一长 2m、宽 1m、深 0.6m 的坑，将挖出的土堆在坑的四周成为土埂，坑内装满木柴。在坑口放上 3 根用水疱湿的横木，将尸体放在横木上，在尸体和木柴上浇柴油点燃，直至将尸体烧得像黑炭为止，最后就地埋在坑内。适用于国家规定的烈性传染病的处理。

（6）发酵法

选择远离住宅、农牧场、草原、水源及道路的僻静地方，挖一圆井形尸坑，深 9～10m、直径 3m，坑壁及坑底用不透水材料制成（多用水泥）。坑口高出地面约 30cm，坑口有木盖。盖上有小的活门（平时上锁），坑内有通气管。坑内尸体可以堆到距坑口 1.5m 处。经 3～5 个月后，尸体完全腐败分解，可以挖出做肥料。

【实训报告】 根据病死动物生物无害化的实际操作过程写一份实训报告。

实训十　布鲁氏菌病的检疫

【实训目标】 初步掌握布鲁氏菌病的检疫方法。

【实训材料】 灭菌清洁小试管（试管口径为 1cm）、试管架、0.5mL 吸管、1mL 吸管、10mL 吸管；布鲁氏菌试管凝集抗原和平板凝集抗原，由兽医生物制品厂生产供应，使用时用 0.5%石炭酸生理盐水作 1∶2 稀释；布鲁氏菌水解素、全乳环状反应抗原、被检血清、阳性血清和阴性血清由兽医生物制品厂生产供应。

【内容及方法】

（一）试管凝集反应

（1）制备被检血清

牛、羊由颈静脉，猪于耳静脉以无菌操作采取血液 5～8mL，盛于灭菌试管中，并立即摆成斜面使之凝固（冬季置于温暖处，夏季置于阴凉处），凝固后即可送实验室，或等 10～12h 血清析出后，分离血清再行运送。有时血清析出量少，或上层凝块粘连管壁，使血清蓄积于凝块之下，这时可用灭菌纤细铁丝或接种针沿管壁内壁穿刺，使血块脱离管壁，然后放于阴暗处（夏季），让血清充分析出。采血针头需事先用生理盐水煮沸消毒或干热消毒。每畜一针头，如不能做到，应于每次用完洗净后，用生理盐水煮沸消毒后使用（勿用蒸馏水煮沸，否则会发生溶血）。为获得良好血清，宜在早晨喂料之前采血，或停食后 6h 采血。采血试管必须洁净，塞以棉塞，再经干热消毒。采血时，应使血液沿管壁流入管内，如血流滴入，会发生气泡，引起溶血。冬季采血，应避免因冻结而致溶血。每采血一份，应立即于管壁上粘贴标签，注明畜号或畜名。

血清应尽可能于 24h 内送到实验室，最迟不得超过 3 天。若 3 天内不能送达者必须加入防腐剂（尤其是夏天），通常每 9mL 血清加 5%石炭酸生理盐水 1mL 或于每毫升血清中边摇振边加入 5%石炭酸 1～2 滴。在运送过程中必须防止冻结，否则失效。若就地分离血清不便，所采血液又能于当天送到实验室者，可送凝固的全血，但应防止振荡。每份血清或血液必须标上家畜号码（或畜名），并注明加何种防腐剂。用作布鲁氏菌凝集反应的待检血清，必须是新鲜、无明显蛋白凝固、无溶血现象和无腐败气味的。加入石炭酸防腐的血清，自采血之日算起，不可超过15天。

(2) 操作方法

被检血清稀释度 一般情况，牛、马和骆驼用1∶50、1∶100、1∶200和1∶400等4个稀释度，猪、山羊、绵羊和犬用1∶25、1∶50、1∶100和1∶200等4个稀释度。大规模检疫时也可用2个稀释度，即牛、马和骆驼用1∶50和1∶100；猪、羊、犬用1∶25和1∶50。

以羊、猪为例，稀释血清和加入抗原的方法（表实-7）是每份被检血清用5支小试管（8～10mL），第1管加入稀释液2.3mL，第2管不加，第3、4、5管各加入0.5mL，用1mL吸管取被检血清0.2mL，加入第1管中，混匀（一般吸吹3～4次）后吸取混合液分别加入第2管和第3管各0.5mL，将第3管混匀，吸0.5mL加入第4管，第4管混匀吸取0.5mL加入第5管，第5管混匀后弃去0.5mL。如此稀释后从第2管起血清稀释度分别为1∶12.5、1∶25、1∶50和1∶100。然后将1∶20稀释的抗原由第2管起，每管加入0.5mL，血清最后稀释度由第2管起依次为1∶25、1∶50、1∶100和1∶200。

表实-7 试管凝集试验操作术式

试管号	1	2	3	4	5	阳性血清对照1∶25	阴性血清对照1∶25	抗原对照
稀释倍数	1∶12.5	1∶25	1∶50	1∶100	1∶200			
0.5%石炭酸生理盐水(mL)	2.3		0.5	0.5	0.5			0.5
被检血清(mL)	0.2	0.5	0.5	0.5	0.5 弃0.5	0.5	0.5	
抗原(1∶20)(mL)		0.5	0.5	0.5	0.5	0.5	0.5	0.5
判定								

牛和骆驼的血清稀释和加抗原的方法与前述者一致，不同的是仅第1管加稀释液2.4mL及被检血清0.1mL。加抗原后从第2管到第5管血清稀释度依次为1∶50、1∶100、1∶200和1∶400。

每次试验必须做3种对照，每批凝集试验应有阳性血清（1∶25）、阴性血清（1∶25）和抗原对照。

(3) 结果判定

牛、马和骆驼血清凝集价为1∶100以上，猪、羊和犬1∶50以上者，判为阳性。牛、马和骆驼血清凝集价为1∶50，猪、羊和犬为1∶25者判为可疑。可疑反应的家畜经3～4周重检，牛、羊重检时仍为可疑，判为阳性。猪和马重检时仍为可疑，但该场中未出现阳性反应及无临诊症状的家畜，判为阴性。

根据实验结果填写试管凝集反应通知单（表实-8）。

表实-8 布鲁氏菌病试管凝集反应通知单

<table>
<tr><td>登记号码</td><td></td><td colspan="5">采血日期： 年 月 日</td><td>畜主姓名</td><td></td></tr>
<tr><td rowspan="2">通知号码</td><td rowspan="2"></td><td colspan="5">收到日期： 年 月 日</td><td rowspan="2">住址</td><td rowspan="2"></td></tr>
<tr><td colspan="5">检验日期： 年 月 日</td></tr>
<tr><td>畜别</td><td>畜号</td><td>1∶25</td><td>1∶50</td><td>1∶100</td><td>1∶200</td><td>1∶400</td><td>判定</td><td>备注</td></tr>
<tr><td></td><td></td><td></td><td></td><td></td><td></td><td></td><td></td><td></td></tr>
</table>

（二）平板凝集反应

(1) 操作方法

平板凝集反应加样表见表实-9。取洁净无油脂光滑的玻璃一片，用蜡笔划分为 4cm^2 左右的 5 个小格，第一格写明血清号码，用 0.2mL 刻度吸管将血清以 0.08mL、0.04mL、0.02mL、0.01mL 的剂量，依次分别加入每排 4 个小格中，吸管必须稍斜并接触玻板。然后在每格血清上垂直滴加抗原 0.03mL（如为自制滴管，必须事先测定准确）；然后用牙签或细金属棒将血清抗原混合均匀。一份血清用一根牙签，以 0.01mL、0.02mL、0.04mL 及 0.08mL 的顺序混合搅拌混匀后，并于酒精灯上稍稍加热，5～8min 内记录反应结果（加热时防止温度过高，尤其应注意被检液干涸或玻板破损）。

表实-9　平板凝集反应加样表

液滴序号	一	二	三	四	对照试验		
					阳性对照	阴性对照	抗原对照
被检血清（mL）	0.08	0.04	0.02	0.01	标准阳性血清 0.03	标准阴性血清 0.03	生理盐水 0.03
玻板抗原（mL）	0.03	0.03	0.03	0.03	0.03	0.03	0.03

平板凝集试验的血清量 0.08mL、0.04mL、0.02mL 和 0.01mL，加入抗原后，其效价相当于试管凝集价的 1∶25、1∶50、1∶100 和 1∶200；每批次平板凝集试验必须以阴、阳性血清对照。

(2) 判定标准

“＋＋＋＋”：液体完全透明，出现大的凝集片或小颗粒状，即 100％凝集。

“＋＋＋”：液体几乎完全透明，有明显的凝集片，即 75％凝集。

“＋＋”：液体不甚透明，有可见的凝集片，即 50％凝集。

“＋”：液体混浊，仅仅可以看见颗粒物，即 25％凝集。

“－”：液体均匀混浊，无凝集现象。

本法和试管凝集反应一样，确定凝集价时，按出现“＋＋”号以上凝集现象为准，大家畜（牛、骆驼）血清凝集价 1∶100 以上为阳性反应，1∶50 为疑似反应；中小家畜（猪、山羊、绵羊、犬）血清在 1∶50 以上为阳性，1∶25 为可疑反应。

（三）变态反应试验

本试验是用不同类型的抗原进行布鲁氏菌病诊断的方法之一。布鲁氏菌水解素即变态反应试验的一种抗原，这种抗原专供绵羊和山羊检查布鲁氏菌病之用。按《羊布鲁氏菌病变态反应技术操作规程及判定标准》进行。

操作方法　使用细针头，将水解素注射于绵羊或山羊的尾褶襞部或肘关节无毛处的皮内，注射剂量 0.2mL。注射前应将注射部位用酒精棉消毒。如注射正确，在注射部形成绿豆大小的硬包。注射一只羊后，针头应用酒精棉消毒，然后再注射另一只。

结果判定　注射后 24h 和 48h 各观察反应一次（肉眼观察和触诊检查）。若两次观察反应结果不符，以反应最强的一次作为判定的依据。判定标准是：

阳性反应（＋）：注射部位有明显不同程度肿胀和发红（硬肿或水肿），不用触诊，凭肉眼即可察觉者。

疑似反应（±）：肿胀程度不明显，触诊注射部位，常需与另一侧皱褶相比较才能察觉者。

阴性反应（－）：注射部位无任何变化。

阳性牲畜，应立即移入阳性畜群进行隔离，可疑牲畜必须于注射后30天进行第二次复检，如仍为疑似反应，则按阳性牲畜处理，如为阴性则视为健畜。

（四）全乳环状试验

本法用于监测布鲁氏菌病乳牛群有无本病感染。全乳环状试验抗原用苏木紫染成蓝色或用四氮唑染成红色。

操作方法 取新鲜全脂乳1mL于小试管内，加入抗原1滴约0.05mL，倒转试管数次，混合均匀，放于37℃温箱中1h，取出判定结果。

判定标准

阳性反应（＋）：上层乳脂环着色明显（蓝或红）；乳脂层下的乳柱为白色或着色轻微。

阴性反应（－）：乳脂层白色或轻微着色，乳柱显著着色。

疑似反应（±）：乳脂环与乳柱的颜色相似。

【实训报告】 写一份布鲁氏菌临诊检疫（以试管凝集反应为例）的报告。

实训十一　鸡白痢的检疫

【实训目标】 掌握鸡白痢全血平板凝集试验的方法。

【设备材料】

器材 玻璃板、20或22号注射针头、带柄不锈钢金属丝环（环直径约4.5mm）、橡皮乳头滴管（其滴管尖端的大小约一次垂直滴下液量为0.05mL）、干燥的灭菌试管、酒精棉、酒精灯、消毒盘、玻璃笔、纱布、火柴、工作服等。

诊断液 鸡白痢全血凝集反应抗原，由中国兽医药品监察所购得，或其他来源的合格产品。抗原为福尔马林灭活的细菌悬液，每毫升含菌100亿。鸡白痢阴性、阳性血清等。

【内容及方法】

(1) 快速全血平板凝集反应

操作方法 先将瓶中抗原充分摇匀，用滴管吸取抗原，垂直滴一滴（约0.05mL）于玻片上，然后使用注射针头刺破鸡的翅静脉或冠尖，以金属环蘸取血液一满环（约0.02mL）混入抗原内，随即搅拌均匀，并使散开至直径1～2cm为度。

结果判断 抗原与血液混合在2min内发生明显颗粒状或块状凝集者为阳性。2min以内不出现凝集，或出现均匀一致的极微小颗粒，或在边缘处由于临干前出现絮状者判为阴性反应。在上述情况之外不易判断为阳性或阴性者，判为可疑反应。

注意事项 抗原应在2～15℃冷暗处保存，在使用前必须充分振荡，抗原有效期6个月，避免温热及日光暴晒。本抗原适用于产卵母鸡及1年以上公鸡，幼龄鸡敏感度较差。每批鸡检查开始时，必须做阴性、阳性血清对照。本试验应在室温18℃以上进行，否则影响反应结果。

(2) 血清试管凝集反应

鸡血清样品 以20号或22号针头刺破鸡翅静脉，使之出血，用一清洁、干燥的灭菌试管靠近流血处，采集2mL血液，斜放凝固以析出血清，分离出血清，置4℃待检。

抗原 试管凝集反应抗原，必须具有各种代表性的鸡白痢沙门氏菌菌株的抗原成分，对阳性血清有高度凝集力，对阴性血清无凝集力。固体培养中洗下的抗原须保存于0.25%～0.50%石炭酸生理盐水中，使用时将抗原稀释成每毫升含菌10亿，并把pH调至8.2～8.5，稀释的抗原限当天使用。

操作步骤 在试管架上依次摆3支试管，吸取稀释抗原2mL置于第1管，吸取各1mL分置第2、3管。先吸取被检血清0.08mL注入第1管，充分混合后再吸取1mL移入第2管，充分混合后吸取1mL移入第3管，混合后吸出混合液1mL舍弃，最后将试管摇振数次，使抗原血清充分混合，置37℃温箱中20h后观察结果。

结果判断 试管1、2、3的血清稀释倍数依次分别为1∶25、1∶50、1∶100，凝集阳性者，抗原显著凝集于管底，上清液透明；阴性者，试管呈均匀混浊；可疑者，介于前两者之间。在鸡1∶50以上凝集者为阳性。在火鸡1∶25以上凝集者为阳性。

【实训报告】 我国大多数省份鸡群鸡白痢检疫的阳性率比较高，试分析其原因并拟定防治对策。

实训十二 动物产地检疫

【实训目标】 掌握产地检疫的项目和要求，能按产地检疫的程序开展动物及其产品的产地检疫工作，会规范出具各种检疫证明，并能准确判定有关证明是否有效。

【实训材料】 国家规定的检疫证明复印件、复写纸、产地检疫记录本、体温计、听诊器、酒精棉球、消毒药、消毒器械等。根据报检情况，选择1～2个合适的规模化养殖场（养殖小区）和自然村屯的被检动物群（以猪场、鸡场、奶牛场为主）以及合适的被检动物产品（以种鸡场、屠宰场、兔场、羊场为主）。

【内容及方法】

(1) 动物出售前的产地检疫

疫情调查 向养殖场兽医技术人员或畜主询问饲养管理情况，近期当地疫病发生情况和邻近地区的疫情动态等，结合对饲养场、饲养户的实际观察，确定动物是否来自非疫区。

查验养殖档案和动物标识 向畜主索取动物养殖档案或免疫档案，核实档案真伪，检查是否按国家或地方规定的项目进行预防接种以及是否在免疫有效期内。同时查验动物标识，确定动物佩戴了合格的标识。

实施临诊检查 根据现场条件分别进行群体和个体检查被检动物是否健康。群体检查主要观察动物静态、动态表现和饮食状态是否正常，对个别疑似患病动物需进行个体检查，主要以视检和测量体温为主。

检疫结果处理 经检疫合格的，按照动物流向，跨省境的在运输工具消毒后出具《动物检疫合格证明（动物A）》，省境内的出具《动物检疫合格证明（动物B）》，并按国家的有关规定收取检疫费和消毒费。

经检疫不合格的，出具《检疫处理通知单》，并监督养殖场（养殖小区）或畜主按国家有关法律、法规处理。

(2) 动物产品的产地检疫

疫情调查及查证验物 疫情调查，确定生皮、原毛、绒等产品的生产地无规定疫情，并按照有关规定消毒（如环氧乙烷熏蒸消毒、过氧乙酸浸泡消毒）；种蛋、精液和胚胎的供体无国家规定动物疫病，供体动物的养殖档案相关记录和畜禽标识符合农业农村部规定。

检疫结果处理 经检疫合格的，根据动物产品流向，跨省境的在运输工具消毒后出具《动物检疫合格证明（产品A）》，省境内的出具《动物检疫合格证明（产品B）》，并按国家的有关规定收取检疫费和消毒费。

经检疫不合格的，出具《检疫处理通知单》，并监督养殖场（养殖小区）或畜主按国家有关法律、法规处理。

(3) 动物检疫证明的填写

动物检疫证明填写和使用的基本要求参见项目八有关内容。动物检疫证明的格式见表实-10、表实-11；动物产品检疫证明见表实-12、表实-13。

表实-10 动物检疫合格证明（动物A）

编号：

货　主			联系电话		
动物种类			数量及单位		
启运地点	省　市（州）　县（市、区）　乡（镇）　村（养殖场、交易市场）				
到达地点	省　市（州）　县（市、区）　乡（镇）　村（养殖场、屠宰场、交易市场）				
用途		承运人		联系电话	
运载方式	□公路　□铁路　□水路　□航空			运载工具牌号	
运载工具消毒情况			装运前经______消毒		
本批动物经检疫合格，应于______日内到达有效。 官方兽医签字：______ 签发日期：　年　月　日 （动物卫生监督所检疫专用章）					
牲畜耳标号					
动物卫生监督检查站签章					
备　注					

第　联　共　联

注：1. 本证书一式两联，第一联由动物卫生监督所留存，第二联随货同行。

2. 跨省调运动物到达目的地后，货主或承运人应在24h内向输入地动物卫生监督机构报告。

3. 牲畜耳标号只需填写后3位，可另附纸填写，需注明本检疫证明编号，同时加盖动物卫生监督机构检疫专用章。

4. 动物卫生监督所联系电话：

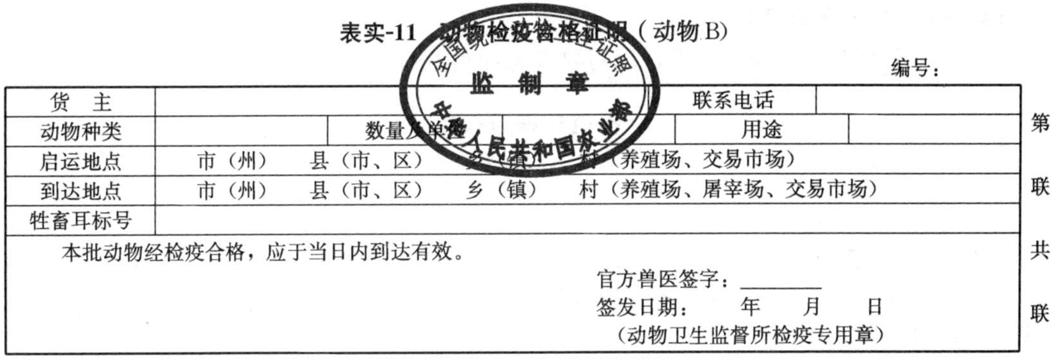

表实-11　动物检疫合格证明（动物B）

编号：

货　主			联系电话		
动物种类		数量及单位		用途	
启运地点	市（州）　县（市、区）　乡（镇）　村（养殖场、交易市场）				
到达地点	市（州）　县（市、区）　乡（镇）　村（养殖场、屠宰场、交易市场）				
牲畜耳标号					
本批动物经检疫合格，应于当日内到达有效。 官方兽医签字：________ 签发日期：　年　月　日 （动物卫生监督所检疫专用章）					

第　联　共　联

注：1. 本证书一式两联，第一联由动物卫生监督所留存，第二联随货同行。
2. 本证书限省境内使用。
3. 牲畜耳标号只需填写后3位，可另附纸填写，并注明本检疫证明编号，同时加盖动物卫生监督所检疫专用章。

表实-12　动物检疫合格证明（动物A）

编号：

货　主		联系电话	
产品名称		数量及单位	
生产单位名称地址			
目的地	省　市（州）　县（市、区）		
承运人		联系电话	
运载方式	□公路　□铁路　□水路　□航空		
运载工具牌号		装运前经______________消毒	
本批动物产品经检疫合格，应于________日内到达有效。 官方兽医签字：________ 签发日期：　年　月　日 （动物卫生监督所检疫专用章）			
动物卫生监督检查站签章			
备　注			

第　联　共二联

注：1. 本证书一式两联，第一联由动物卫生监督所留存，第二联随货同行。
2. 动物卫生监督所联系电话：

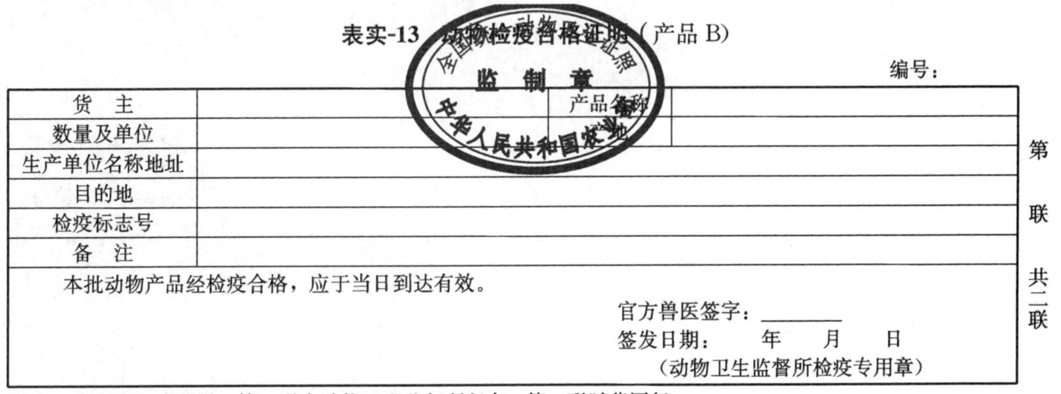

表实-13　动物检疫合格证明（产品B）

编号：

货　主		产品名称	
数量及单位		产地	
生产单位名称地址			
目的地			
检疫标志号			
备　注			
本批动物产品经检疫合格，应于当日到达有效。 官方兽医签字：________ 签发日期：　年　月　日 （动物卫生监督所检疫专用章）			

第　联　共二联

注：1. 本证书一式两联，第一联由动物卫生监督所留存，第二联随货同行。
2. 本证书限省境内使用。

（4）检疫处理通知单填写要求

《检疫处理通知单》样式如下，填写要求见项目八有关内容。

检疫处理通知单

编号：________

__________：

按照《中华人民共和国动物防疫法》和《动物检疫管理办法》有关规定，你（单位）的__________________经检疫不合格，根据__________________________________之规定，决定进行如下处理：

一、____________________________________

二、____________________________________

三、____________________________________

四、____________________________________

动物卫生监督所（公章）

年　月　日

官方兽医（签名）：

当事人签收：

备注：1. 本通知单一式二份，一份交当事人，一份动物卫生监督所留存。

2. 动物卫生监督所联系电话：

3. 当事人联系电话：

【实训报告】 根据产地检疫的实训内容或模拟填写条件，规范填写有关检疫证明；根据实训的具体情况，写出一份产地检疫实训报告。

参考文献

本书编委会. 2006. 最新动物检验检疫与防疫监督检查及行政执法实务全书 [M]. 北京：中国农业科学技术出版社.
陈继明. 2008. 重大动物疫病监测指南 [M]. 北京：中国农业科学技术出版社.
陈顺友. 2009. 畜禽养殖场规划设计与管理 [M]. 北京：中国农业出版社.
法律出版社. 2007. 中华人民共和国动物防疫法 [M]. 2版. 北京：法律出版社.
高凤仙，钟元春. 2010. 畜禽养殖场规划与设计 [M]. 长沙：湖南科学技术出版社.
葛兆宏. 2006. 动物传染病 [M]. 北京：中国农业出版社.
李春和，倪泽成，刘辛. 2008. 动物检疫理论与实务 [M]. 银川：宁夏人民出版社.
李金福，金卫华. 2009. 动物疫病监测与控制 [M]. 昆明：云南科学技术出版社.
梁笑准. 2008. 农业养殖法律指导 [M]. 北京：中国法制出版社.
陆桂平，胡新岗. 2010. 动物防疫技术 [M]. 北京：中国农业出版社.
田文霞. 2007. 兽医防疫消毒技术 [M]. 北京：中国农业出版社.
王国平. 2006. 动植物检疫法规教程 [M]. 北京：科学出版社.
王兰平，李淑云. 2011. 动物免疫工作实用手册 [M]. 北京：科学普及出版社.
王子轼. 2006. 动物防疫与检疫技术 [M]. 北京：中国农业出版社.
魏刚才. 2008. 养殖场消毒技术 [M]. 北京：化学工业出版社.
徐百万. 2010. 动物疫病监测技术手册 [M]. 北京：中国农业出版社.
闫若潜，李桂喜，孙清莲. 2009. 动物疫病防控工作指南 [M]. 北京：中国农业出版社.
张穹，贾幼陵. 2006. 重大动物疫情应急条例释义 [M]. 北京：中国农业出版社.
张苏华. 2007. 动物产地检疫员手册 [M]. 上海：上海科学技术出版社.
中国法制出版社. 2005. 重大动物疫情应急条例学习读本 [M]. 北京：中国法制出版社.

附录

附录一　一、二、三类动物疫病病种名录

（2008年12月农业部第1125号公告）

一类动物疫病（17种）

口蹄疫、猪水疱病、猪瘟、非洲猪瘟、高致病性猪蓝耳病、非洲马瘟、牛瘟、牛传染性胸膜肺炎、牛海绵状脑病、痒病、蓝舌病、小反刍兽疫、绵羊痘和山羊痘、高致病性禽流感、新城疫、鲤春病毒血症、白斑综合征。

二类动物疫病（77种）

多种动物共患病（9种）：狂犬病、布鲁氏菌病、炭疽、伪狂犬病、魏氏梭菌病、副结核病、弓形虫病、棘球蚴病、钩端螺旋体病。

牛病（8种）：牛结核病、牛传染性鼻气管炎、牛恶性卡他热、牛白血病、牛出血性败血病、牛梨形虫病（牛焦虫病）、牛锥虫病、日本血吸虫病。

绵羊和山羊病（2种）：山羊关节炎脑炎、梅迪一维斯纳病。

猪病（12种）：猪繁殖与呼吸综合征（经典猪蓝耳病）、猪乙型脑炎、猪细小病毒病、猪丹毒、猪肺疫、猪链球菌病、猪传染性萎缩性鼻炎、猪支原体肺炎、旋毛虫病、猪囊尾蚴病、猪圆环病毒病、副猪嗜血杆菌病。

马病（5种）：马传染性贫血、马流行性淋巴管炎、马鼻疽、马巴贝斯虫病、伊氏锥虫病。

禽病（18种）：鸡传染性喉气管炎、鸡传染性支气管炎、传染性法氏囊病、马立克氏病、产蛋下降综合征、禽白血病、禽痘、鸭瘟、鸭病毒性肝炎、鸭浆膜炎、小鹅瘟、禽霍乱、鸡白痢、禽伤寒、鸡败血支原体感染、鸡球虫病、低致病性禽流感、禽网状内皮组织增殖症。

兔病（4种）：兔病毒性出血病、兔黏液瘤病、野兔热、兔球虫病。

蜜蜂病（2种）：美洲幼虫腐臭病、欧洲幼虫腐臭病。

鱼类病（11种）：草鱼出血病、传染性脾肾坏死病、锦鲤疱疹病毒病、刺激隐核虫病、淡水鱼细菌性败血症、病毒性神经坏死病、流行性造血器官坏死病、斑点叉尾鮰病毒病、传染性造血器官坏死病、病毒性出血性败血症、流行性溃疡综合征。

甲壳类病（6种）：桃拉综合征、黄头病、罗氏沼虾白尾病、对虾杆状病毒病、传染性皮下和造血器官坏死病、传染性肌肉坏死病。

三类动物疫病（63种）

多种动物共患病（8种）：大肠杆菌病、李氏杆菌病、类鼻疽、放线菌病、肝片吸虫病、丝虫病、附红细胞体病、Q热。

牛病（5种）：牛流行热、牛病毒性腹泻/黏膜病、牛生殖器弯曲杆菌病、毛滴虫病、牛皮蝇蛆病。

绵羊和山羊病（6种）：肺腺瘤病、传染性脓疱、羊肠毒血症、干酪性淋巴结炎、绵羊疥癣，绵羊地方性流产。

马病（5种）：马流行性感冒、马腺疫、马鼻腔肺炎、溃疡性淋巴管炎、马媾疫。

猪病（4种）：猪传染性胃肠炎、猪流行性感冒、猪副伤寒、猪密螺旋体痢疾。

禽病（4种）：鸡病毒性关节炎、禽传染性脑脊髓炎、传染性鼻炎、禽结核病。

蚕、蜂病（7种）：蚕型多角体病、蚕白僵病、蜂螨病、瓦螨病、亮热厉螨病、蜜蜂孢子虫病、白垩病。

犬猫等动物病（7种）：水貂阿留申病、水貂病毒性肠炎、犬瘟热、犬细小病毒病、犬传染性肝炎、猫泛白细胞减少症、利什曼病。

鱼类病（7种）：鮰类肠败血症、迟缓爱德华氏菌病、小瓜虫病、黏孢子虫病、三代虫病、指环虫病、链球菌病。

甲壳类病（2种）：河蟹颤抖病、斑节对虾杆状病毒病。

贝类病（6种）：鲍脓疱病、鲍立克次体病、鲍病毒性死亡病、包纳米虫病、折光马尔太虫病、奥尔森派琴虫病。

两栖与爬行类病（2种）：鳖腮腺炎病、蛙脑膜炎败血金黄杆菌病。

附录二　畜禽常用疫苗速查表

（一）家畜常用疫苗

产品名称	规格（头/瓶）	主要成分	使用说明
猪瘟活疫苗（脾淋源）	10 20 40 50	含猪瘟兔化弱毒。每头份淋脾苗含组织毒至少0.01g，每头份乳兔苗含组织毒至少0.015g	预防猪瘟，首免：21～30日龄；二免：65日龄左右；断奶前仔猪可肌内或皮下注射4头份，以防母源抗体的干扰
高致病性猪繁殖与呼吸综合征活疫苗（JXA1—R株）	10 20 50	含有高致病性猪繁殖与呼吸综合征病毒致弱毒株JXA1—R株，每头份病毒含量≥$10^{5.0}$$TCID_{50}$	仔猪断奶前后首免，1头份/头，4个月后加强1次；母猪配种前免疫1次，1头份/次
猪多杀性巴氏杆菌活疫苗（CA株）	25 50 100	禽源多杀性巴氏杆菌A型（群）CA弱毒株的培养物，每头份＞3.0亿个活菌	用20%铝胶生理盐水稀释，每头猪皮下或肌内注射1mL（含1头份）
猪瘟、猪丹毒、猪多杀性巴氏杆菌病三联活疫苗	10 20 40 50	含有猪瘟病毒（兔化弱毒株）细胞培养液＞0.015mL/头份；猪丹毒杆菌（G4T10株）＞5亿/头份；猪源多杀性巴氏杆菌（EO630株）＞3亿/头份	预防猪瘟、猪丹毒、猪多杀性巴氏杆菌病。断奶半个月以前的健康猪可以注射，但必须在断奶2个月左右再注苗1次
兔产气荚膜梭菌病灭活疫苗（A型）	10 50	含灭活的产气荚膜梭菌（A型）	用于预防家兔A型产气荚膜梭菌病。免疫期为6个月，皮下注射，不论大小，每只2.0mL
仔猪副伤寒活疫苗	10 20 30 40	疫苗中含有猪霍乱沙门氏菌C500弱毒株。每头份活菌数≥30亿个	每头份5.0～10.0mL，给猪灌服，或稀释后均匀地拌入少量新鲜冷饲料中，让猪自行采食
猪败血性链球菌病活疫苗	20 25 50 100	疫苗中含有马腺疫链球菌兽疫亚种猪源弱毒ST171株。每头份活菌数（注射用）≥0.5亿个	皮下注射或口服。按瓶签注明头份，加入20%氢氧化铝胶生理盐水或生理盐水稀释溶解，每头皮下注射1.0mL（含1头份）或口服4.0mL（含1头份）

（续）

产品名称	规格（头/瓶）	主要成分	使用说明
Ⅱ号炭疽芽孢苗	100mL	每毫升含活芽孢1300万～2000万个	预防马、牛、骡、驴、骆驼、羊和猪炭疽病，皮下注射1mL或皮内注射0.2mL
狂犬病兽用活疫苗	10	狂犬病ERA弱毒冻干疫苗	预防家畜狂犬病，2月龄以上犬注射1头份，羊接种2头份，牛、马接种5头份
破伤风类毒素	100mL	每毫升含250个破伤风类毒素结合力单位	预防家畜破伤风，马、骡、驴、鹿皮下注射1mL，幼畜和羊注射0.5mL
猪细小病毒病活疫苗	5 10 20	含猪细小病毒弱毒病毒至少$10^{5.0}$ TCID/头份	后备母猪或种公猪在6.5月龄，每头肌内注射1mL
猪瘟、猪丹毒二联活疫苗	20 40	猪瘟兔化弱毒和猪丹毒弱毒G4T10菌株二联活疫苗	预防猪瘟和猪丹毒，采用肌内注射法接种
猪瘟、猪肺疫二联活疫苗	20 40	猪瘟兔化弱毒和猪巴氏杆菌弱毒菌株二联冻干活疫苗	预防猪瘟和猪肺疫，采用肌内注射法接种
猪丹毒、猪肺疫二联活疫苗	30 40 50	猪丹毒弱毒株和猪巴氏杆菌弱毒菌株二联冻干活疫苗	预防猪丹毒和猪肺疫，供半月龄以上的断奶猪肌内注射
猪瘟、猪丹毒、猪肺疫三联活疫苗	20 40	猪瘟兔化弱毒株、猪丹毒弱毒株和猪巴氏杆菌弱毒株三联冻干活疫苗	预防猪瘟、猪丹毒和猪肺疫，采用肌内注射法接种
猪口蹄疫灭活苗	100	猪O型口蹄疫油乳剂灭活苗	预防猪O型口蹄疫，体重50kg以上每头猪注射3mL，25～50kg注射2mL，10～25kg注射1mL
猪口蹄疫浓缩灭活苗	100	猪O型口蹄疫浓缩油乳剂灭活双相疫苗	预防猪O型口蹄疫
牛Asia-Ⅰ型口蹄疫灭活苗	100	灭活前病毒含量≥$10^{7.0}$ LD_{50}(鼠)/0.2mL	肌内注射，成年牛3mL，犊牛2mL，成年羊2mL，羔羊1mL，5月龄以下犊牛和羔羊不注射
牛口蹄疫O型灭活苗	100	灭活前病毒含量≥$10^{7.0}$ LD_{50}/0.2mL	肌内注射，成年牛3mL，犊牛2mL，成年羊2mL，羔羊1mL，5月龄以下犊牛和羔羊不注射
气肿疽灭活疫苗	100	气肿疽梭菌灭活疫苗	预防牛、羊气肿疽，牛皮下注射5mL，羊注射1mL

（二）家禽常用疫苗

产品名称	规格（头/瓶）	主要成分	使用说明
鸡新城疫灭活疫苗	100mL 150mL	含有灭活的鸡新城疫病毒LaSota株，灭活前的病毒含量至少为$10^{8.0}$ EID_{50}/0.1mL	颈部皮下注射，14日龄以内雏鸡，每只0.2mL；60日龄以上的鸡，每只0.5mL，免疫期可达10个月。用活疫苗接种过的母鸡，在开产前14～21日接种，每只0.5mL，可保护整个产蛋期
鸡新城疫、传染性支气管炎二联活疫苗（LaSota＋H120株）	500 1000	含有鸡新城疫病毒LaSota弱毒株≥$10^{6.0}$ EID_{50}/羽份，含有鸡传染性支气管炎病毒H120株≥$10^{3.5}$ EID_{50}/羽份	滴鼻免疫：每只1滴（0.03mL） 饮水免疫：剂量加倍，其次水量根据鸡龄大小而定，7～10日龄5～10.0mL；20～30日龄每只10～20mL；成鸡20～30mL

（续）

产品名称	规格（头/瓶）	主要成分	使用说明
禽流感灭活疫苗（H9 亚型，SS株）	100mL 250mL 500mL	含有灭活的禽流感病毒 H9 亚型 A/Chicken/Guangdong/SS/94（H9N2）株（简称 SS 株），灭活前的滴度≥$5\times10^{7.0}$ EID_{50}/mL	5～15 日龄鸡，每只皮下注射 0.25mL；15 日龄以上的鸡，每只肌内注射 0.5mL
鸡新城疫病毒（LaSota 株）、禽流感病毒（H9 亚型、SS 株）二联灭活疫苗	100mL 250mL	含有灭活的鸡新城疫病毒 LaSota 株，灭活前每 0.1mL 病毒含量≥$10^{7.0}$ EID_{50}；灭活的 A 型禽流感病毒 A/Chicken/Guangdong/SS/94（H9N2）株（简称 SS 株），灭活前每 0.2mL 病毒含量≥$10^{7.4}$ EID_{50}	4 周龄以内雏鸡，颈部皮下注射 0.25mL；4 周龄以上的鸡，肌内注射 0.5mL
传染性鼻炎三价灭活苗	500 1000	含灭活的鸡副嗜血杆菌 W 株至少 10^8cfu、Spross 株至少为 10^8cfu 和 Modesto 株至少 10^8cfu	肉鸡、公鸡：1～2 周龄进行接种 蛋鸡、种鸡：在 6～8 周龄进行首次接种
鸡痘活疫苗（M-92 株）	1000	含鸡痘病毒弱毒 M-92 株至少 $10^{3.0}$ EID_{50}/羽份	经翅膀刺种，每只鸡接种 1 羽份。在低风险区 10 周龄后进行接种；高风险区 1 日龄进行首免，10 周龄后加强接种，对饲养周期超过一个产蛋周期的鸡，在换羽后应再次进行接种
传染性喉气管炎活疫苗（A-96 株）	500 1000	含鸡传染性喉气管炎病毒（A96 株）至少 $10^{2.5}$ EID_{50}/羽份	低发区：10～16 周龄时免疫；高发区：应在 6～7 周龄时免疫，并在 16～17 周龄时重复免疫
传染性法氏囊病活疫苗（D22 株）	500 1000	含鸡传染性法氏囊病病毒（D22 株）至少 $10^{3.5}$ $TCID_{50}$/羽份	首次免疫 10～14 日龄，21 日龄进行二免
鸡新城疫、传染性支气管炎、减蛋综合征三联灭活疫苗	100mL 250mL 500mL	疫苗中每毫升含鸡新城疫病毒（LaSota 株）应≥$3.0\times10^{8.0}$ EID_{50}，含传染性支气管炎病毒（M41 株）应≥$3.0\times10^{6.0}$ EID_{50}，含减蛋综合征病毒（京 911 株）应≥$3.0\times10^{7.0}$ EID_{50}	颈部皮下或肌内注射。主要用于开产前期蛋鸡和种鸡的免疫，在鸡群开产前 14～28 日进行免疫，每只 0.5mL
鸭瘟活疫苗	200 400 500	疫苗中含鸡胚化弱毒株鸭瘟病毒。每羽份含细胞毒≥0.005mL	肌内注射。用生理盐水稀释，成鸭 1mL，雏鸭腿肌注射 0.25mL，均含 1 羽份
鸡新城疫中等毒力活疫苗（Ⅰ系）	500 1000	本品系用鸡新城疫中等毒力 MuK-teswar 株（Ⅰ系）接种于 SPF 鸡胚培养，每羽份病毒含量≥$10^{5.0}$ ELD_{50}	皮下或胸部肌内注射 1mL，点眼 0.05～0.1mL，也可刺种或饮水免疫
鸡马立克氏病火鸡疱疹病毒活疫苗	500 1000 2000	含鸡马立克氏病火鸡疱疹病毒至少 2000PFU/羽份	预防鸡马立克氏病，适用于各品种的 1 日龄雏鸡。肌内或皮下注射，每羽 0.2mL（含 2000PFU）
禽霍乱病活疫苗	200 400	多杀性巴氏杆菌 G190E40 弱毒活菌数≥2000 万/羽份	预防禽霍乱，供 3 月龄以上的鸡、鸭、鹅使用，肌内注射法接种
鸭瘟活疫苗	100 200 500	鸭瘟鸡胚化弱毒病毒量≥50 免疫保护量/羽份	预防鸭瘟，适用于不同品种、不同日龄的鸡，肌内注射法接种
鸭病毒性肝炎活苗	200	鸭病毒性肝炎鸡胚化弱毒株冻干活疫苗	预防鸭病毒性肝炎，供 3 日龄以上雏鸭使用，首免后 2～3 周进行二免

（续）

产品名称	规格（头/瓶）	主要成分	使用说明
小鹅瘟活疫苗	200	小鹅瘟鸭胚化弱毒GD株冻干活疫苗	预防小鹅瘟，供产蛋前20～30天母鹅免疫，母鹅在21～270天内产蛋所孵雏鹅对小鹅瘟有免疫力，采取肌内注射法接种
小鹅瘟（雏鹅）活疫苗	50	小鹅瘟鸭胚化弱毒株冻干活疫苗	预防小鹅瘟，供初生雏鹅免疫，也可用于成鹅，采用饮水、肌内注射或皮下注射法接种
鸡新城疫、传支二联活疫苗（Ⅰ+H52）	500 1000	鸡新城疫Ⅰ系株病毒≥$10^{5.0}$ ELD$_{50}$/羽份，传染性支气管炎H_{62}弱毒病毒，≥$10^{3.5}$ EID$_{50}$/羽份	预防鸡新城疫和传染性支气管炎，适用于经新城疫弱毒株免疫过的2月龄以上的鸡，采用饮水法免疫
鸡新城疫、传支二联活疫苗（Ⅱ+H120）	200	鸡新城疫Ⅱ系病毒含量≥$10^{6.0}$ EID$_{50}$/羽份，传染性支气管炎H120弱毒含量≥$10^{3.5}$EID$_{50}$/羽份	预防鸡新城疫和传染性支气管炎，适用于1日龄以上各品种鸡，采用滴鼻或饮水法免疫
鸡新城疫、传支二联活疫苗（L+H52）	250 500 1000	鸡新城疫LaSota株病毒含量≥$10^{6.0}$ EID$_{50}$/羽份，传染性支气管炎H52弱毒含量≥$10^{3.5}$ EID$_{50}$/羽份	预防鸡新城疫和传染性支气管炎，适用于21日龄以上鸡，采用滴鼻或饮水法接种
鸡新城疫、传支二联活疫苗（L+H120）	500 1000	鸡新城疫LaSota株病毒含量≥$10^{6.0}$ EID$_{50}$/羽份，传染性支气管炎H120株病毒含量≥$10^{3.5}$ EID$_{50}$/羽份	预防鸡新城疫和传染性支气管炎，适用于7日龄以上不同品种鸡，采用滴鼻或饮水免疫接种
鸡新城疫灭活苗	500	鸡新城疫低毒力LaSota株病毒含量≥0.125mL/羽份	供任何年龄鸡皮下注射，2周龄鸡与活苗同时免疫，开产前2～3周再接种1次；2周龄内雏鸡注射0.2mL；2月龄以上鸡注射0.5mL
鸡法氏囊病灭活苗	100 250	鸡传染性法氏囊病油乳剂灭活疫苗	配合活疫苗免疫，开产前2～4周肌肉或皮下注射0.5mL
鸡产蛋下降综合征（EDS）灭活苗	500	鸡凝血性腺病毒含量≥2000HA单位/羽份	开产前2～4周皮下或肌内注射，每羽0.5mL
鸡传染性鼻炎灭活苗	500	鸡副嗜血杆菌含量≥10亿/羽份	供30日龄以上健康鸡皮下接种，首免：30～42日龄鸡注射0.25mL，42日龄以上的鸡注射0.5mL
鸡新支二联灭活苗	100 250	鸡新城疫LaSota病毒、鸡传染性支气管炎呼吸型及肾型病毒鸡胚液制成油乳剂灭活疫苗	1月龄以内雏鸡注射0.3mL，成年鸡注射0.5mL
鸡新减二联苗	500	鸡新城疫IaSota株病毒含量≥0.125mL/羽份，鸡凝血性腺病毒含量≥2000HA单位/羽份	开产前2～4周皮下或肌内注射，每羽0.5mL
鸡新支减三联苗	200 500	由鸡新城疫LaSota株、鸡凝血性腺病毒、鸡传染性支气管炎呼吸型及肾型毒株制成的油乳剂灭活苗	开产前2～4周皮下或肌内注射0.5mL

附录三　2018年中国技能大赛——全国农业行业职业技能大赛（动物疫病防治员）评分细则

中国技能大赛——全国农业行业职业技能大赛（动物疫病防治员）是由农业农村部、人力资源和社会保障部、中华全国总工会主办的国家级一类大赛。2018年举办的首次大赛分为理论知识考试和现场技能操作考核两部分，总分为500分，其中，理论知识考试100分，现场技能考核400分，分为猪瘟疫苗免疫注射、猪前腔静脉采血、鸡翅静脉采血、鸡心脏采血、鸡体解剖与采样5项，每项80分。选手成绩按照总分高低进行排序。总分相同者，现场技能考核分高者排序靠前；总分相同且现场技能考核与理论知识考试分相同者，现场技能考核总用时少者排序靠前。

一、理论知识考试（100分）

采用闭卷方式，题型均为客观题，考题由职业技能鉴定国家题库农业分库生成，与“动物疫病防治员”国家职业技能标准（三级）相关，考试时间为90min。

二、猪瘟疫苗免疫注射（80分）

本项目分为检查竞赛物品（疫苗除外），免疫注射、填写免疫档案及废弃物处置两个环节，各环节须按主持人指令进行操作。

（一）评分细则

免疫注射操作根据操作规范度进行评分，共80分。

（1）按指令进行操作，得4分；在主持人下达指令之前进行任何操作的或主持人宣布停止操作后继续操作的，均不得分，包括宣布免疫注射“预备开始”前，参赛选手提前越过红线进入场地、提前打开瓶盖、装配注射器等准备工作。

（2）独立完成操作，得4分；除保定外，有队友语言提示、动作暗示或协助操作等违规行为的，均不得分，违规者该项也不得分。

（3）检查合格疫苗，阅读使用说明书，得2分；否则不得分。

（4）装配并调试金属注射器，注射器无泄漏，得4分；在稀释和注射过程中，注射器有泄漏者不得分。

（5）拔掉疫苗和专用稀释液的塑料瓶盖，得2分；若疫苗选择错误不得分，且后续操作均不得分。

（6）用镊子从棉球缸里夹取碘伏棉球分别消毒疫苗瓶、稀释液瓶和稀释液瓶瓶盖，得2分；否则不得分。

（7）用注射器吸取专用稀释液稀释疫苗，得2分；否则不得分。

（8）溶解后的疫苗未产生大量气泡，且未见疫苗液外泄，得4分；否则不得分。

（9）将疫苗瓶中的疫苗液转移到稀释瓶，得4分；否则不得分。

（10）再用注射器吸取专用稀释液冲洗疫苗瓶，得2分；否则不得分。

（11）冲洗疫苗瓶，瓶内未产生气泡，且未见疫苗液外泄，得4分；否则不得分。

（12）将疫苗瓶中的所有液体转移到稀释瓶，按规定补足稀释液，且未见疫苗液外泄，得4分；否则不得分。

（13）稀释过程无菌操作，得4分；疫苗瓶、稀释液瓶和稀释瓶未加盖无菌干棉球的或徒手装卸针头、徒手取棉球的不得分。

（14）混匀疫苗，用注射器吸取疫苗液5mL后排空气泡，得4分；否则不得分。

（15）排除气泡时用干棉球护住针头，得4分；否则不得分。

（16）调节金属注射器，注射剂量1mL，得4分；否则不得分。

（17）用镊子夹取碘伏棉球对注射部位由里向外做点状螺旋式消毒，得2分；否则不得分。

（18）选择猪耳后颈部注射，得4分；否则不得分。

（19）垂直进针，得4分；否则不得分。

（20）进针后，注射疫苗前回抽针芯，得4分；否则不得分。

（21）拔针后无液体渗出，得4分；否则不得分。

(22) 拔针时用干棉球按压注射部位，得2分；拔针时未用干棉球按压注射部位或针头插入猪体后，再取干棉球的，不得分。

(23) 操作结束后，规范处置废弃物，得2分；注射器内剩余疫苗未注入废弃液瓶、注射器未放入锐器盒、使用过的棉球、疫苗瓶等未放入废弃缸的，不得分。

(24) 规范填写免疫记录表，得4分；动物种类、免疫病种、疫苗类型、生产厂家、疫苗批号、免疫剂量、免疫方式、操作人8项，漏填或错误选填1项，得2分，漏填或错误选填2项及以上者，不得分。

（二）提供的器械物品

10mL金属注射器、针头盒（含针头）、20头份猪瘟疫苗及说明书、40mL专用稀释液、100mL无菌稀释瓶、免疫记录表、考试专用笔、碘伏棉球、干棉球、镊子、托盘、毛巾、卷纸、洗手液、废弃液瓶、锐器盒、废弃缸、垃圾桶、猪、保定器（可以自带）等。

（三）其他事项

(1) 每个参赛选手比赛用猪1头（20～40kg），由2位队友协助保定，保定器具各省可自备，完成1次猪瘟疫苗免疫注射。

(2) 比赛时除选手、保定人员、裁判员和工作人员外，其他人员不得进入比赛场地，任何人不得帮参赛选手递拿疫苗、注射器等竞赛用品。

(3) 将猪瘟活疫苗稀释到1头份/mL的浓度。

(4) 免疫注射部位为猪耳后颈部（距离耳根3～5cm的颈侧），免疫注射过程应遵循无菌操作原则。

(5) 本项目总限时8min。主持人宣布“时间到”，参赛选手应立即停止操作并退到红线外。

(6) 每位参赛选手的竞赛用品由工作人员准备，每个操作项目完成后，选手要整理用过的器具；每个选手比赛产生的废弃物和用过的器具由专人清理。

三、猪前腔静脉采血（80分）

本项目分为检查竞赛物品，动物保定及消毒，采血操作、填写采样单及废弃物处置3个环节，各环节须按主持人指令进行操作。

（一）评分细则

操作得分由操作规范度和操作速度两部分组成，共80分。

1. 操作规范度（40分）

(1) 按指令进行操作，得4分；在主持人下达指令之前进行任何操作的或主持人宣布停止操作后继续操作的，均不得分，包括在宣布采血环节“预备开始”前，参赛选手提前越过红线进入场地、提前拆开采血器包装袋、提前打开着器皿盖等准备工作。

(2) 独立完成操作，得4分；除保定外，有队友语言提示、动作暗示或协助操作等违规行为的，均不得分，违规者该项也不得分。

(3) 用镊子夹取碘伏棉球对采血部位由里向外做点状螺旋式消毒，得2分；否则不得分。

(4) 采血，1次进针完成的，得15分；2次进针完成的，得10分；3次及以上进针完成的，得5分；血管外采血不得分。

(5) 退针时用干棉球按压采血部位，得2分；否则不得分；针头插入猪体后，手离开采血器也不得分。

(6) 采血后，将采血器活塞外拉预留血清析出空间，得2分；否则不得分。

(7) 将护针帽平放在操作台，用采血器针尖挑起护针帽套上，去除推杆，得2分；否则不得分。

(8) 在采血器上标明样品编号（编号自拟），得2分；否则不得分。

(9) 将采血器插入试管架，得2分；否则不得分。

(10) 规范填写采样单，得4分；动物种类一栏选“猪”、健康状况一栏任选一种、样品类型选

“血”、样品数量填“1”、样品编号与采血器上编号一致、采样人签名、填写采样日期 7 项，漏填或错误选填 1 项，得 2 分，漏填或错误选填 2 项及以上者，不得分。

（11）规范处置废弃物，得 1 分；使用过的棉球、采血器推杆、采血器包装等废弃物未放入垃圾桶，均不得分。

2. 操作速度（40 分）

（1）操作计时。主持人宣布“预备开始”，裁判员同时按下计时器，比赛开始计时，选手通过红线开始操作，完成规定操作，并将采血器插入试管架，裁判员按下计时器。期间所用的时间为选手的实际操作用时。检查器械物品、消毒、填写采样单、处置废弃物等不计入实际操作用时。

本项目总限时 3min。主持人宣布“时间到”，参赛选手应立即停止操作并退到红线外。

（2）速度分值。采血过程中猪死亡或采血量不足 5mL，速度分值不得分。

操作时间≤15s，得 40 分；15s＜操作时间≤20s，得 36 分；20s＜操作时间≤25s，得 32 分；25s＜操作时间≤30s，得 28 分；30s＜操作时间≤35s，得 24 分；35s＜操作时间≤40s，得 20 分；40s＜操作时间≤45s，得 16 分；45s＜操作时间≤50s，得 12 分；50s＜操作时间≤55s，得 8 分；55s＜操作时间≤1min，得 4 分；操作时间＞1min，不得分。

（二）提供的器械物品

10mL 一次性采血器、采样单、记号笔、考试专用笔、碘伏棉球、干棉球、镊子、托盘、试管架、毛巾、卷纸、洗手液、垃圾桶、猪、保定器（可以自带）等。

（三）其他事项

（1）每个参赛选手比赛用猪 1 只（20～40kg），由 2 位队友协助保定，保定方式由参赛选手自行确定，保定器具各省可自备，选手完成 1 份 5mL 猪血样采集。

（2）比赛时除选手、保定人员、裁判员和工作人员外，其他人员不得进入比赛场地，任何人不得帮参赛选手递拿采血器、棉球等竞赛用品。

（3）采血部位建议为猪右前腔静脉，在猪的两侧均可实施前腔静脉采血，如在一侧未采出血样或样品量不足，换另一侧采血时，要重新消毒，得分按两侧累计进针次数计算。

（4）每位参赛选手的竞赛用品由工作人员准备，每个操作项目完成后，选手要整理用过的器具；每个选手比赛产生的废弃物和用过的器具由专人清理。

四、鸡翅静脉采血（80 分）

本项目分为检查竞赛物品，动物保定及消毒，采血操作、填写采样单及废弃物处置 3 个环节，各环节须按主持人指令进行操作。

（一）评分细则

操作得分由操作规范度和操作速度两部分组成，共 80 分。

1. 操作规范度（40 分）

（1）按指令进行操作，得 4 分；在主持人下达指令之前进行任何操作的或主持人宣布停止操作后继续操作的，均不得分，包括在宣布采血环节“预备开始”前，参赛选手提前越过红线进入场地、提前拆开采血器包装袋、提前打开着器皿盖等准备工作。

（2）独立完成操作，得 4 分；除保定外，有队友语言提示、动作暗示或协助操作等违规行为的，均不得分，违规者该项也不得分。

（3）用镊子夹取碘伏棉球对采血部位由里向外做点状螺旋式消毒，得 2 分；否则不得分。

（4）采血，1 次进针完成的，得 15 分；2 次进针完成的，得 10 分；3 次及以上进针完成的，得 5 分；血管外采血不得分。

（5）退针时用干棉球按压采血部位，得 2 分；否则不得分；针头插入鸡体后，手离开采血器也不得分。

（6）采血后，将采血器活塞外拉预留血清析出空间，得2分；否则不得分。

（7）将护针帽平放在操作台，用采血器针尖挑起护针帽套上，去除推杆，得2分；否则不得分。

（8）在采血器上标明样品编号（编号自拟），得2分；否则不得分。

（9）将采血器插入试管架，得2分；否则不得分。

（10）规范填写采样单，得4分；动物种类一栏选“鸡”、健康状况一栏任选一种、样品类型选“血”、样品数量填“1”、样品编号与采血器上编号一致、采样人签名、填写采样日期7项，漏填或错误选填1项，得2分，漏填或错误选填2项及以上者，不得分。

（11）规范处置废弃物，得1分；使用过的棉球、采血器推杆、采血器包装等废弃物未放入垃圾桶，均不得分。

2. 操作速度（40分）

（1）操作计时。主持人宣布“预备开始”，裁判员同时按下计时器，比赛开始计时，选手通过红线开始操作，完成规定操作，并将采血器插入试管架，裁判员按下计时器。期间所用的时间为选手的实际操作用时。检查器械物品、消毒、填写采样单、处置废弃物等不计入实际操作用时。

本项目总限时3min。主持人宣布“时间到”，参赛选手应立即停止操作并退到红线外。

（2）速度分值。采血过程中鸡死亡或采血量不足2mL，速度分值不得分。

操作时间≤20s，得40分；20s＜操作时间≤25s，得35分；25s＜操作时间≤30s，得30分；30s＜操作时间≤35s，得25分；35s＜操作时间≤40s，得20分；40s＜操作时间≤45s，得15分；45s＜操作时间≤50s，得10分；50s＜操作时间≤1min，得5分；操作时间＞1min，不得分。

（二）提供的器械物品

5mL一次性采血器、采样单、记号笔、考试专用笔、碘伏棉球、干棉球、镊子、托盘、试管架、毛巾、卷纸、洗手液、垃圾桶、鸡等。

（三）其他事项

（1）每个参赛选手比赛用鸡1只，由1位队友协助保定，完成1份血样采集。

（2）比赛时除选手、保定人员、裁判员和工作人员外，其他人员不得进入比赛场地，任何人不得帮参赛选手递拿采血器、棉球等竞赛用品。

（3）采血部位为鸡翅静脉，如果一侧翅膀进针后有血肿不能采血，可换另一侧翅膀采血，但要重新消毒，得分按两侧累计进针次数计算。

（4）每位参赛选手的竞赛用品由工作人员准备，每个操作项目完成后，选手要整理用过的器具；每个选手比赛产生的废弃物和用过的器具由专人清理。

五、鸡心脏采血（80分）

本项目分为检查竞赛物品，动物保定及消毒，采血操作、填写采样单及废弃物处置3个环节，各环节须按主持人指令进行操作。

（一）评分细则

操作得分由操作规范度和操作速度两部分组成，共80分。

1. 操作规范度（40分）

（1）按指令进行操作，得4分；在主持人下达指令之前进行任何操作的或主持人宣布停止操作后继续操作的，均不得分，包括在宣布采血环节“预备开始”前，参赛选手提前越过红线进入场地、提前拆开采血器包装袋、提前打开着器皿盖等准备工作。

（2）独立完成操作，得4分；除保定外，有队友语言提示、动作暗示或协助操作等违规行为的，均不得分，违规者该项也不得分。

(3) 用镊子夹取碘伏棉球对采血部位由里向外做点状螺旋式消毒，得 2 分；否则不得分。

(4) 采血，1 次进针完成的，得 15 分；2 次进针完成的，得 10 分；3 次及以上进针完成的，不得分。

(5) 退针时用干棉球按压采血部位，得 2 分；否则不得分；针头插在鸡体时，手离开采血器也不得分。

(6) 采血后，将采血器活塞外拉预留血清析出空间，得 2 分；否则不得分。

(7) 将护针帽平放在操作台，用采血器针尖挑起护针帽套上，去除推杆，得 2 分；否则不得分。

(8) 在采血器上标明样品编号（编号自拟），得 2 分；否则不得分。

(9) 将采血器插入试管架，得 2 分；否则不得分。

(10) 规范填写采样单，得 4 分；动物种类一栏选“鸡”、健康状况一栏任选一种、样品类型选“血”、样品数量填“1”、样品编号与采血器上编号一致、采样人签名、填写采样日期 7 项，漏填或错误选填 1 项，得 2 分，漏填或错误选填 2 项及以上者，不得分。

(11) 规范处置废弃物，得 1 分；使用过的棉球、采血器推杆、采血器包装等废弃物未放入垃圾桶，均不得分。

2. 操作速度（40 分）

(1) 操作计时。主持人宣布“预备开始”，裁判员同时按下计时器，比赛开始计时，选手通过红线开始操作，完成规定操作，并将采血器插入试管架，裁判员按下计时器。期间所用的时间为选手的实际操作用时。检查器械物品、消毒、填写采样单、处置废弃物等不计入实际操作用时。

本项目总限时 3min。主持人宣布“时间到”，参赛选手应立即停止操作并退到红线外。

(2) 速度分值。采血过程中鸡死亡或采血量不足 2mL，速度分值不得分。

操作时间≤15s，得 40 分；15s＜操作时间≤20s，得 35 分；20s＜操作时间≤25s，得 30 分；25s＜操作时间≤30s，得 25 分；30s＜操作时间≤35s，得 20 分；35s＜操作时间≤40s，得 15 分；40s＜操作时间≤50s，得 10 分；50s＜操作时间≤1min，得 5 分；操作时间＞1min，不得分。

（二）提供的器械物品

5mL 一次性采血器、采样单、记号笔、考试专用笔、碘伏棉球、干棉球、镊子、托盘、试管架、毛巾、卷纸、洗手液、垃圾桶、鸡等。

（三）其他事项

(1) 每个参赛选手比赛用鸡 1 只，由 1 位队友协助保定，完成 1 份血样采集。

(2) 比赛时除选手、保定人员、裁判员和工作人员外，其他人员不得进入比赛场地，任何人不得帮参赛选手递拿采血器、棉球等竞赛用品。

(3) 每位参赛选手的竞赛用品由工作人员准备，每个操作项目完成后，选手要整理用过的器具；每个选手比赛产生的废弃物和用过的器具由专人清理。

六、鸡体解剖与采样（80 分）

本项目分为检查竞赛物品，鸡无放血致死及消毒浸湿，解剖采样操作、填写采样单及废弃物处置 3 个环节，各环节须按主持人指令进行操作。

（一）评分细则

操作得分由操作规范度和操作速度两部分组成，共 80 分。

1. 操作规范度（60 分）

(1) 按指令进行操作，得 4 分；在主持人下达指令之前进行任何操作的或主持人宣布停止操作后继续操作的，均不得分，包括宣布解剖采样“预备开始”前，参赛选手提前越过红线进入场地、提前打开着器皿盖、点燃酒精灯、拔毛、剥皮、脱臼等准备工作。

(2) 独立完成操作，得 4 分；除保定外，有队友语言提示、动作暗示或协助操作等违规行为的，均不得分，违规者该项也不得分。

（3）将鸡采用心脏注射空气的方法致死，在消毒液中浸湿后放入托盘，同时点燃酒精灯，得 1 分；否则不得分。

（4）将腹壁和大腿内侧的皮肤剪开，得 1 分；否则不得分。

（5）髋关节脱臼，两大腿向外展开，仰卧固定鸡体，得 1 分；否则不得分。

（6）横切胸骨末端后方皮肤，与两侧大腿的竖切口连接，得 1 分；否则不得分。

（7）剥离皮肤，充分暴露整个胸腹的皮下组织和肌肉，得 1 分；否则不得分。

（8）用酒精棉球沿切口方向擦拭消毒鸡体，得 1 分；否则不得分。

（9）酒精棉球擦拭、火焰消毒剪刀（两面）和镊子，得 1 分；否则不得分。

（10）剪断肋骨和乌喙骨，把胸骨向前外翻，露出体腔，得 2 分；否则不得分。

（11）酒精棉球擦拭、火焰消毒剪刀（两面）和镊子，得 1 分；否则不得分。

（12）采集肝脏（不带胆囊的一叶），无杂质（毛或其他组织），得 2 分；带胆囊或有杂质，不得分。

（13）打开平皿盖，将采集的肝脏正确放入平皿（已标记脏器名称）中，盖上平皿盖，得 2 分；否则不得分。

（14）酒精棉球擦拭、火焰消毒剪刀（两面）和镊子，得 1 分；否则不得分。

（15）采集脾脏，无杂质（毛或其他组织）得 2 分；有杂质不得分。

（16）打开平皿盖，将采集的脾脏正确放入平皿（已标记脏器名称）中，盖上平皿盖，得 2 分；否则不得分。

（17）酒精棉球擦拭、火焰消毒剪刀（两面）和镊子，得 1 分；否则不得分。

（18）采集肾脏（单侧、2/3 以上），无杂质（毛或其他组织），得 2 分；量不够或有杂质不得分。

（19）打开平皿盖，将采集的肾脏正确放入平皿（已标记脏器名称）中，盖上平皿盖，得 2 分；否则不得分。

（20）酒精棉球擦拭、火焰消毒剪刀（两面）和镊子，得 1 分；否则不得分。

（21）采集肺脏（单侧、2/3 以上），无杂质（毛或其他组织），得 2 分；量不够或有杂质不得分。

（22）打开平皿盖，将采集的肺脏正确放入平皿（已标记脏器名称）中，盖上平皿盖，得 2 分；否则不得分。

（23）酒精棉球擦拭、火焰消毒剪刀（两面）和镊子，得 1 分；否则不得分。

（24）从口腔下剪，剪开颈部皮肤肌肉，使喉头暴露，得 2 分；否则不得分。

（25）酒精棉球擦拭、火焰消毒剪刀（两面）和镊子，得 1 分；否则不得分。

（26）采集喉头气管，无杂质（毛或其他组织），得 2 分；有杂质不得分。

（27）打开平皿盖，将采集的喉头气管正确放入平皿（已标记脏器名称）中，盖上平皿盖，得 2 分；否则不得分。

（28）剪开头部皮肤后，酒精棉球擦拭、火焰消毒剪刀（两面）和镊子，得 1 分；否则不得分。

（29）用酒精棉球擦拭消毒头骨，打开头骨，得 2 分；否则不得分。

（30）酒精棉球擦拭、火焰消毒剪刀（两面）和镊子，得 1 分；否则不得分。

（31）采集脑（1/3 以上），无杂质（毛或其他组织），得 2 分；量不够或有杂质不得分。

（32）打开平皿盖，将采集的脑正确放入平皿（已标记名称）中，盖上平皿盖，得 2 分；否则不得分。

（33）依次按肝、脾、肾、肺、喉头气管、脑的顺序采集，得 2 分；采集顺序错误不得分。

（34）操作结束后，熄灭酒精灯，规范处置废弃物，鸡尸体装袋，得 1 分；否则不得分。

（35）规范填写采样单，得 4 分；动物种类一栏选“鸡”、健康状况一栏任选一种、样品类型选“肝、脾、肾、肺、喉头气管、脑”、样品数量各填“1”、采样人签名、填写采样日期 6 项，漏填或错误选填 1 项，得 2 分，漏填或错误选填 2 项及以上者，不得分。

2. 操作速度（20分）

(1) 操作计时。主持人宣布“预备开始”，裁判员同时按下计时器，比赛开始计时，选手通过红线开始操作，完成规定操作，分别将肝、脾、肾、肺、喉头气管、脑6种样品全部放入指定平皿并盖好时，裁判员按下计时器。期间所用的时间为选手的实际操作用时。检查器械物品、致死及消毒浸湿（同时点燃酒精灯）、填写采样单、尸体装袋及处置废弃物（同时熄灭酒精灯）等不计入实际操作用时。

本项目总限时11min。主持人宣布“时间到”，参赛选手应立即停止操作并退到红线外。

(2) 速度分值。解剖采样过程中，除髋关节脱臼、胸骨外翻、颅部打开3项操作外，有徒手操作的不得分；在操作过程中，酒精棉球均需从酒精棉球缸中取出，否则不得分。

操作时间≤3min，得20分；3min＜操作时间≤210s，得18分；210s＜操作时间≤4min，得16分；4min＜操作时间≤270s，得14分；270s＜操作时间≤5min，得12分；5min＜操作时间≤330s，得10分；330s＜操作时间≤6min，得8分；6min＜操作时间≤390s，得6分；390s＜操作时间≤7min，得4分；7min＜操作时间≤8min，得2分；操作时间＞8min，不得分。

（二）提供的器械物品

一次性注射器、采样单、记号笔、考试专用笔、酒精棉球、酒精灯、火柴、普通剪刀、手术剪、镊子、托盘、平皿、毛巾、卷纸、洗手液、尸体袋、垃圾桶、消毒液桶、鸡等。

（三）其他事项

(1) 每个参赛选手比赛用鸡1只，在3min内由1位队友协助保定，选手采用心脏注射空气的方法致死鸡只。

(2) 比赛时除选手、保定人员、裁判员和工作人员外，其他人员不得进入比赛场地，任何人不得帮参赛选手递拿剪刀、镊子等竞赛用品。

(3) 在鸡无放血致死及消毒浸湿环节中，点燃酒精灯；在填写采样单及废弃物处置环节中，熄灭酒精灯。

(4) 解剖与采样过程应遵循无菌操作原则，不得将酒精棉球倾倒在操作台上反复擦拭。

(5) 每位参赛选手的竞赛用品由工作人员准备，每个操作项目完成后，选手要整理用过的器具；每个选手比赛产生的废弃物和用过的器具由专人清理。

附录四　2018年中国技能大赛——第一届全国农业行业职业技能竞赛（动物检疫检验员）评分细则

2018年中国技能大赛——第一届全国农业行业职业技能竞赛（动物检疫检验员）采取理论考试和现场技能操作相结合的方式，总成绩满分为100分，兽医专业理论考试满分100分，占总成绩的30%，动物检疫实际操作满分100分，占总成绩的70%，两者之和即为该选手的比赛成绩。

一、理论考试

本次竞赛理论考试部分为兽医专业理论考试，采取闭卷笔试方式，题目由专家组命题产生，满分100分，考试时间为90min。考试题型包括填空题、选择题、判断题和简答题，考试内容包括与动物卫生监督相关的法律法规、检疫规程、规范性文件以及动物疫病防控有关知识。

二、现场技能操作

本次竞赛现场技能考核部分为生猪屠宰检疫现场操作，由参赛人员在生猪屠宰流水线上进行同步检疫操作，操作重点突出时间快速、操作准确和结果判定明晰。现场技能操作标准用时390s，实际用时每超过30s，总成绩扣1分，报告检疫结果时间不计入比赛时间，其他细则如下。

1. 头蹄岗

满分15分，操作时限20s。

考核项目	基本操作技术要求	评分标准	分数（分）
吻突、齿龈（3分）	1. 用检疫钩固定头部； 2. 用检疫刀轻触吻突、齿龈，观察有无水疱、溃疡、烂斑等	未用检疫钩固定，扣1分	1
		未用检疫刀轻触吻突，扣1分	1
		未用检疫刀轻触齿龈，扣1分	1
蹄部（1分）	1. 用检疫钩分别钩住两个前蹄； 2. 用检疫刀轻触蹄冠、蹄叉部，观察有无水疱、溃疡、烂斑等	未用检疫钩钩住前蹄，每少钩一个扣0.2分	0.4
		未用检疫刀轻触前蹄，每少触一个扣0.3分	0.6
下颌淋巴结（8分）	1. 用检疫钩钩住放血口； 2. 沿放血孔纵向切开下颌区； 3. 剖开两侧下颌淋巴结，观察有无肿大、坏死灶，切面是否呈砖红色，周围有无水肿、胶样浸润等病变	未用检疫钩钩住放血口，扣1分	1
		未一刀纵向切开下颌区，扣1分	1
		左侧：下颌淋巴结未剖开或暴露不充分，扣3分；未一刀剖开，多一刀扣1分，扣完为止	3
		右侧：下颌淋巴结未剖开或暴露不充分，扣3分；未一刀剖开，多一刀扣1分，扣完为止	3
报告结果（3分）	报告每个部位的检疫情况： 1. 吻突、齿龈有无水疱、溃疡、烂斑； 2. 蹄部有无水疱、溃疡、烂斑； 3. 剖开两侧下颌淋巴结，观察有无肿大、坏死灶，切面是否呈砖红色，周围有无水肿、胶样浸润等病变	不报告检疫结果，扣3分	3
		每少报告一个部位，扣1分	
		报告结果与实际情况不符，每个部位扣1分	

2. 咬肌岗

满分5分，操作时限10s。

考核项目	基本操作技术要求	评分标准	分数（分）
咬肌（4分）	1. 用检疫钩固定头部； 2. 沿下颌骨外侧平行切开两侧咬肌，检查有无猪囊尾蚴	左侧：咬肌横切、剖面暴露不充分（深度不少于3cm），扣2分；未用检疫钩固定头部扣1分；咬肌未一刀剖开，多一刀扣1分，扣完为止	2
		右侧：咬肌横切、剖面暴露不充分（深度不少于3cm），扣2分；未用检疫钩固定头部扣1分；咬肌未一刀剖开，多一刀扣1分，扣完为止	2
		未用检疫刀轻触齿龈，扣1分	1
报告结果（1分）	报告咬肌检疫情况： 有无猪囊尾蚴	不报告检疫结果或报告结果与实际情况不符，扣1分	1

3. 红脏岗

满分 17 分，操作时限 50s。

考核项目	基本操作技术要求	评分标准	分数（分）
肺脏（5 分）	1. 用检疫刀刮拭肺脏表面，视检肺脏大小、形状、色泽； 2. 用检疫钩（刀背）按压肺脏，触检弹性，检查肺实质有无坏死、萎陷、气肿、水肿、淤血、脓肿、实变、结节、纤维素性渗出物等； 3. 剖开一侧支气管淋巴结，检查有无出血、淤血、肿胀、坏死等。	未用检疫刀刮拭肺脏表面，扣 1 分	1
		未用检疫钩（刀背）按压肺脏，扣 1 分	1
		支气管淋巴结剖面暴露不充分，扣 3 分；未一刀剖开，多一刀扣 1 分，扣完为止	3
心脏（4 分）	1. 用检疫刀刮拭心脏表面，视检心脏，观察有无变性、淤血、出血、坏死等病变； 2. 用检疫钩固定左纵钩，在与左纵钩平行的心脏后缘房室分界处纵剖心脏，检查心内膜、心肌、二尖瓣、血液凝固状态，有无虎斑心、菜花样赘生物、寄生虫等	未用检疫刀刮拭心脏表面，扣 1 分	1
		横剖心脏，扣 3 分；未钩住左纵钩，扣 1 分；二尖瓣不暴露，扣 1 分；未一刀剖开，多一刀扣 1 分，扣完为止	3
肝脏（5 分）	1. 用检疫刀刮拭肝脏表面，检视肝脏，观察肝脏形状、大小、色泽； 2. 用检疫钩（刀背）按压肝脏，触检弹性，检查有无淤血、肿胀、变性、坏死、硬化、肿物、结节、纤维素性渗出物、寄生虫等病变； 3. 用检疫钩翻转肝脏，剖开肝门淋巴结，检查有无出血、淤血、肿胀、坏死等	未用检疫刀刮拭肝脏表面，扣 1 分	1
		未用检疫钩（刀背）按压肝脏，扣 1 分	1
		淋巴结剖面暴露不充分，扣 3 分；未用检疫钩翻转肝脏，扣 1 分；未一刀剖开淋巴结的，多一刀扣 1 分，扣完为止	3
报告结果（3 分）	报告每个部位的检疫情况： 1. 肺脏大小、形状、色泽是否正常；有无坏死、萎陷、气肿、水肿、淤血、脓肿、实变、结节、纤维素性渗出物等；支气管淋巴结，检查有无出血、淤血、肿胀、坏死等； 2. 心脏有无变性、淤血、出血、坏死、虎斑心、菜花样赘生物、寄生虫等； 3. 肝脏形状、大小、色泽是否正常；有无淤血、肿胀、变性、坏死、硬化、肿物、结节、纤维素性渗出物、寄生虫等病变；肝门淋巴结，检查有无出血、淤血、肿胀、坏死等	不报告检疫结果，扣 3 分	3
		每少报告一个部位，扣 1 分	
		报告结果与实际情况不符的，每个部位扣 1 分	

4. 白脏岗

满分 13 分，操作时限 20s。

考核项目	基本操作技术要求	评分标准	分数（分）
脾脏（2 分）	1. 用检疫刀背从上至下刮拭脾脏表面（脾脏长度 2/3 以上），视检形状、大小、色泽； 2. 用检疫刀背按压脾脏，触检弹性，检查有无肿胀、淤血、坏死灶、边缘出血性梗死、被膜隆起及粘连等	未用简易刀被刮拭脾脏，扣 0.5 分；为从上至下刮拭或刮拭长度小于脾脏 2/3，扣 0.5 分	1
		未用检疫刀背按压脾脏，扣 1 分	1

（续）

考核项目	基本操作技术要求	评分标准	分数（分）
胃和肠 （8分）	1. 扇形展开肠系膜，视检肠浆膜，观察大小、色泽、质地，检查有无淤血、出血、坏死、胶冻样渗出物和粘连；对肠系膜淋巴结做长度不少于20cm的弧形切口，检查有无淤血、出血、坏死、溃疡等病变； 2. 充分暴露胃部，视检胃浆膜，观察大小、色泽、质地，检查有无淤血、出血、坏死、胶冻样渗出物和粘连	未扇形展开肠系膜，扣1分	1
		肠系膜淋巴结剖面暴露不充分，扣3分；淋巴结弧形切口长度少于20cm.扣1分；淋巴结未一刀剖开，多一刀扣1分，扣完为止	3
		未充分暴露胃部，扣4分	4
报告结果 （3分）	报告每个部位的检疫情况： 1. 脾脏大小、形状、色泽是否正常；有无肿胀、淤血、坏死灶、边缘出血性梗死、被膜隆起及粘连等病变； 2. 胃肠浆膜大小、色泽、质地是否正常，有无淤血、出血、坏死、胶冻样渗出物和粘连； 3. 肠系膜淋巴结有无淤血、出血、坏死、溃疡等病变	不报告检疫结果，扣3分	3
		每少报告一个部位，扣1分	
		报告结果与实际情况不符的，每个部位扣1分	

5. 胴体岗

满分36分，操作时限70s。

考核项目	基本操作技术要求	评分标准	分数（分）
整体检查 （1分）	用检疫刀在胴体表面刮拭，检查皮肤、皮下组织、脂肪、肌肉、淋巴结、骨骼以及胸腔、腹腔浆膜有无淤血、出血、疹块、黄染、脓肿和其他异常等	未用检疫刀在胴体表面刮拭，扣1分	1
腹股沟浅淋巴结 （6分）	纵向剖检左右两侧腹股沟浅淋巴结，检查有无淤血、水肿、出血、坏死、增生等病变	左侧：淋巴结横切、未暴露或暴露不充分，扣3分；未一刀剖开，多一刀扣1分，扣完为止	3
		右侧：淋巴结横切、未暴露或暴露不充分，扣3分；未一刀剖开，多一刀扣1分，扣完为止	3
髂内淋巴结 （6分）	纵向剖检左右两侧髂内淋巴结，检查有无淤血、水肿、出血、坏死、增生等病变	左侧：淋巴结横切、未暴露或暴露不充分，扣3分；未一刀剖开，多一刀扣1分，扣完为止	3
		右侧：淋巴结横切、未暴露或暴露不充分，扣3分；未一刀剖开，多一刀扣1分，扣完为止	3
腰肌 （6分）	沿荐椎与腰椎结合部两侧顺肌纤维方向切开，不少于10cm切口，深度为腰肌2/3以上，检查有无猪囊尾蚴	左侧：腰肌剖面暴露不充分，扣3分；未一刀剖开，多一刀扣1分，扣完为止	3
		右侧：腰肌剖面暴露不充分，扣3分；未一刀剖开，多一刀扣1分，扣完为止	3

（续）

考核项目	基本操作技术要求	评分标准	分数（分）
肾脏 （12分）	1. 剥离两侧肾被膜，视检肾脏形状、大小、色泽； 2. 触检肾脏观察有无贫血、出血、淤血、肿胀等病变； 3. 纵向剖检一侧肾脏，检查切面皮质部有无颜色变化、出血及隆起等	左侧：未剥离肾被膜或用手剥离的，扣4分；未用检疫刀背触碰肾脏的，扣1分	5
		左侧：未剥离肾被膜或用手剥离的，扣4分；未用检疫刀背触碰肾脏的，扣1分	5
		未充分暴露肾皮质和髓质或横断、斜断肾脏，肾脏落地的，扣2分（因病理不能剥离的，不扣分）	2
报告结果 （5分）	报告每个部位的检疫情况： 1. 皮肤、皮下组织、脂肪、肌肉、淋巴结、骨骼以及胸腔、腹腔浆膜有无淤血、出血、疹块、黄染、脓肿和其他异常等； 2. 腹股沟浅淋巴结有无淤血、水肿、出血、坏死、增生等病变； 3. 髂内淋巴结有无淤血、水肿、出血、坏死、增生等病变； 4. 腰肌有无猪囊尾蚴； 5. 肾脏形状、大小、色泽是否正常；有无贫血；出血；淤血；肿胀等；肾脏切面皮质、髓质有无颜色变化、出血及隆起等	不报告检疫结果，扣5分	5
		每少报告一个部位，扣1分	
		报告结果与实际情况不符的，每个部位扣1分	

6. 旋毛虫岗

满分14分，操作时限220s。

考核项目	基本操作技术要求	评分标准	分数（分）
视检 （2分）	撕去左、右膈脚共4面肌膜，进行感官检查	未用简易刀被刮拭脾脏，扣0.5分；为从上至下刮拭或刮拭长度小于脾脏2/3，扣0.5分	1
		未用检疫刀背按压脾脏，扣1分	1
镜检 （11分）	1. 在左、右两侧膈脚每一面顺肌纤维各剪取6个麦粒大小的肉粒，共24粒，均匀放在载玻片上，排成两排； 2. 另取一载玻片盖在肉粒上，用力适度压成厚度均匀薄片（压片前载玻片上肉粒之间不能粘连，压片后，肉粒肉汁不能压出载玻片），按照要求放置显微镜上逐粒镜检	未顺肌纤维方向剪取肉样，扣0.5分	11
		取样每少1粒，扣0.5分，扣完为止	
		镜检每少看1粒，扣0.5分，扣完为止	
		肉粒粘连，扣0.5分	
		肉粒、肉汁压出载玻片，扣0.5分	
		视野中肌纤维不清晰，扣5分	
报告结果 （1分）	报告检疫情况： 1. 视检，有无异常； 2. 镜检，有无旋毛虫	不报告检疫结果或报告结果与实际情况不符的，扣1分	1